薬学のための分子生物学

[第2版]

名城大学名誉教授　　　　昭和薬科大学教授
金 田 典 雄　　　　伊 東　 進

編 集

東京 廣川書店 発行

執筆者一覧（五十音順）

伊　東　　　進	昭和薬科大学教授
伊　東　史　子	東京薬科大学生命科学部准教授
懸　川　友　人	城西国際大学薬学部教授
金　田　典　雄	名城大学名誉教授
葛　原　　　隆	徳島文理大学薬学部教授
多　田　周　右	東邦大学薬学部教授
額　賀　路　嘉	城西国際大学薬学部教授
村　田　富　保	名城大学薬学部教授
山　口　雅　史	広島国際大学薬学部教授
輪　千　浩　史	星薬科大学教授

薬学のための分子生物学［第2版］

編　者　金（かね）田（だ）典（のり）雄（お）	2014年4月1日	初版発行©
伊（い）東（とう）進（すすむ）	2019年8月30日	第2版発行
	2021年4月1日	第2版2刷発行

発行所　株式会社　**廣川書店**

〒113-0033　東京都文京区本郷3丁目27番14号
電話 03(3815)3651　FAX 03(3815)3650

第2版の発刊にあたって

近年の分子生物学を含むライフサイエンス（生命科学）の進歩には眼を見張るものがある．医療分野に限っても，疾患の診断や治療法あるいは医薬品の開発にはライフサイエンスにおける新知見がその基盤となっている．本書の初版を発刊して5年であるが，講義等ではより新しい知見を学生に紹介する必要もあり，初版では不自由を感じる点がでてきた．

第2版では，現在，ライフサイエンス分野における最も画期的な技術の一つである「ゲノム編集技術」を記載した．また遺伝子の発現抑制やがんの早期発見などにおいても注目される「miRNA」の記載をわかりやすく改訂し，miRNAやがんとの関連が深い「エクソソーム」についても紹介した．さらにがん治療において重要な位置を占める「分子標的薬」の記載を充実させた．なかでも2018年のノーベル生理学・医学賞の受賞テーマである免疫チェックポイント阻害薬を含む抗体医薬品の開発は目覚ましいものがあり，第2版では抗体医薬品について詳細な説明を加えた．一方，最近では使われなくなった実験技術は簡略化した．そのほか，各章間の記載の重複等を全面的に見直し，図表の改訂も行った．本改訂により，初版に記した4つのコンセプトはさらに明確なものになったと確信している．

学生諸君には，本書によって分子生物学は生命現象を遺伝子レベルで理解しようとする基礎的分野であると同時にその知見が直接，臨床に応用されうるトランスレーショナルな分野でもあることを感じ取っていただければと思う．

最後に，第2版出版の機会を頂いた廣川書店（株）廣川治男社長，廣川典子常務取締役ならびに荻原弘子編集課長に感謝いたします．

2019年8月

編　者

序　文

本書は，4年制および6年制薬学部ならびに他の医療系学部における分子生物学の通年講義用テキストとして執筆されたものである．

薬学部における分子生物学は益々その重要性を増している．既存ならびに新規医薬品の作用機構を理解し，それらを適正に使用する上で，さらには再生医療をはじめとする最先端医療を理解するには分子生物学の知識が必須である．そのため，学部学生は基礎知識と同時に高度な専門知識を習得しなければならず，多くの学生にとって分子生物学の学習は必ずしも容易ではないだろう．

一方，これまでに優れた生化学・分子生物学のテキストは数多くあるが，薬学部学生には専門的過ぎる場合や，反対に物足りなさを感じるもの，あるいは記載が体系的でないなど，いくつかの問題点も見られた．さらに分子生物学の知識が医療の中でどのように活かされるか，十分に伝えられていなかったと思われる．

そこで本書は以下のコンセプトに重点をおき，執筆していただいた．

1. 6年制薬学教育モデル・コアカリキュラムならびに薬剤師国家試験に対応していること
2. 記載内容の範囲と難易度のバランスが良いこと
3. わかりやすい説明で，基礎から高度な内容へと体系的に理解できること
4. 医薬品開発，薬物治療，疾患研究ならびにその理解等，卒業後の仕事における分子生物学の必要性が感じられること

本書は，生化学の基本はすでに履修済みであることを前提としているが，日頃の講義で実感するのは，履修済みであっても学生にはなかなかそれらの知識（特に化学構造式）が定着しておらず，講義内容を十分に理解できないことである．そこで本書の冒頭に，生命の基本である細胞の構造，アミノ酸とタンパク質などについて記載することで，講義中にこれらの内容を参照できるようにした．また高度な用語が唐突に出てこないよう配慮するとともに，関連ページへの参照も多用した．

特に分子生物学が医療に直結していることを示すため，「医療とのつながり」を設け，「Coffee Break」では，発見にまつわる話題等を提供した．さらに，やや高度な内容については，「アドバンスト」として区別したが，これらの内容についても積極的に学んでもらいたい．

平成27年度から，6年制薬学教育モデル・コアカリキュラムが改定される．現行と大筋では変わらないが，遺伝子工学技術等はかなり簡素化されるようである．ただ，これらの内容にはある程度詳しい説明が必要であろう．学生は実習・研究等で実体験しないと，内容をイメージできないからである．そのため，本書では敢えて簡素化しなかった．

日頃の講義では，「分子生物学が理解できないとこれからの医療についていけない」と学生に力説している．本書によって，学生諸君が分子生物学を学問的興味だけでなく，医療においても

極めて重要な科目であることを理解して，学習に励まれることを願っている．

最後に本書の企画から発行に至るまで終始，ご支援賜りました（株）廣川書店会長廣川節男氏，同社長廣川治男氏，同取締役花田康博氏に厚く御礼申し上げます．

平成 26 年 3 月

編　　　者

目　　次

第1章　生命の基本 ……………………………… *1*

1-1　真核細胞と原核細胞ならびにウイルス　*1*

1-1-1 ウイルスや細胞の大きさ　*1*

1-1-2　ウイルスの構造　*2*

1-1-3　細胞の基本構造　*3*

1-2 タンパク質の構造と機能　*10*

1-2-1　アミノ酸　*11*

1-2-2　ペプチド　*14*

1-2-3　タンパク質　*14*

第2章　遺伝子の構造 ……………………………… *21*

2-1　遺伝子とは　*21*

2-1-1　遺伝子の発見　*21*

2-1-2　遺伝子と染色体　*22*

2-1-3　遺伝子の本体としての DNA　*22*

2-2　セントラルドグマ　*23*

2-3　核酸の構造　*25*

2-3-1　塩基，ヌクレオシド，ヌクレオチド　*25*

2-3-2　DNA の基本構造　*28*

2-3-3　RNA の基本構造　*30*

2-3-4　主要な 3 種類の RNA　*30*

2-3-5　核酸の塩基配列の表記法　*34*

2-3-6　DNA 二重らせんの種類　*34*

2-3-7　DNA の超らせん構造　*34*

2-4　真核細胞 DNA の高次構造と染色体　*37*

2-4-1　クロマチンとヌクレオソーム　*37*

2-4-2　染色体　*38*

2-4-3　ヘテロクロマチンとユークロマチン　*39*

2-5　ゲノムの構造　*40*

2-5-1　ゲノムとは　*40*

2-5-2　ゲノムに含まれる反復配列と遺伝子多型　*41*

2-5-3　トランスポゾン　*42*

2-5-4　ゲノム再編成——V(D)J 組換え——抗体遺伝子の多様性　*44*

2-6　核酸の物理化学的性質　***45***
2-6-1　DNA の変性と再生　***45***
2-6-2　DNA および RNA の安定性と酵素による分解　***46***
2-7　核酸塩基の代謝　***48***
2-7-1　ヌクレオチドの生合成　***48***
2-7-2　プリンヌクレオチドの *de novo* 合成　***48***
2-7-3　ピリミジンヌクレオチドの *de novo* 合成　***50***
2-7-4　デオキシリボヌクレオチドの合成　***52***
2-7-5　チミジル酸（dTMP）の合成　***52***
2-7-6　ヌクレオシド三リン酸の合成　***55***
2-7-7　再利用（サルベージ）経路　***55***
2-7-8　ヌクレオチドの生体内での分解　***57***

第 3 章　細胞分裂と DNA 複製……………………………………………………***61***
3-1　細胞周期と細胞分裂　***61***
3-1-1　細胞周期　***61***
3-1-2　体細胞分裂　***64***
3-1-3　減数分裂　***67***
3-2　DNA 複製　***71***
3-2-1　DNA ポリメラーゼの反応　***72***
3-2-2　DNA 複製の基本　***73***
3-2-3　原核生物の DNA 複製　***77***
3-2-4　真核生物の DNA 複製　***85***
3-2-5　ウイルスゲノムの複製　***93***

第 4 章　遺伝子の発現とその調節　……………………………………………　***101***
4-1　転写とその制御機構　***101***
4-1-1　転写の基本　***101***
4-1-2　原核細胞の転写とその調節　***102***
4-1-3　真核細胞の転写とその調節　***107***
4-2　クロマチンレベルでの転写制御　***114***
4-2-1　ヒストン化学修飾と転写調節　***114***
4-2-2　ヒストンアセチル化による転写活性化　***117***
4-2-3　DNA メチル化による転写抑制　***118***
4-2-4　エピジェネティックな遺伝子発現　***120***
4-3　真核細胞における RNA プロセシング　***123***
4-3-1　mRNA のプロセシング　***123***
4-3-2　rRNA のプロセシング　***127***

4-3-3　tRNA のプロセシング　*127*
4-3-4　miRNA による遺伝子発現調節　*128*
4-4　タンパク質合成　*130*
4-4-1　タンパク質合成の概観　*130*
4-4-2　コドンとアンチコドン　*131*
4-4-3　tRNA へのアミノ酸の結合　*134*
4-4-4　リボソームの構造と機能　*135*
4-4-5　タンパク質合成各反応　*136*
4-4-6　リボザイム　*144*
4-5　タンパク質の細胞内輸送　*145*
4-5-1　遊離型および膜結合型リボソームでのタンパク質合成　*145*
4-5-2　移行シグナル　*145*
4-6　タンパク質の翻訳後修飾　*147*
4-6-1　プロテアーゼによる切断　*148*
4-6-2　糖鎖による修飾　*148*
4-6-3　脂質による修飾　*149*
4-6-4　その他の修飾　*150*
4-7　タンパク質の品質管理とは　*151*
4-7-1　シャペロン　*151*
4-7-2　ユビキチン化とプロテアソーム　*152*

第 5 章　遺伝子の変異と修復 ……………………………… ***157***
5-1　突然変異　*157*
5-1-1　染色体異常　*157*
5-1-2　点突然変異　*158*
5-2　DNA 損傷の要因と種類　*160*
5-2-1　自然発生的損傷　*160*
5-2-2　内部要因による損傷　*160*
5-2-3　紫外線損傷　*161*
5-2-4　環境変異原による DNA の化学的修飾　*161*
5-2-5　電離放射線による損傷　*162*
5-2-6　DNA 複製のエラー　*163*
5-3　DNA 修復　*164*
5-3-1　大腸菌の DNA 修復機構　*164*
5-3-2　真核生物の DNA 修復機構　*169*

第 6 章　細胞内シグナル伝達と遺伝子発現 ……………………… ***179***
6-1　ホルモンとオータコイド　*179*

6-2 脂溶性リガンドと水溶性リガンド *180*
6-3 脂溶性ホルモン，ビタミンD，レチノイン酸と核受容体 *181*
6-4 細胞膜受容体の種類と機能 *184*
6-4-1 イオンチャネル型受容体 *184*
6-4-2 Gタンパク質共役型受容体とセカンドメッセンジャー *185*
6-4-3 プロテインキナーゼ型受容体 *191*
6-4-4 酵素共役型受容体 *196*
6-4-5 その他のシグナル伝達系 *197*
6-5 多細胞生物における細胞死 *200*
6-5-1 アポトーシスとネクローシス *200*
6-5-2 アポトーシスを制御するタンパク質 *201*
6-5-3 アポトーシスのシグナル伝達 *202*
6-6 遺伝子の異常とがん *205*
6-6-1 腫瘍の分類 *205*
6-6-2 がんと正常細胞 *205*
6-6-3 遺伝子病としてのがん *206*
6-6-4 がん遺伝子の発見とがん原遺伝子 *206*
6-6-5 ヒトがん組織からがん遺伝子の単離 *207*
6-6-6 がん原遺伝子の異常と発がん *208*
6-6-7 がん抑制遺伝子 *209*
6-6-8 細胞周期を制御するタンパク質 *211*
6-6-9 細胞周期の調節におけるがん抑制遺伝子の働きとその異常 *212*
6-6-10 p53によるアポトーシスの誘導 *213*
6-6-11 化学発がん *213*
6-6-12 多段階発がんモデル *215*
6-6-13 がんの浸潤と転移 *216*
6-6-14 がんの分子標的薬 *218*

第7章 遺伝子工学 ………………………………………… ***225***
7-1 遺伝子工学の基礎 *225*
7-1-1 遺伝子工学に利用される酵素類 *225*
7-1-2 ベクターDNA *229*
7-1-3 DNAおよびRNAの抽出と精製 *232*
7-1-4 核酸の定量 *235*
7-1-5 ゲル電気泳動法 *236*
7-2 組換えDNA技術の概要 *237*
7-2-1 DNA，ベクターの切断と再結合による組換えDNAの作成 *237*
7-2-2 宿主細胞へのベクターの導入と選別 *238*

7-2-3　目的 DNA の増幅と単離精製　***238***
7-3　遺伝子クローニング法　***239***
7-3-1　クローニングとは　***239***
7-3-2　生物学的方法　***239***
7-3-3　酵素的方法（PCR 法）　***243***
7-4　遺伝子および遺伝子産物解析法　***248***
7-4-1　特定の DNA 配列の検出と定量　***248***
7-4-2　mRNA の検出と定量　***251***
7-4-3　タンパク質の検出　***253***
7-4-4　タンパク質の発現法　***253***
7-4-5　真核細胞への遺伝子導入法　***254***
7-4-6　レポーターアッセイ　***256***
7-4-7　遺伝子発現抑制法　***258***
7-5　遺伝子構造解析法　***261***
7-5-1　DNA 塩基配列決定法　***261***
7-5-2　遺伝子多型の検出法　***265***
7-5-3　遺伝子多型とヒト疾患関連遺伝子の解明　***268***
7-6　コンピュータを利用した生物情報　***269***
7-6-1　オミックス研究とバイオインフォマティックス　***269***
7-6-2　疾患データベース　***270***
7-6-3　バイオデータベース　***270***
7-7　動物個体の遺伝子操作　***271***
7-7-1　クローン動物　***271***
7-7-2　トランスジェニックマウス　***272***
7-7-3　ノックアウトマウス　***272***
7-7-4　ゲノム編集による遺伝子改変動物　***276***
7-7-5　遺伝子組換え植物　***277***
7-8　組換え DNA 実験に関する法律　***277***
7-8-1　カルタヘナ議定書　***277***
7-8-2　遺伝子組換え生物とは　***278***
7-8-3　「第一種使用等」と「第二種使用等」の違い　***278***
7-8-4　拡散防止措置の決め方　***278***
7-8-5　拡散防止の方法（P1，P2，P3）　***279***

第 8 章　遺伝子工学の応用 ………………………………… ***283***
8-1　組換え医薬品の生産　***283***
8-1-1　組換え医薬品とは　***283***
8-1-2　組換え医薬品の発現系　***285***

8-1-3　遺伝子組換えインスリン製剤　***286***
8-1-4　遺伝子組換え成長ホルモン製剤　***287***
8-1-5　遺伝子組換え造血ホルモン製剤　***287***
8-1-6　ヒト血清アルブミン製剤　***288***
8-1-7　抗体医薬品　***289***
8-2　遺伝子診断　***292***
8-2-1　遺伝子診断とは　***292***
8-2-2　遺伝子診断の方法　***292***
8-2-3　遺伝子診断と個別化医療　***293***
8-2-4　遺伝疾患の遺伝形式　***295***
8-3　遺伝子治療　***301***
8-3-1　遺伝子治療とは　***301***
8-3-2　遺伝子治療の方法　***302***
8-3-3　遺伝子治療の実施例　***302***
8-4　再生医療　***304***
8-4-1　再生医療と幹細胞　***304***
8-4-2　iPS細胞　***305***

Coffee Break

2-1　なぜDNAではウラシルでなく，チミンなのか？ ………… ***30***
2-2　トウモロコシの斑入りから転位する遺伝子トランスポゾンの発見 ………… ***43***
3-1　父子二代によるDNAポリメラーゼの発見 ………… ***82***
3-2　ヒトは逆転写酵素をもっているだろうか？ ………… ***97***
3-3　ガートルード・エリオン ………… ***99***
4-1　遺伝暗号の解読 ………… ***133***
4-2　卵が先か，ニワトリが先か ………… ***145***
4-3　シャペロンとは？ ………… ***152***
5-1　光回復と生物時計 ………… ***170***
6-1　毒ヘビとシビレエイの意外な関係とは？ ………… ***185***
6-2　mTOR阻害薬は夢の不老長寿のくすりとなるか？ ………… ***195***
6-3　線虫はアポトーシスのすぐれた実験動物である ………… ***202***
6-4　幻のノーベル賞 ………… ***214***
7-1　PCR法の開発 ………… ***245***
7-2　解き明かされた3000年以上前の史実 ………… ***247***
7-3　サザンとノーザン～人名か方角か ………… ***251***
7-4　日本人研究者による緑色蛍光タンパク質の発見 ………… ***258***

医療とのつながり

2-1　核酸代謝を阻害する医薬品 …… *53*
2-2　再利用経路と遺伝病 …… *56*
2-3　痛風と痛風治療薬 …… *58*
2-4　ソリブジンと5-FUは併用禁忌 …… *60*
3-1　有糸分裂を阻害する抗がん剤 …… *66*
3-2　染色体異数性疾患 …… *71*
3-3　DNAジャイレース阻害剤としての抗生物質 …… *84*
3-4　DNA複製を阻害する抗がん剤 …… *90*
3-5　代表的な抗ウイルス薬 …… *97*
4-1　がんのエピゲノム治療薬 …… *122*
4-2　スプライシング異常による遺伝性疾患 …… *126*
4-3　抗生物質ならびに細菌毒素の標的としてのリボソーム …… *143*
4-4　タンパク質のフォールディング異常と疾患 …… *154*
5-1　染色体異常と疾患 …… *159*
5-2　DNA損傷修復機構の異常と遺伝性疾患 …… *176*
6-1　レチノイン酸による白血病の分化誘導療法 …… *183*
6-2　がんの分子標的薬 …… *219*
7-1　法医学分野におけるPCR …… *247*

索　引 …… *309*

第1章 生命の基本

生命の基本は細胞である．下等な単細胞生物から高等な多細胞生物にいたるまで，細胞は生命の最小単位であり，さまざまな生命現象を分子レベルで理解するためには，まず細胞の構造と機能を正しく理解しておくことが必要である．分子生物学ではそれらの基本的な知識をもとに，DNA または RNA に書き込まれた遺伝情報がいかに発現し，細胞，組織，個体，さらには種のレベルにおける表現形質へとどのように伝達されるのかを明らかにする．ここではまず，生命現象が行われる場としての細胞の基本構造と，表現形質に直接関わるタンパク質の構造について学ぶ．

1-1 真核細胞と原核細胞ならびにウイルス

生物界は，**真核生物** eukaryote と**原核生物** prokaryote に分けられる．原核生物はさらに，**真正細菌**（簡略化して**細菌**ともよぶ）bacterium と**古細菌** archaea に分けることができる．この中で本書で扱うのは真正細菌と真核生物である．さらに，**ウイルス** virus は生物の条件を満たさないとされるが，医学・薬学領域では重要な病原体であり，また，分子生物学的な研究や医療のツールとしても重要である．この 3 種の生命体について大きさ，特徴，構造について概説する．

1-1-1 ウイルスや細胞の大きさ

原核細胞として代表的な大腸菌を光学顕微鏡で観察したことがあるだろうか．その際，1000 倍程度の倍率をかけたことと思う．図 1-1 に示すように大腸菌の大きさは 2 ～ 3 μm で，ブドウ球菌は 1 μm 程度である．真核細胞は原核細胞よりも大きく，10 ～ 25 μm のものが多いが，ヒトの卵細胞は 100 ～ 200 μm 程度であり，一方，カエルの卵細胞は 1 ～ 2 mm 程度と逆に大きいのが特徴である．またヒト赤血球の大きさは約 8 μm である．ウイルス粒子はさらに小さく，観察には電子顕微鏡が必要である．ヘルペスウイルスは 100 ～ 150 nm 程度，ヒト免疫不全ウイルス（HIV）やインフルエンザウイルスは 100 nm 程度である．リボソームの直径は 20 ～ 30 nm，タンパク質分子は数 nm ～ 20 nm 程度，さらに原子の大きさは 0.1 nm 程度である．これらのおおよそのスケールを理解しておくことは大切である．

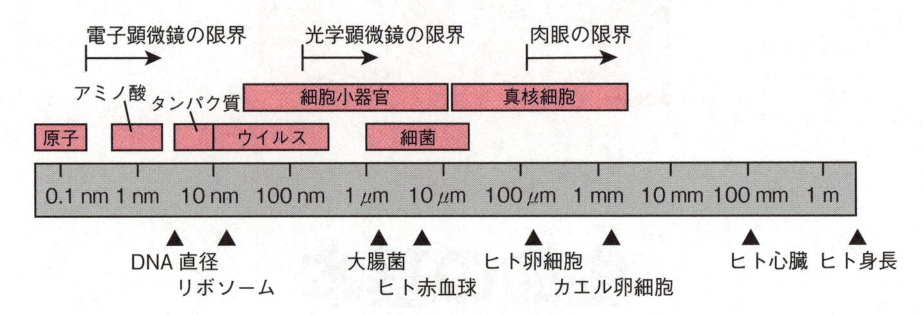

図 1-1　各種細胞と細胞構成成分の大きさの比較

1-1-2　ウイルスの構造

ウイルスはそのゲノムを構成する核酸の違いから**DNA ウイルス**DNA virus と**RNA ウイルス**RNA virus に分けられる．また，RNA ウイルスの中には一本鎖 RNA をゲノムにもち，逆転写を行う**レトロウイルス**retrovirus とよばれる一群が存在する．それぞれの代表的なものとして，ヘルペスウイルス（口唇ヘルペスや水疱瘡，帯状疱疹などを引き起こす DNA ウイルス），インフルエンザウイルス，HIV があげられる．それらのウイルスの構造を図 1-2 に示す．ウイルスの**ビリオン**virion とは，ウイルスが細胞外に分泌されたときのウイルス粒子のことをいう．ビリオンは，DNA もしくは RNA ゲノムが**カプシド**capsid タンパク質で囲まれたものである．ゲノムはタンパク質と結合した構造をしている場合は，これをヌクレオカプシドとよぶことがある．その外側は通常，**エンベロープ**envelope とよばれる外被で覆われている（エンベロープをもたないウイルスもある）．加えて，エンベロープには，宿主細胞の吸着に必要な**スパイク**spike タンパク質とよばれる構造が突き出ている．インフルエンザウイルスではスパイクタンパク質として，ノイラミニダーゼとヘマグルチニンをもっている．また，ビリオン内にいくつかの酵素やタンパク質をもつ場合がある．例えば，インフルエンザウイルスは RNA 依存性 RNA ポリメラーゼをもち，HIV は逆転写酵素に加えて，プロテアーゼやインテグラーゼをもっている．また，細菌に感染する細菌性ウイルスのことを一般に**ファージ**phage とよび，ファージは初期

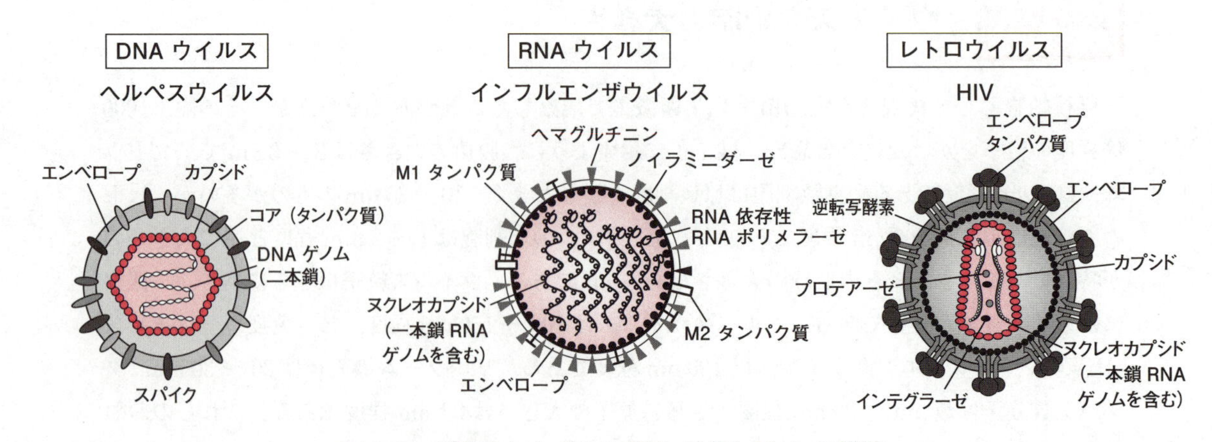

図 1-2　代表的なウイルス粒子（ビリオン）の構造

の分子生物学研究における活発な研究対象の一つであった．

1-1-3 細胞の基本構造

大腸菌のような原核生物から，ヒトのような真核生物を構成するさまざまな細胞にいたるまで，細胞に共通に存在する基本的構造は細胞膜，細胞質ならびに遺伝子である．細胞は外界との境界として**細胞膜** plasma membrane を有し，その内部には種々の**細胞小器官**（**オルガネラ** organelle ともいう）やタンパク質などを含有する**細胞質** cytoplasm が存在する．また，遺伝情報は遺伝子を構成する **DNA**（deoxyribonucleic acid）に含まれている．

A 原核細胞の構造

原核細胞の例として，図 1-3 に細菌の構造を示す．細菌はその形態から桿菌や球菌などがあり，大きさは 1 ～数 μm のものが多い．分子生物学の研究対象として大腸菌が最もよく研究されてきた．大腸菌は桿菌の一種であり，長さが約 2 μm，径が約 1 μm である．核は存在せず，染色体 DNA（大腸菌では約 460 万塩基対）は環状であり，次に述べる真核細胞のようなクロマチン構造をとらない．二本鎖 DNA はスーパーコイル（→ 2-3-7）を形成し，コンパクトな状態で細胞質の一部分を占有しており，その構造は**核様体** nucleoid とよばれる．その他，染色体 DNA に比べて小型の環状 DNA の**プラスミド** plasmid をもつ場合もある．プラスミドは，染色体とは別であるが細胞分裂に伴って複製され，抗生物質耐性遺伝子や毒素遺伝子など生命維持に必須ではない遺伝子を運ぶことが多い．プラスミドは真核生物の酵母にも見出され，原核生物のみに存在するわけではない．

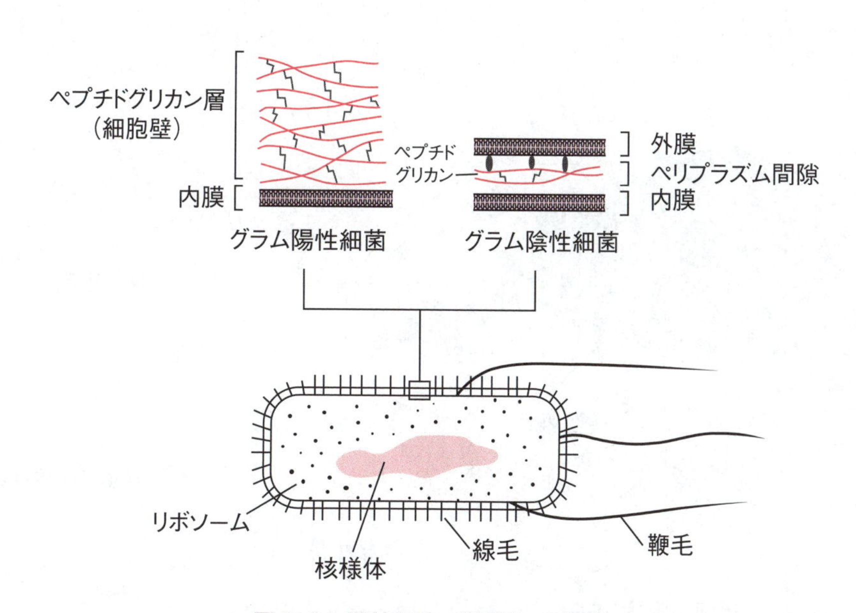

図 1-3　原核細胞（細菌）の構造

細菌（桿菌）の構造を示す．細菌によっては，運動のための鞭毛や付着のための線毛をもつものがある．グラム陽性細菌では外膜はなく，厚いペプチドグリカン層をもつ．グラム陰性細菌では内膜と外膜の 2 層からなり，ペリプラズム間隙にペプチドグリカンが存在する．

細菌の細胞表層の構造は**グラム陽性菌** Gram-positive bacteria と**グラム陰性菌** Gram-negative bacteria で大きく異なる．グラム陽性菌は1層の細胞膜だけを有するのに対して，グラム陰性菌は**外膜** outer membrane と**内膜** inner membrane の2層の膜構造を有することが特徴である．細菌の表層には，**線毛** pili とよばれる短い毛のような構造が存在し，宿主への付着を助ける．また，それより長い**鞭毛** flagellum とよばれる長い毛は ATP 依存性の回転運動により駆動力を得ている．

原核細胞では，膜で囲われた内部は細胞質で占められており，真核細胞にみられるようなミトコンドリアや小胞体などの細胞小器官は存在しない．

B 真核細胞の構造

真核細胞は原核細胞とは異なり，細胞膜の内側には細胞質のみならず，細胞小器官を有している．ただし，高度に分化した細胞の中には細胞小器官がない細胞も存在する．例えば，赤血球には細胞小器官がなく，細胞質はヘモグロビンで満たされている．典型的な真核細胞の大きさは 25 μm 程度であるが，卵細胞のようにサイズの大きなものもある．真核生物には植物，菌類，動物が含まれるが，以下では動物細胞を中心に膜構造と細胞小器官について概説する．図 1-4 に代表的な動物細胞の構造を示す．

1）細胞膜

細胞膜は細胞の内外を区切る役割があり，主に脂質とタンパク質で構成されている．図 1-5 に示すように，細胞膜は**脂質二重層** lipid bilayer とよばれる流動的な構造をしている．脂質二重層は，主成分である両親媒性のリン脂質に加え，コレステロール，糖脂質などからなっている．こ

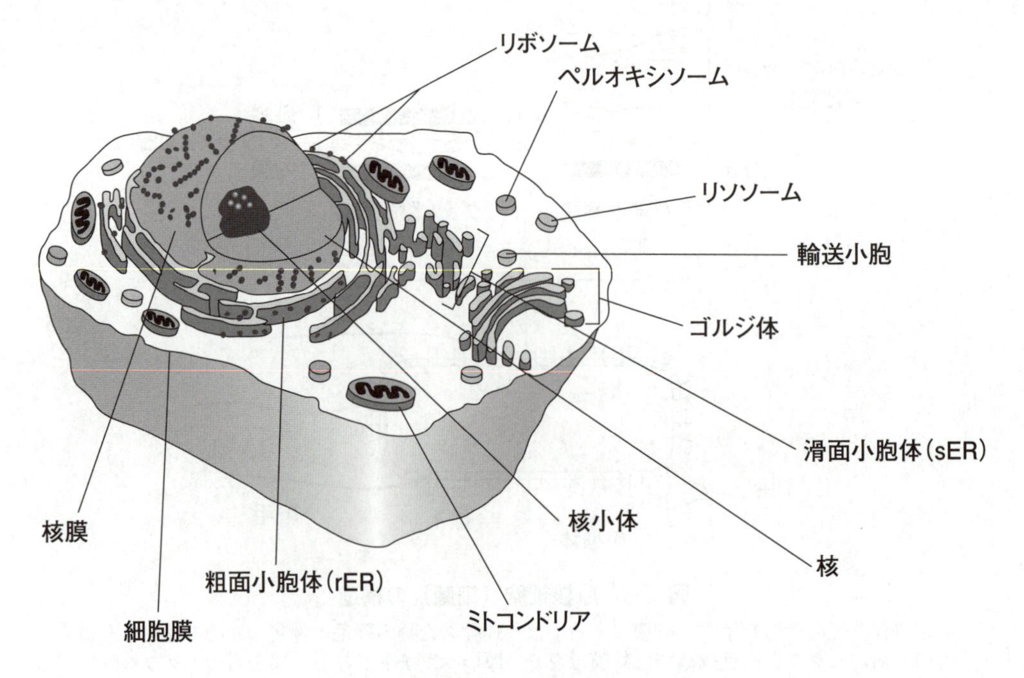

図 1-4 真核細胞（動物細胞）の構造

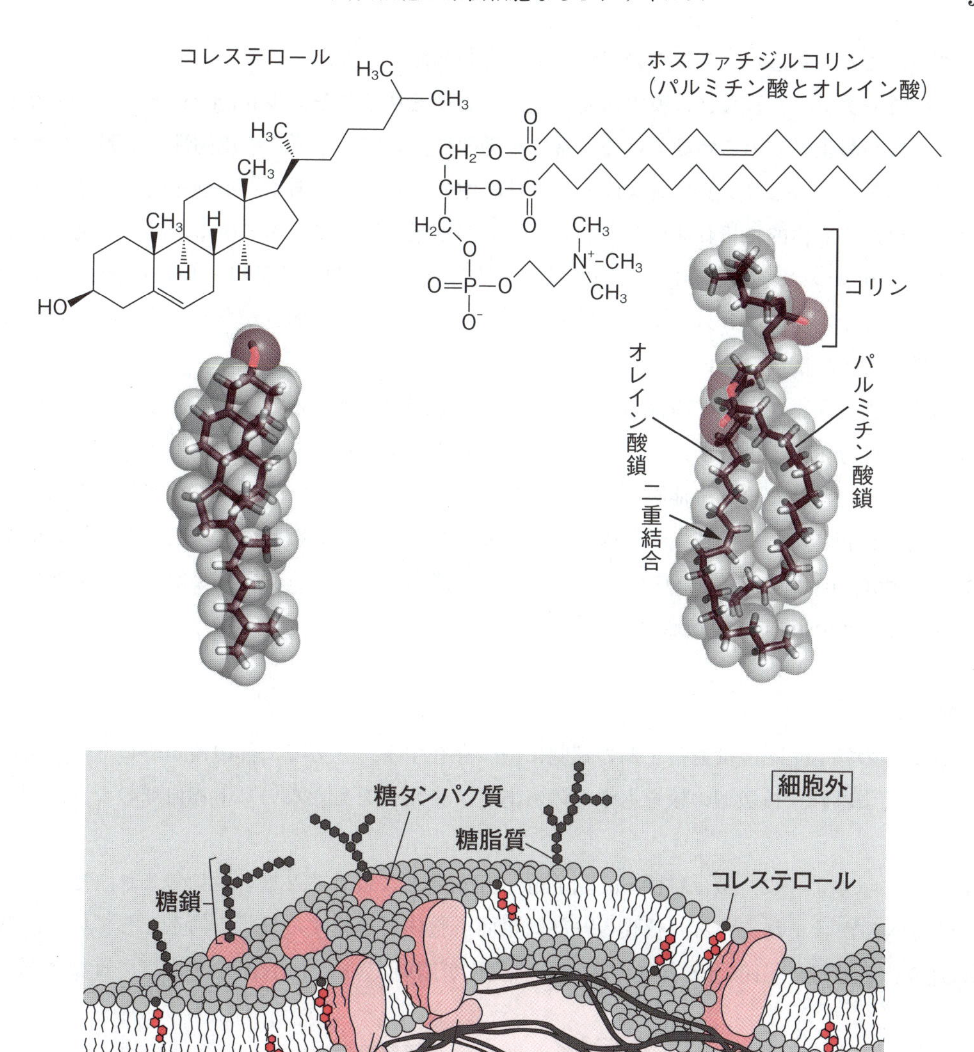

図 1-5　細胞膜を形成する脂質二重層と代表的な構成脂質

のような膜構造は，ミトコンドリアなどの細胞小器官でも同様であり，基本的に共通である．細胞小器官等の膜も含めて，これら内外を仕切る膜を**生体膜** biomembrane とよぶ．

脂質二重層を形成しているリン脂質は，ホスファチジルコリン（特に二重層の外側に多い），ホスファチジルエタノールアミン（特に二重層の内側に多い）ならびにホスファチジルセリンとよばれるグリセロリン脂質である．その他のリン脂質としてグリセロールの代わりにスフィンゴシンから構成されているスフィンゴミエリンも含まれる．これらのリン脂質は，リン酸やコリンなどの親水性の頭部と高級脂肪酸やスフィンゴシン由来の疎水性部分をもつ両親媒性分子であり，互いに疎水性部分を内側に，親水性部分を外側に向けて，厚さ 7～10 nm の二重層を形成している．この二重層の表層に付着，貫通，あるいはアンカーを打ち込むように存在する膜タンパク質は，物質の輸送や情報のやりとりに機能している．膜タンパク質や膜脂質の一部には糖鎖が付加されていることがあるが，それらの糖鎖は常に膜の外側に突き出ている．

リン脂質やタンパク質などの膜の構成成分は，**流動モザイクモデル** fluid mosaic model で示されるように，静止しているわけではなく常に流動的に動いている．この流動性に影響を与える要因は二つある．一つはリン脂質を構成する脂肪酸中の二重結合である．不飽和脂肪酸はシス二重結合をもつため立体的に折れ曲がりが生じる．その結果，脂質二重層の構造が乱れて流動性が増大する．もう一つは，動物細胞においては，脂質二重層中に**コレステロール** cholesterol が存在していることである．コレステロールは膜の流動性を低下させる働きがあり，特に温度変化による流動性の調節に関与している．

二酸化炭素や酸素などの非極性の低分子は脂質二重層を通過することができるが，それ以外のイオンや極性分子，大型分子，ウイルスなどはそのままでは通過することができない．これらを膜の内外へ輸送するため，生体膜にはチャネル，トランスポーター，ポンプなどの膜貫通型のタンパク質が存在する．この他，細胞膜がくぼんで細胞外の物質を細胞内に取り込む**エンドサイトーシス** endocytosis や，細胞質中の分泌小胞の膜が細胞膜と融合して物質を分泌する**エキソサイトーシス** exocytosis などの輸送の仕組みがある．

2）核

真核細胞の**核** nucleus は通常1個の細胞に一つ存在する．一方で一部の菌類やヒトの骨格筋細胞は多核とよばれ，複数個の核をもつものもある．また核をもたないヒト赤血球のような細胞もある．

図1-6に示すように，核は**核膜** nuclear membrane とよばれる2層の膜に包まれ，その中には染色体DNAが含まれている．核膜の一部は粗面小胞体と連続する袋状の構造をしている．核膜には所々，直径50～100 nm程度の多数の核膜孔が開いていて，RNAやタンパク質などがこの

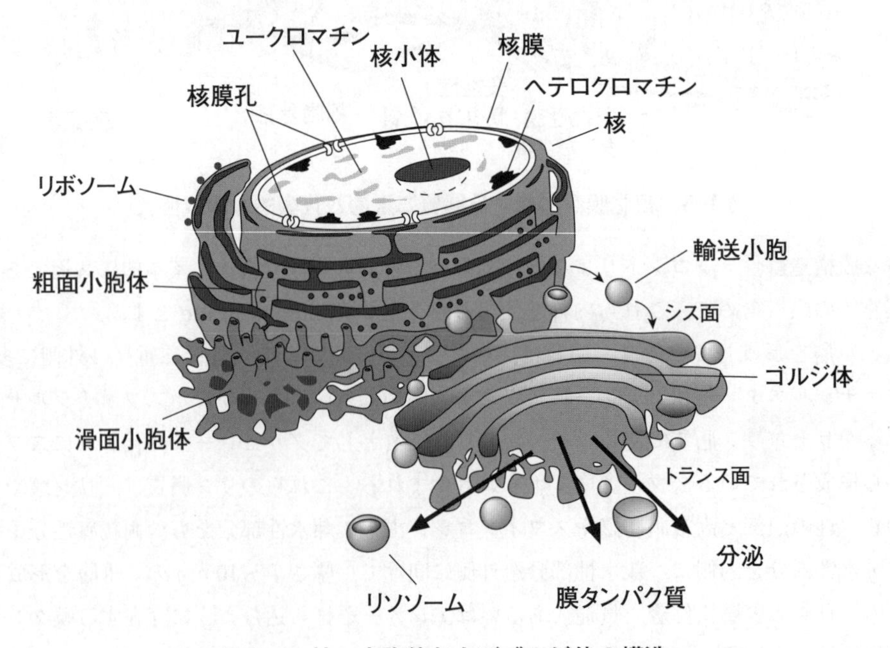

図1-6 核，小胞体およびゴルジ体の構造

穴を通じて細胞質とやり取りされている．核の内部には**核小体** nucleolus（古くは仁とよばれた）という部分があり，そこではリボソーム RNA が活発に合成されている．

ヒトの二倍体細胞の核に含まれる染色体 DNA は，22 対の常染色体と 1 対の性染色体の計 46 本の染色体からなっているが，染色体構造をとるのは細胞分裂のときだけである．染色体 DNA は核内でタンパク質と結合して存在しており，これを**クロマチン構造** chromatin structure とよぶ（→ 2-4-1）．クロマチン構造では，DNA は，ヒストンとよばれる塩基性タンパク質に巻きつき，ヌクレオソームを形成している．ヒトの細胞では，直線状に並べると約 2 m にもなる極めて長い DNA が細胞の核内に収められているのは，DNA がクロマチン構造によりコンパクトに折りたたまれているからである．クロマチン構造はまた，遺伝子の発現調節にも重要な役割を果たしている（→ 4-2）．クロマチン構造中で高度に凝集している部分は**ヘテロクロマチン** heterochromatin とよばれ，一般的に転写活性が低い．一方，分散している部分は**ユークロマチン** euchromatin とよばれ，転写活性が高い領域である（図 1-6）．

3）ミトコンドリア

ミトコンドリア mitochondrion は真核細胞のエネルギー生産場所あるいは発電所などと形容されることがある．大きさは 2 ～ 5 μm，1 細胞あたりの数は 1000 個前後であるが，細胞によって異なる．心筋や骨格筋など，常にエネルギーを必要とする細胞では多く含まれている．

ミトコンドリアの構造を図 1-7 に示す．ミトコンドリアは外膜と内膜の 2 枚の膜からなっている．内膜の一部は内側に大きく陥没してひだを形成しており，この部分を**クリステ** cristae とよぶ．外膜と内膜との間を膜間腔，内膜の内側の空間を基質もしくは**マトリックス** matrix という．

ミトコンドリアの内膜には電子伝達系の複合体が存在し，マトリックスにはクエン酸回路を構成する酵素群や，β 酸化，尿素回路の酵素などが存在している．その他，外膜と膜間腔にはアポトーシスに関連するいくつかのタンパク質も存在しており（→ 6-5-2），細胞増殖や分化にも関係している．

ミトコンドリアは独自の環状 DNA を有しており，ミトコンドリアで利用されるタンパク質の一部はミトコンドリアのゲノム DNA の情報を基につくられるが，残りのタンパク質は核のゲノ

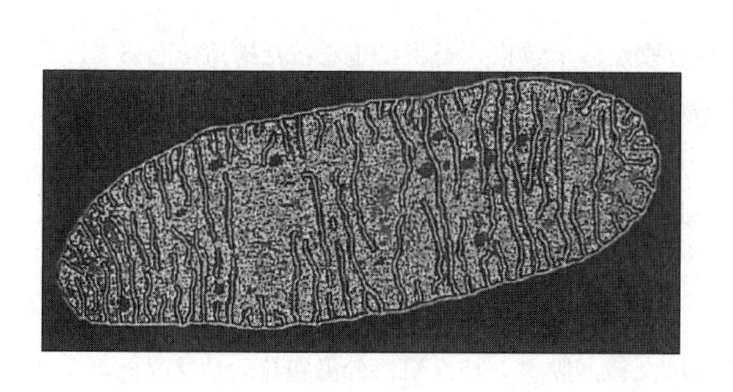

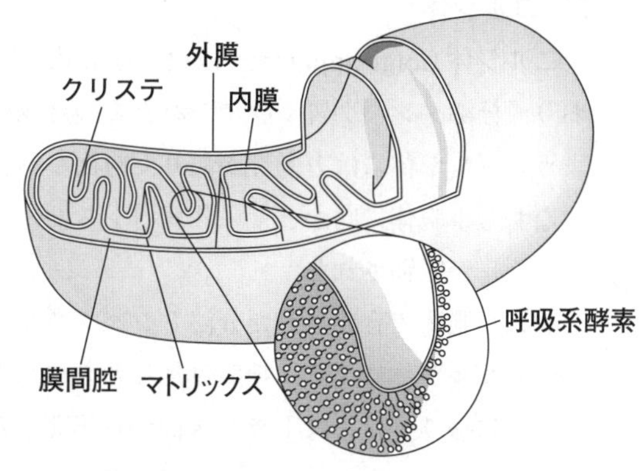

図 1-7　ミトコンドリアの構造
左はミトコンドリアの透過型電子顕微鏡像，右は模式図
（ブラック微生物学 第 2 版，p.99 の図 4.12，丸善株式会社）

ム情報を基に細胞質でつくられ，ミトコンドリアへと輸送される．ミトコンドリアは，二分裂で増える，ミトコンドリアのゲノムDNAにはイントロンがなくポリシストロン性である（→4-1-2-C）など，細菌との類似点が多く，進化の過程においてミトコンドリアの祖先は好気性細菌が真核細胞を宿主に共生したものがそのまま残ったと考えられている．

受精時には精子は頭部（すなわち核）だけが卵細胞に入るため，受精卵のミトコンドリアは母親のみから受け継がれる．この特徴を利用して，ミトコンドリアDNAは個人識別や家系を調べるのに利用されたり，人類の起源の推定にも利用されている．

またミトコンドリアDNAの変異によって生じる**ミトコンドリア病** mitochondrial disease と呼ばれる一連の難病が存在する．ミトコンドリアの機能不全により十分な好気的エネルギー産生が行えなくなることによって発症する．主にエネルギーを多く必要とする脳，骨格筋，心筋のミトコンドリアDNAに異常が蓄積することが多い．

4）小胞体およびリボソーム

小胞体 endoplasmic reticulum には表面にリボソームが付着し，核膜から繋がって層状構造をとる**粗面小胞体（rER）** rough endoplasmic reticulum と，リボソームは付着せず，粗面小胞体と繋がり，細管の網状構造をとる**滑面小胞体（sER）** smooth endoplasmic reticulum が存在する（図1-6）．

リボソームはrRNAとタンパク質からなるタンパク質合成の場である．真核生物では60Sと40Sの二つのサブユニットからなり，タンパク質合成時は両サブユニットが複合体を形成し，80Sとなる（図2-12）．

粗面小胞体に付着しているリボソームでは分泌タンパク質，膜タンパク質，リソソーム，ゴルジ体，小胞体酵素などが合成される．それらは小胞体内に移行し，折りたたみ構造の形成，ジスルフィド結合の形成，糖鎖付加等のプロセシングなどが行われる（→4-6-2）．

滑面小胞体は，コレステロールや炭素数12以上の脂肪酸などの脂質合成，カルシウムイオン貯蔵などの機能がある．

5）ゴルジ体

ゴルジ体 Golgi apparatus は扁平な袋状の膜が数枚から十数枚，層状に重なった構造をとっており，分泌タンパク質や膜タンパク質の合成後の加工と振り分けに機能している．図1-6に示すようにゴルジ体には方向性があり，粗面小胞体から輸送小胞を介してタンパク質を受け入れる面，すなわち小胞体に向かっている側（シス面）と，送り出す面，すなわち小胞体と反対方向（トランス面）が区別される．

粗面小胞体で合成された分泌タンパク質や膜タンパク質などは輸送小胞としてゴルジ体のシス面からゴルジ体に入る．糖鎖付加などの修飾を受けた後，膜タンパク質，分泌顆粒，リソソームの三つに振り分けられトランス面から出芽する．

6）リソソーム

リソソーム lysosome は直径0.5 μm程度の球状の一重膜構造をとる細胞小器官で，細胞質中に400個程度存在している（図1-6）．名前のlyso-は“溶解する”という意味であり，リソソームは細胞内消化の場としてエンドサイトーシスやオートファジー（→p.155 アドバンスト）で取り込んだ異物や不要物を溶解し，処理している．内部には50種類以上の加水分解酵素をもつ．それらの酵素群にはプロテアーゼ，グリコシダーゼ，リパーゼ，ホスファターゼ，ヌクレアーゼなどさまざまな酵素が含まれている．分解されたものは細胞質で再利用されるか，エキソサイトーシスにより排出されるか，残渣小体として細胞内に残される．リソソーム内部はプロトンポンプにより酸性（pH 5前後）に保たれており，リソソーム酵素群の至適pHは酸性側に偏っている．

リソソーム酵素の中の一つが遺伝的に欠損していることが原因で発症する各種の脂質蓄積症やムコ多糖症などの**リソソーム病** lysosomal diseaseと総称される難病が存在する．

7）ペルオキシソーム

ペルオキシソーム peroxisomeは0.5～1 μmの球状の一重膜構造の細胞小器官で，細胞質中に400個程度存在している．アルコール，アミノ酸，ヒドロキシ酸，プリン，ピリミジンなどの代謝や一部のβ酸化などを行っている．ペルオキシソーム内で行われるのは酸化反応で，特に過酸化水素を発生する数多くの酸化酵素（～オキシダーゼの名称でよばれる）がペルオキシソーム内に存在する．β酸化はおもにミトコンドリアで行われATPが産生されるが，ペルオキシソームのβ酸化ではミトコンドリアで分解されない有毒な極長鎖脂肪酸が処理される．

過酸化水素は細胞にとって有害であるため，過酸化水素を分解，無毒化するため，ペルオキシソームにはペルオキシダーゼ（ROOR′を酸化的に切断して二つのヒドロキシ基を生ずる酵素）やカタラーゼ（$2\,H_2O_2 \longrightarrow O_2 + 2\,H_2O$）などの酵素も同時に含まれている．

8）細胞質と細胞骨格

真核細胞から細胞膜を取り除き，核を除外した部分を**細胞質** cytoplasmといい，さらに細胞小器官を取り除いた部分を**サイトゾル** cytosolという．サイトゾルは通常，細胞の半分程度を占める．細胞内にはタンパク質，核酸，種々の低分子化合物が大量に溶解しており，水溶液というよりも水性ゲルの様相をしている．ここは，解糖系や脂肪酸合成（パルミチン酸までの）などの各種代謝系や，タンパク質合成などが行われる場である．

サイトゾルには，細いタンパク質繊維が縦横にはりめぐらされていている．これらを**細胞骨格** cytoskeletonという．これにより，細胞に形ができ，細胞運動を助け，細胞小器官の適正な配置や輸送が可能になる．細胞骨格には以下の3種類が存在する（図1-8）．細胞骨格は，種類は異なるものの，原核生物にも存在する．

① **微小管** microtubule：外径25 nmで，三つのなかで最も太い．αチューブリンとβチューブリンとよばれるタンパク質の二量体から構成されている．細胞の中心付近にある中心体から放射状に伸び，細胞の骨格の役目をしている．また，細胞小器官の適正な配置や細胞内輸送に関与している．微小管は紡錘糸を形成し，鞭毛や繊毛の構成成分ともなっている．

② **中間径フィラメント** intermediate filament：外径10 nm前後で，3種類の細胞骨格のなかで中間の太さをもつ．αヘリックスを中心とした構造をもつ単量体2本がより合わさり，さらにそれが2本より合わされた四量体の繊維がさらにまとまり，ロープ状となり，最も引っぱり強度，

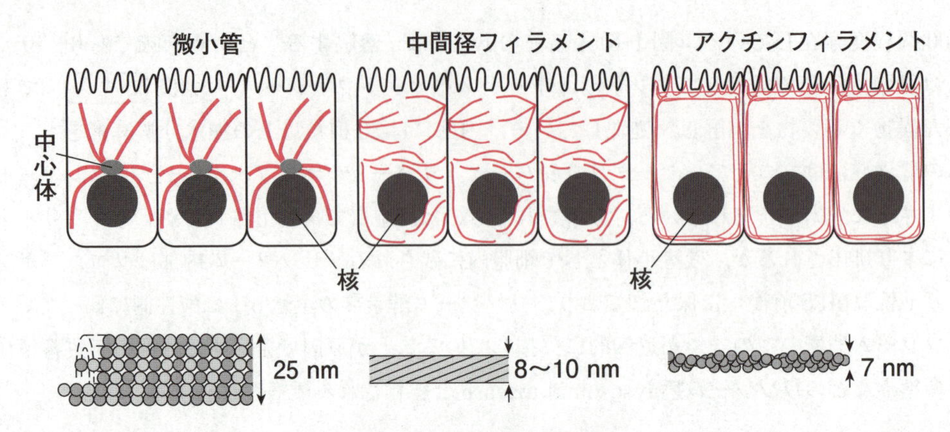

図 1-8　細胞骨格の種類

3種類の細胞骨格の細胞内分布（上段）と繊維の分子構造と直径（下段）を示す．最も太い直径約25 nmの微小管は，αチューブリンとβチューブリンの2種のタンパク質から構成される中空のフィラメント．中間径フィラメントは，ケラチンのような繊維状タンパク質がロープのようにより合って構成されている．アクチンフィラメントは最も細く，Gアクチンとよばれる単位タンパク質が重合してFアクチン繊維が形成され，これが2本より合ってできている．

耐久力が強い．核周辺から細胞の辺縁部まで網目状にはりめぐらされていて形態形成や細胞強度を保つ役割がある．中間径フィラメントを構成するタンパク質は細胞の種類によって異なり，ケラチン（上皮細胞，毛髪，爪），ビメンチン（繊維芽細胞，グリア細胞），ニューロフィラメント（神経細胞），デスミン，ラミン（核膜）などがある．

③ **アクチンフィラメント** actin filament：外径7 nmで，三つのなかで最も細い．球状タンパク質であるGアクチン（globular，球状の）が重合して繊維状のFアクチン（fibrous，繊維状の）を構成し，さらにその繊維が2本より合わさり，らせん構造を形成している．主に細胞膜の裏側（細胞質側）に存在し，張力に抗し，細胞形状，細胞膜表面の突起形成，細胞運動制御に関与している．

1-2　タンパク質の構造と機能

タンパク質 protein は**アミノ酸** amino acid が数多く重合したもので，細胞が多様な生理機能を発現するうえで最も重要な生体高分子の一つである．そのアミノ酸配列は遺伝情報であるゲノムDNAの塩基配列に基づいている．タンパク質は，構成するアミノ酸が20種類あることから極めて多様な構造が可能で，実際，酵素をはじめとして，情報伝達物質やその受容体，輸送タンパク質，抗体など種々の生理機能に関わっている．多くのタンパク質は特異的な立体構造に基づき，低分子化合物以外に，タンパク質-タンパク質間，あるいはタンパク質-核酸間で結合して機能を発揮する．ここではアミノ酸，ペプチド，タンパク質の構造と機能について概説する．

1-2-1　アミノ酸

A　アミノ酸とその異性体

アミノ酸とは，分子中にアミノ基（$-NH_3^+$）とカルボキシ基（$-COO^-$）の両方をもつ化合物の総称である．アミノ酸の種類は20種類というのは誤りであるので注意されたい．カルボキシ基が結合している炭素をα炭素とよび，その隣を順にβ, γ, ……とよぶ．アミノ酸はアミノ基が結合している炭素によって，αアミノ酸，βアミノ酸，……とよばれる．例えば，αアラニンはタンパク質を構成するアミノ酸であるが，その構造異性体であるβアラニンはβアミノ酸である．βアラニンは生体内に存在しているが，タンパク質の合成には利用されない．

α炭素が**不斉炭素** chiral carbon であるαアミノ酸には**鏡像異性体（エナンチオマー）** enantiomer が存在する（図1-9）．鏡像異性体は立体異性体の一種であり，鏡像異性体は旋光性が異なることから光学異性体ともいわれる．細胞内のタンパク質を構成している20種類のアミノ酸のうち，グリシン（側鎖R=H）を除く19種類には不斉炭素が存在し，それぞれ鏡像異性体が存在する．鏡像異性体には互いの旋光性の違いによりD体とL体が存在し，生体内のタンパク質は，すべてL体のアミノ酸から構成されている．

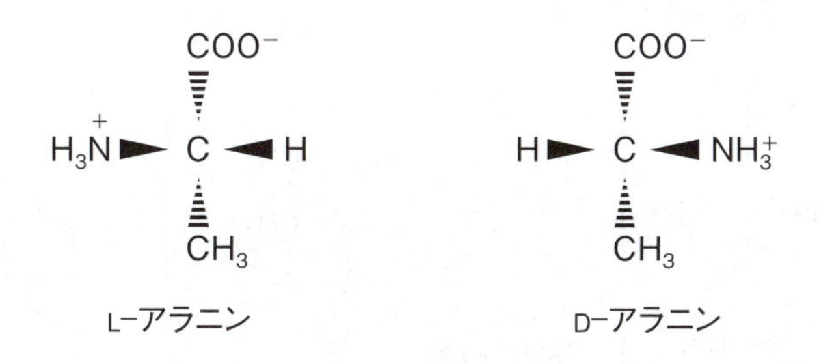

図1-9　アミノ酸の鏡像異性体

B　タンパク質を構成するアミノ酸

生体内でタンパク質合成に利用されるアミノ酸は20種類である（図1-10）．このほかにタンパク質中には4-ヒドロキシプロリンや5-ヒドロキシリジンなど，上記20種類以外の特殊なアミノ酸も存在するが，いずれもタンパク質合成後に化学修飾されたものである（図1-11）．

20種類のアミノ酸それぞれの性質や1文字表記，3文字表記は生物系科目の初期に学んだことと思うが，以下の知識を再確認してもらいたい．

- 酸性アミノ酸：Asp, Glu
- 塩基性アミノ酸：Arg, His, Lys
- 最も pK_a が高い（塩基性が強い）アミノ酸：Arg
- BCAA（branched-chain amino acids，分岐鎖アミノ酸）：Ile, Leu Val
- 光学活性のないアミノ酸：Gly

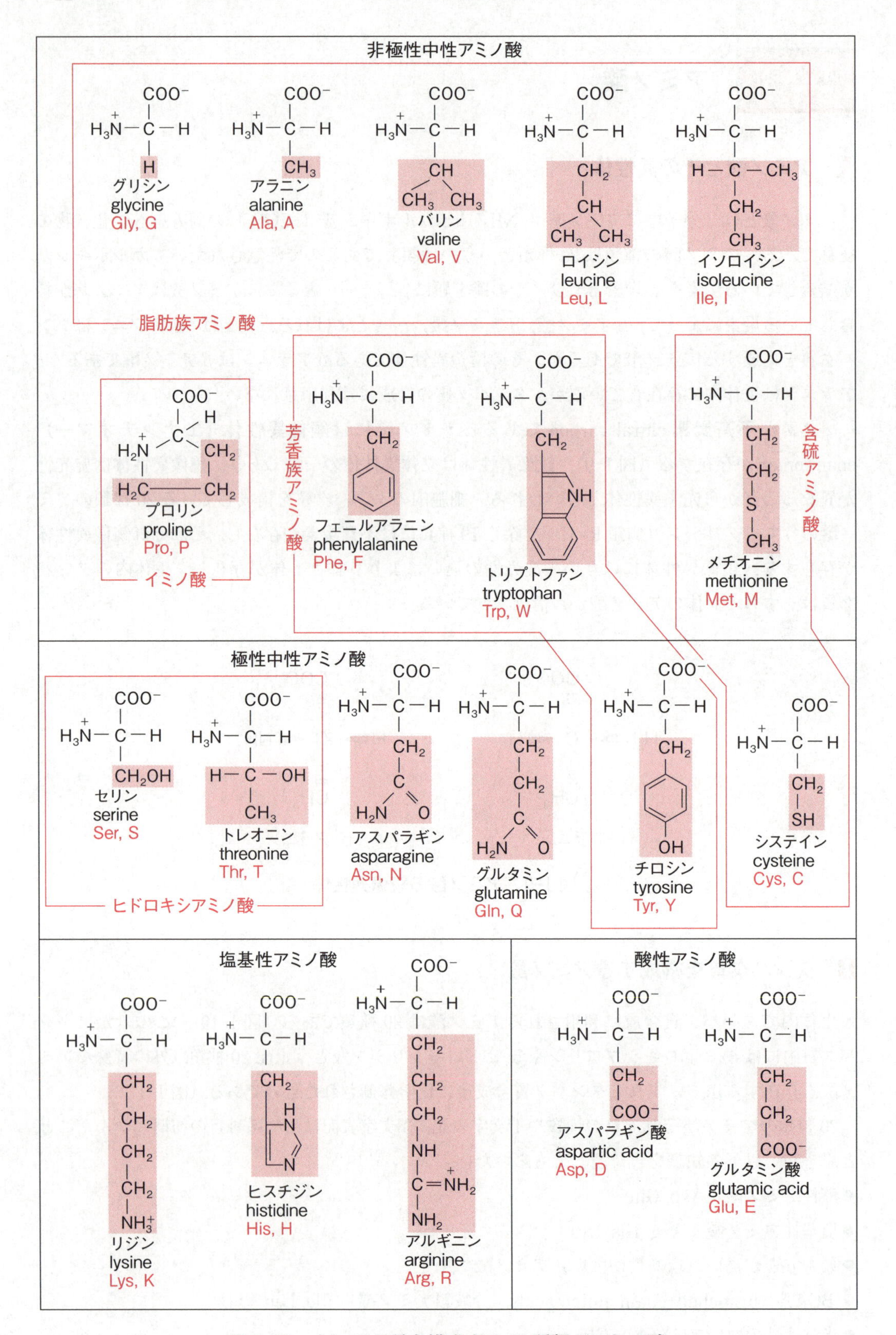

図 1-10　タンパク質を構成する 20 種類のアミノ酸

- 不斉炭素を二つもつアミノ酸：Ile, Thr
- 側鎖にアミド基をもつアミノ酸：Asn, Gln
- イミノ酸といわれるアミノ酸：Pro
- 含硫アミノ酸：Cys, Met
- 芳香族アミノ酸：Phe, Trp, Tyr
- タンパク質が紫外部に吸収をもつ原因となるアミノ酸：Phe, Trp, Tyr
- 蛍光性をもつアミノ酸：Trp, Tyr
- アルコール性ヒドロキシ基をもつアミノ酸：Ser, Thr
- フェノール性ヒドロキシ基をもつアミノ酸：Tyr
- チオール基をもつ（ジスルフィド結合を形成する）アミノ酸：Cys
- イミダゾール基をもつアミノ酸：His
- プロテインキナーゼによりリン酸化を受ける可能性のあるアミノ酸：Ser, Thr, Tyr
- 糖鎖による修飾を受ける可能性のあるアミノ酸：Asn, Ser, Thr

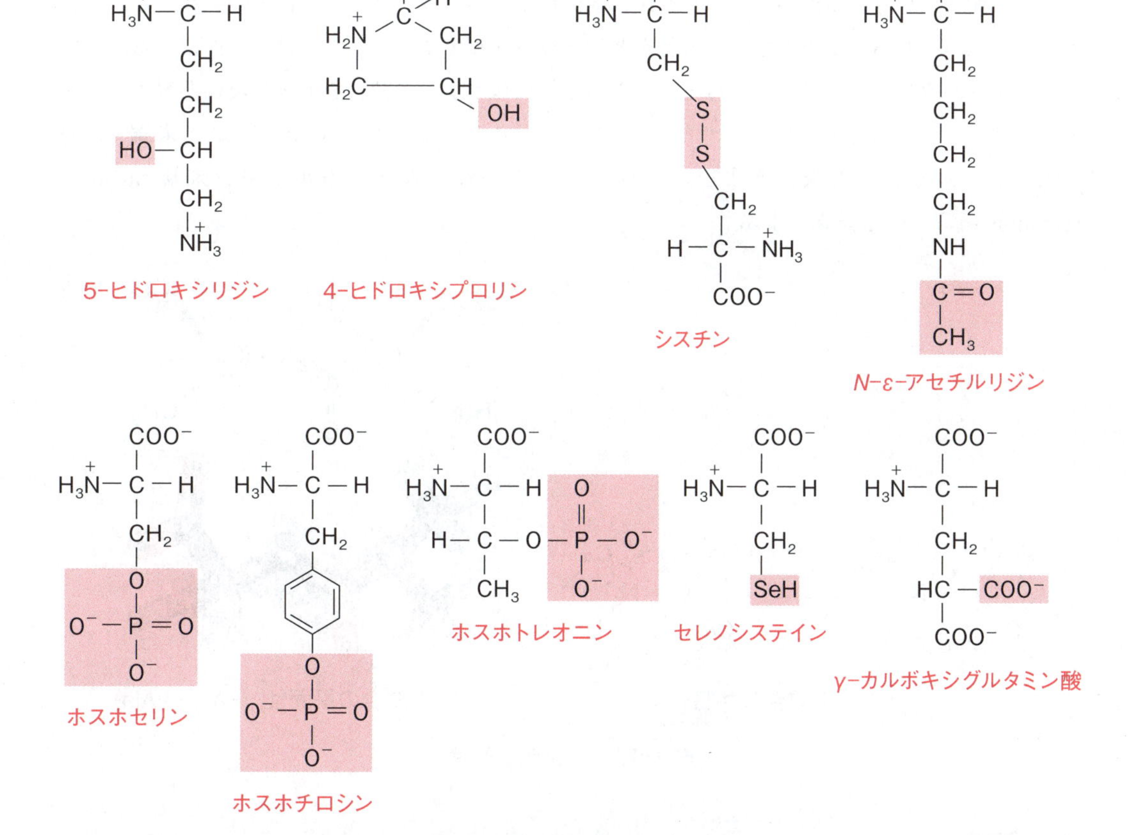

図 1-11　修飾されたアミノ酸

生体内にみられる主な修飾アミノ酸．実際にはタンパク質が合成された後，翻訳後修飾反応によって特定のアミノ酸残基が修飾される場合が多い．

C 両性化合物としてのアミノ酸

1分子のアミノ酸には，必ずカルボキシ基とアミノ基が最低一つずつあるため，両性化合物である．アミノ酸の中には側鎖に解離基をもつものもあり，そのため溶液の pH によって正味の電荷が変化する．正味の電荷がゼロとなる pH を**等電点** isoelectric point（pI）とよぶ．

1-2-2 ペプチド

2分子のアミノ酸の一方のカルボキシ基と他方のアミノ基から1分子の水が脱水縮合してできるものを**ペプチド** peptide という．アミノ酸2個からなるものはジペプチド，3個はトリペプチド，4個はテトラペプチド，……となる．アミノ酸残基が10個前後までをオリゴペプチド，さらに長いペプチドはポリペプチドという．タンパク質は長いポリペプチド鎖である．脱水縮合でできる結合を**ペプチド結合** peptide bond という（図1-12）．ペプチド結合で形成される C-N 間の結合は，化学構造式で書くと単結合であるが，実際はその共鳴構造として二重結合となる構造が存在する（図1-12）．そのためペプチド結合で配置される C, O, N, H の四つの原子は同一平面上に配置するという拘束がかかり，O と H の配向にシス，トランス型の異性体が存在する．タンパク質中にみられるペプチド結合のほとんどはトランス型であり，シス型はわずかである．ペプチドやタンパク質は長さにかかわらず，一方の末端にはペプチド結合を形成しない遊離のアミノ基が，もう一方には遊離のカルボキシ基が残る．アミノ基がある末端を**アミノ末端** amino terminus，あるいは**N末端**とよび，カルボキシ基が残る末端を**カルボキシ末端** carboxyl terminus あるいは**C末端**とよぶ．

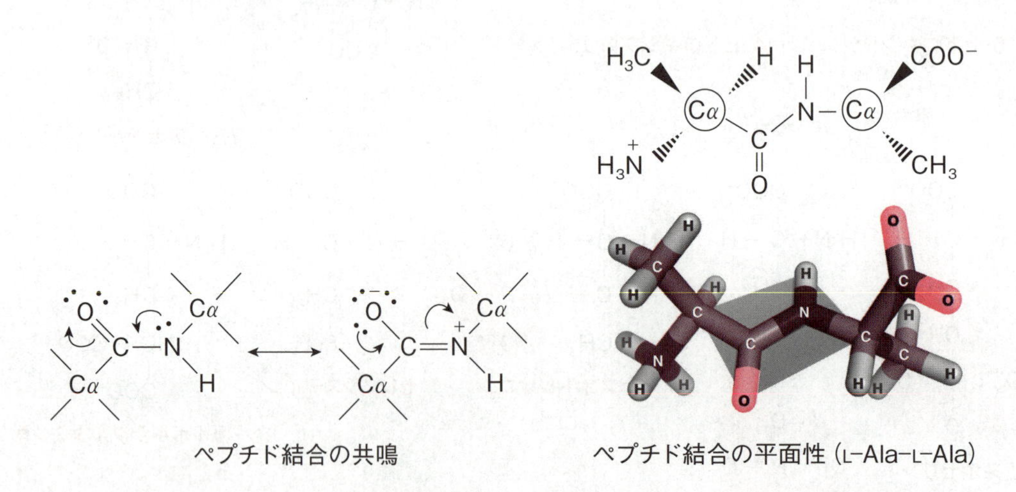

ペプチド結合の共鳴
ペプチド結合の平面性（L-Ala-L-Ala）

図1-12 ペプチド結合

1-2-3 タンパク質

タンパク質は100個以上，ときには1000個以上のアミノ酸からなるポリペプチド鎖である．1

本のペプチド結合により繋がったアミノ酸の鎖であるが，20種のアミノ酸残基の特徴が異なるため，さまざまな構造と機能をもつタンパク質がつくりだされる．遺伝子に書き込まれている情報の多くはタンパク質の設計図である．その実体であるタンパク質の構造と機能を理解することは分子生物学を学ぶ上で大変重要である．以下にタンパク質の構造と機能について概説する．

A　タンパク質構造の階層性

タンパク質の構造を考えるとき，一次構造から四次構造までのレベルに応じた階層性が存在する．一般的にリボンの絵で描かれるタンパク質の構造は三次，四次の高次構造を示している．

1）タンパク質の一次構造

タンパク質の**一次構造** primary structureとは，アミノ酸の配列順序のことである．また，システインどうしのジスルフィド結合に関する情報も一次構造に含める場合がある．基本的にはタンパク質の一次構造によって三次構造が決まる．

タンパク質のアミノ酸配列に関する情報はGeneBankやUniprotをはじめとする配列データベースに登録されている（→7-6）．一般的にはN末端から1文字表記でMTGPSC……のように記述されている．これらのほとんどは分子生物学的手法により遺伝子のDNA配列もしくはcDNA配列から推定されたものである．

一方，タンパク質を分離・精製し，アミノ酸配列を直接決定する方法もある．その一つはN末端からアミノ酸の配列を決定する**エドマン分解法** Edman degradationであり，プロテインシーケンサーとして自動化されている．エドマン分解法では，一度に20～30アミノ酸程度しかアミノ酸配列を決定できないので，タンパク質をトリプシンなどのタンパク質分解酵素を用いて断片化して決定する．最近では，質量分析法を利用したアミノ酸配列決定法も実用化されている．

ジスルフィド（S-S）結合 disulfide bondとは，立体的に近接したシステインの硫黄原子どうしが共有結合したものである．ジスルフィド結合は酸化された状態であり，2-メルカプトエタノ

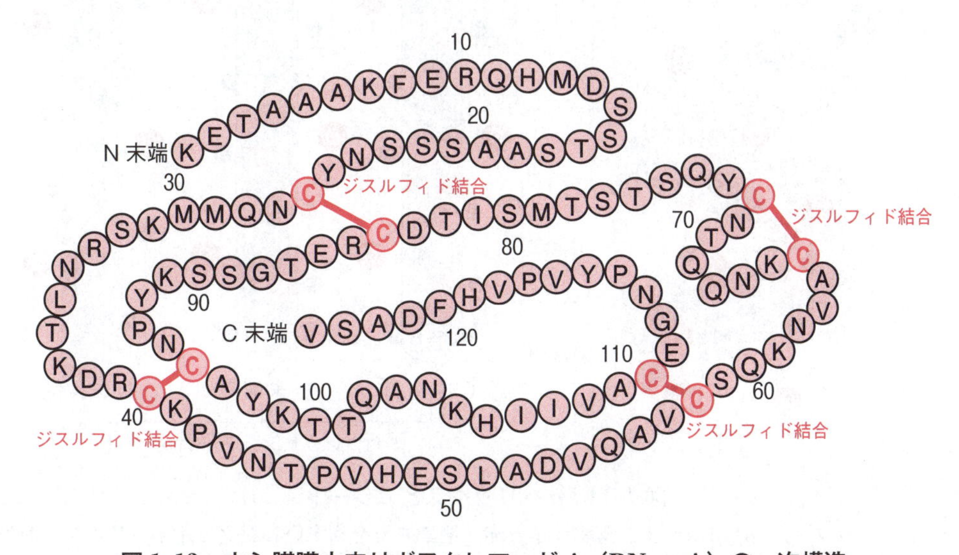

図1-13　ウシ膵臓由来リボヌクレアーゼA（RNaseA）の一次構造

ールなどの還元剤で処理することによって二つの硫黄原子はチオール基（-SH）に戻る．リボヌクレアーゼＡの一次構造を図 1-13 に示す．

2）タンパク質の二次構造

長いポリペプチド鎖の一部分（通常，数アミノ酸から数十アミノ酸）がとる特定の構造を**二次構造** secondary structure という．二次構造には4種類のタイプがある．α ヘリックスと β シートに加え，ターンとランダムコイルである．ランダムコイル以外の構造は，ペプチド結合を形成する主鎖の N-H の水素原子と C=O の酸素原子間の水素結合により安定化されている．

① α ヘリックス

α ヘリックス α helix はポリペプチド鎖がらせん状に巻いた構造である（図 1-14(a)）．3.6 残基で進行方向に向いて右に一周し，この間 5.4 Å 進行する．α ヘリックスではペプチド結合内の N-H は4残基 N 末端側の C=O と水素結合を形成する．アミノ酸側鎖はらせん構造の外側に位置している．

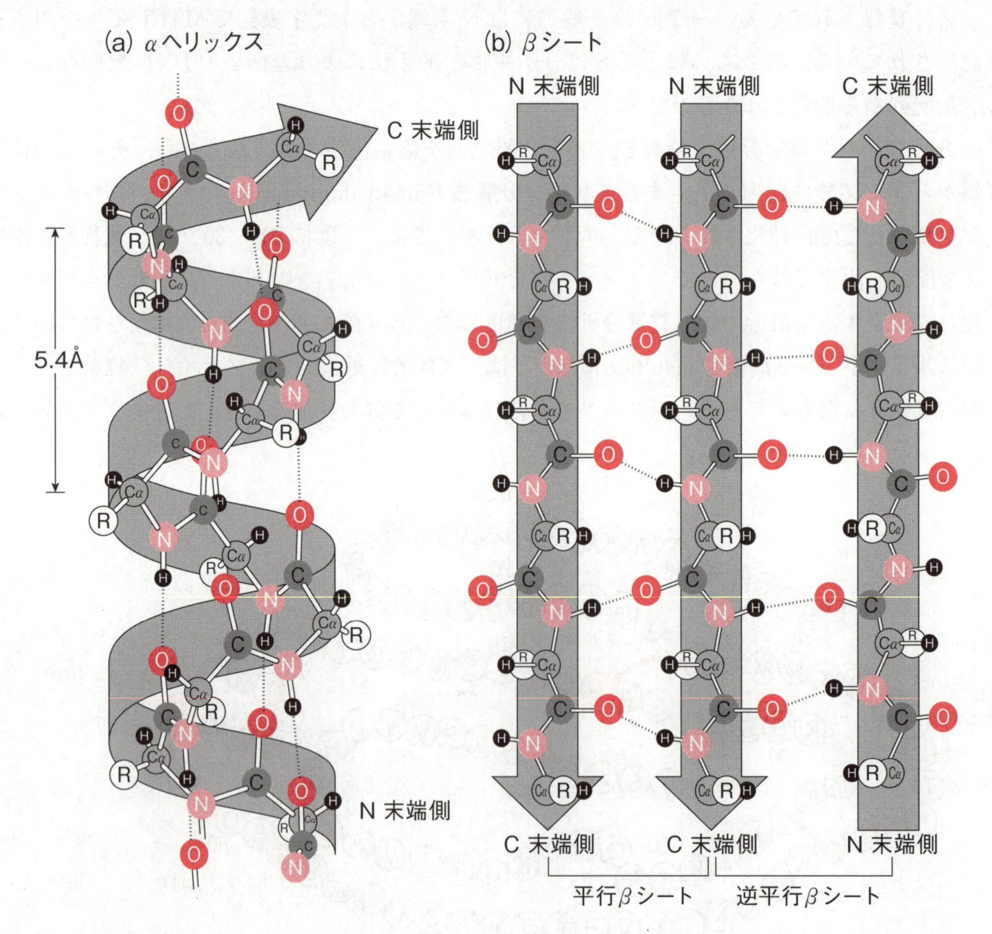

図 1-14　α ヘリックスと β シート

(a) α ヘリックス．(b) β シート．酸素原子を赤，窒素原子をうすいピンクで示す．リボン状の矢印は N 末端から C 末端方向を示す．

② β シート

β シート β sheet は平行に配置された 2 本のポリペプチド鎖が水素結合で安定化された構造である（図 1-14(b)）．実際のポリペプチド鎖はひだのある平板状に並ぶため β プリーツシートとよぶこともある．ポリペプチド鎖の方向が同じ場合を**平行 β シート** parallel β sheet，反対方向を向く場合を**逆平行 β シート** antiparallel β sheet とよぶ．水素結合はペプチド結合をしている N–H と C=O との間で形成される．側鎖は 1 残基ごとに交互に上下に配置される．

③ ターン

二次構造間を結ぶ部分において急激に方向を変える場所がある．この部分を**ターン** turn とよび，特に一次構造上で近接する逆平行 β シート間でみられる β ターンが代表的である．この場合，一番目のアミノ酸の C=O が 3 残基後のアミノ酸の N–H 部分と水素結合を形成する．

④ ランダムコイル

ランダムコイル random coil または**ループ** loop とよばれる部分は，特定の構造がない部分をいう．酵素の誘導適合などにおいてランダムコイル部分が大きく動く場合がある．

3）超二次構造

いくつかの二次構造の組合せによりできた部分構造が複数のタンパク質に共通してみられることがある．これを**超二次構造** super secondary structure または**モチーフ** motif という．機能的に類似するタンパク質にみられる場合（機能性モチーフ）とそうでない場合（構造モチーフ）がある．例えば α ヘリックス，ターン，α ヘリックスという順番で出現するヘリックス・ターン・ヘリックスモチーフは，いくつかの DNA 結合タンパク質において DNA との結合部分にみられる機能性モチーフの例である（→ 4-1-3-C）．一方，β シート，ループ，α ヘリックス，ループ，β シートの順で出現する β-α-β モチーフは構造モチーフの例である．

4）タンパク質の三次構造

1 本のポリペプチド鎖であるタンパク質の三次元構造を**三次構造** tertiary structure という（図 1-15(a)）．三次構造は分子を構成するすべての原子の立体座標（x, y, z）で定義される．一次構造上は離れていても，三次構造では近接することや，その逆もあり得る．金属イオンや補欠分子族を含むタンパク質ではそれらの位置も三次構造に含める．

① 三次構造を安定化する要因

一次構造には，どの部分で二次構造をつくり，それをどのように配置するのか，立体構造に関するすべての情報が含まれている．ポリペプチド鎖をつくるためにはペプチド結合という共有結合が必要である．それに対して，タンパク質の立体構造を安定化させるのは，疎水性相互作用，静電的相互作用，水素結合，金属イオンへの配位などの非共有結合が主である．個々の結合は共有結合に比べて弱いが，分子全体では大きな力となる．なお，ジスルフィド結合は共有結合であるが，三次構造の安定化に重要な役割を果たしている．

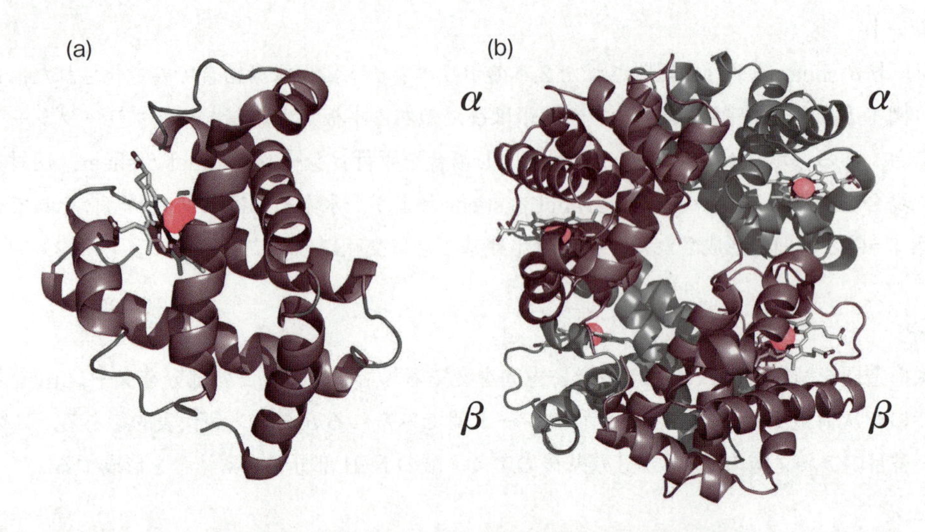

図 1-15 タンパク質の三次構造および四次構造

(a) マッコウクジラ由来のミオグロビンの立体構造．ミオグロビンは酸素の貯蔵に関与するタンパク質．白い平面状の分子は補欠分子族のヘム．そこに結合している酸素分子が赤球で示されている．(b) ヒトヘモグロビンの立体構造．酸素の運搬に関与するヘモグロビンは，二つの α サブユニットと二つの β サブユニットからなる四量体で構成され，それぞれのサブユニットに1個ずつのヘム分子を含む．赤球は鉄原子である（酸素は結合していない）．4本のポリペプチド鎖から一つのタンパク質が構成されている．個々のサブユニットの構造を論じるときは三次構造であるが，タンパク質のサブユニット構造は四次構造に含まれる．

② ドメイン構造

一つのタンパク質の中で，いくつかの超二次構造が組み合わされ，構造的にまとまった単位を形成することがあり，これを**ドメイン** domain という．ドメインはタンパク質の特定の領域を示す用語として用いられ，特定の構造的あるいは機能的特徴をもっている．例えば，転写因子であれば，DNA 結合ドメインと転写活性化ドメインからなり，細胞膜受容体であれば，細胞外ドメイン，膜貫通ドメイン，細胞内ドメインなどからなる．一つのドメインは 30 ～ 500 アミノ酸残基ほどの大きさで，タンパク質には数個のドメインからなるものもある．ドメインに関する情報も三次構造に含まれる．

5) タンパク質の四次構造

タンパク質の中には複数のポリペプチド鎖により，構成されているものがある．その一つ一つを**サブユニット** subunit という．サブユニットの構成，配置に関する構造を**四次構造** quaternary structure という（図 1-15(b)）．タンパク質を構成するサブユニットは同一である場合もあるし，異なる場合もある．

6) タンパク質-タンパク質間相互作用

生体における生理機能の発現には，個々のタンパク質が単独で機能を発揮する場合もあるが，多くの場合，異なるタンパク質間での相互作用，すなわち，タンパク質どうしの特異的結合が必須である．正しい三次構造をもったタンパク質は，互いに多くの箇所で接触し，イオン結合，水素結合，ファンデルワールス力，疎水性相互作用などによって結合する．タンパク質-タンパク質間相互作用は，多くの場面でみられるが，転写調節（→4-1-3-B）やペプチドホルモンとその受容体などでも学ぶ（→6-4）．なお，最も特異的かつ強いタンパク質間相互作用の例は，抗原-抗体反応である．いずれの場合もタンパク質-タンパク質間相互作用は非共有結合であるため，変性剤や熱によって解離する．

B　タンパク質のフォールディング

タンパク質は熱や尿素，塩酸グアニジンなどの変性剤，界面活性剤などにより，立体構造を壊すことができる．さらに，2-メルカプトエタノールなどの還元剤を利用すればジスルフィド結合を開裂させることができる．タンパク質の立体構造が破壊され，1本の伸びたポリペプチド鎖になることを**変性** denaturation という．タンパク質の中には，適当な条件下で，再度，立体構造を復元し，タンパク質の機能が復元するものもあり，これをタンパク質の**再生** renaturation という（図1-16）．

一次構造に立体構造に関する情報は含まれているが，実際に細胞内においてタンパク質が正しく**フォールディング** folding（折りたたみ）されるには，それを助けるタンパク質が必要なことが多い．このような分子は**分子シャペロン** molecular chaperone とよばれ，原核生物から真核生物に至るまで広く存在する．代表的なものに Hsp70（真核細胞）や GroEL-GroES（原核細胞）がある（→4-7-1）．

C　さまざまな機能をもったタンパク質

タンパク質は構造が多様であることからさまざまな機能を有している．表1-1に代表的なタンパク質の機能と働きをまとめた．

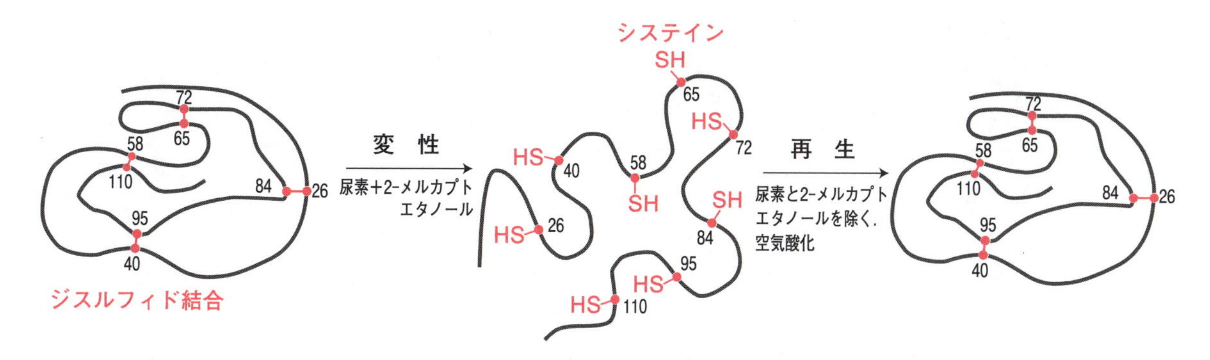

図1-16　タンパク質の変性と再生

タンパク質はそのアミノ酸配列に立体構造に関する情報を保持している．熱や変性剤などにより変性したタンパク質は，適した条件下で再生し，元の立体構造を回復する．

表1-1　さまざまなタンパク質の例とその機能

タンパク質の種類	働　き	例
酵素タンパク質	生体内の消化，代謝などさまざまな化学反応の触媒となる	消化酵素，代謝酵素，DNAポリメラーゼ，プロテインキナーゼなど
貯蔵タンパク質	種々の分子やイオンなどを貯蔵する	酸素を貯蔵するミオグロビン，鉄を貯蔵するフェリチンなど
輸送タンパク質	種々の分子やイオンを血中，細胞膜などを介して輸送する	ヘモグロビン，アルブミン，グルコーストランスポーター，イオンチャネルなど
構造タンパク質	細胞や臓器など形態や構造の維持を主な目的とする	細胞骨格を形成するチューブリンやサイトケラチン，細胞外マトリックスに存在するコラーゲンなど
運動タンパク質	組織の運動に関与する	筋肉のアクチン，ミオシンや鞭毛モーターなど
情報伝達タンパク質	受容体の変化に応じて情報を細胞内へと伝達する	細胞間の情報を伝達するためのペプチドホルモンやサイトカイン，受容体，Gタンパク質，アダプタータンパク質など
防御タンパク質	抗体など，生体防御に関連するタンパク質	免疫グロブリンなど
DNA結合タンパク質	DNAに結合して転写などに関与	転写調節因子など

第2章 遺伝子の構造

ヒトの子供はヒトであり，カエルの子はカエルである．また親子はよく似ている場合が多い．このように形質や表現型が次世代に受け継がれることを遺伝とよぶ．大腸菌のような原核生物から酵母・植物・動物・ヒトのような真核生物まで生命の基本メカニズムは同じであり，それぞれの生物に特有の形をつくり上げる形態形成や生命応答のメカニズムといった生命の設計図は“遺伝子”にその情報が記述されている．遺伝子の物質としての本体はDNAであり，遺伝子としての情報はDNAの塩基の並び順，すなわち塩基配列によって表されている．本章では，DNAの構造を理解し，生命活動に必要な膨大な量のDNA塩基配列がどのように折りたたまれて核内に収納されているかについて述べる．さらにDNAを構成する塩基の代謝について説明する．

2-1 遺伝子とは

2-1-1 遺伝子の発見

メンデル Mendel はエンドウ豆を観察することによって，丸い種子のエンドウとしわの種子のエンドウを掛け合わせると，雑種第一代（F_1）はすべて丸い種子ばかりになるが，雑種第二代（F_2）では丸い種子としわの種子になる割合は3：1になることを見出した（図2-1）．そこでメンデルはそれぞれのエンドウ豆には**遺伝子** gene というものがあり，それらは2種類が対になっていること，そしてその組合せにより，しわなどの**表現型** phenotype が決まるのではないかと考えた．丸い表現型を決めている遺伝子をR，しわになる表現型を決めている遺伝子をrとし，Rはrに対して**優性** dominant，rはRに対して**劣性** recessive であるとした．ここでいう優性は，同一個体に両方の遺伝子が存在した場合，優性の形成が表現型として現れることを意味している．これをメンデルの**優性の法則** law of dominance という．これにより，表現型の3：1の割合が説明できる．このようにF_1では現れなかった劣性の形質がF_2で分離して現れる現象を**分離の法則** law of segregation とよぶ．さらにメンデルは“色”と“しわ”という別の表現型は独立して遺伝することを見出した．これを**独立の法則** law of independence とよぶ．このことはそれぞれの

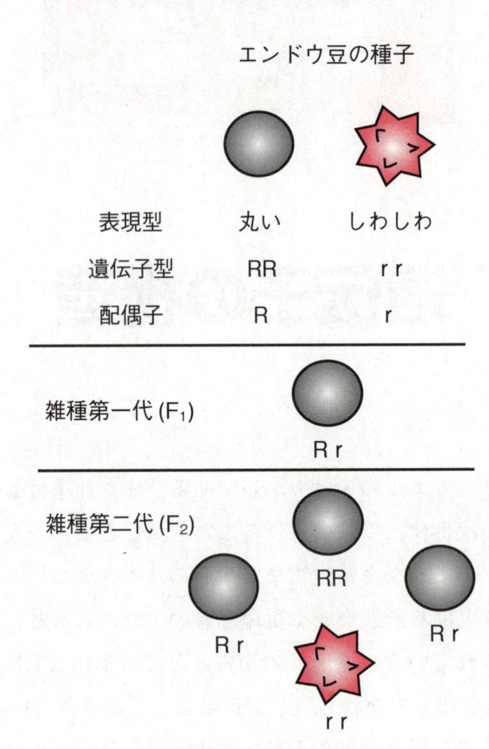

図 2-1 メンデルの法則
エンドウ豆の表現型の出方から，メンデルは“遺伝子”の存在を見抜いた.

生命の形質を決めるものは異なる遺伝子上に乗っていることを意味している. メンデルの時代は，遺伝子は仮想上のものであったが，その後，分子としての実体が次第に明らかにされた.

2-1-2 遺伝子と染色体

真核細胞は細胞分裂期に入ると核が消失して，棒状の染色体とよばれる構造物が形成される (→ 2-4-2). 細胞分裂における染色体の挙動が明確になるにつれ，染色体は遺伝と対応していることが明らかになった. サットン Sutton は“遺伝子の本体は染色体である”と考えた. さらにモーガン Morgan らは，ショウジョウバエの遺伝学から遺伝子は変異すること，野生型のショウジョウバエは赤眼なのに対して，白眼となる変異型があり，その変異は X 染色体の挙動と一致することを見出した. またモーガンらは染色体の交差（→ 3-1-3-C）を利用して，染色体上の遺伝子地図を作成した. これらのことから遺伝子は染色体を基盤としていること，さらに染色体には多数の遺伝子が存在することが示された.

2-1-3 遺伝子の本体としての DNA

1900 年代の初頭，フェニルアラニンの代謝異常であるアルカプトン尿症から遺伝子と酵素活性が対応していることが推察されるようになった. さらにアカパンカビの X 線照射による遺伝

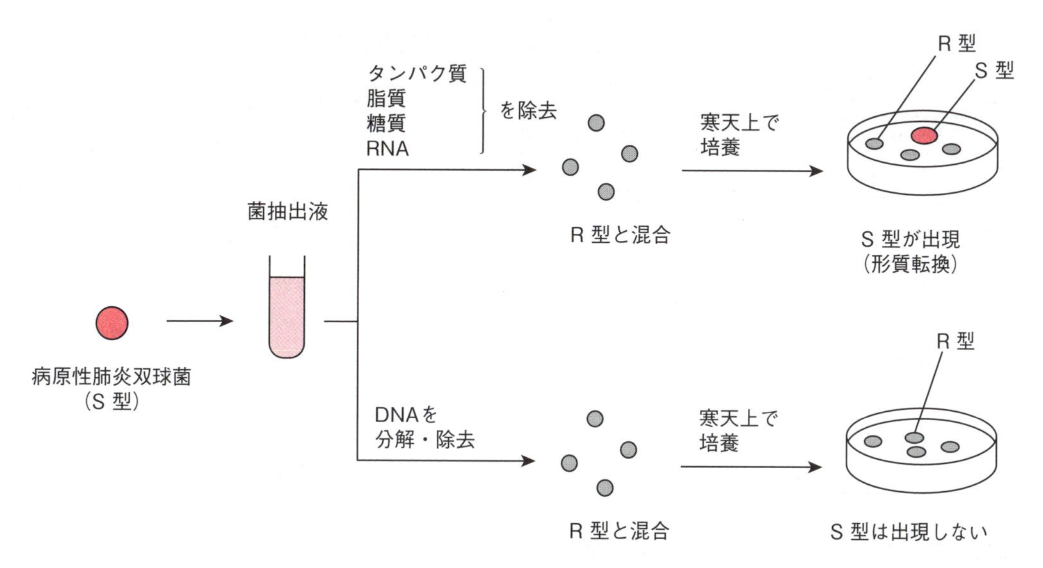

図 2-2　DNA が遺伝物質であることの発見（エイブリー，1944 年）
肺炎双球菌には強い病原性を示す S 型（莢膜をもちコロニー表面が smooth）と病原性を示さない R 型（莢膜がなくコロニー表面が rough）がある．S 型菌から菌抽出液を調製し，タンパク質，脂質，糖質，RNA を除去した後，R 型菌と混合し，寒天上で培養すると S 型菌が一定の割合で出現する．一方，菌抽出液を DNA 分解酵素で分解・除去した場合は，S 型菌は出現しない．

子破壊の実験から **"一遺伝子一酵素説"** one gene-one enzyme hypothesis が提唱されるようになった．細胞の核には，DNA などの**核酸** nucleic acid が含まれていることは知られていた．そして染色体には DNA とタンパク質が含まれていることから，これらのどちらかが遺伝物質ではないかと考えられるようになった．

1944 年，エイブリー Avery らの肺炎双球菌の研究で，遺伝子の本体は DNA であることを示す決定的な証拠が得られた（図 2-2）．彼らは非病原性菌に熱で殺菌した病原性菌由来の菌抽出液を加えると病原性を獲得することを見出した．これを**形質転換** transformation という．DNA を分解するデオキシリボヌクレアーゼでこの菌抽出液を処理すると形質転換する活性が消失することから，病原性と遺伝性を担っている本体は DNA であることを明らかにした．また細菌に感染するウイルスであるバクテリオファージの実験からも遺伝物質は DNA であることが示された．

本書で学ぶ分子生物学は多くの研究者の努力により解明された生命現象のしくみである．それらの成果の多くにノーベル賞が与えられている（表 2-1）．

2-2　セントラルドグマ

タンパク質のアミノ酸配列の情報は DNA 上に塩基配列として書かれている．すべての生物では DNA の塩基配列の情報を鋳型として，それを転写することにより RNA が合成され，その RNA の塩基配列に従って，タンパク質が合成（翻訳）される．この一連の流れはすべての生物に共通の根本原理であるという意味で，**セントラルドグマ** central dogma とよばれる（図 2-3）．

表 2-1　分子生物学における画期的な主な発見

年	人　物	発見内容など
1859	ダーウィン	進化論の提唱
1865	メンデル	メンデルの法則の提唱
1909	ギャロッド	先天性代謝異常，遺伝，酵素を結びつけた
1911	ラウスら	ウイルス由来の発がん，がん遺伝子 *src* の発見
1913	モーガン	ショウジョウバエで遺伝子の染色体地図の作成
1940	マクリントック	転位する遺伝子（トランスポゾン）の発見
1950	シャルガフ	シャルガフの法則の提唱
1953	ワトソン，クリック	DNA の二重らせんモデルの提唱
1957	A. コンバーグ	DNA ポリメラーゼの発見
1961	ヤコブ，モノー	ラクトースオペロンの遺伝子発現制御の解明
1961	ニーレンバーグら	コドンの解読
1962	アーバー	制限酵素の発見
1962	下村　脩	緑色蛍光タンパク質（GFP）の抽出と精製
1973	ボイヤー，コーエン，バーグ	DNA クローニング技術の開発
1974	R. コンバーグら	ヌクレオソームの発見
1975	サザン	サザンハイブリダイゼーション法の開発
1975	サンガー	DNA シークエンス法（ジデオキシ法）の開発
1976	ビショップ，バーマスら	細胞内のがん原遺伝子からがん遺伝子への活性化機序の解明
1976	利根川進	抗体の多様性の解明
1977	ギルバートら	DNA シークエンス法（化学切断法）の開発
1982	チェック，アルトマン	RNA 酵素（リボザイム）の発見
1985	マリス	ポリメラーゼ連鎖反応（PCR）法の開発
1985	田中耕一	ペプチド・タンパク質の質量分析法 MALDI-TOF の開発
1985	グライダー，ブラックバーン	テロメラーゼの発見
1989	カペッキら	ノックアウトマウスの作成方法の開発
1993	大隅良典	出芽酵母におけるオートファジーの発見と仕組みの解明
1998	ファイヤーら	RNA 干渉（RNAi）の発見
2000	ラマクリシュナン	X 線結晶解析によるリボソームの構造解明
2000	森　和俊	小胞体ストレス応答の発見と機序解明
2003	世界的な共同研究チーム	ヒトゲノムの全塩基配列の解明
2006	山中伸弥	iPS 細胞の作成方法の開発
2012	ダウドナ，シャルパンティエ	CRISPR/Cas9 システムによるゲノム編集技術の開発
2014	本庶　佑	免疫チェックポイント阻害剤の開発と臨床応用

このセントラルドグマが成り立つということは，地球上のすべての生物（細菌，植物，動物，ヒトなど）が共通の祖先から進化したことを意味している．

その後の研究で，レトロウイルスとよばれる特殊な RNA ウイルスでは，RNA の遺伝情報が DNA に変換され，その後，通常のセントラルドグマに従ってタンパク質が合成されることが見出された．この過程は逆転写とよばれ，逆転写の発見はそれまでの DNA → RNA →タンパク質という遺伝情報の流れに加えて，RNA → DNA という情報の流れがあることを示した点で重要で

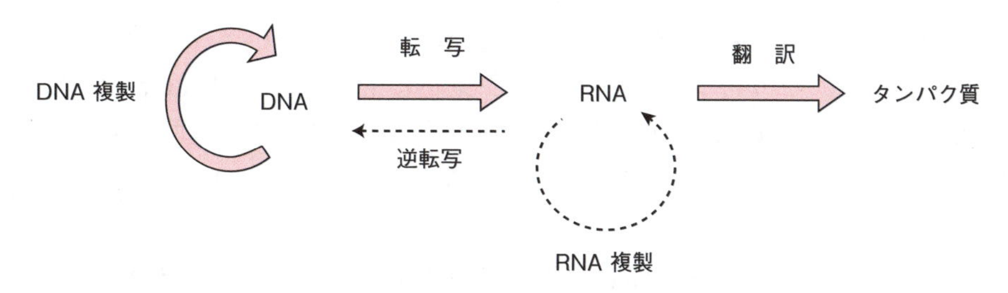

図 2-3　セントラルドグマ
太い矢印は一般的な場合で，破線は一部のウイルスでみられる特殊な場合を示す．

ある．さらにその他の RNA ウイルスでは RNA を鋳型として相補的な RNA 鎖が複製される．

2-3　核酸の構造

2-3-1　塩基，ヌクレオシド，ヌクレオチド

細胞中に存在する核酸は**DNA**（deoxyribonucleic acid；デオキシリボ核酸）と**RNA**（ribonucleic acid；リボ核酸）の 2 種類である．どちらの核酸も塩基，糖，リン酸の三つの成分から構成されている．核酸を構成する塩基はプリン骨格を有する**プリン** purine 塩基とピリミジン骨格を有する**ピリミジン** pyrimidine 塩基に分類される（図 2-4）．プリンは六員環と五員環か

プリン塩基

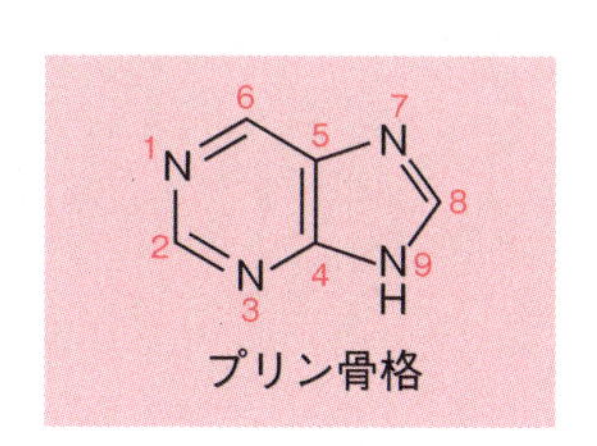

アデニン(A)

グアニン(G)

ピリミジン塩基

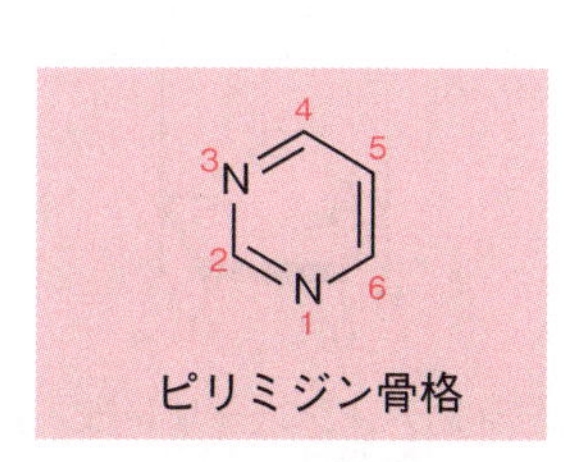

シトシン（C）

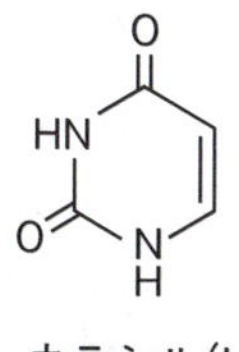

ウラシル(U)
(RNA のみ)

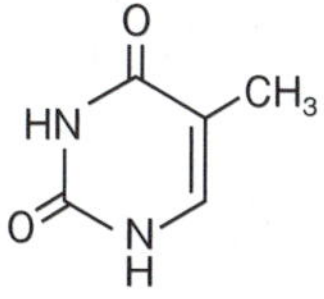

チミン(T)
(DNA のみ)

図 2-4　塩基の分類と種類

らなり，ピリミジンは六員環からなる複素環式化合物である．プリン塩基は**アデニン** adenine と**グアニン** guanine，ピリミジン塩基は**シトシン** cytosine，**ウラシル** uracil および**チミン** thymine である．RNA の塩基は，アデニン，グアニン，シトシン，ウラシルであるが，DNA の塩基はアデニン，グアニン，シトシン，チミンである．チミンはウラシルがメチル化されたものである．

RNA を構成する糖は**リボース** ribose であり，DNA を構成する糖は**デオキシリボース** deoxyribose である．DNA は RNA に比べて化学的に安定で，遺伝情報を保持するのに適している（→2-6-2）．塩基の骨格の各原子には 1, 2, 3,・・の番号を付すのに対して，糖の炭素原子は 1′, 2′, 3′,・・のようにプライムを付して区別する（図 2-5）．DNA の糖は 2′ ヒドロキシ基が水素原子になった 2′ デオキシリボースである．

塩基に糖が結合したものを**ヌクレオシド** nucleoside という．例えば，アデニンにリボースが結合したものはアデノシン，デオキシリボースが結合したものはデオキシアデノシンとよぶ（図 2-5）．リボースまたはデオキシリボースの 1′ 位にピリミジンの N-1 またはプリンの N-9 が

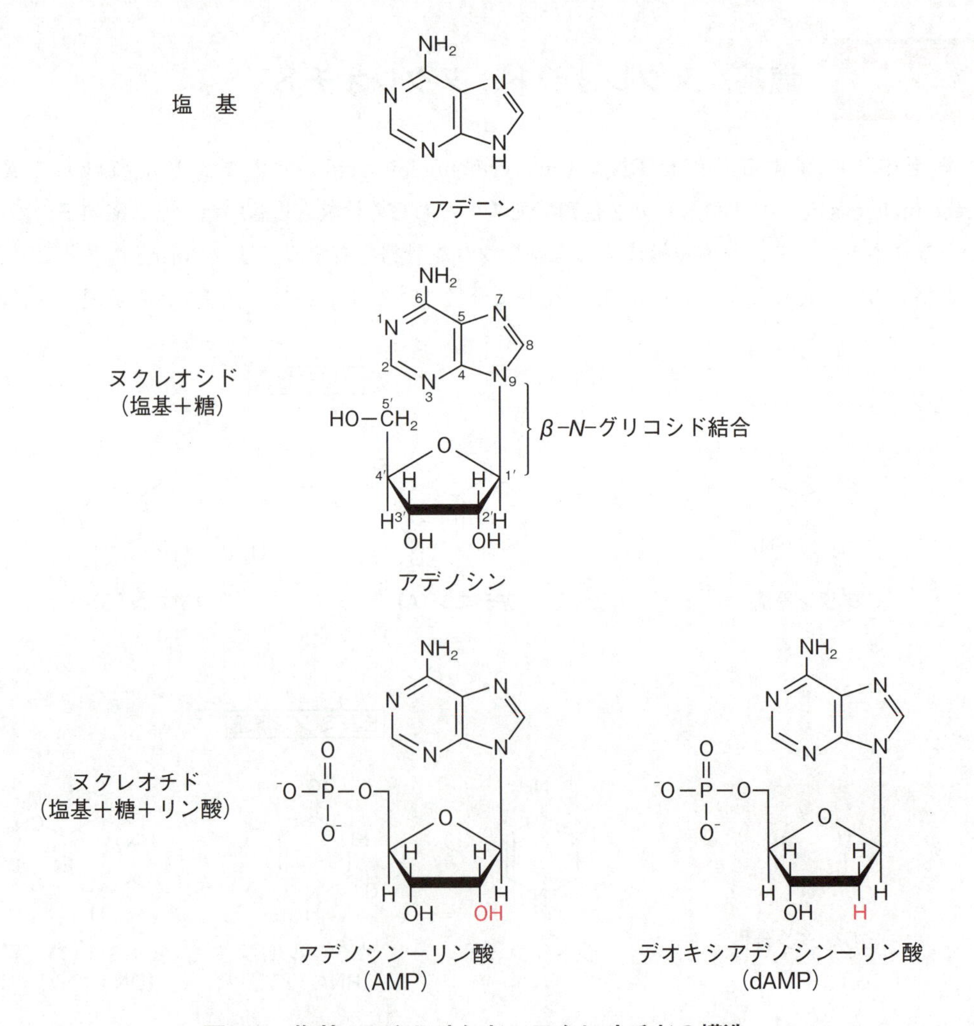

図 2-5　塩基，ヌクレオシド，ヌクレオチドの構造

β-N-グリコシド結合 β-N-glycoside linkage している．

ヌクレオシドにリン酸が結合したものを**ヌクレオチド** nucleotide という．リン酸はリボースまたはデオキシリボースの5′ヒドロキシ基にリン酸エステルとして結合する（図2-5）．ヌクレオチドはリン酸基の数に応じて，ヌクレオシド一リン酸，ヌクレオシド二リン酸，ヌクレオシド三リン酸と呼ばれる（図2-6）．アデノシンの場合，アデノシン一リン酸はAMP（adenosine monophosphate），アデノシン二リン酸はADP（adenosine diphosphate），アデノシン三リン酸はATP（adenosine triphosphate）と略される．他の塩基についても同様である（表2-2）．なお，デオキシヌクレオチドの場合は，頭にdeoxyのdを付けてdATPのように表す．

DNA鎖やRNA鎖の合成には，三リン酸型のヌクレオチドが用いられる．重合時に二リン酸を遊離し，重合後は一リン酸型になる．三リン酸部分は高エネルギー結合であり，加水分解されることによってエネルギーを放出する．このエネルギーによりDNAやRNAのようなポリヌクレオチド鎖が形成される．

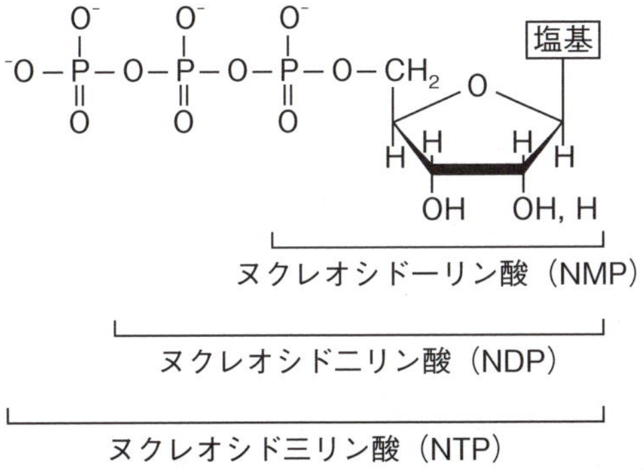

図2-6　ヌクレオチドの構造

表2-2　塩基，ヌクレオシド，ヌクレオチドの表記

塩基 1文字表記	プリン		ピリミジン		
	アデニン	グアニン	シトシン	ウラシル	チミン
	A	G	C	U	T
ヌクレオシド	アデノシン	グアノシン	シチジン	ウリジン	チミジン
	デオキシアデノシン	デオキシグアノシン	デオキシシチジン	デオキシウリジン	デオキシチミジン
ヌクレオチド	AMP アデニル酸	GMP グアニル酸	CMP シチジル酸	UMP ウリジル酸	〔TMP〕
	ADP	GDP	CDP	UDP	〔TDP〕
	ATP	GTP	CTP	UTP	〔TTP〕
	dAMP デオキシアデニル酸	dGMP デオキシグアニル酸	dCMP デオキシシチジル酸	dUMP デオキシウリジル酸	dTMP （デオキシ）チミジル酸
	dADP	dGDP	dCDP	dUDP	dTDP
	dATP	dGTP	dCTP	dUTP	dTTP

〔　〕は，通常，生体には存在しないヌクレオチド

2-3-2　DNA の基本構造

DNA を構成する塩基を分析すると，アデニンとチミンの含量はほぼ等しく，グアニンとシトシンの含量もほぼ等しい．これを**シャルガフの法則** Chargaff's rule という．このことはアデニンとチミン，グアニンとシトシンは互いに**塩基対** base pair を形成すると考えると説明できる．1953 年，フランクリン Franklin らによって DNA の結晶の X 線回折パターンが調べられ，DNA がらせん状の構造をしていることが明らかになった．また化学的な解析から DNA は **3′, 5′-ホスホジエステル結合** 3′, 5′-phosphodiester bond で結合していることが示された（図 2-7）．ヌクレオチドが長く繋がった DNA や RNA の両末端は五炭糖の 5′ 位または 3′ 位に遊離（= ホスホジエステル結合していない）のヒドロキシ基が存在する．このことからそれぞれの末端を **5′ 末端** 5′-terminus および **3′ 末端** 3′-terminus とよぶ．したがって，DNA または RNA には 5′ → 3′ または 3′ → 5′ への方向性があり，5′ 末端は，通常，リン酸化されている．X 線結晶解析などの

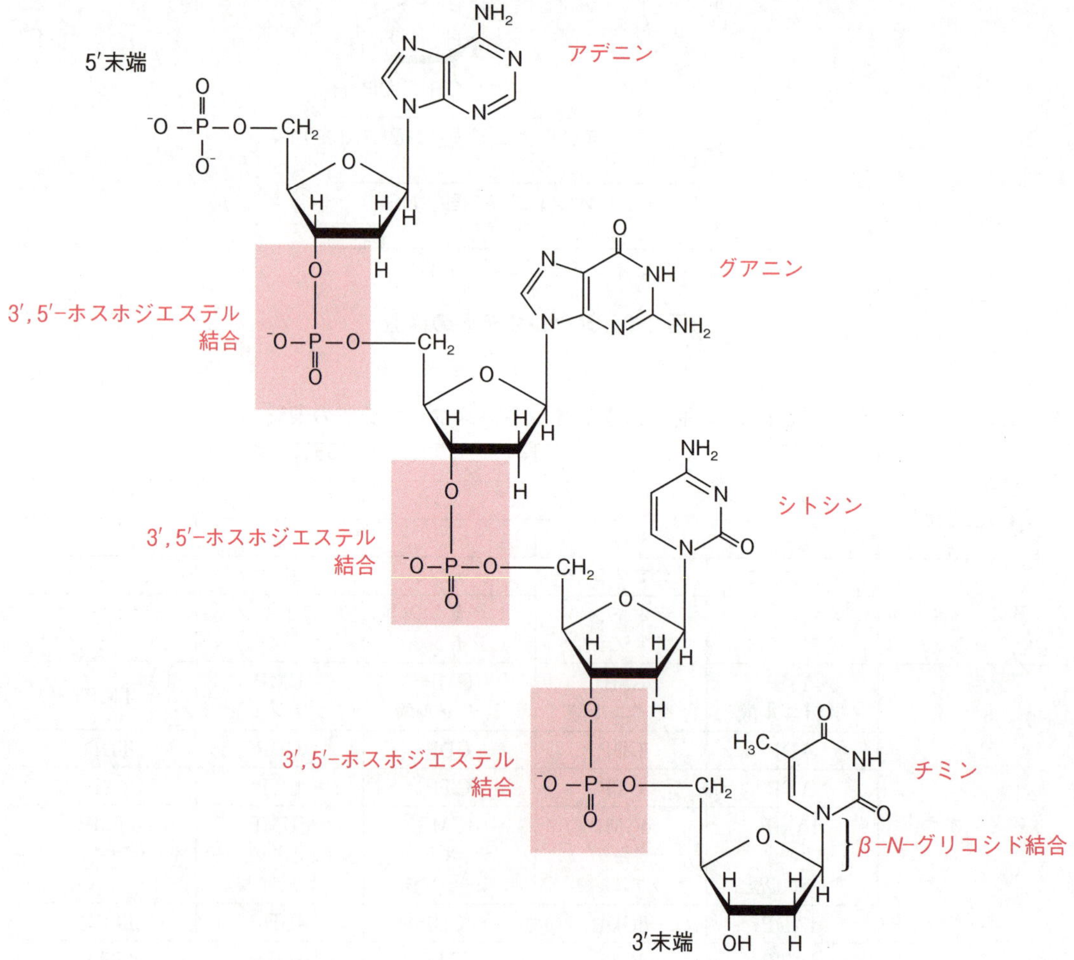

図 2-7　ホスホジエステル結合による DNA 鎖の形成

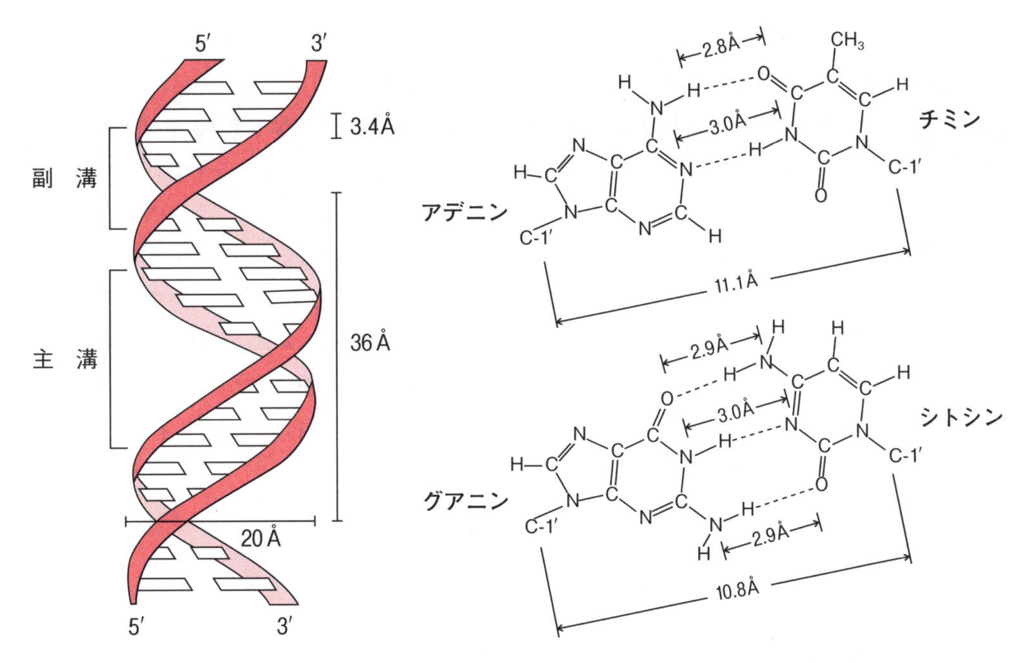

図 2-8　相補的塩基対とその間の水素結合の数，DNA 二重らせんの溝とピッチ
DNA には 5′ と 3′ の方向性があり，二本鎖は互いに逆向きに相補的塩基対を形成する．

情報をもとに，ワトソン Watson とクリック Crick は，DNA は 2 本の鎖が互いに逆向きで**塩基相補性** base complementarity に基づいて，らせんを形成する**逆平行二重らせん構造** antiparallel double helix structure モデルを提唱した（表 2-1）．図 2-8 に DNA の逆平行二重らせんモデルとアデニン-チミン間ならびにグアニン-シトシン間の特異的な塩基対を示す．アデニン-チミン間には 2 本の水素結合，グアニン-シトシン間には 3 本の水素結合が存在する．このように 2 本の DNA 鎖は一方の塩基配列が決まると，もう一方の塩基配列も一義的に決まる．この塩基相補性は，生物の遺伝情報が正しく次世代に伝えられる最も重要な基本メカニズムである．

DNA の二重らせん構造では，糖とリン酸からなる主鎖は外側にあり，塩基対は内側にくる．塩基対はかさの大きなプリン塩基と小さなピリミジン塩基間で行われるため，らせんの直径は約 20 Å でほぼ一定となる．相補鎖間の塩基対はらせん軸に対して垂直な平面上で形成され，各塩基対の面どうしは疎水結合やファンデルワールス力により積み重なっていく．二重らせんを横から見ると，主鎖と主鎖の間に 2 種類の溝のあることがわかる．幅の広い溝を**主溝** major groove，幅の狭い溝を**副溝** minor groove という（図 2-8）．これらの溝は，DNA とタンパク質との結合や DNA と薬物との結合などに重要な役割を果たしている．リン酸基の負電荷に対して，Mg^{2+} などのカチオンや塩基性タンパク質であるヒストンなどが静電的に結合する．

2-1 なぜDNAではウラシルでなく，チミンなのか？

RNAのピリミジン塩基はシトシンとウラシルであるが，DNAではシトシンとチミンである．チミンはウラシルの5位がメチル化されたものである．シトシンは生体内で容易に酸化的に脱アミノ化されて，ウラシルに変化することが知られている．もしDNAのピリミジン塩基がシトシンとウラシルであったとすると，脱アミノ化で生成したウラシルと本来のウラシルを区別することができない．そこでウラシルをメチル化することでチミンを合成し，これをDNAの塩基としたと考えられる．その結果，DNA中に生成するウラシルは，異常塩基として認識され，シトシンに修復される（→5-3-1-B）．生体はDNAの遺伝情報を確実に保持するため，あえてメチル化という手間をかけているのである．一方，RNAは一時的に利用される分子であるため，ウラシルになっていると考えられる．

NH_2 N O N H シトシン —脱アミノ化（NH_3）→ O HN O N H ウラシル　O HN CH_3 O N H チミン

2-3-3 RNAの基本構造

これまでに述べたようにRNAを構成する塩基は基本的にはアデニン，グアニン，シトシン，ウラシルであり，ウラシルはアデニンと相補的な塩基対を形成する．ただし，RNA中にはDNAと異なり，一部にまれな塩基が存在する．糖部分はリボースである．RNAは基本的に一本鎖であるが，分子内に相補的な塩基配列が存在すると，DNAと同様の逆平行二重らせん構造を部分的に形成し，ヘアピン構造のような二次構造やさらに折りたたまれた高度な三次構造を形成することがある．

2-3-4 主要な3種類のRNA

細胞内に存在する主要なRNAは，メッセンジャーRNA，転移RNA，リボソームRNAの3種類である．これらのRNAは遺伝情報をDNAから写し取り（転写），その塩基配列に従ってタンパク質を合成する（翻訳）という生物共通の根本原理（セントラルドグマ）において重要な役割を果たしている．細胞内の全RNAのうち，約80％がrRNA，約10％がtRNA，約3％がmRNAである．

A メッセンジャーRNA

メッセンジャーRNA messenger RNA（**mRNA**）は，DNAの塩基配列をRNAに転写したも

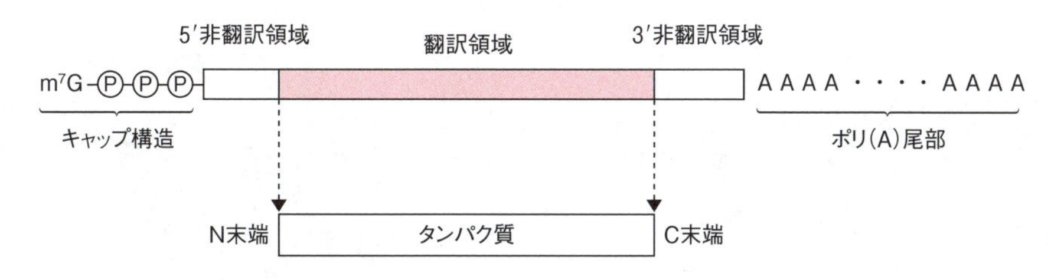

図 2-9　真核生物の mRNA の構造

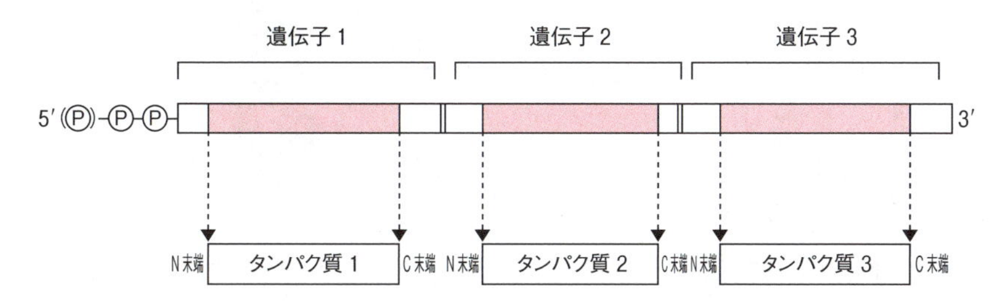

図 2-10　原核生物の mRNA の構造

ので，この配列に従ってタンパク質が合成される．その大きさは一般に数百から数千ヌクレオチドからなるポリヌクレオチドである．真核生物においては，mRNA の 5′ 末端にキャップとよばれる特殊な構造（7-メチルグアノシン三リン酸）がある（図 2-9，図 4-23）．また mRNA の 3′ 末端は数十から数百個のアデニンヌクレオチドが結合している（ポリ(A)尾部またはポリ(A)テールとよぶ，図 2-9）．原核細胞の mRNA では真核細胞にみられる 5′ キャップ構造やポリ(A)尾部はみられない．また，真核生物の mRNA には一つの遺伝子のみがコードされている（これをモノシストロンという）のに対して，原核生物では一つの mRNA に複数の遺伝子がコードされていることが多い（これをポリシストロンという，図 2-10）．

B　転移 RNA

転移 RNA transfer RNA（**tRNA**）は 73 ～ 94 個のヌクレオチドからなる比較的小さな RNA である．tRNA は分子内に相補的な塩基配列があり，そのため**ステム-ループ構造** stem-loop structure または**クローバー葉構造** clover leaf structure とよばれる特徴的な構造をとる（図 2-11 (a)）．tRNA 分子には分子内の部分的な二本鎖からなるアミノ酸受容ステムなどの 4 個のステム（幹）と 3 個のループが存在し，ステムとループで三つのアームがつくられる．tRNA の全体の立体構造は L 字型をしている．また，D ループと TΨC ループには修飾塩基とよばれる特殊な塩基がしばしば見出される．修飾塩基には N^2, N^2-ジメチルグアノシン，ジヒドロウリジン，プソイドウリジン（Ψ）などがある（図 2-11 (b)）．中央のループには，mRNA の**コドン** codon（遺伝暗号）に対応する**アンチコドン** anticodon とよばれる連続した 3 ヌクレオチドからなる特定の塩基配列がある（→ 4-4-2）．tRNA の 3′ 末端のアデノシンのヒドロキシ基にアンチコドンに対応した特定のアミノ酸が共有結合する．アミノ酸が結合した tRNA は**アミノアシル tRNA** aminoacyl tRNA とよばれ，mRNA のコドンとアミノ酸を仲介するアダプター分子としての役割

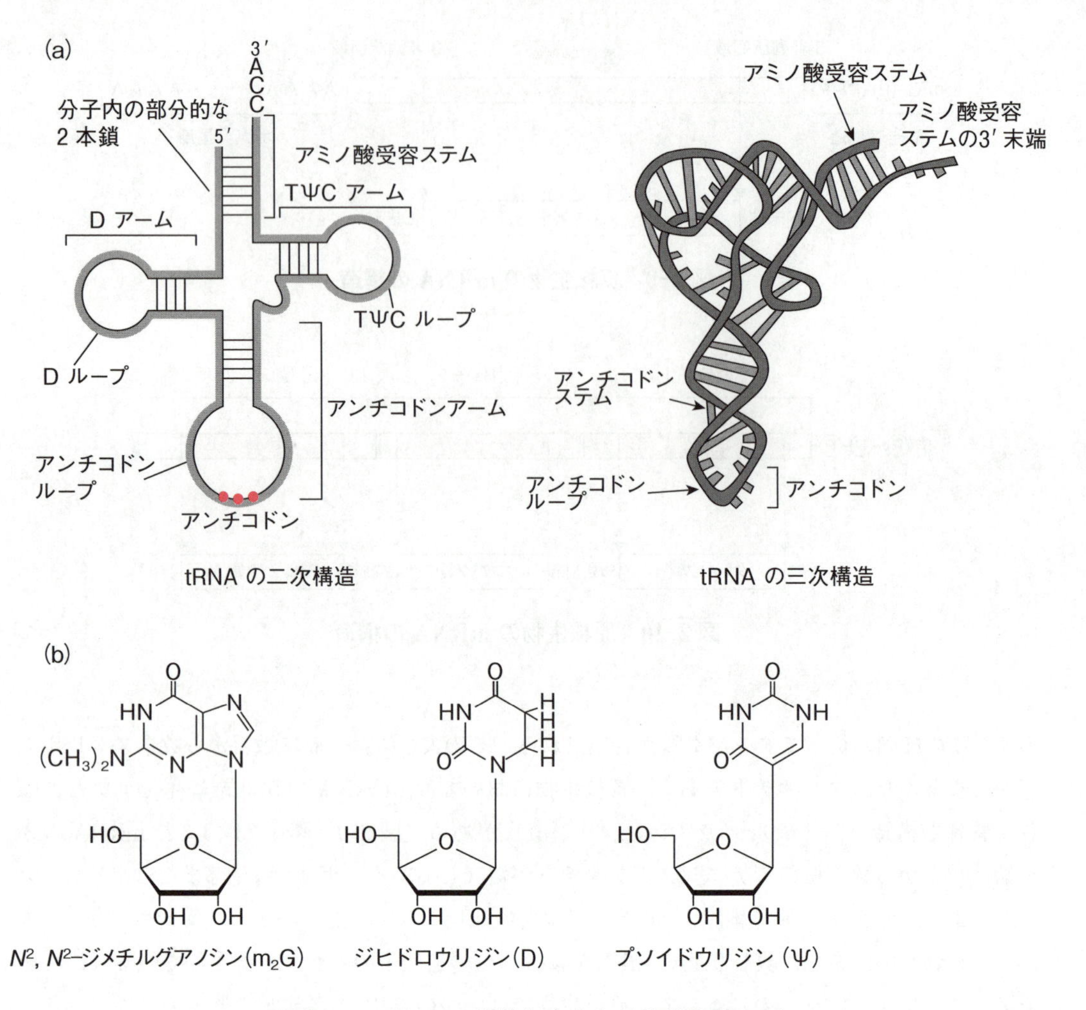

図 2-11 tRNA の構造と含まれる修飾塩基の例

をもつ．20 種類のアミノ酸それぞれに対して，少なくとも 1 種類の tRNA が存在する．tRNA とアミノ酸の結合は，**アミノアシル tRNA 合成酵素** aminoacyl tRNA synthetase によって触媒される（→ 4-4-3）．

C リボソーム RNA

リボソーム RNA ribosomal RNA（**rRNA**）はリボソームの主成分であり，タンパク質合成を触媒する．リボソームは，原核生物では 50S サブユニット（大サブユニット）と 30S サブユニット（小サブユニット）が結合して 70S 複合体が形成され，真核生物では 60S サブユニット（大サブユニット）と 40S サブユニット（小サブユニット）が結合して 80S 複合体が形成される（図 2-12）．

大腸菌などの原核生物の rRNA は，23S RNA, 16S RNA, 5S RNA の 3 種類である．真核生物では，28S RNA, 18S RNA, 5.8S RNA, 5S RNA の 4 種類である（S は沈降係数）．1 個のリボソームにこれらの rRNA が 1 種類ずつ含まれている．リボソームは rRNA と多数のリボソームタンパク質からなる巨大複合体である．それらの組成は約 2/3 が RNA で，約 1/3 がタンパク質で

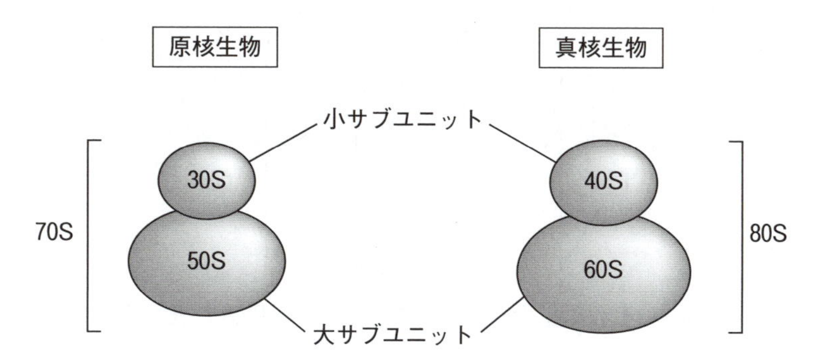

図 2-12　原核生物と真核生物のリボソームの大きさ
S は沈降係数を表す.

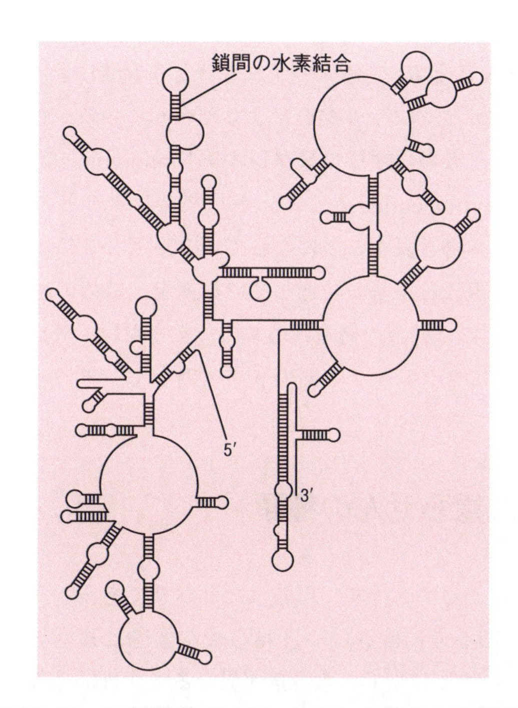

図 2-13　原核細胞の 16S rRNA の推定二次構造
分子内の折りたたみパターンには，ループや二本鎖領域がある．分子内の相補的塩基間での鎖間水素結合が広範にみられる．
（キャンベル・ファーレル生化学　第 6 版，p.322，廣川書店，許可を得て転載）

ある．原核細胞の 16S rRNA については，二次構造が提唱されている（図 2-13）．rRNA は分子内の鎖間水素結合が広範にみられる特徴がある．核に存在する**核小体** nucleolus では rRNA が活発に転写されている．

以上の主要な 3 種類の RNA 以外に，**核内低分子 RNA（snRNA）** small nuclear RNA や比較的最近見出され，翻訳調節における機能が注目されている**マイクロ RNA（miRNA）** micro RNA などがある．これらの RNA については，第 4 章で述べる．

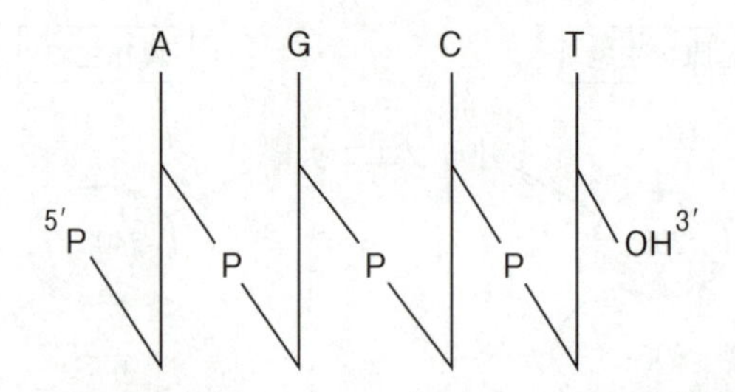

図 2-14　核酸（オリゴヌクレオチド）構造の表記法

2-3-5　核酸の塩基配列の表記法

すでに述べたように，DNA 鎖と RNA 鎖はいずれも糖とリン酸によって主鎖が形成され，ヌクレオチドどうしが 3′, 5′-ホスホジエステル結合により結合している．このようにしてヌクレオチドが数個～ 30 個程度繋がったものは**オリゴヌクレオチド** oligonucleotide，さらに長く繋がったものは**ポリヌクレオチド** polynucleotide とよぶ．ポリヌクレオチドの塩基配列は，左から右向きに 5′ 末端から 3′ 末端方向へ書き表すことになっている．図 2-7 に示した核酸の構造の略記法を図 2-14 に示す．ここで縦線は各塩基の結合している糖を，斜めの線はホスホジエステル結合を示す．ただし，より一般的には核酸の構造は塩基の一文字だけで表記され，図 2-7 の構造は，pApGpCpT と表すか，さらにヌクレオチド間の p を省略して，単に pAGCT と書き表されることが多い．

2-3-6　DNA 二重らせんの種類

DNA が二重らせん構造をとることはすでに述べたとおりであるが，らせんは右巻きだけでなく，左巻きも可能である．右巻きにはさらに A 型らせん構造と B 型らせん構造とよばれる 2 種類が存在する（図 2-15）．A 型と B 型では水含量が異なる．生理的条件下では DNA は B 型らせん構造をとっている．A 型はピッチ（らせん 1 回転分の距離）が詰まっており，水分子が少ない場合にこの構造をとる．B 型らせん構造は 10.5 残基ごとに 1 回転するのに対して，A 型らせん構造は約 11 残基ごとに 1 回転する．一方，左巻きは Z 型であり，糖-リン酸結合からなる主鎖がジグザグしていることからこうよばれる．5′CGCGCG3′ 配列を有する DNA は Z 型になることが知られている．また，メチル化や次に述べる負の超らせん化により Z 型は安定化する．

2-3-7　DNA の超らせん構造

DNA は二重らせん構造を形成するが，その二重らせんがさらにねじれた構造を**超らせん構造** supercoil（スーパーコイル）という．超らせん構造を形成すると DNA はより密になりコンパクトになる．超らせん構造におけるねじれの数をリンキング（結び目）数といい，リンキング数でねじれの度合いが示される．超らせんにはねじれの向きにより，DNA の二重らせんがさらに巻

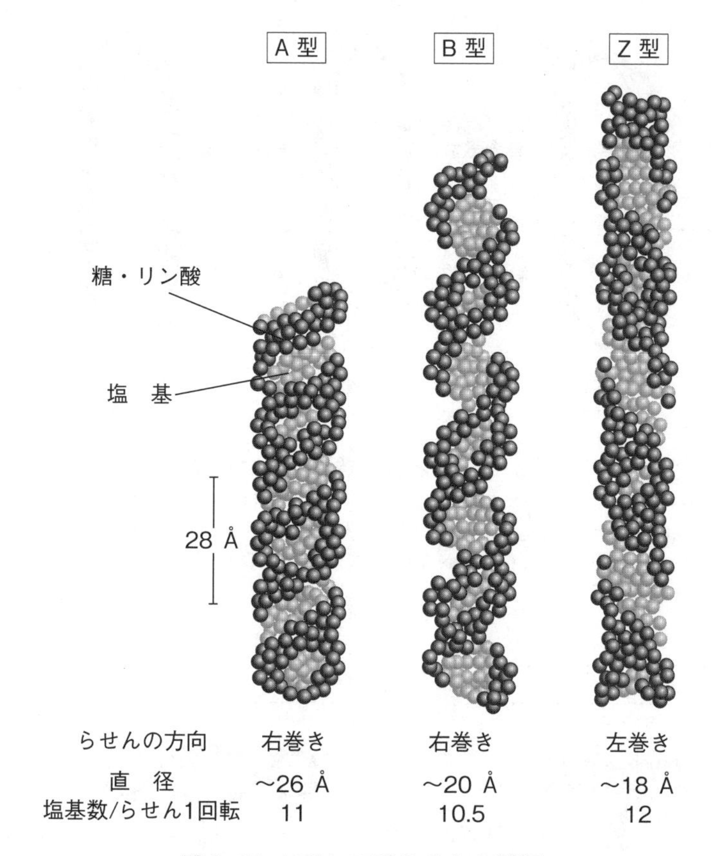

図 2-15　DNA 二重らせんの種類
生体内では，DNA は基本的に B 型の構造をとる．

かれてねじれが入ったものを**正の超らせん** positive supercoil，一方，二重らせんが巻き戻された場合，そのひずみを解消しようと新たに生じるねじれを**負の超らせん** negative supercoil という（図 2-16）．

DNA が複製したり，転写されるときは二重らせんが開裂する必要がある．二重らせんが開裂していくと進行方向の先ではねじれが溜まり（正の超らせんの形成），その反発力によって，さらに開裂できなくなる．負の超らせんは巻きついた二重らせんを緩める働きがあり，超らせん構造をとらないときは，二本鎖の一部が開裂した構造となる．原核細胞では環状 DNA は正に超らせん化する複製時以外は，負に超らせん化している．真核細胞では DNA がヒストンに巻きついてヌクレオソーム構造をつくるとき，負の超らせん構造をとる．

DNA に超らせん構造を形成したり，解消したりする酵素は，**DNA トポイソメラーゼ** DNA topoisomerase とよばれる．トポイソメラーゼの名称はトポロジー（位相幾何）を変えることに由来する．DNA トポイソメラーゼは大きくⅠ型とⅡ型の二つに分類される．図 2-17 に示すように，Ⅰ型の DNA トポイソメラーゼは，ATP に依存せずに DNA 二本鎖の一方の鎖を切断，再結合する．この反応の間に，切断した DNA 鎖の切れ目（これを“ニック”という）に，切断していない側の DNA 鎖を通すことで，二重らせんの巻き込みの強さを変化させる．

一方，Ⅱ型 DNA トポイソメラーゼは，DNA 二重らせんの両方の鎖を切断，再結合することで

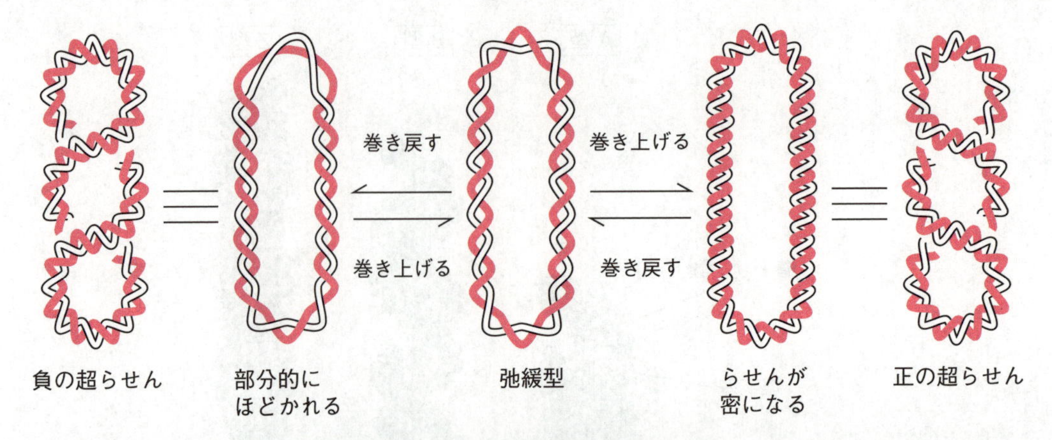

図 2-16 正および負の超らせん構造

通常のDNA二重らせん（弛緩型）の一部を巻き戻して再結合すると，ほどかれた部分のひずみを解消するために負の超らせん構造をとる．一方，弛緩型のDNAをさらに巻き上げて，再結合すると正の超らせん構造をとる．これらのDNAの高次構造の変換はDNAトポイソメラーゼがATPのエネルギーを用いて行っている．

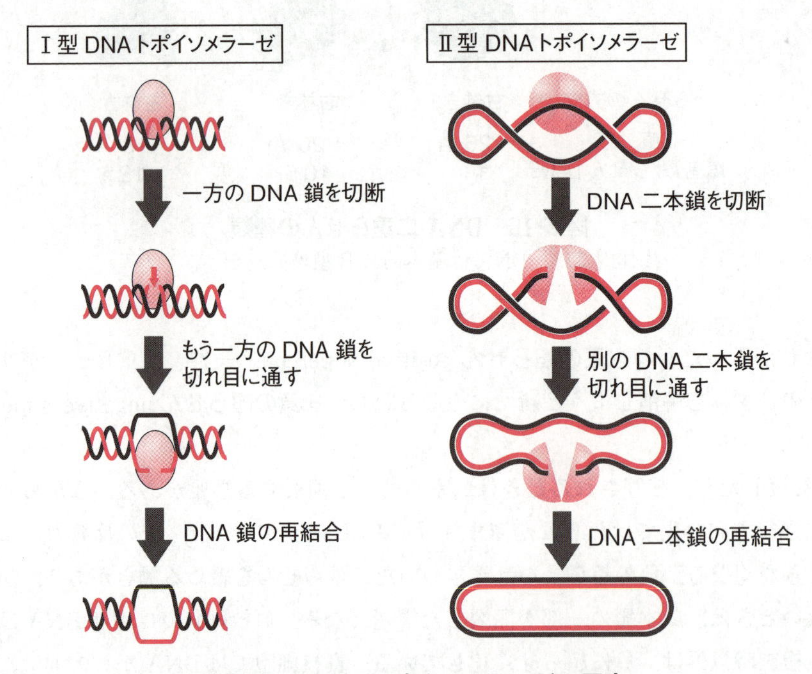

図 2-17 DNA トポイソメラーゼの反応

DNAの歪みや絡み合いを解きほぐす（図 2-17）．この酵素は，2組のDNA二本鎖が交差した位置で一方の二本鎖を切断し，その切れ目の間にもう一方の二本鎖を通過させてから，切断したDNAを再結合する．交差する2組の二本鎖は別のDNAでも構わないし，同じDNAの離れた領域でも構わない．このⅡ型DNAトポイソメラーゼの反応にはATPが利用される．

2-4　真核細胞 DNA の高次構造と染色体

2-4-1　クロマチンとヌクレオソーム

細胞の核の中で DNA は裸の二本鎖だけの状態で存在しているのではなく，常に塩基性タンパク質と結合して存在している．この結合には DNA のリン酸基の負電荷とタンパク質の正電荷との静電的相互作用が関与しており，この DNA-タンパク質複合体を**クロマチン** chromatin という．ヒト DNA は全長約 2 m にもなるが，それが小さい細胞のさらに核の中に収納されているのは，長い DNA 鎖がタンパク質と結合してクロマチンを形成しているからである．クロマチンは多数のビーズ玉が糸で繋がったような構造をしている．各々のビーズ玉に相当する単位を**ヌクレオソーム** nucleosome とよぶ．ヌクレオソームは**ヒストン** histone とよばれる塩基性タンパク質の周りに DNA が 2 回巻きついた構造で，コアとよばれる円盤状の部分とそれらを繋ぐリンカー部分からなっている（図 2-18）．コアを構成するコアヒストンはヒストン H2A, H2B, H3, H4 の各サブユニット 2 個ずつからなる八量体である．また，ヌクレオソームを構成しているコアヒストンへの巻きつき部分とリンカー部分を含む DNA の長さは約 200 塩基対である．ヒストン H1 や非ヒストンタンパク質はリンカー部分に結合してむき出しのリンカー DNA を保護するとともに，ヌクレオソームどうしを密に結合して高次の折りたたみ構造の形成に関与している．ヌクレオソームの形成と解離はヒストンシャペロンやヌクレオソームリモデリング因子，ヒストン修飾

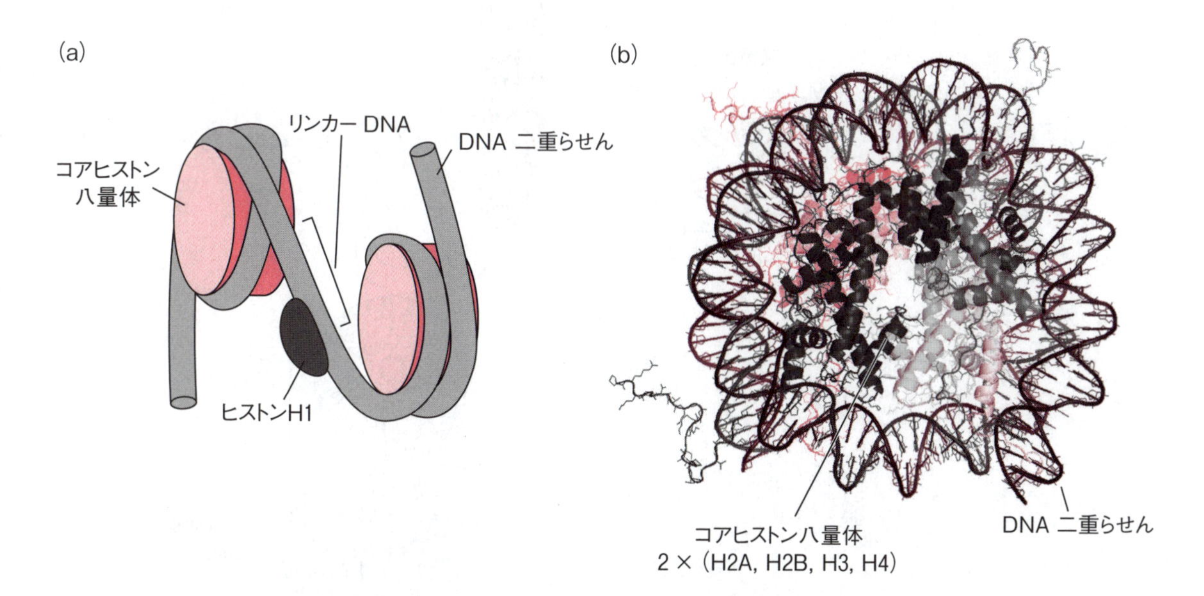

図 2-18　ヌクレオソームの構造
（a）構造の模式図，（b）結晶構造

酵素などにより動的に制御されていることが解明されつつある（→ 4-2）．

2-4-2 染色体

細胞分裂において, DNA 複製（S 期）が終了するとクロマチンは何段階にも折りたたまれ，高度に凝集して**染色体** chromosome を形成する．染色体という名称は，細胞の光学顕微鏡による観察から，細胞の分裂期に色素によって染色される構造体として発見されたことに由来する．染色体は，細胞分裂時における挙動の解析と遺伝学との対応から，古くから遺伝子を含むことが示されてきた．今日では染色体は DNA とタンパク質が高度に凝縮した巨大複合体であることは明らかである．DNA がコアヒストンの周りに巻きついて，ヌクレオソームを形成し，糸を通したビーズ状のものを 10 nm クロマチン繊維という．10 nm クロマチン繊維は 1 巻き当たり 6 個のヌクレオソームからなるソレノイド（中空コイル）型らせん構造をとって，**30 nm クロマチン繊維** 30 nm chromatin fiber を形成する．30 nm クロマチン繊維はさらに折りたたまれて，染色

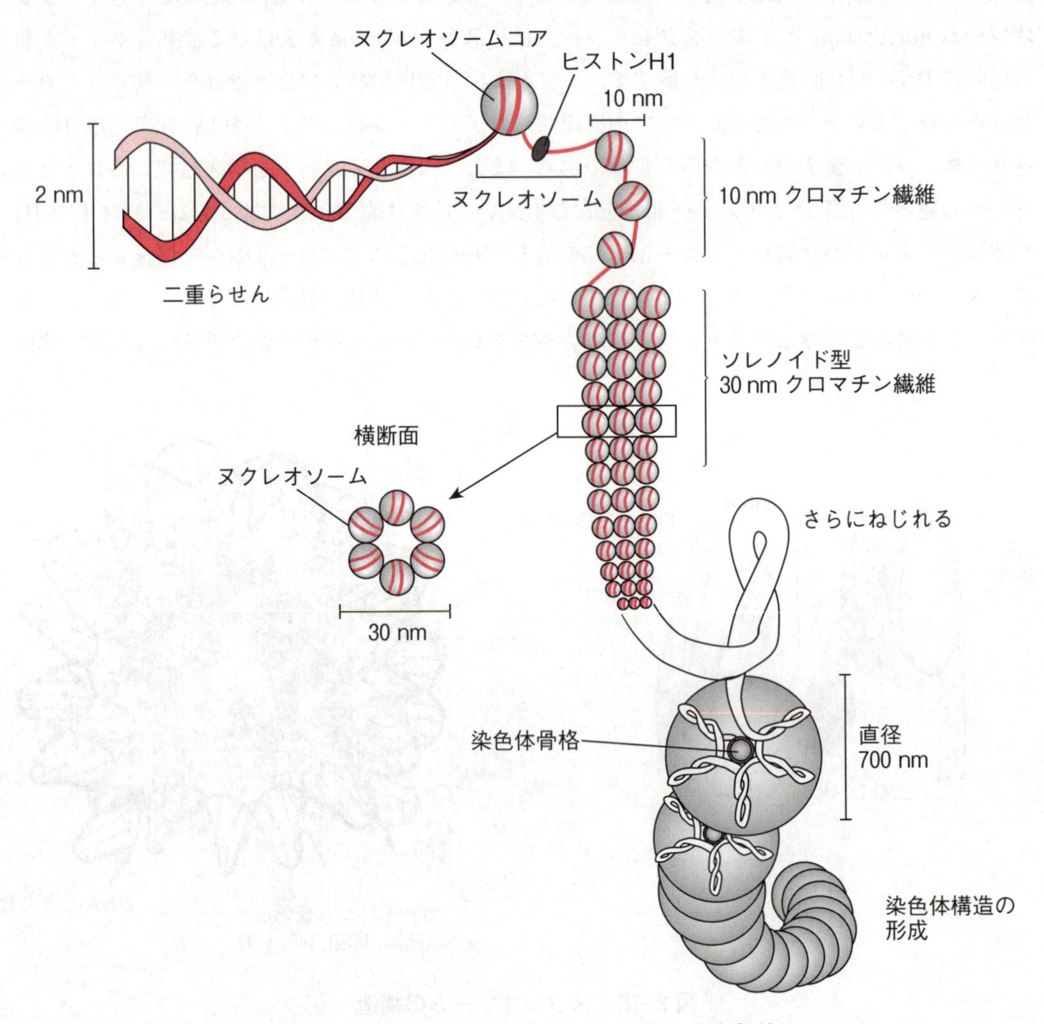

図 2-19　DNA からヌクレオソームそして染色体へ

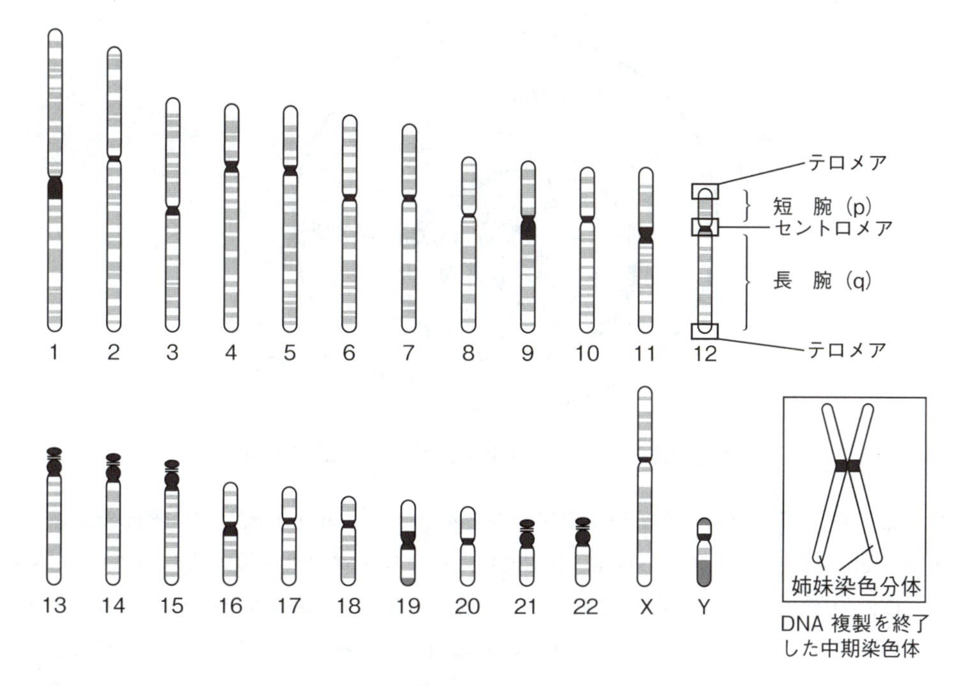

図 2-20　ヒトの染色体

常染色体は大きさの順に1～22の番号がつけられている．このように染色体を順に並べたものを核型（カリオタイプ）とよぶ．各染色体の両端をテロメア，くびれた部分をセントロメアといい，セントロメアで区切られた領域をそれぞれ長腕，短腕とよぶ．

体構造を形成していく（図2-19）．このときDNAのある特定の領域は核内の**染色体骨格** chromosome scaffoldとよばれるタンパク質構造に結合して高度に凝集した構造体を形成する．ヒトは線状の22対の常染色体と男性ではXY，女性ではXXの性染色体からなる，計46本の染色体を有している（図2-20）．互いに対をなしている染色体を**相同染色体** homologous chromosomeといい，それらは父親と母親の配偶子に由来している．1本の染色体は1本の直鎖状の二本鎖DNAからなっており，長短長さの異なる22本の常染色体と2本の性染色体にヒト染色体DNA（32億塩基対）のゲノム情報が分けられている．真核生物のゲノムは直鎖状の二本鎖DNAであるため，染色体には末端がある．染色体の末端の領域を**テロメア** telomereという．また，体細胞分裂のS期においてDNA複製が完了すると，染色体は倍加する．複製された染色体は，**姉妹染色分体** sister chromatidとよばれ，それらはバラバラにならないよう互いに**セントロメア** centromereとよばれる特殊な領域で結合している（図2-20）．セントロメアは染色体の中心から外れているため，セントロメアを挟んでそれぞれ長腕，短腕に分けられる．セントロメアにはATに富んだ繰り返し配列が存在しており，細胞分裂時には，姉妹染色分体はセントロメアに形成される動原体とよばれる構造体に動原体紡錘糸が結合し，それぞれ反対方向に引っ張られることで均等に染色体が配分される（→3-1-2）．

2-4-3　ヘテロクロマチンとユークロマチン

細胞周期の間期（→3-1-1-A），すなわち細胞が分裂していないときの細胞核を電子顕微鏡で

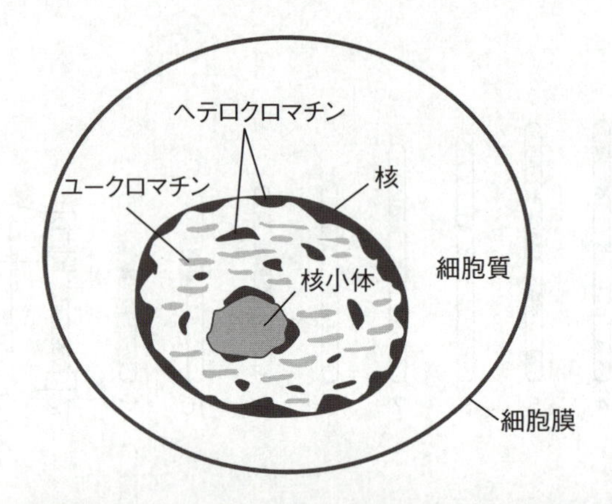

図 2-21 ヘテロクロマチンとユークロマチン

観察すると，電子密度の高い**ヘテロクロマチン** heterochromatin 領域と電子密度の低い**ユークロマチン** euchromatin 領域がみられる（図 2-21）．ヘテロクロマチン領域はクロマチンの凝集度が高く，この領域に含まれる遺伝子は転写が不活化されている．転写が不活性化されていることを遺伝子のサイレンシングといい，転写活性のある遺伝子をヘテロクロマチンの領域に組み込むと，遺伝子発現がオフとなる．一方，ユークロマチン領域に含まれる遺伝子は転写が活性化していることがわかっている．ヘテロクロマチンとユークロマチンではヒストンの修飾状態が異なることが知られており，一般にユークロマチンではヒストンは高度にアセチル化され，ヘテロクロマチンでは脱アセチル化されている．女性の 2 本の X 染色体のうち 1 本は，ヘテロクロマチン化されて不活化されている．

2-5 ゲノムの構造

2-5-1 ゲノムとは

ゲノム genome とは，“gene（遺伝子）” + “ome（全体）”，つまり遺伝子全体のことをいう．ゲノムの変化は種の進化と対応しており，ゲノムの塩基配列を比較することにより進化の系統樹を描くことができる．このような学問はゲノム進化学とよばれる．

大腸菌のゲノム DNA は環状の二本鎖 DNA であり，その大きさは 460 万**塩基対** base pair (bp) である．これに対して，ヒトのゲノム DNA は 32 億塩基対である．表 2-3 にいくつかの生物種の全ゲノムサイズを示すが，ゲノム DNA の大きさは生物の複雑さとある程度は相関があるものの，直接には関係していないと思われる．

2003 年，**ヒトゲノム計画** Human Genome Project により，ヒトゲノム DNA の全塩基配列が解明された．その結果，タンパク質をコードする遺伝子の数は約 22,000 個であることがわかった．ヒト以外のさまざまな生物種のゲノムの塩基配列も解読されている．遺伝子の解読は疾患の

表 2-3　各種生物のゲノムサイズおよび染色体数

生物種	ゲノムサイズ（塩基対）	染色体数（一倍体）
λファージ	4.8×10^{4}	1
大腸菌	4.6×10^{6}	1
出芽酵母	1.2×10^{7}	16
線虫	9.7×10^{7}	6
シロイヌナズナ	1.25×10^{8}	5
ショウジョウバエ	1.7×10^{8}	4
ヒト	3.2×10^{9}	23
マウス	3.3×10^{9}	20
コムギ	1.7×10^{10}	21
サンショウウオ	9.0×10^{10}	12
アメーバ	6.7×10^{11}	25

λファージや大腸菌はゲノムサイズが比較的小さく分子遺伝子学的解析に便利である．シロイヌナズナはゲノムサイズが小さな植物であり遺伝子解析が進んでいる．

解明や新しい治療法を開発するという点でも革命をもたらし，生物学だけでなく，医学・薬学にも大きな影響を与えている．

真核生物では主要なゲノム DNA は核に存在しているが，ミトコンドリアにもゲノム DNA が存在し，ミトコンドリアタンパク質の一部がコードされている．植物ではさらに葉緑体も環状 DNA を有している．ミトコンドリア DNA は原核生物と類似の環状で，16 キロ塩基対の長さを有する．ミトコンドリア DNA の突然変異は老化とともに蓄積し，神経や筋肉などの病気をもたらすことが知られている．

原核生物にはヒストンは存在しないが，ヒストン様タンパク質が DNA に結合し，**核様体** nucleoid を形成している．また染色体外に**プラスミド** plasmid とよばれる小型の環状 DNA（→ 7-1-2-A）をもつことがある．

2-5-2　ゲノムに含まれる反復配列と遺伝子多型

ヒトのゲノム DNA は 32 億塩基対からなるが，このうちタンパク質のアミノ酸配列をコードしている領域は 2% 未満とごくわずかである．これに対して，ゲノム全体にわたって**反復配列** repeat sequence とよばれる繰り返し配列が半分近くを占めている．それ以外の領域は非反復配列と遺伝子のイントロン部分である．反復配列の例としてはトランスポゾン，rRNA をコードしている rDNA，**サテライト DNA** satellite DNA，**ミニサテライト DNA** minisatellite DNA あるいは**マイクロサテライト DNA** microsatellite DNA などがある．

サテライト DNA，ミニサテライト DNA あるいはマイクロサテライト DNA は，ゲノム DNA を密度勾配遠心により分離した時に，他のゲノム DNA 領域とは異なる密度を示す DNA として見出され，短い配列が高度に反復する DNA である．サテライト DNA は α，β などの型があり，ヒト α サテライト DNA は 171 塩基対が反復し，セントロメア領域などに存在し，数百万塩基対からなる領域（例えばヒトX染色体のセントロメアでは300万塩基対の領域）を形成している．ミニサテライトDNAはGC含量が高く10～数十塩基程度の単位が3,000回ほど繰り返す．ミニサテライトDNAは遺伝子発現の制御に関わると考えられており，また減数分裂時に組換えを高頻度で起こすことが知られている．マイクロサテライトDNAは1～4塩基のヌクレオチド単位が10～40回繰り返す反復配列で，特に変異が起こりやすく，ゲノム全体ではそのクラスター（約100塩基対）がおよそ10万か所散在している．これらの反復配列ではDNA複製時にDNAポリメラーゼがDNA鎖上でスリップし，その結果，反復回数が変化しやすい．個人ごとに異なる繰り返し回数を示すミニサテライトDNAやマイクロサテライトDNAを解析することにより，犯罪捜査での犯人の特定や親子鑑定，個人の特定や人種間の関係を調べることができる（→p.247 医療とのつながり，7-5-2-C）．

染色体DNAは常に安定に存在しているわけではなく，しばしば変異が入る．新たな変異は，単一個体の体細胞および生殖細胞でも生じる．体細胞における遺伝子変異はがんの発生につながり，生殖細胞における遺伝子変異は遺伝性疾患の原因となるだけでなく，個体発生に重要な遺伝子に変異が入った場合には発生できずに死に至ることもある．しかし，生じた遺伝子変異が個体発生や生殖能力に大きな影響を及ぼさなかった場合，その変異は子孫にそのまま受け継がれ，世代を重ねるうちに集団中に広く伝わる可能性がある．したがって，異なる個人間でゲノム上のある特定の場所（遺伝子座とよぶ）におけるDNA塩基配列を比較すると，個人によって塩基配列が異なる場所がある．ある特定の遺伝子座における変異がヒト集団の中で1%以上の割合で見出される場合，そのような変異は**遺伝子多型** genetic polymorphismという．遺伝子多型のうち，一塩基の置換，挿入または欠失がある場合，特に**一塩基多型（SNP）** single nucleotide polymorphismとよぶ．SNPは，ヒトゲノム上に約1,000塩基に1塩基と高頻度に存在しているといわれており，全ゲノム中に約300万個のSNPが存在すると考えられる．そのため，SNPをマーカーにすることで，疾患感受性や薬物代謝能の個体差を明らかにすることが可能になりつつある（→7-5-2，8-2-3）．

2-5-3 トランスポゾン

DNAは遺伝情報を保持しているので，当初，化学的にも生物学的にも非常に安定したものと考えられた．しかし，その後の研究で遺伝子は必ずしも安定なものではなく，動的にゲノムDNA中の位置を変えられる因子が発見された．このような遺伝子の位置の移動は**転位** transpositionとよばれ，この転位する遺伝子を**トランスポゾン** transposonとよぶ（図2-22）．今では多くの生物種でトランスポゾンが見出されている．ヒトやトウモロコシではゲノムの約45%がトランスポゾンで占められている．トランスポゾンはトランスポザーゼなどの転位酵素が作用したときのみ転位し，その際，転移した先の遺伝子が，新たなDNA断片の挿入により破壊されることがある．そのためトランスポゾンは種の進化などにも関与していると考えられている．トランスポゾンは大別すると2種類に分けられ，DNAのままトランスポザーゼによって切り出されて転位するDNA型トランスポゾンと，一旦RNAに転写された後，逆転写反応により再度DNAとなってゲノム中の別の位置に転位する**レトロトランスポゾン** retrotransposonがあ

DNA 型トランスポゾン

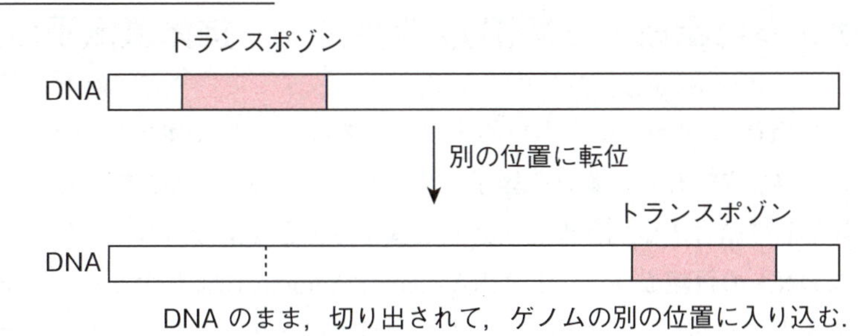

DNA のまま，切り出されて，ゲノムの別の位置に入り込む.

レトロトランスポゾン

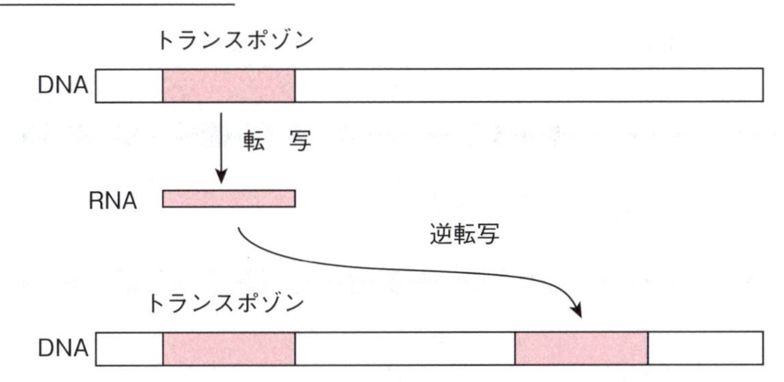

一旦，RNA に転写し，逆転写した DNA がゲノム DNA の別の位置に入る.

図 2-22　転位する遺伝子：トランスポゾン

る（図 2-22）.

2-2　トウモロコシの斑(ふ)入りから転位する遺伝子トランスポゾンの発見

トウモロコシの実を観察すると，実が斑になっているものがある（最近はこのようなトウモロコシを目にする機会は少ないが）. トウモロコシの実の斑入りは従来のメンデルの遺伝の法則や染色体の相同組換えでは説明できない. マクリントック McClintock はトウモロコシの実の斑入りが，遺伝子が染色体の別の位置に転位する因子トランスポゾンを仮定すると説明できることを優れた洞察により見抜き，1983 年，ノーベル賞を受賞した（表 2-1）. トランスポゾンが転位することによって遺伝子が破壊され，斑入りの突然変異体が生じる.

アサガオの花の色や形の多様性にもトランスポゾンが関係している. アサガオの花弁の色や形を決めている遺伝子を転位してきたトランスポゾンが壊すことにより，アサガオの突然変異を誘発し，その色や形の表現系が多様化する. こうしてできた多様な色や形のアサガオは観賞用として利用されている.

2-5-4　ゲノム再編成——V(D)J 組換え——抗体遺伝子の多様性

生体防御因子として**抗体** antibody は，微生物・ウイルスなどの外来因子に結合してその働きを阻害する．しかし，自然界に存在する外来因子（すなわち，抗原）は非常に多様であるにもかかわらず，それに対応して結合する抗体が産生される機序は大きな謎であった．利根川はその抗体の多様性が**ゲノム DNA の再編成** genomic DNA rearrangement により生じることを見出した（表 2-1）．DNA は安定と考えられていた時代に DNA の再編成が起こるというモデルは画期的であった．この DNA の再編成は V(D)J 組換えともいう（図 2-23）．免疫細胞である B 細胞から

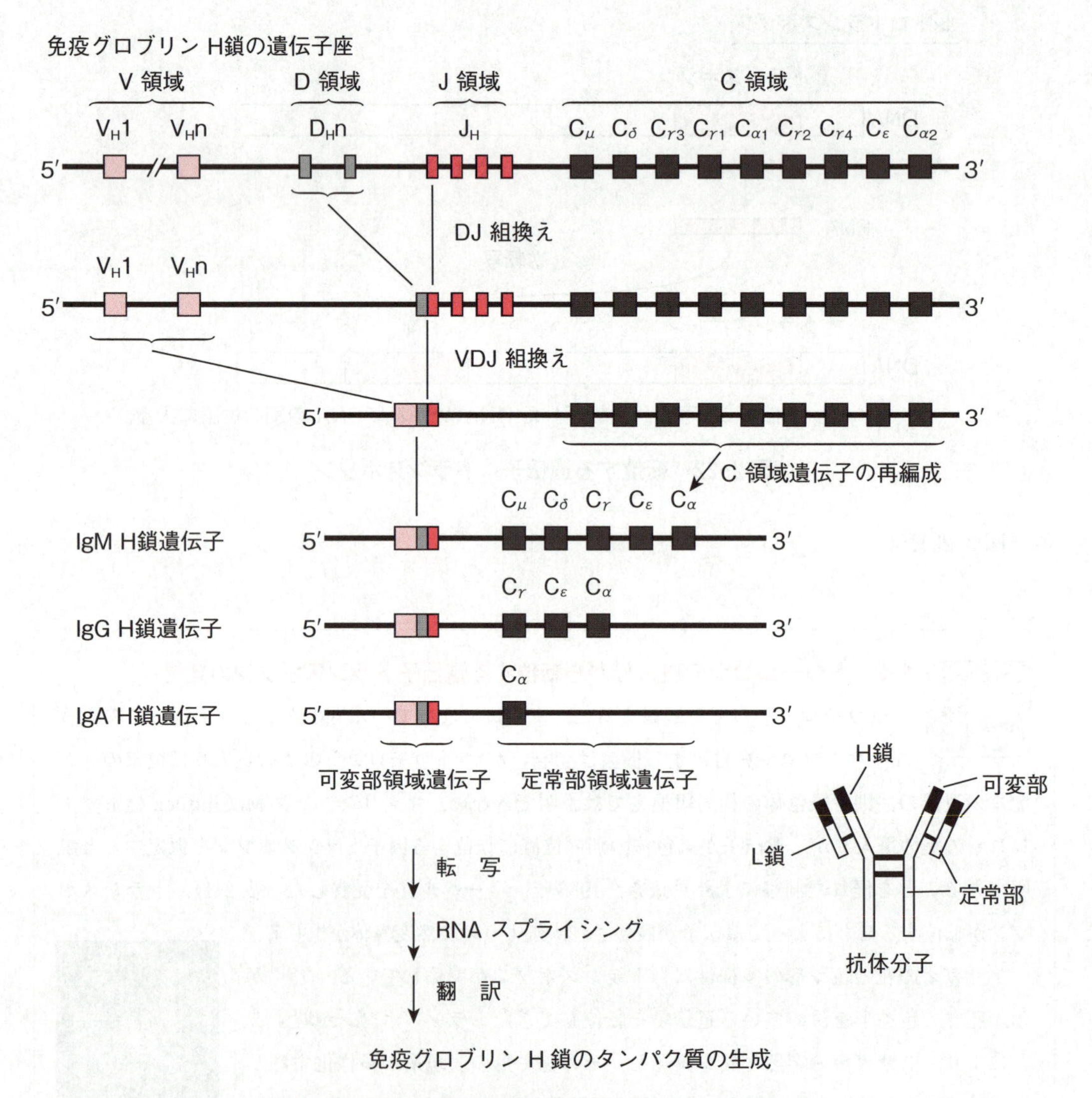

図 2-23　抗体の多様性を生む遺伝子の再編成

B リンパ球から免疫グロブリン産生細胞に分化する際，V 領域遺伝子，D 領域遺伝子，J 領域遺伝子がそれぞれ 1 種類ずつ組み合わさって遺伝子の組換えが起こり，免疫グロブリンの可変部遺伝子の再編成が起こる．さらに，免疫グロブリンの定常部遺伝子の再編成が起こることで，各種免疫グロブリンの H 鎖遺伝子ができあがる．

分泌される抗体やT細胞受容体の遺伝子は，複数のV（variable）領域，D（diversity）領域，J（joining）領域，C（constant）領域などが多数の遺伝子群を形成しており，軽鎖（L鎖）遺伝子はV遺伝子，J遺伝子およびC遺伝子をもとにするDNA再編成により，また重鎖（H鎖）遺伝子はV遺伝子，D遺伝子，J遺伝子およびC遺伝子をもとにするDNA再編成によりつくられる．DNA再編成の過程では，それぞれの領域の遺伝子が一つずつ選択されて遺伝子の組換えによりDNAの再編成が行われ，その組合せの数によりさまざまな種類のL鎖やH鎖ができ，多様な抗体分子が産生される．このような抗体遺伝子のDNA再編成は，未分化な細胞が成熟したBリンパ球に分化する過程で起こり，個々のBリンパ球は固有の抗体遺伝子をもつことになる．抗原刺激により，特定のB細胞クローンが活性化して形質細胞となり，それらの細胞から1種類の特異的な抗体のみが産生される．

2-6　核酸の物理化学的性質

2-6-1　DNAの変性と再生

DNAはリン酸基と糖部分に水分子が水和するため，水に極めてよく溶ける．水に溶けた二本鎖DNAを熱（約90℃以上）やアルカリ（0.1 mol/L NaOHなど）で処理すると，塩基対間の水素結合が切断されて二本鎖から一本鎖に解離する（図2-24）．これをDNAの**変性** denaturationもしくは**融解** meltingという．解離した相補的な2本の一本鎖DNAを混ぜてゆっくり冷やすと，塩基相補性に基づいて，相補的な一本鎖どうしが再び二本鎖を形成する（図2-24）．このように変性した一本鎖DNAが再び二本鎖DNAに戻ることを**再生** renaturationという．DNAは熱，pH，塩濃度を調節することで変性と再生を何度でも繰り返すことができる．このようなDNAの物理化学的性質は，遺伝子工学において，特定の塩基配列を有するDNA断片を検出したり，単離するために利用されている（→7-3-2-B，7-4-1）．

プリンおよびピリミジン塩基は中性pH領域では波長260 nm付近の紫外線を強く吸収する．DNAは二重らせんが融解して一本鎖になると，260 nmにおける吸光度が増大する．この濃色効果を利用してDNAの**融解温度** melting temperature（T_m）を調べることができる（図2-25）．A-T塩基対の水素結合は2本であるのに対して，G-C塩基対の水素結合は3本であるため，GC含量の多いDNAはT_mが高く，変性しにくい．それとは反対にAT含量の高いDNAはT_mが低い．また溶液の塩濃度は高い方が塩基対の水素結合が強くなり，T_mが高くなる．生体内では，DNAヘリカーゼとよばれる酵素がATPのエネルギーを用いて二本鎖DNAを一本鎖に解離させる．

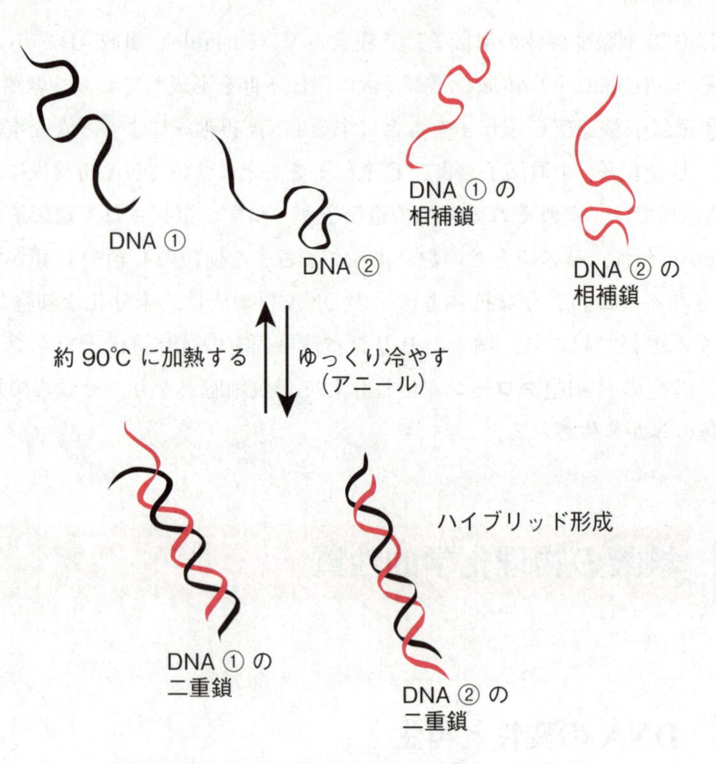

図 2-24　一本鎖 DNA のハイブリッド形成

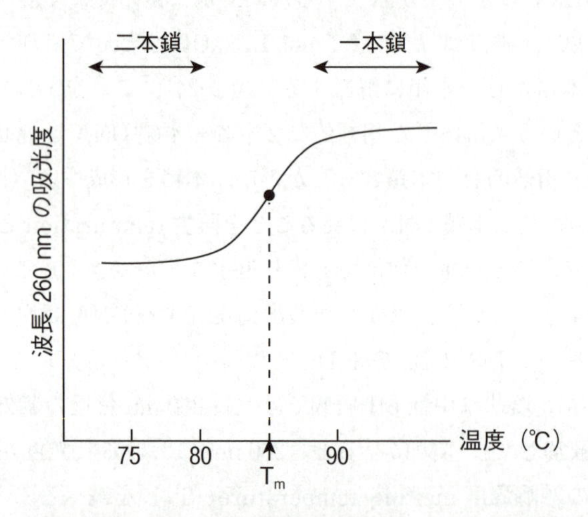

図 2-25　DNA の濃色効果を利用した T_m の測定

2-6-2　DNA および RNA の安定性と酵素による分解

DNA 鎖はアルカリに対して比較的安定であるのに対して，RNA 鎖はアルカリによってホスホジエステル結合が加水分解され，ヌクレオチドや小断片へと分解される．それはアルカリ条件下で RNA 中のリボースの 2′ ヒドロキシ基がホスホジエステル結合を求核攻撃するためである

(図 2-26)．一方，DNA の 2′ は H であり，ホスホジエステル結合を攻撃することはない．

また核酸は酵素によって特異的に分解される．DNA は**デオキシリボヌクレアーゼ**（DNase）により，RNA は**リボヌクレアーゼ**（RNase）によりホスホジエステル結合が特異的に加水分解される．**エンドヌクレアーゼ** endonuclease は，DNA 鎖や RNA 鎖の配列の内部でホスホジエステル結合を加水分解する酵素の総称であり，**エキソヌクレアーゼ** exonuclease は末端のヌクレオチドからホスホジエステル結合を 5′ → 3′ 方向，または 3′ → 5′ 方向に加水分解する酵素の総称である（図 2-27）．エンドヌクレアーゼの代表的なものとして，塩基配列特異的に切断する**制限酵素** restriction enzyme がある（→ 7-1-1-B）．エキソヌクレアーゼの中には，DNA 複製時にプライマーを分解する 5′ → 3′ エキソヌクレアーゼや DNA ポリメラーゼの校正機能を担う 3′ → 5′ エキソヌクレアーゼなどがある．

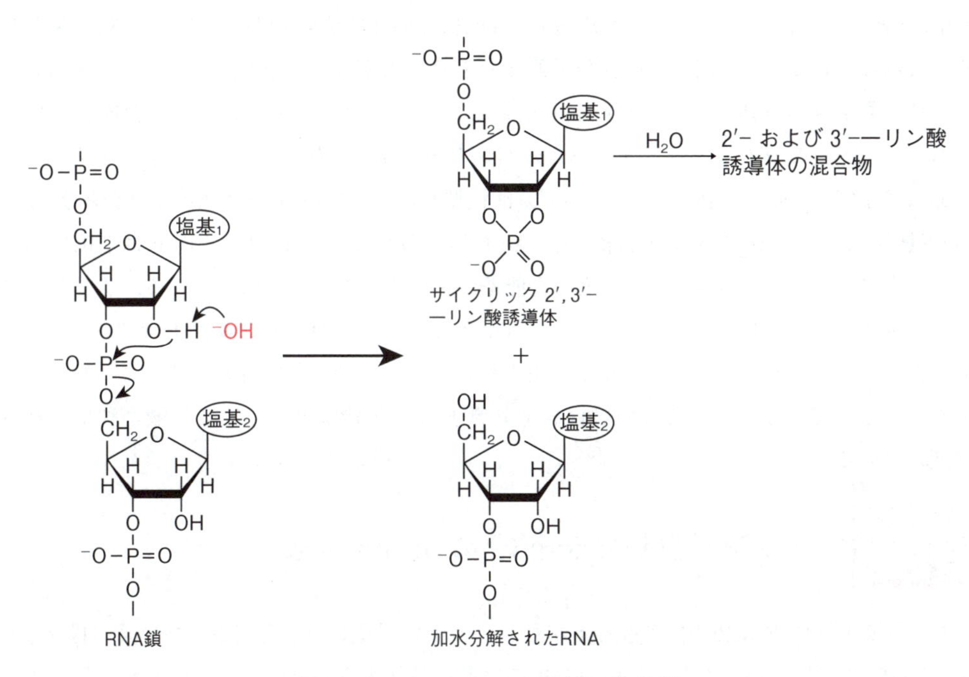

図 2-26　RNA のアルカリ加水分解

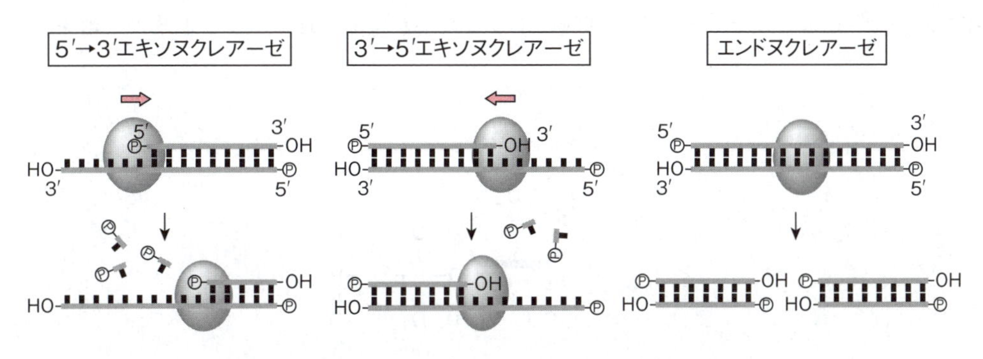

図 2-27　エキソヌクレアーゼとエンドヌクレアーゼ

2-7　核酸塩基の代謝

2-7-1　ヌクレオチドの生合成

dNTPやNTPなどのヌクレオチドはDNA複製や，DNAからRNAへの転写に必要である．これらのヌクレオチドを生体は，アミノ酸などを原料として新規に合成することができる．一般に生体内のさまざまな分子を新規に（最初から）合成することを***de novo*（新規）合成** *de novo* synthesisという．種々のアミノ酸は*de novo*合成において窒素供給源としての役割を果たしている．これに対して，生体高分子の部分分解産物や食物由来のものなど，すでにある構造を利用する経路を**再利用（サルベージ）経路** salvage pathwayという．ヌクレオチド合成に必要なリボースとNADPHはグルコース代謝におけるペントースリン酸経路によって供給される．

*de novo*経路と再利用経路の両方において，活性型リボースである**5-ホスホリボシル1-二リン酸（PRPP）** 5-phosphoribosyl pyrophosphateが用いられる（図2-28）．PRPPは1位に高エネルギー結合による二リン酸があり，1位に官能基が付加するのを容易にしている．プリンおよびチミジル酸の生合成には，1炭素転移反応の補酵素として**テトラヒドロ葉酸** tetrahydrofolateを必要とする．プリンとピリミジンは化学構造が異なり，新規合成も分解もプリンとピリミジンでは大きく異なっているが，どちらの場合も窒素原子Nの供給源としてアミノ酸が利用される点は共通している．

2-7-2　プリンヌクレオチドの*de novo*合成

プリンヌクレオチドはPRPPがもととなり，その上にプリン環が合成されていく（図2-29）．まず，PRPPの1位へのグルタミン由来のアミノ基が付加する．次いでグリシンとN^{10}-ホルミルテトラヒドロ葉酸由来のホルミル基が結合し，五員環のイミダゾール部分が形成される．炭酸水素イオンがATP由来のリン酸基によって活性化されて取り込まれ，複数の反応によってアスパラギン酸，N^{10}-ホルミルテトラヒドロ葉酸のホルミル基が付加され，プリン塩基のヒポキサンチ

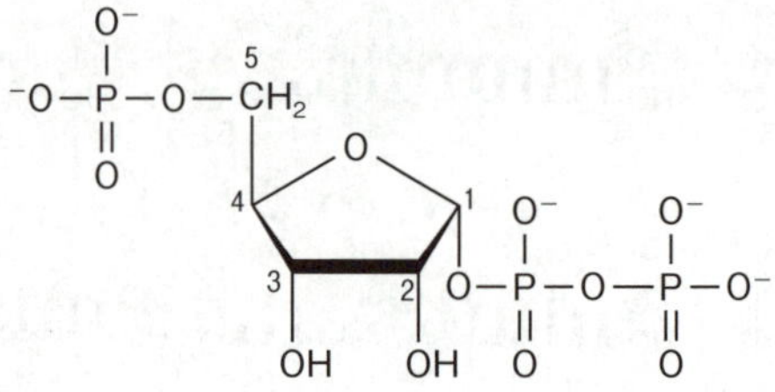

図2-28　5-ホスホリボシル1-二リン酸（PRPP）

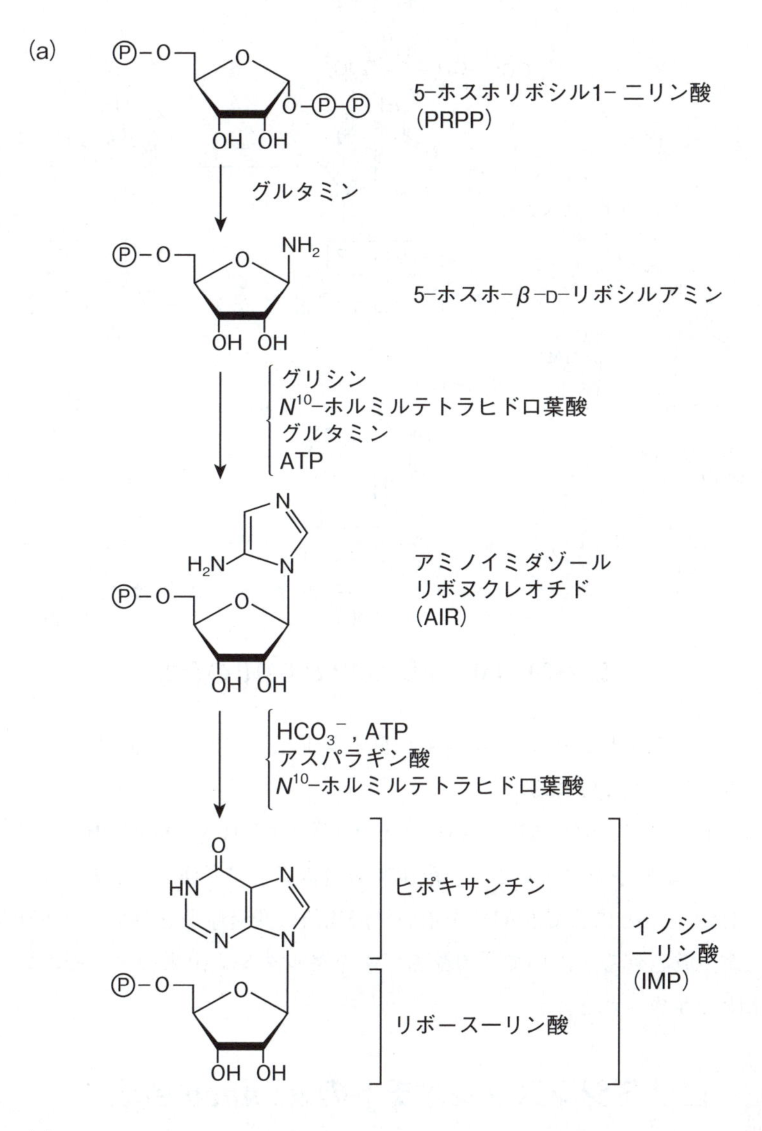

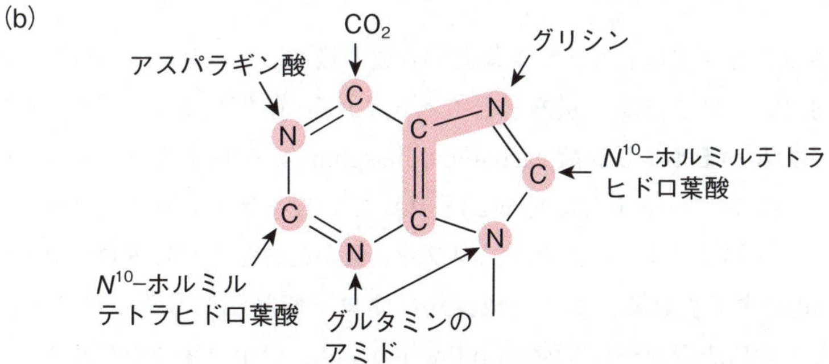

図 2-29　プリンヌクレオチドの *de novo* 合成とプリン塩基の原材料

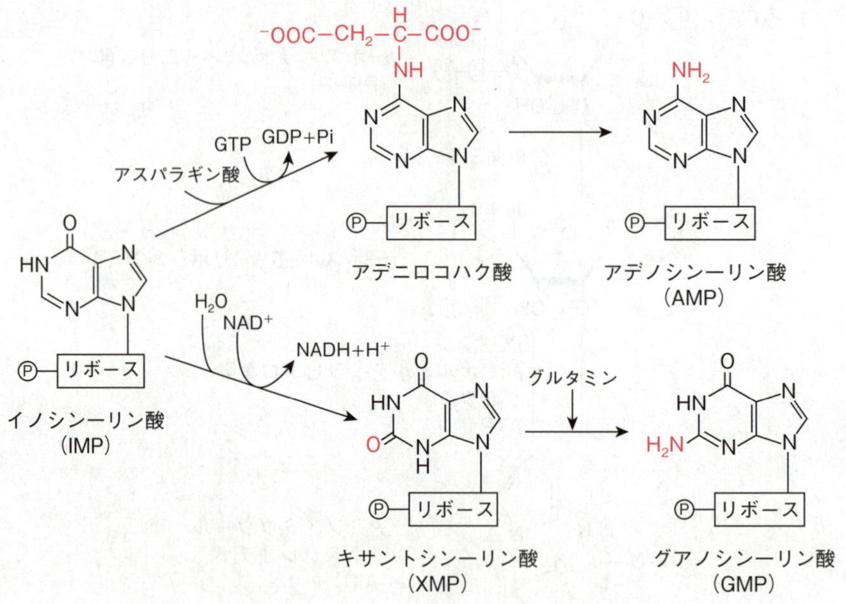

図 2-30　IMP から AMP と GMP の合成

ンが生成される．ヒポキサンチンをもつヌクレオシドはイノシンであり，イノシン一リン酸（IMP）はイノシン酸ともよばれる．

このIMPをもとにしてアデニル酸（AMP）とグアニル酸（GMP）が合成される（図2-30）．ヒポキサンチンの酸素原子をアスパラギン酸由来の窒素原子で置換することによりAMPが生成される．また, IMPをもとにしてNAD^+を用いて酸化的に酸素原子を付加し，キサントシン一リン酸（XMP）が生成される．次いでこの酸素原子をグルタミン由来のアンモニアで置換することにより，GMPが生成される．

2-7-3　ピリミジンヌクレオチドの *de novo* 合成

ピリミジンヌクレオチドはピリミジン塩基の合成が最初に行われ，その後，リボースリン酸が付加される．まず，グルタミンと炭酸水素イオンはATP存在下にカルバモイルリン酸シンターゼⅡによって，**カルバモイルリン酸** carbamoylphosphate が生成する（この酵素は尿素回路のカルバモイルリン酸シンターゼⅠとは異なる）．次いでアスパラギン酸カルバモイルトランスフェラーゼによってカルバモイルリン酸とアスパラギン酸が結合し，ジヒドロオロト酸を経て，**オロト酸** orotic acid が生成される．この合成経路はオロト酸経路ともよばれる．次にオロト酸はPRPPと結合して**オロチジン一リン酸** orotidine monophosphate（オロチジル酸）となり，さらに脱炭酸されてウリジン一リン酸（ウリジル酸，UMP）となる．UMPは2回のキナーゼ反応によってリン酸が付加され，ウリジン二リン酸（UDP），さらにウリジン三リン酸（UTP）となる．UTPにグルタミン由来のアミノ基が付加することによってCTPが生成する（図2-31）．ヌクレオチドの生合成はフィードバック阻害によって制御されている．

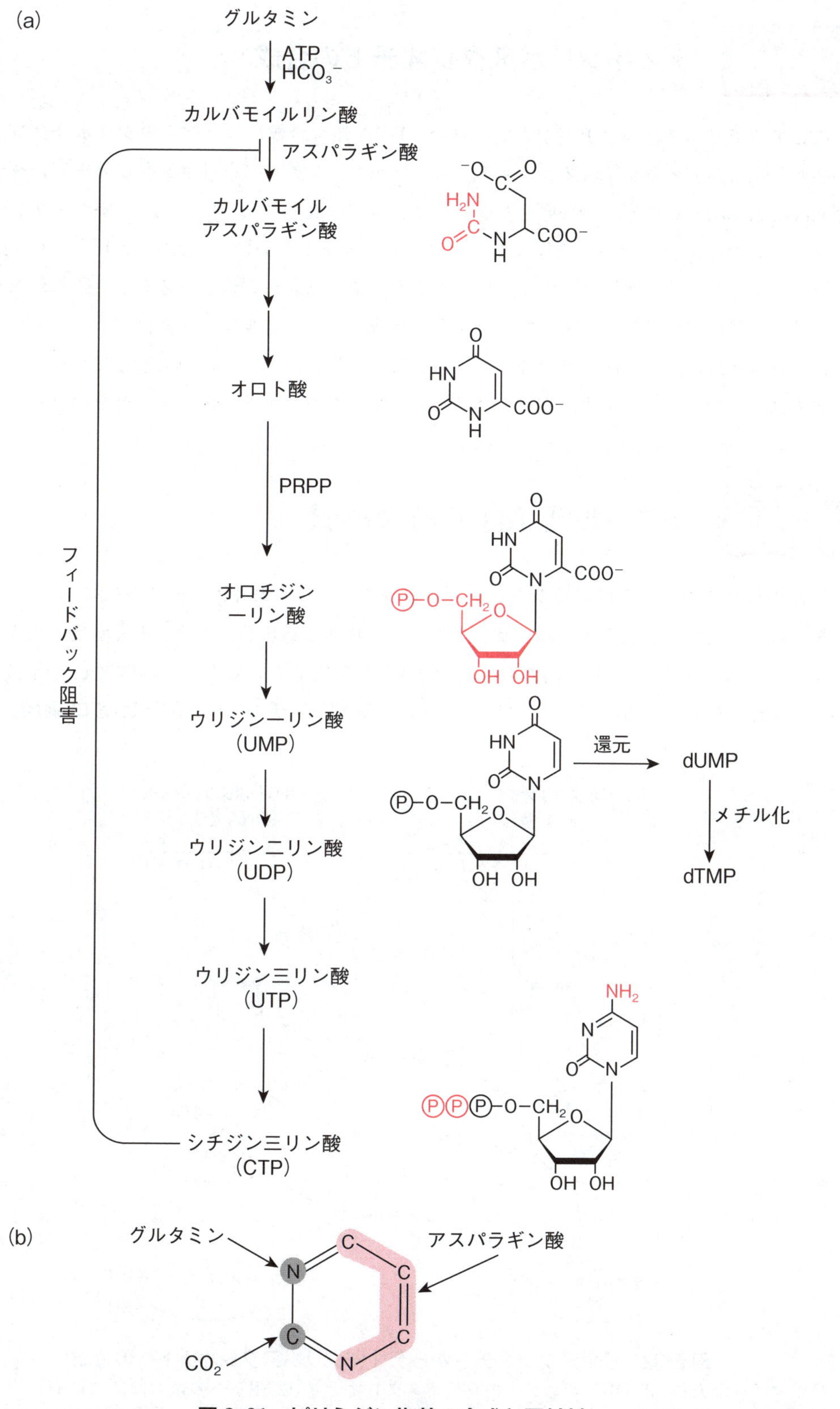

図 2-31　ピリミジン塩基の合成と原材料

2-7-4　デオキシリボヌクレオチドの合成

ここまででリボヌクレオチドが合成された．DNA 鎖の合成には，デオキシリボヌクレオチドが必要となる．デオキシリボヌクレオチドは，リボヌクレオチドを**リボヌクレオチドレダクターゼ** ribonucleotide reductase が還元することによって生成される（図 2-32）．リボヌクレオチドレダクターゼは塩基の種類に関係なくリボヌクレオシド二リン酸（NDP）のリボースの 2′ 位ヒドロキシ基をデオキシ体に還元する．酵素の活性部位には非ヘム鉄とシステイン残基があり，システイン残基は酸化されてジスルフィド結合を形成する．ジスルフィド結合はチオレドキシンなどにより還元され，再び活性型の酵素に戻る．この反応にはラジカルが関与しており，ヒドロキシ尿素は，このラジカルを消去することによりリボヌクレオチドレダクターゼを阻害し，その結果，DNA 合成を阻害する．

2-7-5　チミジル酸（dTMP）の合成

上記のピリミジンの合成ではシトシン，ウラシルはつくられるが，チミンはできない．DNA の構成成分として必要なチミンはウラシルのメチル化体であるが，ウラシルを直接メチル化するのではなく，デオキシウリジル酸（dUMP）のメチル化によってチミジル酸として合成される（図 2-33）．メチル基供与体として，補酵素 $\boldsymbol{N^5}$**,** $\boldsymbol{N^{10}}$**-メチレンテトラヒドロ葉酸** N^5, N^{10}-

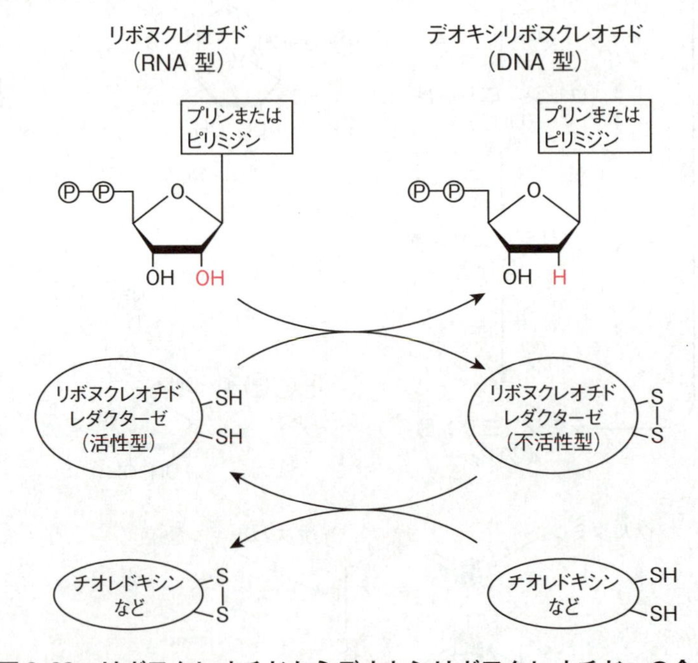

図 2-32　リボヌクレオチドからデオキシリボヌクレオチドへの合成

リボヌクレオチド（2′-OH）からデオキシリボヌクレオチド（2′-H）への還元はヌクレオシド二リン酸（NDP）の状態で行われ，リボヌクレオチドレダクターゼが触媒する．不活性型となったリボヌクレオチドレダクターゼはチオレドキシンやグルタオチンなどの補因子によって，活性型に戻される．

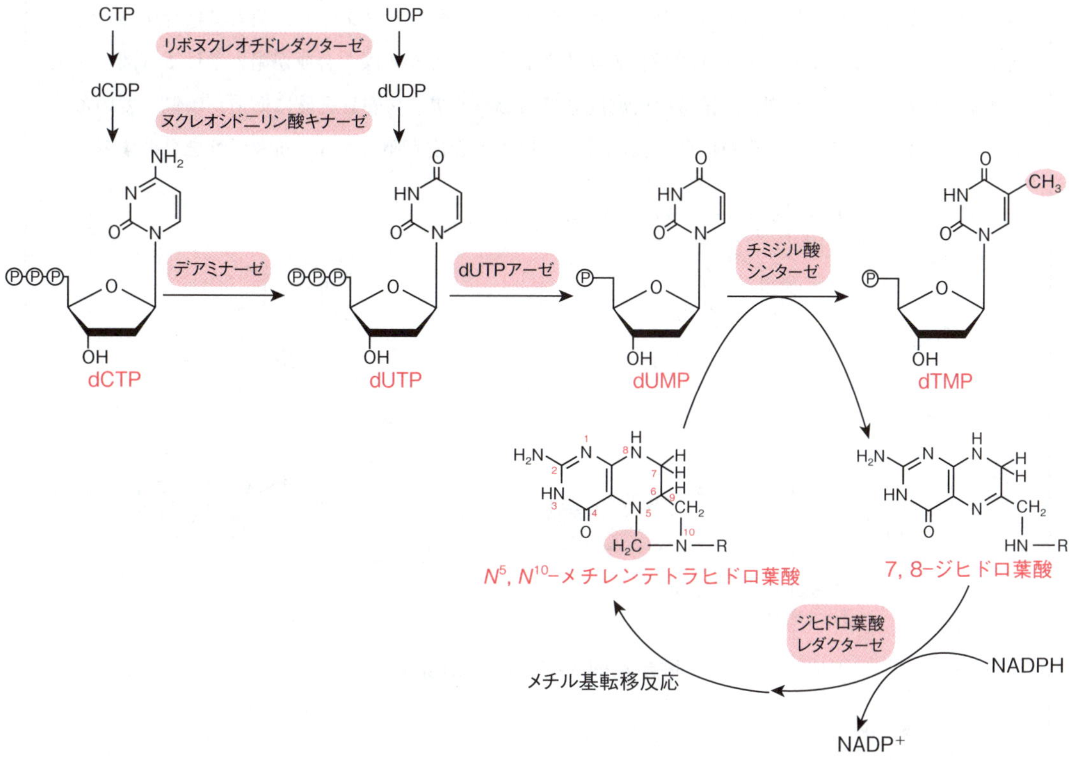

図 2-33　チミジル酸の合成

methylenetetrahydrofolate を用いて**チミジル酸シンターゼ** thymidilate synthase が触媒する．N^5, N^{10}-メチレンテトラヒドロ葉酸はメチレン基を供与するときに酸化されてジヒドロ葉酸になるが，ジヒドロ葉酸は**ジヒドロ葉酸レダクターゼ** dihydrofolate reductase と NADPH によって再還元されてテトラヒドロ葉酸に戻る．

医療とのつながり

2-1　核酸代謝を阻害する医薬品

① チミジル酸合成阻害剤

細胞増殖が盛んな細胞は DNA 合成も盛んである．DNA 合成に必要なヌクレオチドの生合成反応が抗がん剤の標的となる．最も代表的な抗がん剤の一つである **5-フルオロウラシル（5-FU）** はチミジル酸の合成を阻害する．核酸合成の原料である dTTP は dTMP から合成されるが，この dTMP はチミジル酸シンターゼによって dUMP から合成される（図 2-33）．5-FU は体内で 5-フルオロ 2′-デオキシウリジン酸（F-dUMP）に変換され，チミジル酸シンターゼおよび補酵素の N^5, N^{10}-メチレンテトラヒドロ葉酸との間で共有結合複合体を形成することによりこの酵素を不可逆的に阻害して，dTMP の合成を遮断する．5-FU は肺がん，大腸がんなどの種々のがんに有効である．

② 葉酸代謝拮抗剤

急性白血病やその他の多くのがんに抗がん剤として用いられる**アミノプテリン**，**メトトレキセー**

トは7,8-ジヒドロ葉酸と化学構造が似ており，ジヒドロ葉酸レダクターゼに強力に結合する．その結果，N^5, N^{10}-メチレンテトラヒドロ葉酸が再生されず，チミジル酸の合成が阻害される（図2-33）．

化学療法剤のサルファ剤は，葉酸の構成成分であるパラアミノ安息香酸に構造が類似しているため，葉酸合成を阻害する．その結果，DNAおよびRNA合成が阻害され，抗菌活性を発揮する．ヒ

N^5, N^{10}-メチレンテトラヒドロ葉酸

チミジル酸シンターゼ

デオキシリボース

5-フルオロ2′-デオキシウリジン酸（F-dUMP）

抗がん剤5-FUの作用機構

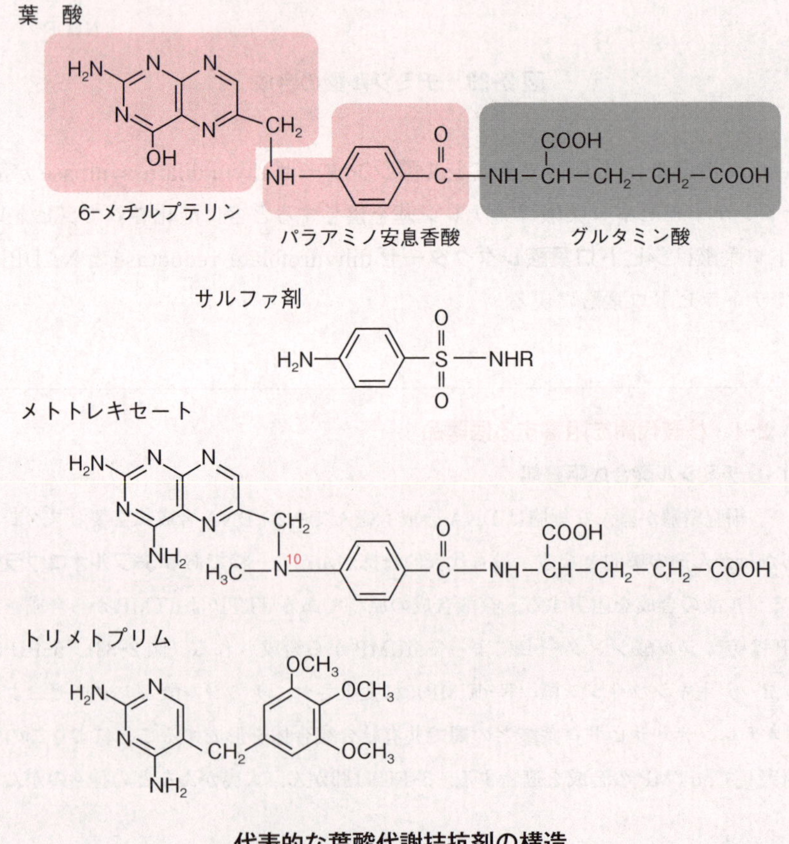

代表的な葉酸代謝拮抗剤の構造

サルファ剤はパラアミノ安息香酸部分の構造に類似しており，葉酸の合成を阻害する．

アミノプテリンはメトトレキセートのN^{10}の＞N-CH_3が＞NHとなっている．

トでは葉酸はビタミンであり，合成系をもたないためヒトには作用しない．サルファ剤は細菌だけでなく，真菌や原虫にも有効である．また，細菌のジヒドロ葉酸レダクターゼを選択的に阻害する葉酸誘導体の**トリメトプリム**は抗菌剤として用いられる．

2-7-6　ヌクレオシド三リン酸の合成

ここまででヌクレオシド一リン酸までが合成された．DNA鎖の合成，RNA鎖の合成には，ヌクレオシド三リン酸が必要である．新規合成によって作成されたヌクレオシド一リン酸はリン酸基付加酵素であるキナーゼによって，ATP由来のリン酸基が順次，付加されることにより，DNA鎖の合成（DNA複製）やRNA鎖の合成（転写）などで用いられるヌクレオシド三リン酸になる．

$$\mathrm{dNMP} \longrightarrow \mathrm{dNDP} \longrightarrow \mathrm{dNTP}$$
$$\mathrm{NMP} \longrightarrow \mathrm{NDP} \longrightarrow \mathrm{NTP}$$

2-7-7　再利用（サルベージ）経路

ヌクレオチドの*de novo*合成に対して，塩基やヌクレオシドを再利用する経路もある．ヌクレオチドの分解産物由来，もしくは食べ物由来のプリン塩基はPRPPと結合してヌクレオチドになることができる（図2-34）．アデニンは，アデニンホスホリボシルトランスフェラーゼ（APRT）によりアデニル酸（AMP）に変換される．グアニンとヒポキサンチンはいずれも**ヒポキサンチン-グアニンホスホリボシルトランスフェラーゼ（HGPRT）** hypoxantine-guanine phosphoribosyl transferaseにより，それぞれグアニル酸（GMP）とイノシン酸（IMP）に変換される．ヌクレオシドのアデノシンまたはデオキシアデノシンの場合はキナーゼによってリン酸化され，アデノシン一リン酸（AMP）またはデオキシアデノシン一リン酸（dAMP）となって再利用される．

哺乳類においては，ピリミジン塩基はプリン塩基のようには再利用されず，ピリミジンヌクレオシドがキナーゼによってリン酸化されることにより再利用される．*de novo*経路のオロト酸ホスホリボシルトランスフェラーゼはオロト酸とPRPPをヌクレオチドに変換できるが，シトシンとは反応しない．

ピリミジンヌクレオシド（デオキシ）+ ATP ⟶
　　ピリミジンヌクレオシド5′-一リン酸（デオキシ）+ ADP

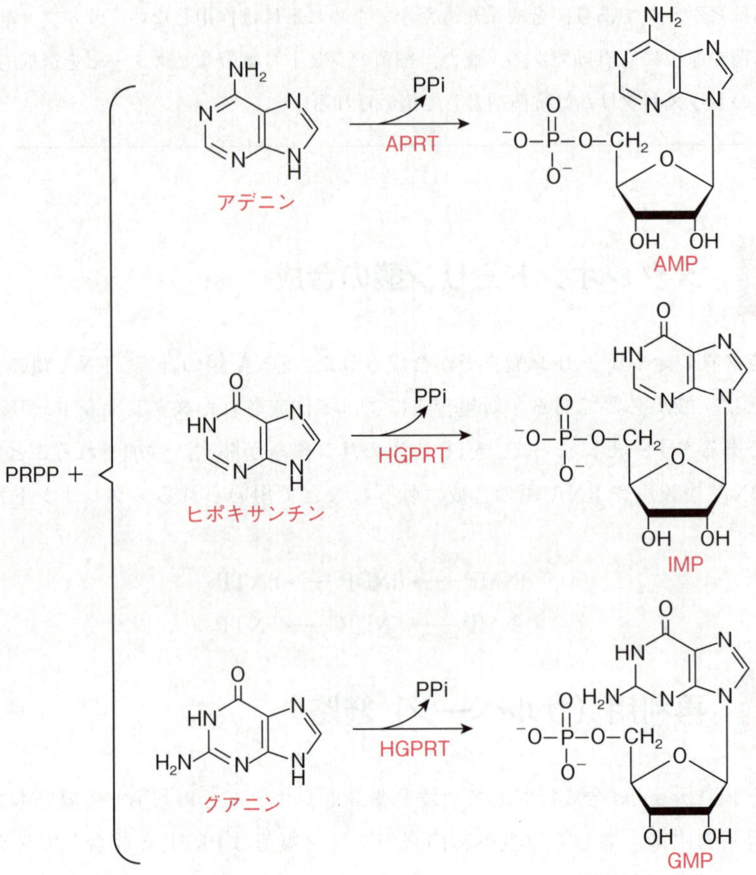

図 2-34　プリン塩基の再利用（サルベージ）経路

APRT：アデニンホスホリボシルトランスフェラーゼ

HGPRT：ヒポキサンチン-グアニンホスホリボシルトランスフェラーゼ

医療とのつながり

2-2　再利用経路と遺伝病

レッシュ・ナイハン症候群 Lesch-Nyhan syndrome は，プリンヌクレオチドの再利用経路のヒポキサンチン-グアニンホスホリボシルトランスフェラーゼ（HGPRT）の欠損による X 連鎖劣性遺伝病である．男児に多く，協調運動の不全，過度の敵意，自傷行為，精神遅滞などがみられる．プリンの再利用ができないため，プリンヌクレオチドの新規合成が促進される．その結果，IMP が過剰に産生され，尿酸に分解されるため，高尿酸血症になり，遺伝性の痛風になりやすい．このレッシュ・ナイハン症候群の症状は，再利用経路の重要性を示すとともに，精神障害が一つの酵素遺伝子の欠損によって起こることを示している．

2-7-8 ヌクレオチドの生体内での分解

食物中または細胞内で不要になったDNAやRNAは分解されてヌクレオチドになる．プリンとピリミジンヌクレオチドでは異なる経路で分解される．また塩基や糖の一部は再利用される．

A プリンヌクレオチドの分解

ヒトなどの霊長類では，プリンヌクレオチドは分解されて最終的に尿酸になる（図2-35）．AMPやGMPなどのヌクレオチドは5′-ヌクレオチダーゼにより，リン酸基が外れてヌクレオシドになる．さらにプリンヌクレオシドホスホリラーゼによる加リン酸分解によって塩基とリボース1-リン酸を生じる．リボース1-リン酸はリボース5-リン酸に異性化されてから，PRPPが生

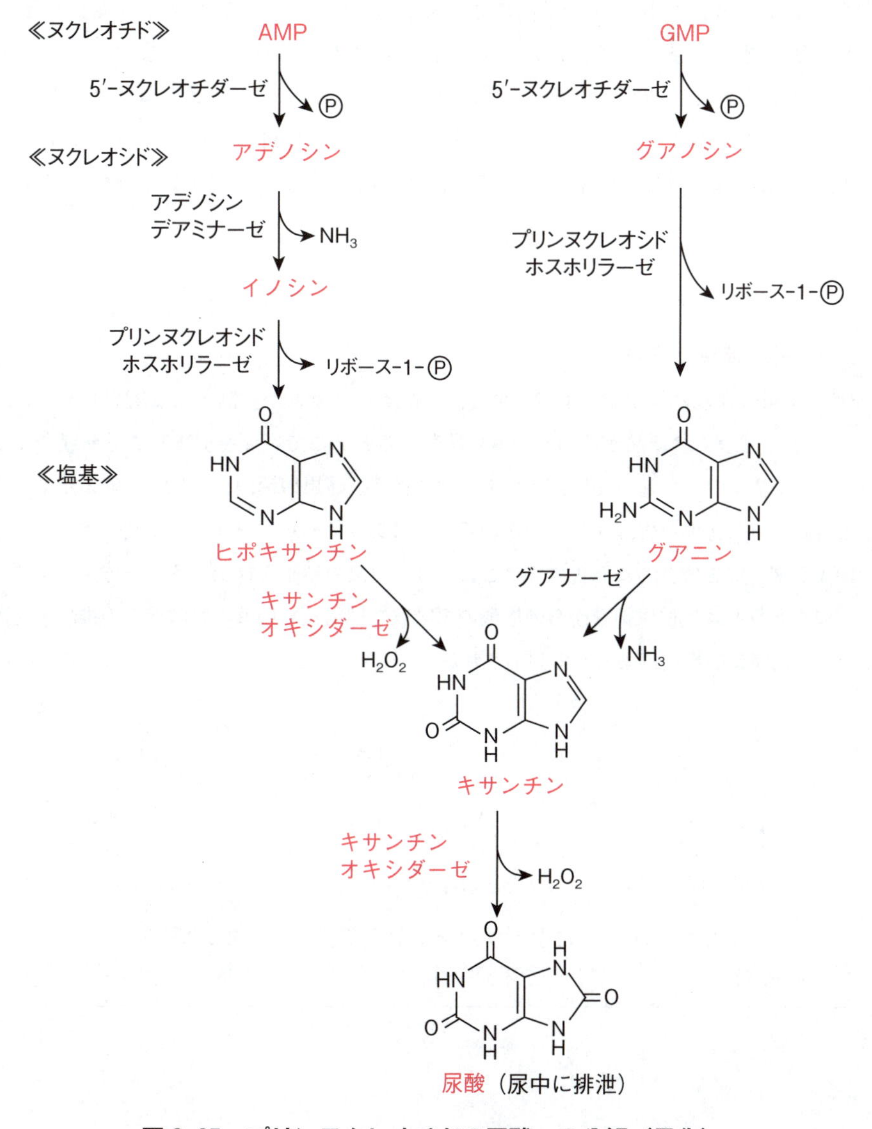

図2-35　プリンヌクレオチドの尿酸への分解（異化）

成される．塩基の一部は再利用経路に回される．AMPは脱アミノ化とグリコシド結合の加リン酸分解でイノシンの塩基部分であるヒポキサンチンになる．ヒポキサンチンはキサンチンオキシダーゼによって酸化され，キサンチンを経て尿酸になる．尿酸はプリン骨格が最も酸化された形であり，最終的に尿中に排泄される．キサンチンオキシダーゼの反応では過酸化水素（H_2O_2）が発生する．

霊長類以外の哺乳類では，尿酸をさらに酸化してアラントインとして排出する．硬骨魚はアラントイン酸として，軟骨魚と両生類は尿素まで分解して，海生無脊椎動物はNH_3として排出している．

B　ピリミジンヌクレオチドの分解

ピリミジンヌクレオチドもヌクレオシドを経て，ピリミジン塩基へと分解される．しかし，プリンの分解とは異なり，ピリミジンは開環されて*β*-アラニンや*β*-アミノイソ酪酸などを経由して，NH_3とCO_2にまで分解される．ただし，シトシンはヌクレオシドのままウラシル（すなわちウリジン）に変換される．ウラシルの二重結合がジヒドロウラシルデヒドロゲナーゼによって還元されて，ジヒドロウラシルとなり，これが開環する．NH_3は肝臓の尿素サイクルを介して尿素になり排出される（図2-36）．尿素は極めて水によく溶けるので，プリンの分解と異なり痛風の原因にはならない．

医療とのつながり

2-3　痛風と痛風治療薬

尿酸は水に対する溶解度が低く，尿酸ナトリウムが結晶として析出しやすい．尿酸ナトリウムの結晶が関節や腎臓に沈着するとそこで炎症を引き起こし痛風になる．痛風ではこれが原因でひどい痛みや関節の変形などを伴う．痛風の治療薬には，尿酸の産生を抑制するものと腎臓からの排泄を促進するものがある．**アロプリノール**はキサンチン類似体であり，キサンチンオキシダーゼを競合的に阻害することにより，尿酸の産生を抑制する．一方，**ベンズブロマロン**，**プロベネシド**は近位尿細管からの尿酸の再吸収を抑制して尿酸の腎臓からの排泄を促進する作用があり，同様に痛風治療薬として利用される．

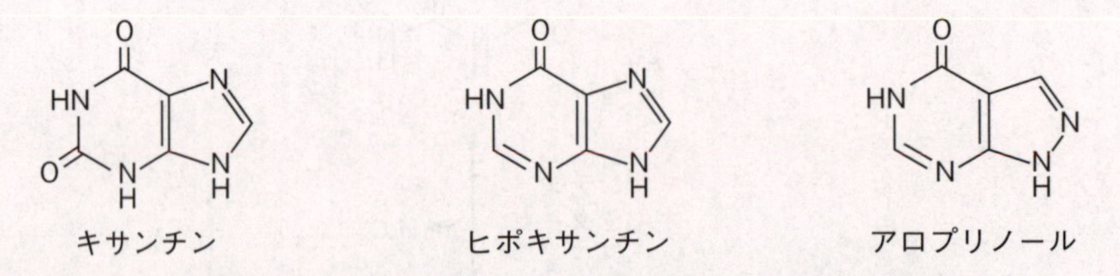

キサンチン，ヒポキサンチンとアロプリノールの構造

痛風治療薬のアロプリノールはキサンチンやヒポキサンチンの構造と類似している．

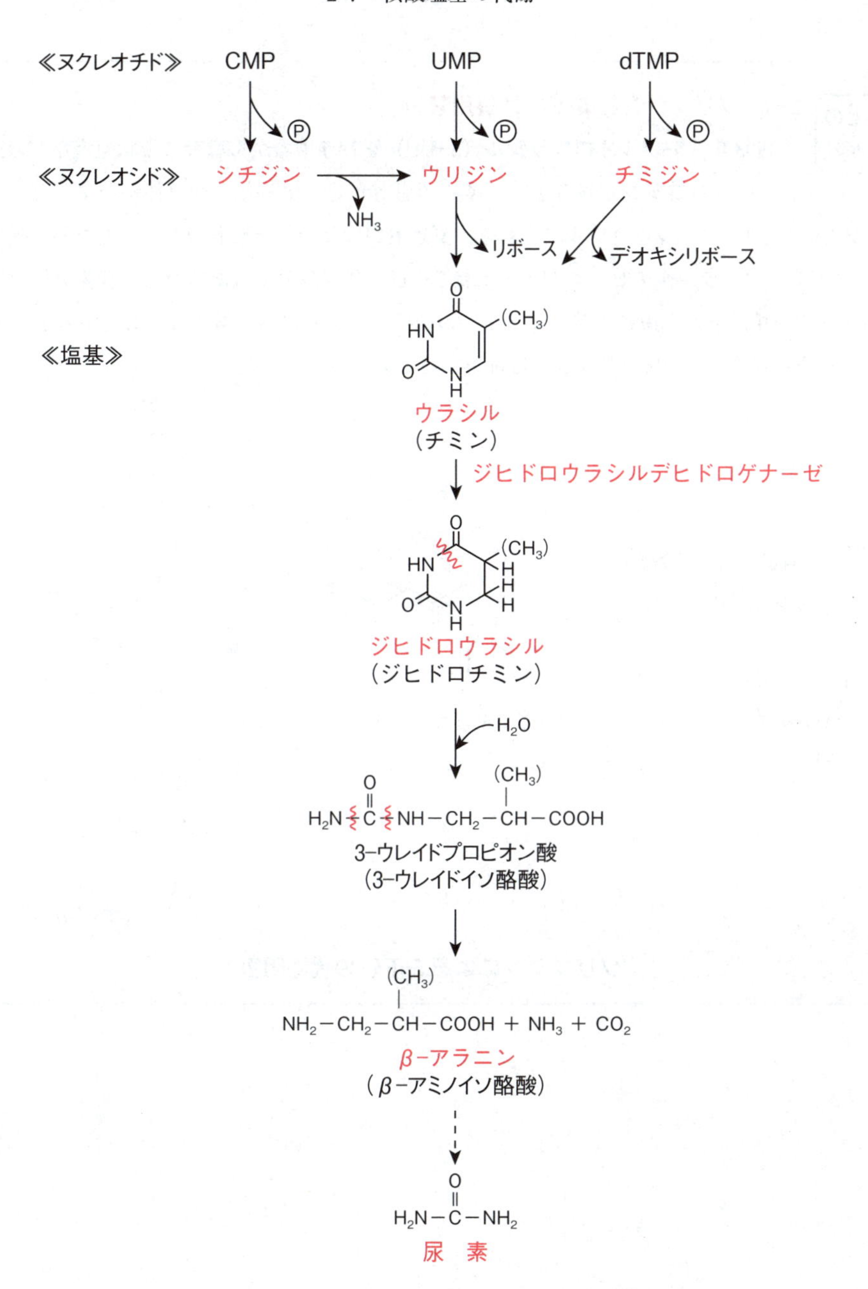

図 2-36　ピリミジンヌクレオチドの尿素への分解（異化）

医療とのつながり

2-4　ソリブジンと5-FUは併用禁忌

1993年，**5-フルオロウラシル（5-FU）**を投与中のがん患者に帯状疱疹などの抗ウイルス薬**ソリブジン**が投与され，多くの患者が死亡するという事件が発生した．ソリブジンは体内でブロモビニルウラシルに変わり，**ジヒドロウラシルデヒドロゲナーゼ**を不可逆的に阻害する．ジヒドロウラシルデヒドロゲナーゼは5-FUの代謝酵素でもあるため，代謝分解が阻害され，5-FUの血中濃度が急激に上昇して5-FUの副作用である白血球減少などの血液障害を起こした．5-FUを投与中の患者にソリブジンは併用禁忌である．

ソリブジンによる5-FUの代謝阻害

第3章

細胞分裂と DNA 複製

細胞は，細胞周期を繰り返しながら細胞分裂によって増殖する．細胞周期は，細胞分裂が行われる M 期，DNA 複製が行われる S 期，M 期と S 期の間にある G_1 期，G_2 期に分けられており，これらは G_1 期→ S 期→ G_2 期→ M 期の順に循環する．ただし，生殖細胞を形成する場合には，1 回の S 期ののちに細胞分裂を 2 回繰り返す特殊な細胞分裂（減数分裂）によって，相同染色体が分離され染色体数は半減する．これにより，受精（接合）での染色体の倍加に備える．

DNA 複製は，複製起点に複製開始タンパク質が結合することで開始され，複製起点から両方向に向かって進む．このとき，親鎖を鋳型として新生 DNA 鎖が半保存的に複製される．また，新生鎖の伸長に先立って RNA プライマーが合成されることが必要である．同じ複製フォークで合成される 2 本の新生鎖のうち一方は，岡崎フラグメントとよばれる短鎖 DNA を合成しながら不連続的に複製される．DNA 複製の機構は原核生物と真核生物で基本的に類似しているが，ゲノム DNA の構造の違いなどにより，いくつかの相違点もみられる．

3-1 細胞周期と細胞分裂

生命体の基本単位である細胞は，**細胞分裂** cell division によって 1 個の母細胞から 2 個の娘細胞に分かれる過程を繰り返しながら増殖する．多細胞生物では，形態形成や機能分化のための複雑な調節を受けながら細胞分裂を繰り返し，プログラム通りに細胞を増やして個体をつくり上げていく．さらに，成体に達したのちも常に多くの細胞が失われており，それを補うために個体は細胞分裂を続けている．

3-1-1 細胞周期

細胞分裂が循環的に繰り返されるとき，その繰り返しの単位を**細胞周期** cell cycle とよぶ．細胞分裂直後の細胞が再び分裂して二つの娘細胞に分かれるまでの過程が，1 回り分の細胞周期である．

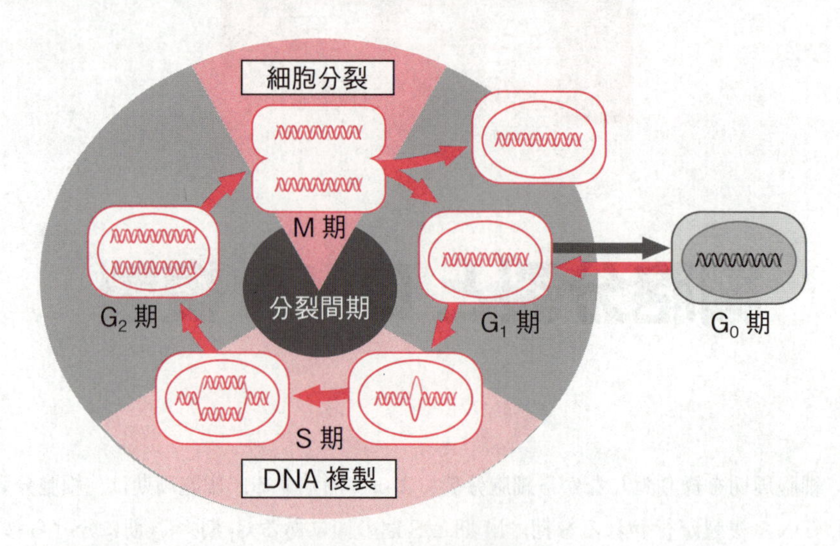

図 3-1　細胞周期

A　細胞周期の概要

真核生物の細胞周期は，図 3-1 に示すように，光学顕微鏡下で大きな変化がみられる**分裂期** mitotic phase とそれ以外の**分裂間期** interphase に分けられる．分裂期は，Mitotic（有糸分裂）の頭文字から **M 期**ともよばれる．分裂間期には顕微鏡下で顕著な活動が確認できないが，細胞分裂が活発に繰り返されるような環境下では，分裂間期にも細胞増殖のためのさまざまな活動が行われている．

そのなかで最も重要な活動は，娘細胞に遺伝情報を正確に分配できるよう DNA のコピーをつくることである．そのために DNA の合成（複製）が行われる時期を，Synthesis（合成）の頭文字から **S 期**とよぶ．通常，S 期の前と M 期の前にそれぞれの準備を行う時期が介在しており，細胞周期の中で長い時間を占有している．これらの時期を Gap（間隙）の頭文字から **G_1 期**ならびに **G_2 期**とよぶ．細胞は，G_1 期，S 期，G_2 期にわたる分裂間期を通じて，DNA だけでなく細胞小器官や生体高分子などを増やし，細胞分裂による内容物の半減に備える．

以上のように，真核生物の細胞周期は・・・→ M 期→ G_1 期→ S 期→ G_2 期→ M 期→・・・の順に繰り返される．

細胞周期は，栄養状態や増殖シグナルなどの外部環境を確認しながら繰り返される．もし，外部環境が増殖に適していないと判断されれば，G_1 期から細胞周期を外れて静止期（**G_0 期**）に入り休止状態となる（図 3-1）．多細胞生物の生体内にある細胞では，G_0 期のまま細胞周期を停止して数年を過ごす細胞も珍しくなく，この状態で分化した細胞としての機能を発揮するものも多い．

B　細胞周期チェックポイント

細胞周期を進めている途中で，DNA が損傷を負ったり，細胞周期のタイミングが崩れそうになったりすることがある．このような異常を検知しないまま細胞周期が進行すれば，受け継がれる遺伝情報に破綻が生じ，細胞死やがん化に至ることもある．そこで，細胞には**細胞周期チェッ**

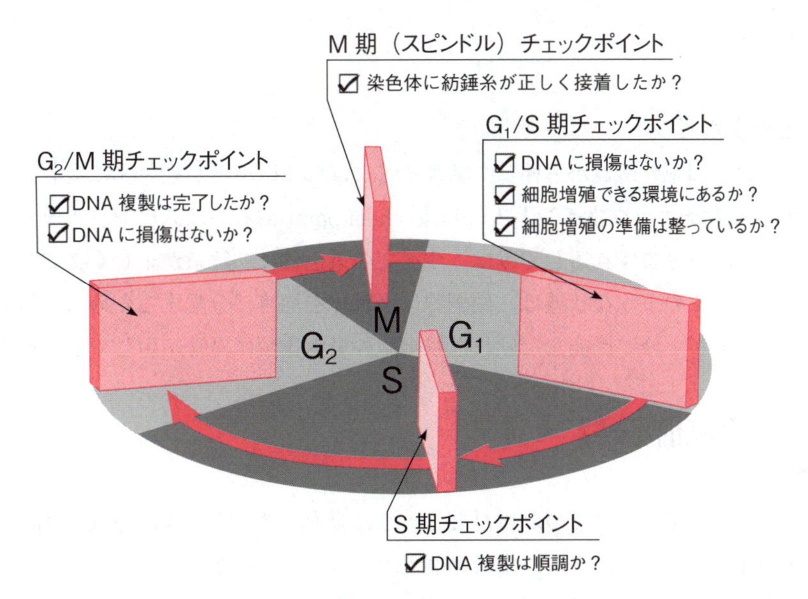

図 3-2　細胞周期チェックポイント

クポイント cell cycle checkpoint という監視機構が備えられており，異常を検知すると細胞周期の進行を一時的に停止して異常を修正するための時間をかせぐ（図 3-2）．

1）G_1/S 期チェックポイント

細胞内の環境を監視し，異常があればDNA 複製を止めて細胞周期を G_1 期に留める役割をもつチェックポイントを **G_1/S 期チェックポイント** G_1/S phase checkpoint という．このチェックポイントは，分裂のために十分な大きさに細胞が成長しているか，DNA 複製の基質となるヌクレオチドの量は十分か，DNA に損傷はないか，などの細胞内環境を監視している．また，栄養状態が増殖に適しているか，増殖を促すシグナルが伝えられているか，などの外部環境を確認する働きも，G_1/S 期チェックポイントの一部として含めることがある．これにより，中途半端な段階での細胞周期の停止や損傷 DNA の複製による突然変異の発生を防いでいる．

2）S 期チェックポイント

S 期チェックポイント S phase checkpoint は，DNA 複製中に生じたDNA 損傷やDNA 複製の不具合を監視する．DNA 損傷などによりDNA 複製が順調に進行できなくなると，問題を起こした箇所にある複製途中のDNA やタンパク質の保護が行われ，それ以後のDNA 複製の開始も抑制される．

3）G_2/M 期チェックポイント

G_2/M 期チェックポイント G_2/M phase checkpoint は，細胞分裂を始めるための準備が整っているかを監視しており，異常があればM 期の開始を遅らせて細胞周期を G_2 期に留める．ここでは，DNA 損傷の有無を監視するほか，DNA 複製の完了も確認している．もし，DNA 複製が不完全なままM 期に進入すれば，DNA の断裂や娘細胞への不均等な分配などの重篤な問題が生じることになる.

4) M期チェックポイント

細胞分裂期には，細胞の両極から伸びた紡錘糸とよばれる微小管が染色体に接着する段階がある（→3-1-2）. **M期チェックポイント** M phase checkpoint あるいは**スピンドルチェックポイント** spindle checkpoint とよばれるしくみは，すべての染色体に紡錘糸が正しく接着したことを確認する役割をもつ. このような状態は，娘細胞に染色体を均等に分配するために必須であり，M期チェックポイントが十分に機能しなければ娘細胞の染色体数に異常が生じやすくなる.

3-1-2 体細胞分裂

多細胞真核生物の細胞は，生物のからだをさまざまな形で構成する**体細胞** somatic cell と，次の世代に遺伝情報を伝える役割をもつ**生殖細胞** germ cell に大別される. 体細胞の分裂では，染色体の凝集と正確な分配を伴う**有糸分裂** mitosis により，核が二つに分裂する. 有糸分裂は，図3-3に示すように，染色体の様態や挙動によって**前期** prophase，**前中期** prometaphase，**中期** metaphase，**後期** anaphase，**終期** telophase の五つの段階に区分される. さらに，有糸分裂に続く**細胞質分裂** cytokinesis によって，核を一つずつ含むように細胞が分割される.

A 分裂間期における有糸分裂の準備

分裂間期に起きる細胞内の活動の中で，有糸分裂に向けて重要な二つのイベントは，DNA複製と**中心体** centrosome の複製である.

真核細胞の有糸分裂では核や染色体のダイナミックな変化が観察できるが，これは**チューブリン** tubulin とよばれるタンパク質が繊維状に重合した**微小管** microtubule（→1-1-3-B-8））の働きに負うところが大きい. 多くの動物細胞において，チューブリンの重合による微小管形成の中心となるのが，中心体とよばれる細胞小器官である. 動物細胞の有糸分裂では，中心体が二つに分かれて細胞内の対極に位置し，染色体を引き寄せる. このため，中心体はM期が始まるまでに複製されていなければならない.

B 前　期

真核細胞のDNAは非常に長大なものであるため, DNAをたたみ込んで極めてコンパクトな構造体をつくり，娘細胞に移動させる. この構造体が染色体である（→2-4-2）. 染色体の構築は，有糸分裂の前期に核内で開始される. S期に複製された1組の姉妹DNAは，繋ぎ止められた状態で凝集して**姉妹染色分体** sister chromatid を形成する. 一方，核の外では，複製された二つの中心体が互いに距離を広げるように移動し，これらを重合核とした長い微小管が形成されるようになる.

C 前中期

前中期では，**核膜の崩壊** nuclear envelope breakdown が起こる. 崩壊した核膜の断片は細胞

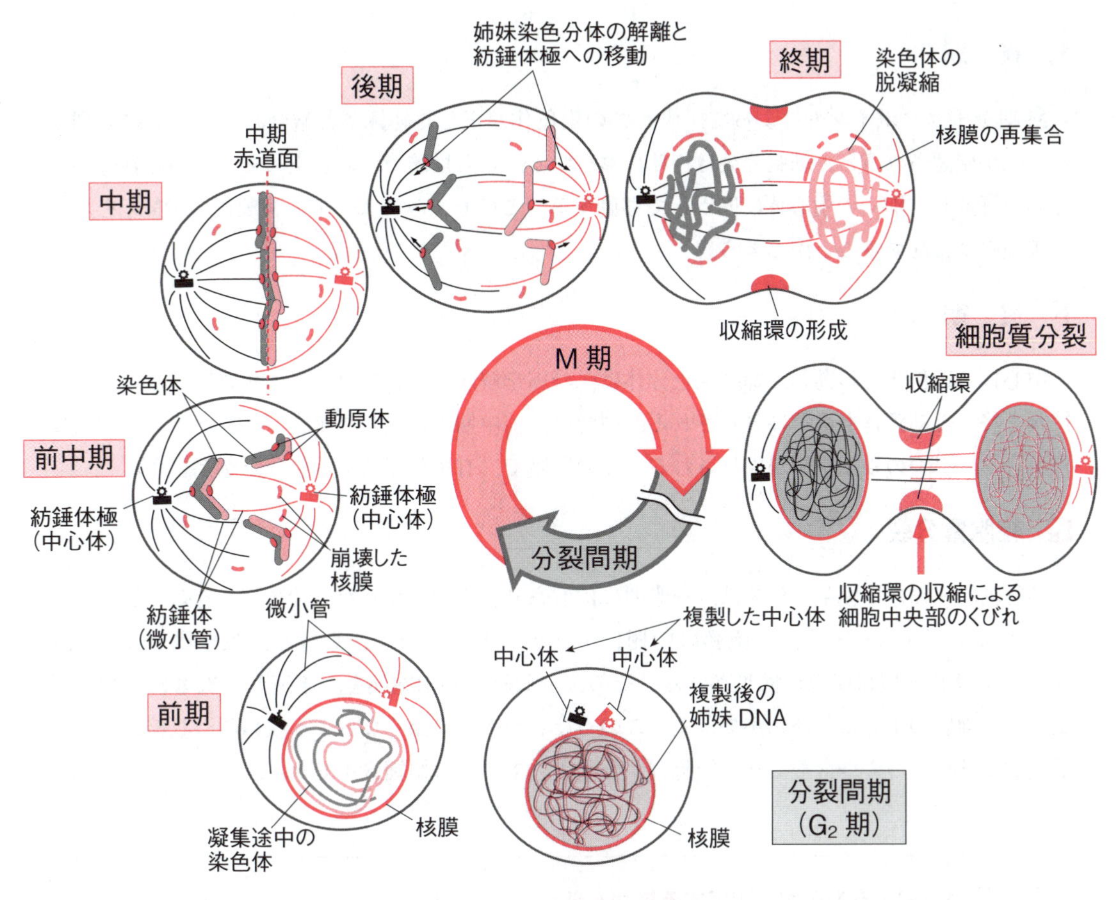

図 3-3　体細胞分裂の過程

質に分散し，終期での核の再構築に備える．一方，複製した二つの中心体は細胞内の対極する位置に移動し，ここから伸びる微小管によって**紡錘体** spindle が形成される．紡錘体を構成する 1 本 1 本の微小管は**紡錘糸** spindle fiber とよばれる．また，紡錘糸が集まる点を**紡錘体極** spindle pole とよぶ．動物細胞の有糸分裂では中心体が紡錘体極となる．中心体から染色体に向かう紡錘糸の先端は，染色体のセントロメアに形成される**動原体** kinetochore に付着する．

D　中　期

相対する中心体から伸びた紡錘糸が，同じ染色体を構成する二つの姉妹染色分体の動原体にそれぞれ付着したとき，紡錘糸と動原体の結合が安定化する．これにより，両側の紡錘糸が染色体を均等の力で引き合う．細胞内のすべての染色体がこのような状態におかれたとき，二つの中心体から等距離に位置する面の上に染色体が整列する．この染色体が整列する面を，**中期赤道面** metaphase plate とよぶ．

E 後 期

M期チェックポイントによって，すべての染色体が正しく紡錘糸と結合し，赤道面に整列したことが確認されると，細胞分裂は後期に移行する．この段階で，繋ぎ止められていた姉妹染色分体が解離し，別々の中心体に向かって移動する．このしくみによって，複製後のDNAを均等に娘細胞に分配することができる．

F 終 期

中心体の近傍まで移動した姉妹染色分体は，凝縮を解除してクロマチンの状態に戻る．また，役割を終えた紡錘体も次第に分解される．同時に，前中期に崩壊した核膜がクロマチンの周囲に再集合し，二つの娘細胞核が構築される．この段階で，有糸分裂による核分裂が完了する．

G 細胞質分裂

動物細胞における細胞質分裂は，一般的には有糸分裂後期あたりから始まり，有糸分裂の終了とともに完了する．まず，細胞膜の内側にアクチンとミオシンが集合し，**収縮環** contractile ring とよばれる環状構造が構築される．その後，収縮環が細胞膜を引き連れて次第に収縮することで，細胞の中央にくびれができる．このくびれが次第に深くなるよう収縮環の収縮が続き，最終的に核を一つずつ含むように細胞質が分割されて二つの娘細胞ができる．

医療とのつながり

3-1 有糸分裂を阻害する抗がん剤

がん細胞は無秩序に細胞周期を繰り返して増殖する細胞である．したがって，細胞周期に関わる特定の活動を抑制または阻害する薬剤は，しばしばがんに対する化学療法剤として使用される．このような化学療法剤のなかには有糸分裂（M期）を阻害するものがあり，それらは**細胞分裂毒** mitotic poison と総称される（図）．細胞分裂毒に属する抗がん剤は，すべて微小管の重合・脱重合に影響を与える薬物である．

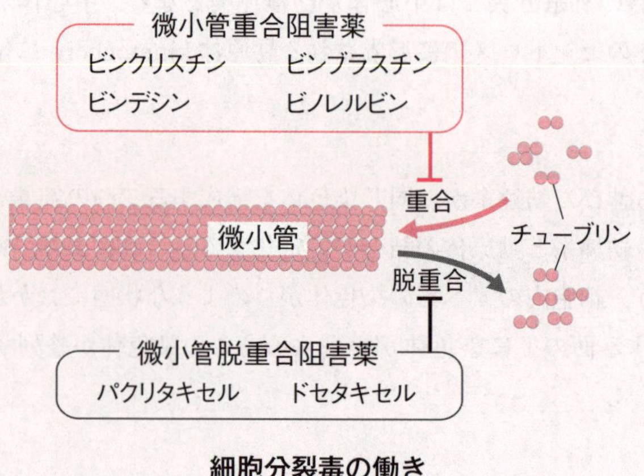

細胞分裂毒の働き

紡錘体の形成に必要な微小管の重合を阻害する薬剤として利用される化学療法剤は，**ビンブラス**

チン，**ビンクリスチン**をはじめとする**ビンカアルカロイド**とよばれる薬物である．**コルヒチン**も，微小管重合を阻害する作用をもつ植物アルカロイドであり，農業分野では染色体分配の異常を誘発して種なしスイカの作出にも利用されるが，抗がん剤としては使用されていない．

有糸分裂の過程では，微小管の重合と脱重合（分解）は厳密にコントロールされている．したがって，脱重合を阻害する薬剤は微小管の働きに大きな障害を与え，有糸分裂を阻害する．このような作用をもつ薬剤にタキサン系抗がん剤があり，**パクリタキセル**や**ドセタキセル**がこれに属する．

3-1-3　減数分裂

多細胞生物の体細胞は，通常，両親から1組ずつのゲノムを受け継いだ**二倍体細胞** diploid cell である．一方，有性生殖を行うための生殖細胞（高等動物では精子と卵子）は，1組のゲノムしかもたない**一倍体**（または半数体）**細胞** haploid cell であり，別の生殖細胞との接合や受精によって二倍体細胞になる．

二倍体の体細胞には，同種の常染色体が2本ずつと性染色体が含まれている（→2-4-2）．これらのうち，対をなす同種の染色体を**相同染色体** homologous chromosome という．一倍体の生殖細胞にはこのような相同染色体は存在しない．これは，体細胞から生殖細胞をつくる過程で，相同染色体を別々の娘細胞に分配して染色体数を半減させるような特殊な細胞分裂が行われるためである．このような細胞分裂を**減数分裂** meiosis という（図3-4）．

減数分裂では1回のDNA複製のあとで細胞分裂を2回続けて行う．最初の分裂を**第一減数分裂** meiosis Ⅰ，2回目を**第二減数分裂** meiosis Ⅱという．第一減数分裂では，体細胞分裂とは異なる手順で相同染色体を別々の娘細胞に振り分ける．続く第二減数分裂では，体細胞分裂と同様に，DNA複製によってつくられたコピーを娘細胞に分配する．したがって，1回の減数分裂の結果，1個の二倍体細胞から4個の一倍体細胞が生み出される．

A　第一減数分裂

減数分裂に先立ち複製されたDNAは，第一減数分裂前期に凝縮し染色体を形成する．同時に，バラバラであった相同染色体が整列して互いに接着し，4本の姉妹染色分体が並列したような構造をとるようになる．この状態を相同染色体の**対合** synapsis といい，相同染色体が対合した構造を**二価染色体** bivalent chromosome とよぶ．

体細胞分裂と同様に，減数分裂でも紡錘体の働きによって染色体が分配される．ただし，第一減数分裂では，対をなす相同染色体が別々の紡錘体極と繋がるように紡錘糸が結合する．つまり，同じ染色体を構成する2本の姉妹染色分体は，紡錘糸を介して同じ紡錘体極に繋がる．その結果，第一減数分裂中期には二価染色体が中期赤道面に並ぶ．

後期には相同染色体間の対合が解除され，相同染色体は別々の紡錘体極に向かって移動する．このとき，姉妹染色分体は繋ぎ止められたまま，同じ紡錘体極に向かう．終期には染色体の脱凝縮と核膜の再構築が行われ，細胞質分裂によって2個の娘細胞ができる．

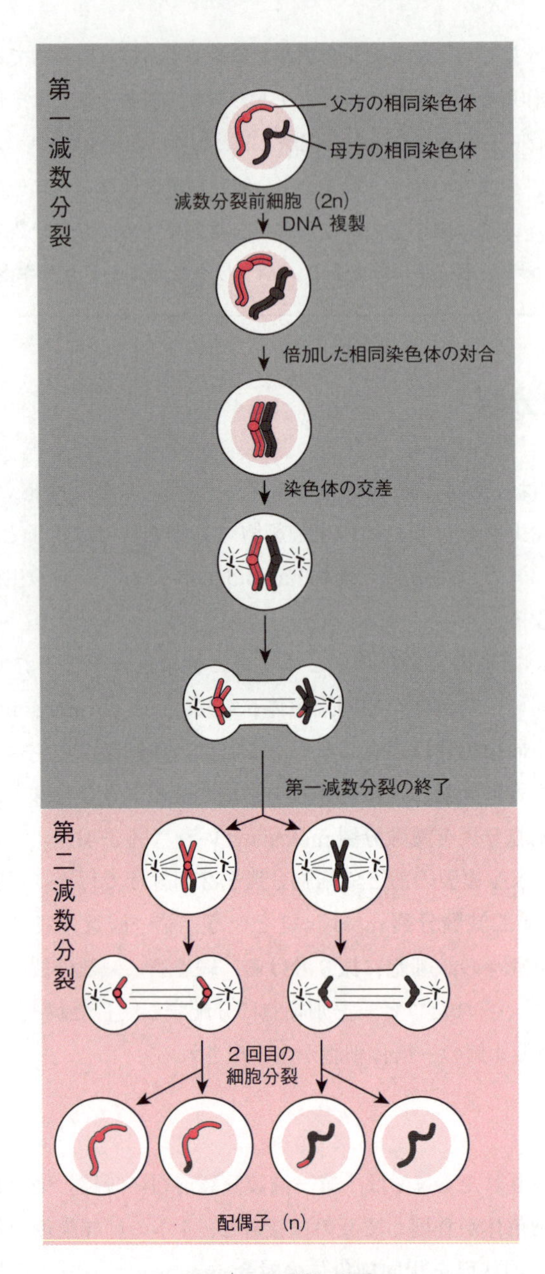

図 3-4 減数分裂

B 第二減数分裂

第二減数分裂は，相同染色体が存在しないこと，直前にDNA複製が行われていないこと，の2点のほかは通常の体細胞分裂とほぼ同様のメカニズムで経過する．第一減数分裂で娘細胞に移動した染色体は，姉妹染色分体が繋ぎ止められた状態のままであった．このため，第二減数分裂の前期でも，体細胞分裂と同様に2本の姉妹染色分体からなる染色体が構築される．その後，動原体への紡錘糸の接着と，これに続く姉妹染色分体の解離によりDNAが均等に分配される．さらに，染色体の脱凝縮，核膜の再構築，細胞質分裂を経て，減数分裂が完了する．

C　減数分裂期組換え

ヒト体細胞の場合，2本の性染色体に加え，22種の常染色体のすべてに，父，母の双方から受け継いだ2本1組の相同染色体が存在する．ここから減数分裂を経て生殖細胞をつくる場合，父母のどちらに由来する染色体を受け継ぐかによって，異なるDNAをもつ細胞になる．この選択が，22種の常染色体と性染色体で行われるため，でき上がる生殖細胞のDNAには，2^{23}（約840万）通りの組合せがあるはずである．

しかし，実際の生殖細胞がもつDNAのバリエーションは，もっと多彩なものになっている．これは，第一減数分裂前期に対合した相同染色体で父親由来DNAと母親由来DNAの相互乗り換えが行われ，その結果としてDNAの再編が起きるためである．この再編は相同組換えのしくみを利用して行われており，**減数分裂期組換え** meiotic recombination とよばれる（図3-5）．減数分裂期組換えによるDNAの相互乗り換えは，**染色体交差** chromosomal crossing-over または，単に**交差** crossing-over とよばれる現象として光学顕微鏡下でも観察できる．このとき，染色体交差によって形成される相同染色体間の連結構造を**キアズマ** chiasma とよぶ．

染色体交差は，1組の相同染色体間に平均二つか三つの頻度で起こる．このとき生じたキアズマが紡錘体の張力に対抗して相同染色体を結びつけることで，第一減数分裂中期における二価染色体の整列が行われる．つまり，減数分裂期組換えは，DNAのバリエーションの拡大だけでなく，相同染色体の正確な分配のためにも重要である．続く第一減数分裂後期にキアズマが解体され，相同染色体が分離する．このとき，減数分裂期組換えによるDNAの再編も完了する．

D　ヒト細胞の減数分裂

将来，生殖細胞となる**始原生殖細胞** primordial germ cell は，胚発生の初期に他の体細胞と区別されて生殖腺に移動し，**卵原細胞** ooblast もしくは**精原細胞** spermatogonia（ヒトの場合は，

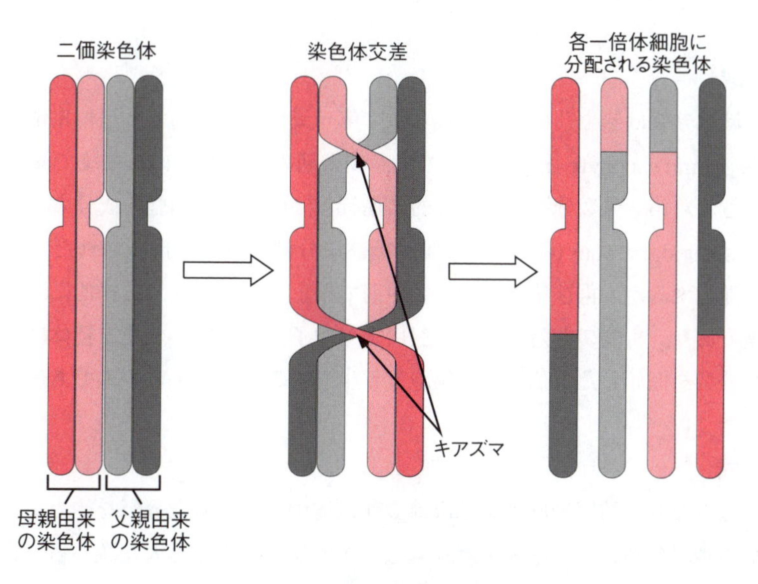

図3-5　減数分裂期組換え

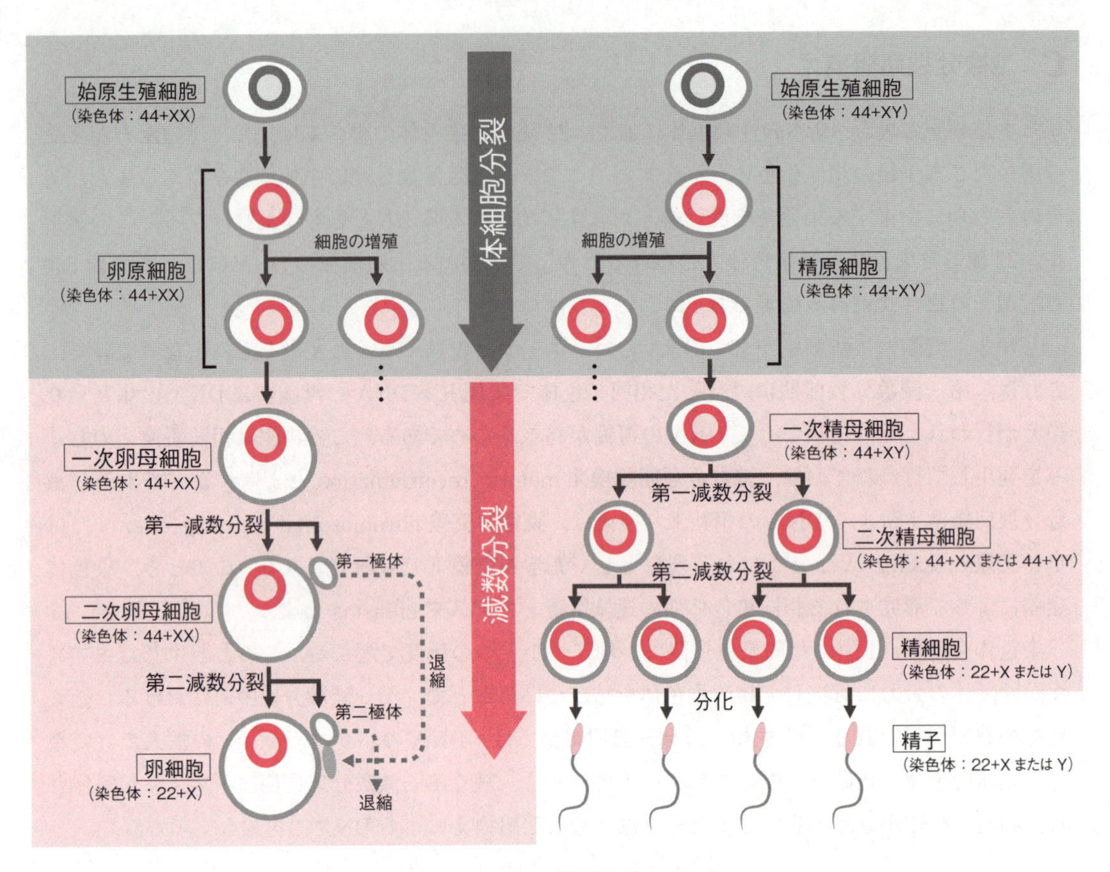

図 3-6　ヒトの生殖細胞の形成

卵祖細胞，**精祖細胞**ともいう）となる．ここまでの段階で体細胞分裂が繰り返されることにより，卵原細胞や精原細胞の数が増大する．この卵原細胞，精原細胞から減数分裂を経て，生殖細胞である**卵子** egg または**精子** sperm ができる（図 3-6）．

1）卵子の形成

卵原細胞の減数分裂は胎生期に開始されるが，第一減数分裂前期で一旦停止する．この段階を**一次卵母細胞** primary oocyte という．その後，成人期の排卵直前になるまで減数分裂は再開されない．再開された第一減数分裂は非対称的に進行し，一次卵母細胞の成分の大部分を受け継ぐ**二次卵母細胞** secondary oocyte と小さな**第一極体**に分割される．排卵された二次卵母細胞は第二減数分裂に進入するが，再び第二減数分裂中期で停止してしまう．最終的に減数分裂が完了するのは受精後であり，再度の非対称的な分裂により卵子（受精卵）と**第二極体**に分割される．すなわち，減数分裂を開始した1個の卵原細胞より生成する卵子は1個のみである．

2）精子の形成

卵原細胞とは異なり，精原細胞は第二次性徴期に達するまで減数分裂を始めない．出生後も精原細胞として体細胞分裂による増殖を繰り返し，成人期を通じて莫大な数の精子を生み出している．また，不均等な分裂を繰り返す卵原細胞の減数分裂とは異なり，精原細胞の減数分裂により，

一次精母細胞 primary spermatocyte，**二次精母細胞** secondary spermatocyte を経て均等な 4 個の**精細胞** spermatoblast が生み出される．これらの精細胞は，減数分裂完了後，精子に分化する．精原細胞から精子を形成するためにかかる時間は約 64 日といわれており，卵子形成のための減数分裂に比べてはるかに短い期間で減数分裂を完了する．

医療とのつながり

3-2 染色体異数性疾患

減数分裂において，生殖細胞への染色体の分配に偏りが生じることがある．これを**染色体不分離**とよぶ．このような生殖細胞が受精すると，受精卵の染色体数に異常が生じる．このような異常を**異数性**という．このうち，ある染色体が 3 本存在する状態を**トリソミー**，1 本しか存在しない状態を**モノソミー**という．

常染色体の異数性は出生にまで至ることはまれであるが，一部，出産に至る例もある．最もよく知られるものは，21 番染色体のトリソミーであり，この異数性は特徴的な顔貌と中程度の精神遅滞を伴う**ダウン症候群** Down syndrome をもたらす．ほかにも，18 番染色体や 13 番染色体のトリソミーの例が知られるが，その症状はダウン症候群よりはるかに重い．

性染色体の異数性は，常染色体に比べて症状が軽いことが多い．このうち，女性 X 染色体モノソミーに起因する染色体異数性疾患は**ターナー症候群** Turner syndrome とよばれる．ターナー症候群の患者は，概して身長が低く不妊となることが多い．**クラインフェルター症候群** Klinefelter syndrome は，Y 染色体と複数の X 染色体を有する性染色体異数性疾患であるが，Y 染色体をもっているため医学的には男性である．身体的特徴としてはやせ形の高身長で，不妊や二次性徴の未発達，女性化乳房，軽度の精神遅滞などの症状がみられる．しかしながら，同様の性染色体の構成であっても，特別な症状がなかったり自覚されていなかったりすることも多いようである．

3-2 DNA 複製

DNA の塩基配列として保存されている遺伝情報を娘細胞や次の世代に正確に伝えていくことは，生命にとって極めて基本的な活動であり，これにより生命の連続性が保証される．このために，細胞分裂に先立って分裂間期に **DNA 複製** DNA replication が行われるが，この DNA 複製こそが生命の連続性を維持するために最も中心的な過程であるといえる．

DNA 複製によりつくられる 2 組の DNA（姉妹 DNA）の塩基配列が，もとの DNA（親 DNA）の塩基配列を正確に反映していなければならないのはいうまでもない．その上に，細胞がもつすべての DNA が過不足なく倍加され，娘細胞に伝えられることも同様に重要である．

3-2-1　DNA ポリメラーゼの反応

DNA 複製はいくつもの反応が連携する複雑な過程であるが，そのなかでも DNA の新規合成が DNA 複製の中核的な反応であることは容易に想像できる．DNA はデオキシリボヌクレオチドが直鎖状に重合した高分子化合物であり，この重合反応を触媒する酵素によって DNA が合成される．このような酵素を **DNA ポリメラーゼ** DNA polymerase という．

DNA ポリメラーゼは DNA 合成活性をもつ酵素の総称であり，一つの細胞の中にも，異なる種類の DNA ポリメラーゼが存在する．これは，DNA 複製だけでなく損傷 DNA の修復などでも DNA が合成されており，さらに DNA 複製や修復の過程のなかでも，いろいろな局面に応じてさまざまな DNA ポリメラーゼが役割を分担しているためである．しかし，その反応のしくみには，原核生物であるか真核生物であるか，あるいはどのような局面で機能するのかを問わず，いくつかの共通点が見出せる．

A　DNA ポリメラーゼは 5′→ 3′方向に新生鎖を伸長する

DNA ポリメラーゼは，合成中の DNA 鎖（**新生鎖** nascent strand）の 3′末端に，基質である dATP，dGTP，dCTP，dTTP のいずれか（以下，まとめて dNTP と記す）を連結する．このとき，新生鎖の 3′末端にあるヒドロキシ基の O 原子の孤立電子対が dNTP 中の α-リン酸基を求核攻撃し，3′, 5′-ホスホジエステル結合を形成して新たなヌクレオチドを連結する．これに伴い，dNTP の β，γ 位のリン酸基は**ピロリン酸** pyrophosphate として遊離する（図 3-7）．この反応を繰り返すことにより，DNA 鎖の糖-リン酸骨格が直鎖状に伸長する．新たなデオキシリボヌクレオチドは新生鎖の 3′末端にのみ連結されるため，新生鎖はかならず 5′→ 3′の方向に合成される．

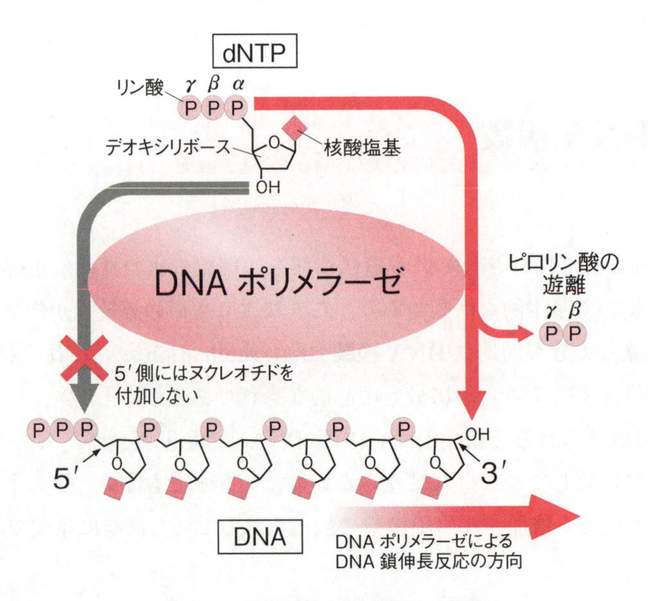

図 3-7　新生鎖が伸長する方向

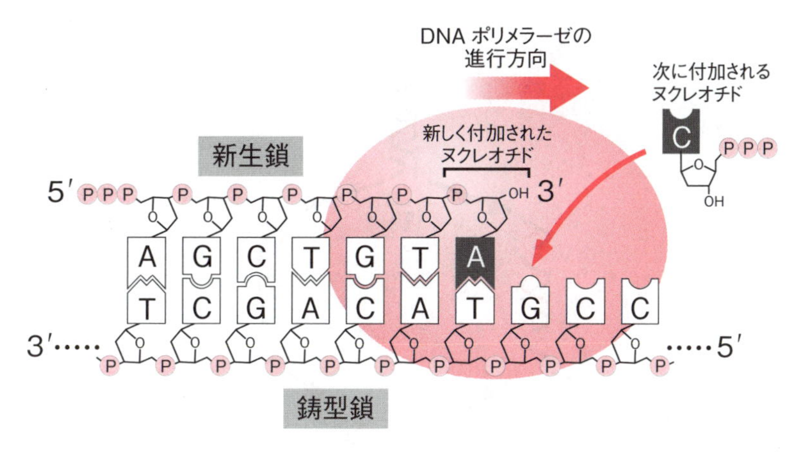

図 3-8　DNA ポリメラーゼによる鋳型鎖の利用

B　DNA ポリメラーゼは，鋳型鎖に相補的な DNA を合成する

DNA ポリメラーゼは，既存の DNA との相補性をもとに新生鎖を伸長する．このために，新生鎖は別の相補的な DNA 鎖（**鋳型鎖** template strand）と二本鎖を形成していなければならない．DNA ポリメラーゼは，新生鎖の 3′末端に隣接した鋳型鎖の塩基を読み取り，これに相補的な dNTP を新生鎖に連結する反応を繰り返す（図 3-8）．結果として合成される新生鎖は，鋳型鎖に相補的な DNA となる．なお，相補塩基対を形成する DNA 鎖は互いに逆向きに配置されるため，DNA ポリメラーゼは，新生鎖の伸長方向とは逆向き（3′→5′）に鋳型鎖の塩基配列を読み取ることになる．

3-2-2　DNA 複製の基本

真核生物と原核生物の DNA 複製の間に共通する点は数多く認められる．なかでも，**半保存的複製** semi-conservative replication，**プライマー要求性** primer requirement，**両方向性複製** bidirectional replication，**不連続複製** discontinuous replication の四つの基本的性質は，DNA 複製のメカニズムを特徴づけるものとして特に重要である．

A　半保存的複製

DNA 複製では，親 DNA の二重らせんを構成する 2 本の DNA 鎖を鋳型鎖とし，それぞれに相補的な新生鎖を合成する．したがって，DNA 複製の結果として得られる 2 組の姉妹 DNA 二本鎖は，いずれも親 DNA 由来の鋳型鎖と新規に合成された新生鎖の組合せとなる．このような DNA 複製の性質を半保存的複製とよぶ（図 3-9）．

DNA の半保存的複製は，1958 年に発表されたメセルソン Meselson とスタール Stahl の実験により立証された（図 3-10）．一般的な窒素（^{14}N）とは質量数が異なる安定同位体（^{15}N）を窒素源とする培地で大腸菌を培養すると，大腸菌中の DNA の窒素が ^{15}N に置き換わり DNA の密度が増す．その後，^{14}N を含む一般的な培地にこの大腸菌を移し，一度または二度の DNA 複製

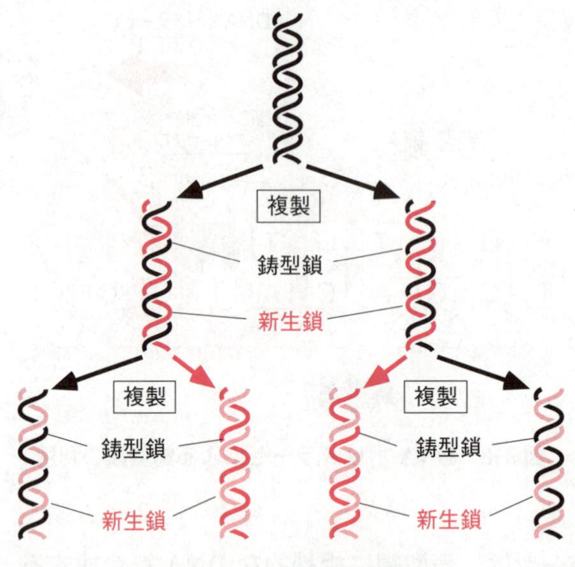

図3-9 半保存的複製

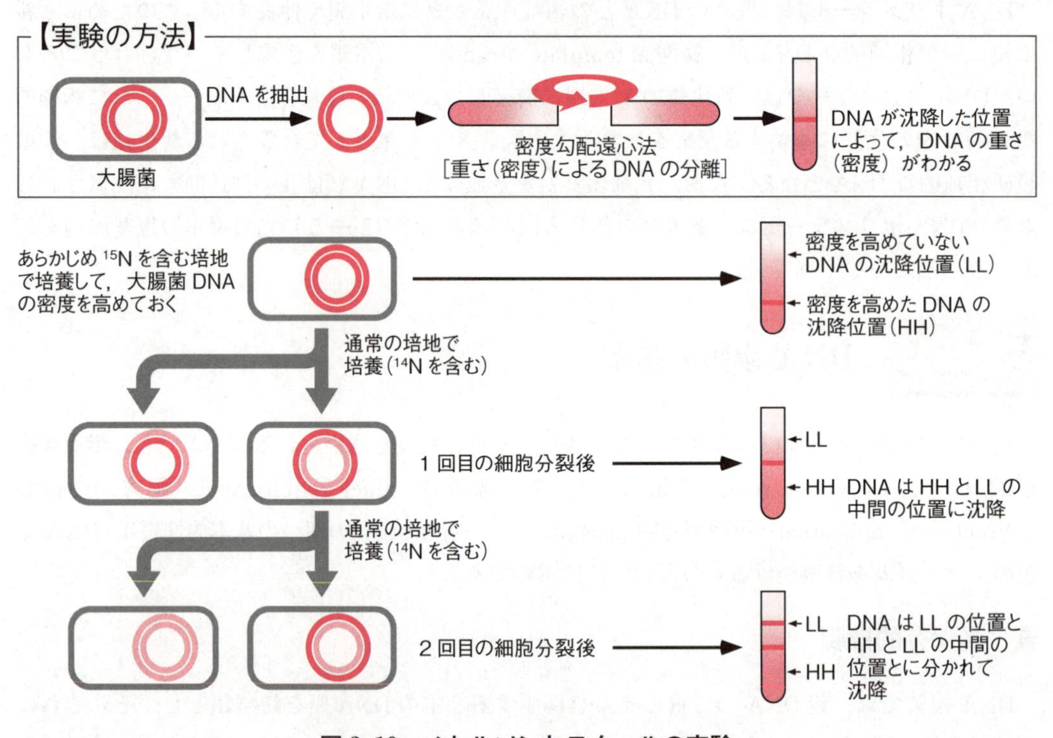

図3-10 メセルソンとスタールの実験

を経過させるとDNAの密度は次第に低下するはずである．メセルソンとスタールは，このようなDNAの密度の変化を**密度勾配遠心法** density-gradient centrifugation により解析した．

その結果，DNA複製を1回経過したDNAは，一般的な培地で培養を続けた大腸菌のDNA(LL)と^{15}Nを窒素源として培養した直後の大腸菌のDNA(HH)の中間の密度(HL)を示した．さらに，二度目のDNA複製を経過した場合にはLLとHLが等量ずつ含まれていた．この実験結果は，半保存的複製を支持する有力な証拠となった.

B DNA 合成のプライマー要求性

DNA ポリメラーゼは，既存の DNA 鎖の 3′末端に新たなデオキシリボヌクレオチドを連結することで DNA 鎖を伸長する．したがって，DNA ポリメラーゼが働くためには先行する DNA 鎖が既に存在していなければならない．言い換えれば, DNA ポリメラーゼは，一から DNA 合成を開始することができないのである．これに反して, DNA 複製では DNA のすべての領域が一から新たに合成されなければならない.

この問題は, RNA の 3′末端を利用して DNA の伸長を開始できるという DNA ポリメラーゼの性質により解決される．一般に RNA は，先行する既存の DNA や RNA がなくても合成することができる．そこで，まず鋳型鎖に相補的な短鎖の RNA を合成し，これを伸長するように DNA を合成する（図 3-11）．このように DNA 合成の開始に必要となる短鎖 RNA を **RNA プライマー** RNA primer とよぶ．この RNA プライマーは，**プライマーゼ** primase とよばれる酵素により合成される．なお, RNA プライマーは，最終的には取り除かれ DNA に置き換えられるため, DNA 複製が終了して完成した新生鎖には RNA は含まれない.

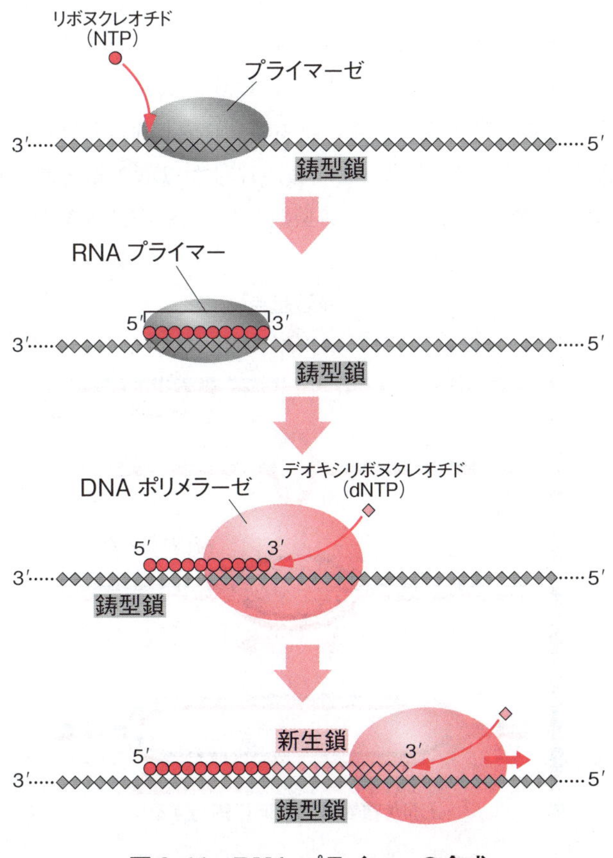

図 3-11 RNA プライマーの合成

C　DNA複製の両方向性

DNAポリメラーゼの反応には一本鎖状の鋳型鎖が必要であるため，DNA複製の準備段階として親DNAの特定の位置で二重らせんがほどかれる．これにより露出した一本鎖部分にプライマーゼやDNAポリメラーゼなどが集まり，新生鎖の合成が始まる．このようにDNA合成が開始されるDNA上の位置を**複製起点** replication originまたは**複製開始点**とよぶ．

DNA複製が進行するにあたり，複製起点から親DNAの二重らせんが順次ほどかれ，露出した一本鎖を鋳型として相補的な新生鎖が合成されることで，新たな2組の二重らせんが伸びていく．このときのDNAは，親DNAがほどかれている位置を分岐点にしたY字型の分岐構造をとる．DNA複製により形成されるこのような分岐構造を**複製フォーク** replication forkとよぶ．

一部の例外を除き，DNA複製では複製起点の前後を区別することなく，いずれの側でも二重らせんがほどかれ，新生鎖の伸長が進んでいく．これをDNA複製の両方向性という（図3-12）．このとき，一つの複製起点に形成された二つの複製フォークが，複製起点に背を向けて互いに反対方向に離れていくことで，複製済みの領域がDNA上に拡大していく．

D　ラギング鎖の不連続複製

一つの複製フォークに目を向けたとき，親DNAの二重らせんからほどかれた2本のDNA鎖を鋳型として，二つのDNA合成がほぼ同時に進行する．このとき，二重らせんを構成する2本のDNA鎖は，複製フォークの進行により互いに逆向きにほどかれることになる．したがって，3′→5′でほどかれるDNAを鋳型鎖とする場合には5′→3′の向きに，5′→3′でほどかれるDNAを鋳型鎖とする場合には3′→5′の向きに新生鎖を合成しなければならない．

これに対し，DNAポリメラーゼは，5′→3′の方向にしかDNA鎖を伸長できない．そこで，3′→5′の向きに新生鎖を合成するときには，鋳型鎖となる一本鎖DNAがある程度露出するのを

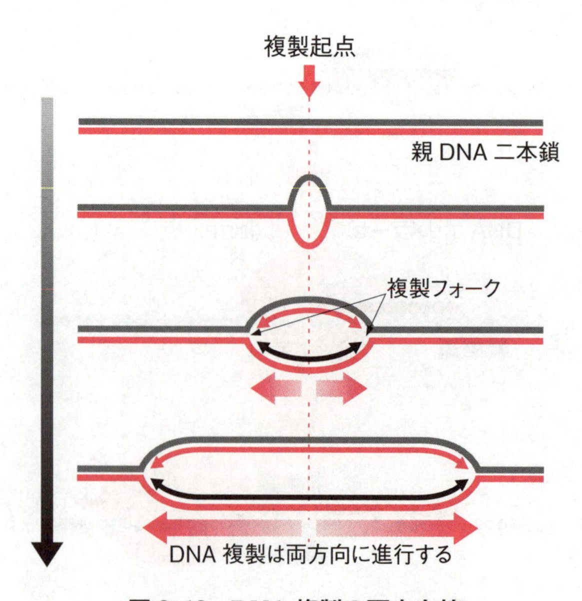

図3-12　DNA複製の両方向性

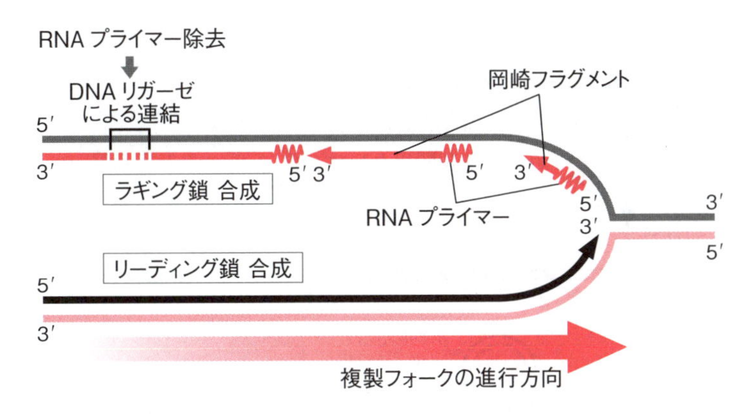

図 3-13　リーディング鎖とラギング鎖の合成

待ってから，複製フォークとは逆向きの方向（5′→3′）に短鎖 DNA を合成する．このような短鎖 DNA を次々に合成し，RNA プライマーを取り除いたのちに，**DNA リガーゼ** DNA ligase の働きによって隣接する DNA 鎖を順次連結する（図 3-13）．これにより，巨視的にはあたかも 3′→5′の向きに DNA が合成されているかのようにみえる．このような DNA 複製の様式を不連続複製という．また，このとき合成される短鎖 DNA は，発見者である岡崎令治の名前を冠して，“**岡崎フラグメント** Okazaki fragment”とよばれている．

一方，鋳型鎖が 3′→5′の向きにほどかれる場合には，あえて不連続複製を行わず新生鎖を連続的に合成する．このため，一つの複製フォークで行われる二つの新生鎖合成反応は異なった手順で進むことになる．このとき，不連続複製で合成される新生鎖を**ラギング鎖** lagging strand，連続的に合成される新生鎖を**リーディング鎖** leading strand という．

3-2-3　原核生物の DNA 複製

DNA 複製は生命にとって根源的な活動であり，真核生物，原核生物を問わず類似点や共通点が多い．したがって，DNA 複製の研究も，研究対象としやすい原核生物を材料にした分野から発展し，詳細な点まで明らかにされてきた．ここでは，特に詳しく研究された大腸菌を例にして，原核生物の DNA 複製について説明する．

A　大腸菌の DNA 複製開始

1）複製起点 *oriC* と複製開始タンパク質 DnaA

大腸菌のゲノム DNA は環状構造であり，この中の ***oriC*** とよばれる特定の領域が複製起点として作用する．*oriC* は，五つの類似した配列と，A-T 塩基対に富む領域が並んだ構造をしている（図 3-14A）．このうち，前者の五つの配列には **DnaA** とよばれるタンパク質が結合するため，この配列を **DnaA-ボックス** DnaA-box とよぶ（図 3-14B）．

DnaA-ボックスには多くの DnaA タンパク質が結合し，互いに会合して 20～30 分子の DnaA タンパク質の固まりができる（図 3-14C）．これにより *oriC* 領域の DNA に歪みが生じ，A-T 塩基対に富む領域が開裂して一本鎖が露出する．この一本鎖部分から DNA 複製が開始される（図

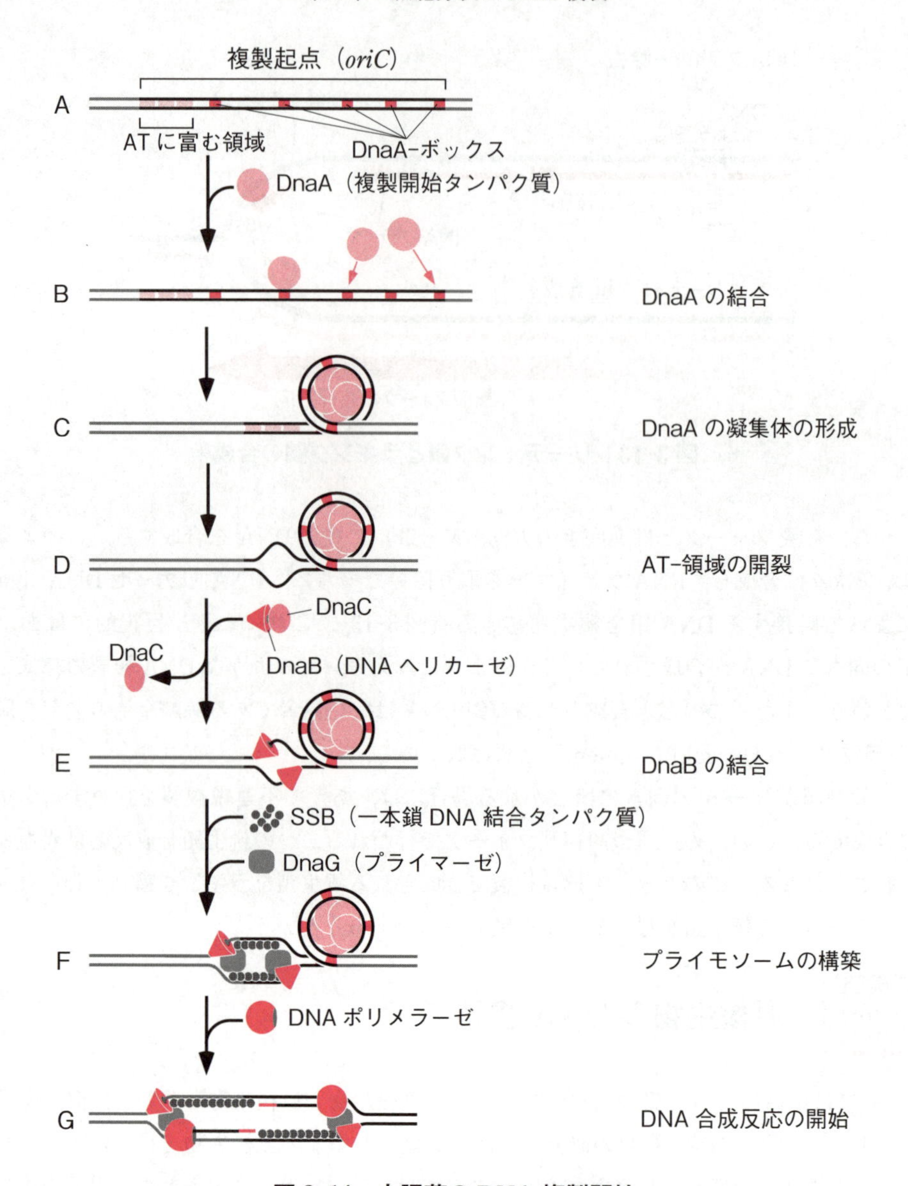

図3-14　大腸菌のDNA複製開始

3-14D）．DnaAのように，複製起点に結合してDNA複製を誘起するタンパク質を**複製開始タンパク質** replication initiator proteinという．

2）DNAヘリカーゼの結合

次に，*oriC* 領域の一本鎖DNA部分にDnaBタンパク質が結合する（図3-14E）．DnaBタンパク質はDNA二本鎖を押し開き，一本鎖の領域を広げる作用をもつ．このような作用はDNAが絡むさまざまなしくみに必要であり，細胞内では，同様な活性をもつ数多くの酵素が局面に応じて使い分けられている．これらの酵素を**DNAヘリカーゼ** DNA helicaseと総称する．

DnaBが広げた一本鎖領域は，再び相補塩基対を形成したりしないように，一本鎖DNAに結合するタンパク質で覆われ保護される（図3-14F）．このタンパク質は，**SSB**（single-stranded

DNA binding protein；一本鎖 DNA 結合タンパク質）とよばれる．

3）新生鎖伸長反応への移行

さらに，DnaB を中心としてプライマーゼの役割をもつ DnaG などが集合し，複製起点に**プライモソーム** primosome とよばれる複合体を構築する（図 3-14F）．ここに，DNA ポリメラーゼを始めとするさまざまなタンパク質や酵素が加わり，新生鎖の合成が開始される（図 3-14G）．

B　大腸菌の新生鎖合成反応

1）大腸菌の DNA ポリメラーゼ

大腸菌の DNA ポリメラーゼは複数見出されており，発見された順番にローマ数字をつけて区別されている．このうち，DNA 複製で主要な役割を果たす酵素は，**DNA ポリメラーゼⅢ** DNA polymerase Ⅲである．

① DNA ポリメラーゼⅢコア酵素

DNA ポリメラーゼⅢは 10 種のサブユニットから構成されるタンパク質複合体であり，この複合体全体を **DNA ポリメラーゼⅢホロ酵素** DNA polymerase Ⅲ holo-enzyme とよぶ（図 3-15）．このうちいくつかのサブユニットは，比較的穏やかに複合体に結合しており，容易に取り除くことができる．そのあとに残る強固な複合体を **DNA ポリメラーゼⅢコア酵素** DNA polymerase Ⅲ core-enzyme とよぶ．この複合体は，α，ε，θ の三つのサブユニットから構成されている．このうち，最も大きい α サブユニットが DNA ポリメラーゼ活性を担う本体である．

② DNA ポリメラーゼⅢの校正機能

DNA ポリメラーゼⅢコア酵素に含まれる ε サブユニットには，DNA の 3′末端に位置するヌクレオチドを一つだけ切り離す活性が備わっている．このような酵素活性を **3′→ 5′エキソヌクレアーゼ活性** 3′→ 5′exonuclease activity という．特に ε サブユニットの活性には，新生鎖に誤って取り込まれたヌクレオチドを素早く切り離す特徴がある（図 3-16）．このため DNA ポリメラーゼⅢの正確性は，校正機能がない場合に比べ，およそ 10^5 倍高められる．このような活性を特

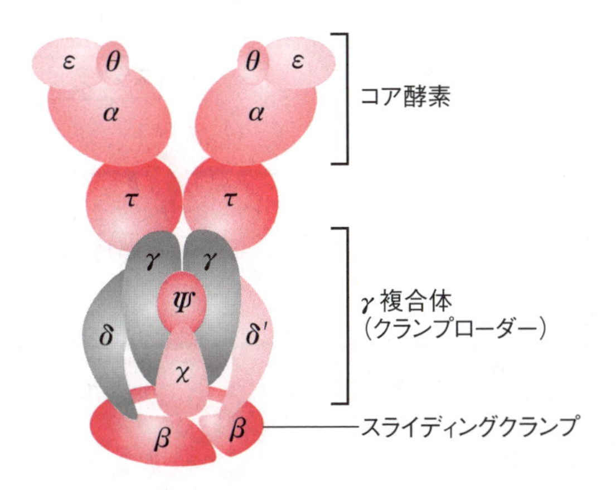

図 3-15　DNA ポリメラーゼⅢホロ酵素の構成

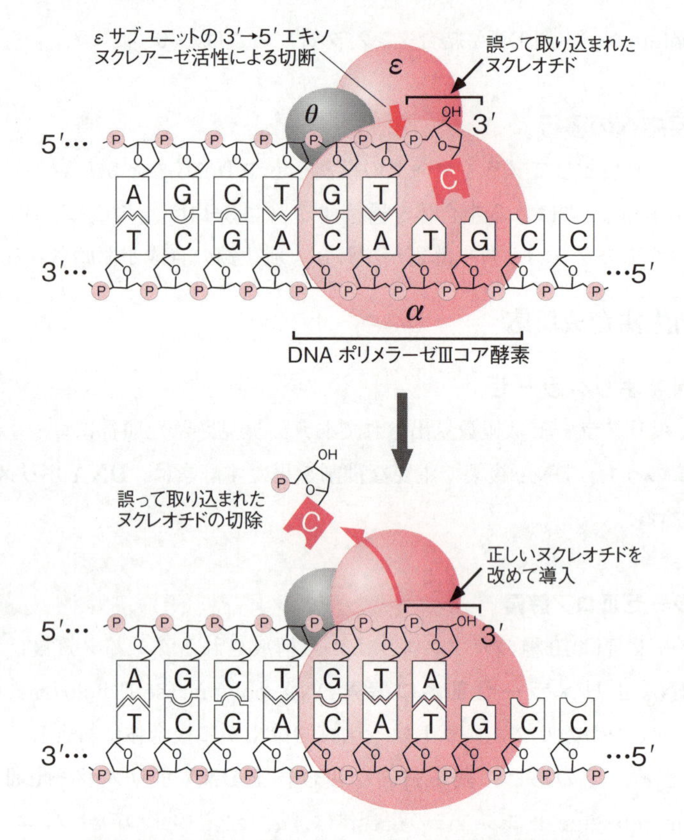

図 3-16　DNA ポリメラーゼによる新生鎖の校正

に DNA ポリメラーゼの**校正活性** proofreading activity という.

③ スライディング・クランプ

DNA 複製のように長い DNA を連続的に合成する場合には，DNA ポリメラーゼを鋳型鎖上に保持するしくみが働く．その中心となる構造が**スライディング・クランプ** sliding clamp である．スライディング・クランプは環状のタンパク質複合体であり，糸に通した指輪のように DNA を

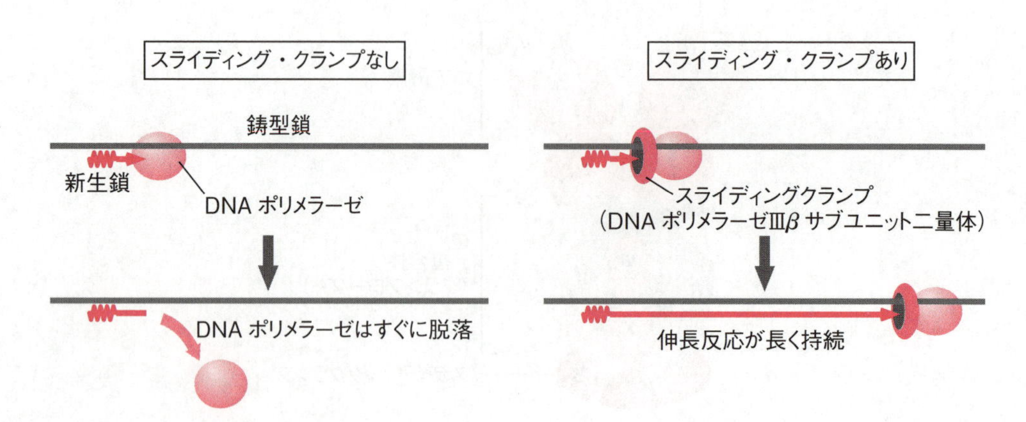

図 3-17　スライディング・クランプの役割

取り囲んでしっかりと留まる．DNA ポリメラーゼⅢでは β サブユニット二量体がこの役割を果たす（図 3-17）．環状のスライディング・クランプを DNA に導入するためには，**クランプローダー** clamp loader とよばれるタンパク質複合体の作用が必要である．DNA ポリメラーゼⅢでは，γ 複合体（γ，δ，δ'，χ，ψ の各サブユニットから構成）がこの働きを担う（図 3-15）．

④ DNA ポリメラーゼⅢホロ酵素の構成

DNA ポリメラーゼⅢホロ酵素は二つのコア酵素を含んでおり，それぞれリーディング鎖とラギング鎖の合成を担当する．これら二つのコア酵素に，γ 複合体やスライディング・クランプである β サブユニットが加わり，DNA ポリメラーゼⅢホロ酵素が構築される（図 3-15）．

2）ラギング鎖の合成

DNA ポリメラーゼⅢホロ酵素に含まれる一方のコア酵素が，DNA ヘリカーゼである DnaB によって 3′→5′ 方向にほどかれる一本鎖 DNA を鋳型とし，リーディング鎖を連続的に合成する．これに対しラギング鎖は，RNA プライマーの合成，新生鎖の伸長，岡崎フラグメントの連結などの複雑な段階を繰り返しながら不連続的に合成される（図 3-18）．

DnaB の働きによりラギング鎖の鋳型となる一本鎖が十分に露出したのち，DnaG（プライマーゼ）が RNA プライマーをつくる．続いて，γ 複合体（クランプローダー）の働きにより，RNA

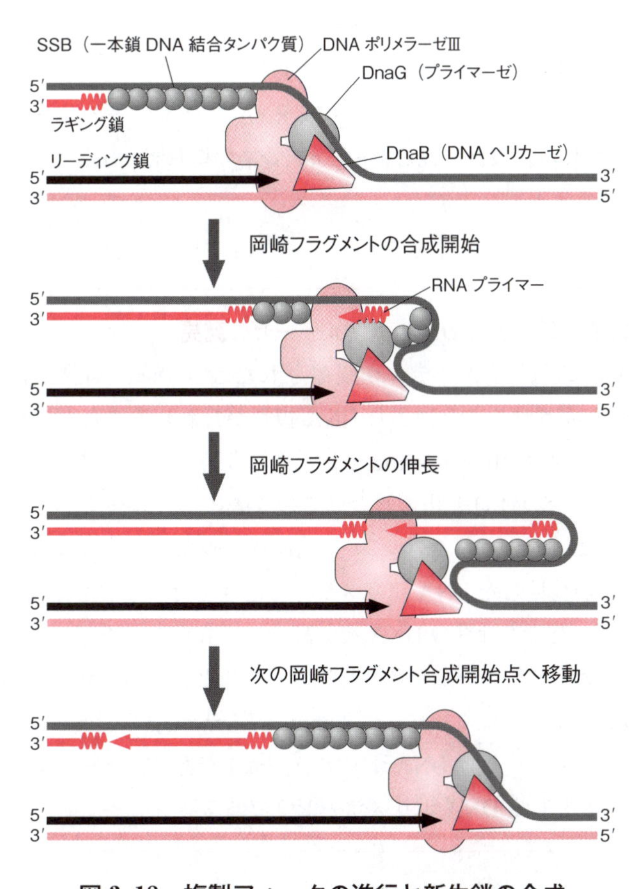

図 3-18　複製フォークの進行と新生鎖の合成

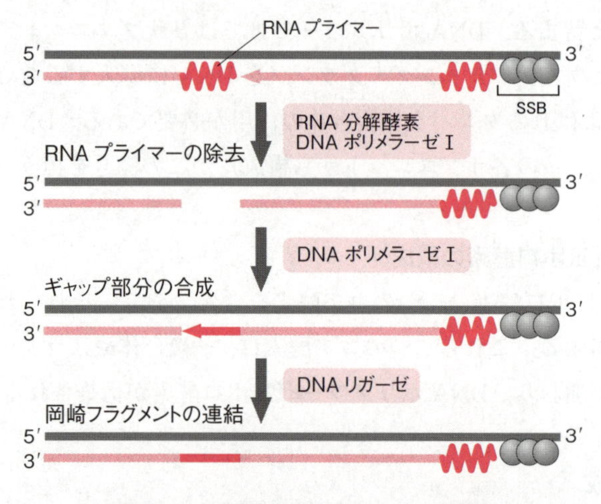

図 3-19 岡崎フラグメントの連結

プライマーと鋳型鎖の二本鎖にβサブユニット二量体（スライディング・クランプ）が結合する．このβ二量体に結合したコア酵素が，複製フォークの進行方向とは逆向きに新生鎖を伸長する．

新生鎖の伸長反応が，その一つ前に合成された岡崎フラグメントのRNAプライマーまで達すると，DNAポリメラーゼⅢが新生鎖から解離する．一方，先行する岡崎フラグメントのRNAプライマーは，RNA分解酵素や**DNAポリメラーゼⅠ** DNA polymerase Ⅰの5′→3′エキソヌクレアーゼ活性により分解，除去される（図3-19）．さらに，DNAポリメラーゼⅠが新規に合成された岡崎フラグメントの3′末端を延長することで，RNAプライマーの除去によって生じた間隙（ギャップ）が穴埋めされる．最後に残る糖-リン酸骨格の切れ目がDNAリガーゼにより連結され，ラギング鎖が伸長する．

3-1 父子二代によるDNAポリメラーゼの発見

DNAの二重らせんモデルが提唱されたときから，鋳型鎖に対して相補的なDNAが合成されることによりDNA複製が行われることが予想された．1958年，アーサー・コーンバーグ Arthur Kornbergは，このような活性をもつDNAポリメラーゼを大腸菌から精製し，その性質を報告した．その成果によりコーンバーグはノーベル生理学・医学賞を受賞する．しかし，ケアンズ Cairnsは大腸菌への地道な変異導入実験を繰り返し，コーンバーグが発見したDNAポリメラーゼ活性をほとんどもたない変異株の単離に成功し，報告されていた酵素は真のDNA複製酵素ではないことを示した．これを受け，真のDNA複製酵素の探索が多くの研究者の興味を引くことになったが，この競争に決着をつけたのは，息子のトーマス・コーンバーグ Thomas Kornbergらであった．最初，アーサーの発見したDNAポリメラーゼはDNAポリメラーゼⅠであり，トーマスらの発見した酵素が真のDNA複製酵素であるDNAポリメラーゼⅢである．

3）DNA トポイソメラーゼ

複製フォークでは，DnaB が親 DNA 二本鎖を一本鎖に開いていくが，これにより，巻き込まれた輪ゴムのような反発力が分岐点の前方に溜まり，複製フォークの進行を妨げる．これを防ぐため，**DNA トポイソメラーゼ** DNA topoisomerase が二重らせんの巻き込みの量を調整する．DNA トポイソメラーゼは，DNA 鎖の切断，再結合という一連の反応を通して，DNA の歪みやもつれを解消する酵素である．このような作用は DNA が関与する多くの活動で必要であり，DNA 複製以外にもさまざまな場面で DNA トポイソメラーゼが活躍している．

DNA トポイソメラーゼにはⅠ型とⅡ型がある（→ 2-3-7）が，大腸菌のⅡ型 DNA トポイソメラーゼとしては，DNA トポイソメラーゼⅡおよびⅣが知られている．このうち DNA トポイソメラーゼⅡは，**DNA ジャイレース** DNA gyrase ともよばれる．大腸菌の DNA 複製では，DNA ジャイレースが複製フォークを順調に進行させる働きを担っている（図 3-20）．

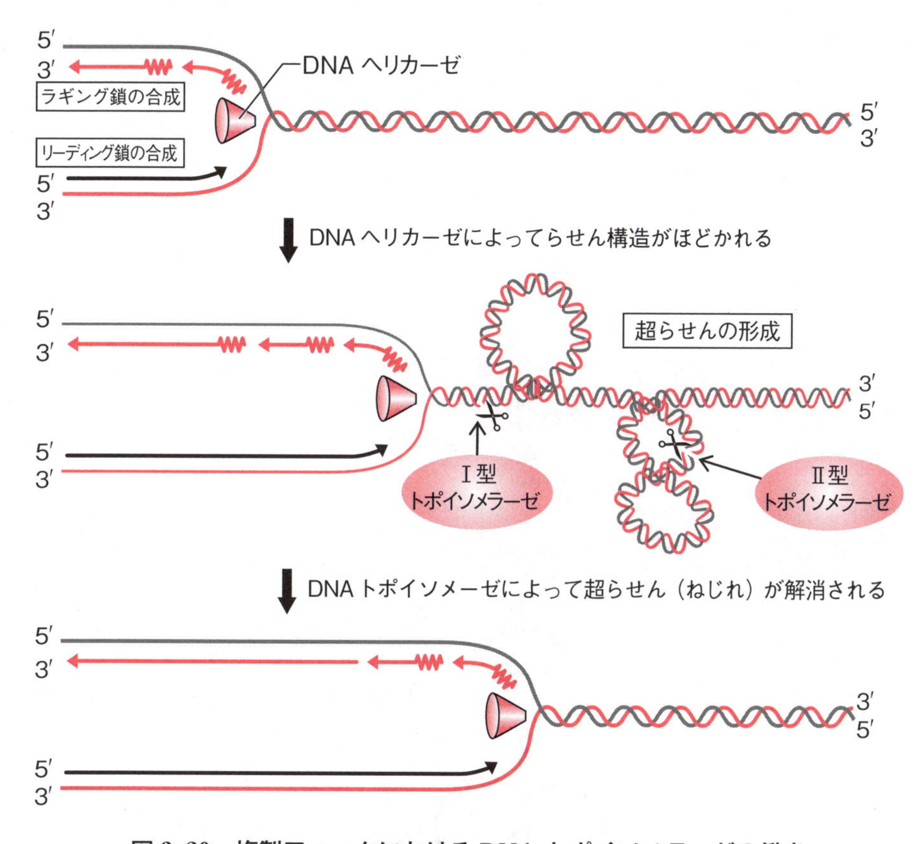

図 3-20　複製フォークにおける DNA トポイソメラーゼの働き

DNA 複製の過程で，DNA ヘリカーゼが二本鎖 DNA のらせん構造をほどいて一本鎖にすると，その前方に超らせんが形成されてねじれが生じる．そこで，一本鎖を切断して再結合するⅠ型 DNA トポイソラーゼと二本鎖を切断して再結合するⅡ型トポイソラーゼがねじれ部分に作用することで，ねじれが解消されて，DNA 複製が進行する．

医療とのつながり

3-3　DNAジャイレース阻害剤としての抗生物質

原核生物のDNA複製に関わる酵素のみを特異的に阻害する薬剤は，真核細胞のDNA複製に影響を与えないまま，原核生物の増殖を妨げることができるはずである．したがって，このような薬剤が見出されれば，その薬剤を抗菌薬として利用できる可能性がある．DNA複製に伴う二重らせんの緊張を解消する働きをもつDNAジャイレースは，原核生物のDNA複製に必要不可欠な酵素であるが，その阻害剤として**キノロン系抗生物質**である**ナリジクス酸**，**ニューキノロン系抗生物質**である**ノルフロキサシン**，**レボフロキサシン**などが見出され，医療現場で広く利用されている．

4）DNA複製の進展と終結

ここまでに述べた通り，大腸菌のDNA複製は複製起点の*oriC*より開始し，両方向に伸長する．二つの複製フォークの間には，複製を完了した二組の二本鎖DNAによる閉じられた構造ができる．この構造は，DNAの上にできた泡のようにみえることから，**複製バブル** replication bubbleともよばれる（図3-21）．大腸菌のゲノムDNAは環状であるため，複製バブルが十分に大きくなると二つの環状構造が連なったような形状になる．その形態がギリシャ文字のシータ

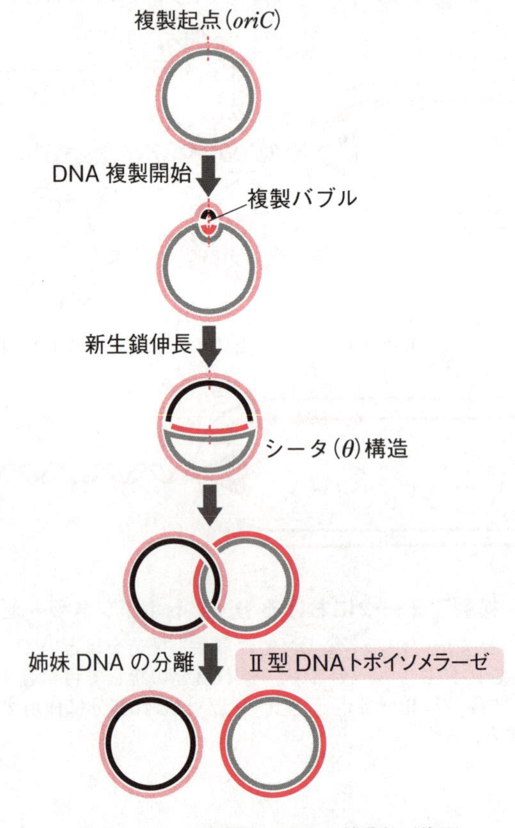

図3-21　大腸菌のDNA複製の進展

(θ) に似ていることから，このような DNA 複製中間体を**シータ構造** theta structure とよぶ．

さらに DNA 複製が進行すると，二つの複製フォークは *oriC* のほぼ反対側で出会う．こうして一連の DNA 複製反応は終結する．複製を終了した直後の姉妹 DNA は，互いに絡み合って存在しており，この絡み合いをほどいて姉妹 DNA を分離する作業が最後に残される．この作業にも，Ⅱ型 DNA トポイソメラーゼの働きが必要となるが，大腸菌では，主に DNA トポイソメラーゼⅣがこの作用に関わる．

3-2-4 真核生物の DNA 複製

先に述べたとおり，生命にとって根源的な活動である DNA 複製は，真核生物の場合も原核生物のものと基本的には同様の手順で進行すると考えられており，DNA 複製で働くタンパク質の機能についても類似しているものが多い（表 3-1）．しかしながら，細かいところではいくつかの相違点がみられる．真核生物の DNA 複製機構については多くの疑問点が残され，現在でもなおその機構の解明が進められているところであるが，これまでに明らかにされた真核生物の DNA 複製のしくみについて原核生物との相違点を中心にその概要を説明する．

A 真核生物の DNA ポリメラーゼ

真核生物では，原核生物よりも多くの DNA ポリメラーゼが同定されており，さまざまな場面で機能している．このうち，真核生物の DNA 複製で中心的な役割を果たす DNA ポリメラーゼは **DNA ポリメラーゼ α** DNA polymerase α，**DNA ポリメラーゼ δ** DNA polymerase δ，**DNA ポリメラーゼ ε** DNA polymerase ε の 3 種類である（図 3-22）．

表 3-1 原核生物と真核生物の DNA 複製関連タンパク質の比較

機能	原核生物（大腸菌）	真核生物
DNA ヘリカーゼ (二本鎖 DNA の巻き戻し)	DnaB	MCM 複合体
プライマーゼ (プライマー合成)	DnaG	DNA ポリメラーゼ α-プライマーゼ複合体
DNA ポリメラーゼ (新生鎖伸長)	DNA ポリメラーゼⅢ コア酵素	DNA ポリメラーゼ δ（ラギング鎖） DNA ポリメラーゼ ε（リーディング鎖）
スライディング・クランプ (DNA ポリメラーゼの保持)	DNA ポリメラーゼⅢ β サブユニット	PCNA
クランプローダー (スライディング・クランプの導入)	DNA ポリメラーゼⅢ γ 複合体	RFC 複合体
DNA トポイソメラーゼ (DNA のひずみ解消)	DNA ジャイレース	DNA トポイソメラーゼⅠ DNA トポイソメラーゼⅡ
一本鎖 DNA 結合タンパク質 (一本鎖 DNA の安定化)	SSB	RPA 複合体
プライマーの除去	DNA ポリメラーゼⅠ RNaseH	Dna2 ヘリカーゼ / エンドヌクレアーゼ フラップエンドヌクレアーゼ 1（FEN1）
DNA リガーゼ (岡崎フラグメントの連結)	DNA リガーゼ	DNA リガーゼⅠ

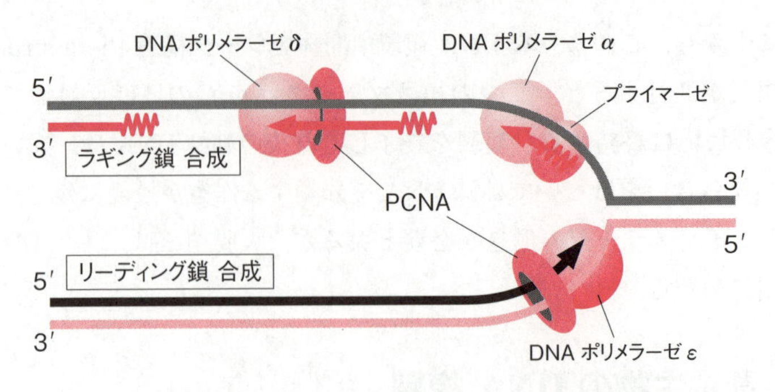

図 3-22　真核生物 DNA ポリメラーゼの役割分担

DNA ポリメラーゼ α は，プライマーゼと強固な複合体をつくっており，新生鎖合成の初期段階に関わる．プライマーゼによる RNA プライマーの合成は即座に DNA ポリメラーゼ α による DNA 合成に置き換えられ，30 ～ 40 ヌクレオチド程度の長さの DNA が合成される．この合成途中の DNA をクランプローダーである**複製因子 C（RFC）複合体** replication factor C complex が認識して，スライディング・クランプとなる **PCNA**（proliferating cell nuclear antigen）の環状三量体を結合させる．この後，伸長する DNA がラギング鎖であれば DNA ポリメラーゼ δ が，リーディング鎖であれば DNA ポリメラーゼ ε が結合して，以後の新生鎖伸長を継続する．以上のように，原核生物では DNA ポリメラーゼⅢにより進められる一連の反応が，真核生物では三つの局面に分けられ，それぞれ異なる DNA ポリメラーゼによって分担されている．

B　マルチレプリコン

真核生物は原核生物に比べて高度で複雑な遺伝情報をもっており，このために両者のゲノム DNA の構造はいくつかの点で異なっている（表 3-2）．このような DNA 構造の違いが，これを複製するしくみの違いに結びつくことは意外ではない．

最も著しい両者の違いは，その大きさである．ヒトゲノム DNA は，大腸菌のおよそ 700 倍の大きさをもつ．ヒトの体細胞が二倍体であることを考えれば，ヒト細胞は大腸菌の 1400 倍もの DNA を抱えている．大腸菌の DNA 複製の時間（約 40 分）を単純に当てはめると，ヒト細胞中の DNA が複製を完了するには 1 か月以上を要することになる．

このため，真核生物のゲノム DNA には複数の複製起点が準備され，多くの DNA 複製反応を同時に並行して進めている．一つの複製起点から複製される DNA の領域を**レプリコン** replicon という．大腸菌ではゲノム DNA の全領域が *oriC* を起点として複製されるため，大腸菌のゲノ

表 3-2　大腸菌とヒトの DNA 複製の比較

	大腸菌	ヒト細胞
ゲノム当たりの DNA 量（塩基対）	4.6×10^6	約 3.2×10^9（32 億）
ゲノム DNA の形状	1 本の環状 DNA	23 本の直鎖状 DNA
DNA 複製の速度（ヌクレオチド/秒）	約 1,000	約 50
レプリコンの数	単一	DNA 当たり数百～数千個， 5 ～ 20×10^4 塩基対/レプリコン
岡崎フラグメントの長さ（ヌクレオチド）	1,000 ～ 2,000	約 200

ム DNA は単一のレプリコンであるといえる．これに対し，ヒト DNA では，一つの染色体を構成する二本鎖 DNA 上に数百～数千のレプリコンが並んでおり，それぞれの複製起点から両方向に複製フォークが進行する．このような真核生物の複製様式を**マルチレプリコン** multi-replicon という．

アドバンスト　真核生物の DNA 複製開始

原核生物の細胞周期では，DNA 複製と細胞分裂が時期的に明確に区別されていない．条件が良ければ，DNA 複製が完了する前に次の DNA 複製が開始されることもある．このような細胞周期の重複は，DNA が単一のレプリコンであるために比較的容易にコントロールできる．

これに対して，マルチレプリコンである真核細胞の細胞周期では DNA 複製と細胞分裂はそれぞれ S 期と M 期に明確に分けられており，すべての DNA が複製されるまで細胞分裂が始まらないよう，G_2/M 期チェックポイントが働いている．これに加えて，1 回の S 期の中で同じ複製起点から DNA 複製開始反応が繰り返されることもあってはならない．

真核生物の複製起点には，まず，**複製起点認識複合体（ORC）** origin recognition complex とよばれるタンパク質複合体が結合する（図 3-23）．さらに ORC が結合した複製起点に，Cdc6 と Cdt1 という二つのタンパク質が結合する．これら 3 者の機能により，真核生物の DNA ヘリカーゼである **MCM 複合体** mini-chromosome maintenance complex が複製起点に結合する．このようにして形成された複製起点とタンパク質の複合体を**複製前複合体（pre-RC）** pre-replicative complex とよぶ．

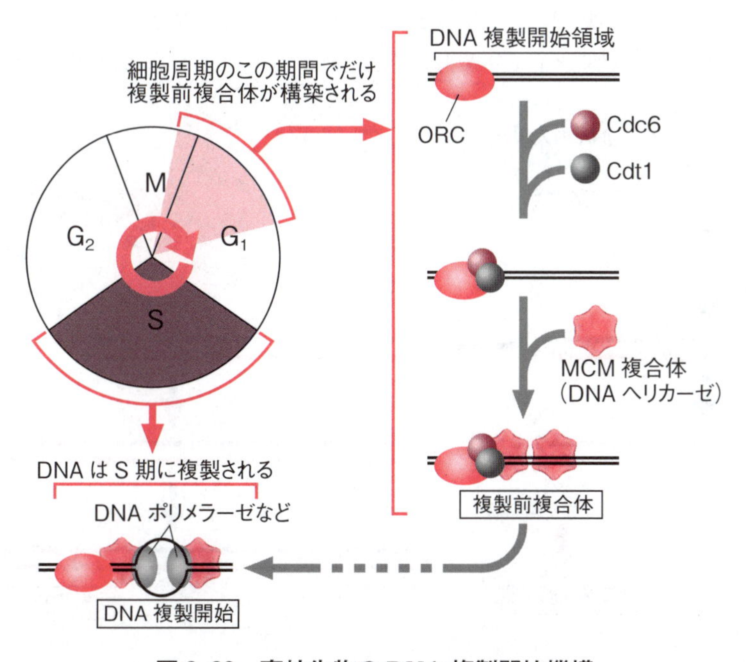

図 3-23　真核生物の DNA 複製開始機構

その後，MCM複合体はタンパク質キナーゼの働きやさまざまな複製開始タンパク質の集合などを経て活性化される．さらに，DNAポリメラーゼなどを複製起点によび込んで，DNA複製が開始する．すなわち，S期においてある特定の複製起点からDNA複製が開始されるためには，その複製起点に前もってMCM複合体が導入されていなければならない．

一方，複製前複合体の構築は，G_1期の後期からS期を越えて分裂中期に至るまで厳重に抑制されている．このため，S期に複製を開始した複製起点に再びMCM複合体を結合させるためには，M期を経過して次の細胞周期に入るのを待たなければならない．このように，DNA複製開始に必要なDNAヘリカーゼ（MCM複合体）の導入とDNA複製とを分割し，細胞周期の中で同時に起きないように切り離すことで，1回のS期の間に繰り返し複製するレプリコンが現れるのを防いでいる（図3-23）．MCM複合体の結合が複製起点にDNA複製開始の認可（ライセンス）を与えるように振る舞うことから，このDNA複製開始制御のしくみを**DNA複製ライセンス化機構** DNA replication licensing systemという．

C DNA末端の複製

1）末端複製問題

真核生物のゲノムDNAがもつ，もう一つの大きな構造上の特徴は，直鎖状であるということである．DNAが直鎖状であること，すなわち複製すべきDNAに末端があることから，真核生物のDNA複製には新たな問題が生じる（図3-24）．

DNAポリメラーゼはRNAプライマーの3′末端を伸長するようにDNAを合成する．このRNAプライマーはいずれ除かれ，新たな岡崎フラグメントの伸長に伴いDNAに置き換えられる．真核生物のDNAの末端も同様の方法で複製されるならば，DNA複製が完了してでき上がった新生鎖の5′末端はRNAプライマーが占めることになる．しかし，このプライマーをDNAに

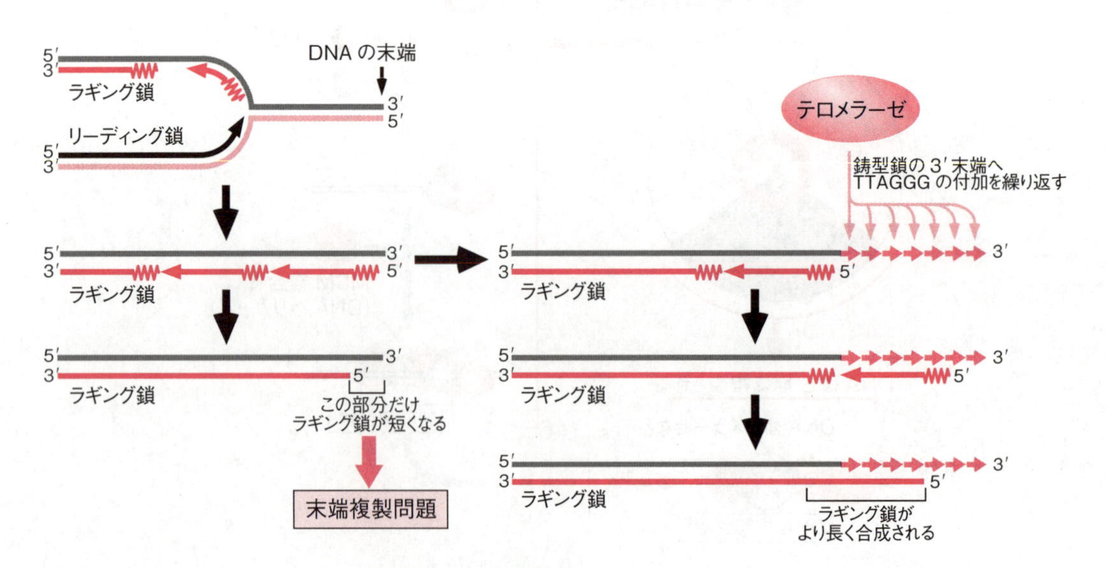

図3-24 末端複製問題とテロメラーゼ

置き換える手段はない．時間が経てばRNAは分解されてしまうため，新生鎖の5′末端ではRNAプライマー分の欠失が起きる．DNA複製が世代を超えて幾度となく繰り返されることを考えれば，RNAプライマー分のわずかな欠失であっても，いずれは重篤な遺伝情報の損失をもたらす．真核生物の直鎖状DNAを複製するにあたって直面するこの問題を**“末端複製問題”**という．

2）テロメアDNAとテロメラーゼ

真核生物のDNAがM期に染色体を形成するとき，DNAの末端に近い領域は染色体の末端部分であるテロメアに収容される．このため，真核生物ゲノムDNAの末端部をテロメアDNAとよぶ．末端複製問題を解決する糸口はこのテロメアDNAの構造にある．

テロメアDNAは，決められた数塩基の配列が何度も繰り返す縦列反復配列（ミニサテライトDNA）である（→2-5-2）．ヒトの染色体DNAの末端では，TTAGGGを単位とする配列がおよそ10,000塩基対以上の長さにわたって繰り返されている．真核細胞には，この特殊な反復配列を専門に伸長するための**テロメラーゼ** telomeraseという酵素が準備されている（図3-24）．テロメラーゼによりDNAの3′末端側を十分に伸長することができれば，これを鋳型としたラギング鎖の合成で多少の損失が起きたとしても，遺伝情報に大きな影響を与えることはない．

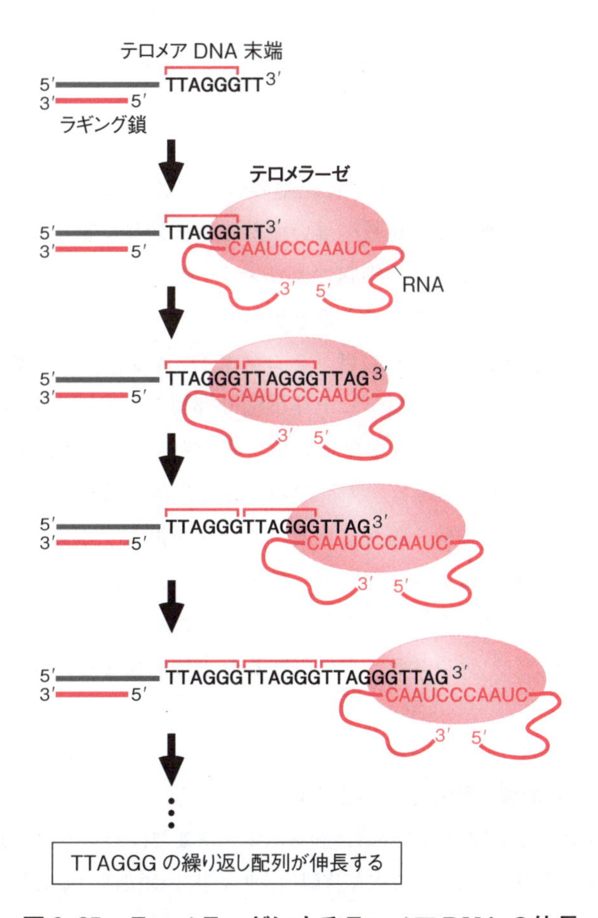

図 3-25 テロメラーゼによるテロメアDNAの伸長

テロメラーゼはきわめて巧妙なしくみで，“末端複製問題”を解決している（図3-25）．テロメラーゼはRNAとタンパク質との複合体であり，このRNAには付加される縦列反復配列の鋳型となる配列が含まれている．この配列を利用して，これに相補的な配列を何度も繰り返し合成することで，ゲノムDNAの3′末端の縦列反復配列がテロメラーゼにより伸長する．

3）テロメアDNAと老化

テロメラーゼはDNA複製のたびに，DNAの末端を伸長しているのであろうか．少なくとも一般的なヒト体細胞ではテロメラーゼの活性は著しく低く，ヒトのDNAは複製のたびに100ヌクレオチド程度短くなるともいわれている．ヒトの場合には，ごく一部の例外を除いて，生殖細胞や発生初期でのみ十分なテロメラーゼ活性があり，初期胚の段階までにテロメアDNAをしっかりと伸長し，DNA複製によるDNA末端の短縮に備えている．

したがって，ヒト体細胞の分裂回数は有限である．例えば，ヒトの正常繊維芽細胞を培養しても，50回程度の分裂の後に細胞分裂は停止してしまう．この状態を**細胞老化** cell senescenceという．細胞老化の原因はいくつか考えられるが，その一つとしてテロメアDNAの短縮があげられることは広く認められている．この細胞老化と個体の老化の間には相関があると推察されており，成人から採取した細胞は，胎児からの細胞に比べ，細胞老化に至るまでの分裂回数が少ない．体内の細胞でも，加齢に伴ってテロメアDNAが短くなることが確認されており，テロメアDNAの短縮が老化症状の一因となることを実際に示唆する結果も得られている．

4）テロメラーゼとがん

DNA複製に伴うテロメアDNAの短縮が体細胞の分裂回数を規定するとすれば，がん細胞のように無秩序に増殖を続ける細胞は，比較的早い段階で遺伝情報に重篤な損害をもたらして死んでしまうことになる．つまり，ヒトの体細胞でテロメラーゼの活性を低く留めておくことは，がんの防御という観点からきわめて有意義であると思われる．

見方を変えると，がんを発症するためには，テロメアDNAを維持するための何らかの手段が必要となる．実際に，がん細胞の多くは，ヒト体細胞で抑制されているテロメラーゼの発現を高めることによってテロメアDNAを伸長させている．おそらく，がん化の初期段階では過剰な増殖によるテロメアDNAの短縮が起きて，大部分の細胞は死滅するが，ごく一部の細胞でテロメラーゼの発現が誘導され，この細胞を起源とするクローンが拡大することで発がんに至るのであろう．正常な体細胞の細胞周期はテロメラーゼへの依存度が低く，がん細胞ではテロメラーゼへの依存度が高いとすると，テロメラーゼ阻害剤は比較的副作用の少ないがん治療薬となるかもしれない．このような期待から，テロメラーゼに対する分子標的薬を創出する試みも行われている．

医療とのつながり

3-4　DNA複製を阻害する抗がん剤

真核生物の細胞周期に関わる活動を阻害する薬剤はがんの化学療法剤としてしばしば使用されるが，なかでもDNA複製は主要な化学療法剤の標的となっている．

①アルキル化剤

抗がん剤としての**アルキル化剤**とは，鋳型鎖上の塩基をアルキル化することによって複製フォークの進行を妨害したり，相補鎖間を架橋して二重らせんの巻き戻しを妨げたりする薬剤であり，**ナイトロジェン（窒素）マスタード**類や**ニトロソウレア**類がこれに分類される．当初開発されたナイトロジェンマスタードは毒性が強く，抗がん剤としての利用が困難であった．このため，毒性を弱めたり腫瘍への指向性を高めたりしたものとして，**シクロホスファミド**，**イホスファミド**などが開発された．一方，ニトロソウレア類には，**ニムスチン**や**ラニムスチン**などが属する．脂溶性が高く血液脳関門を通過するため，脳腫瘍の治療にも使用される．

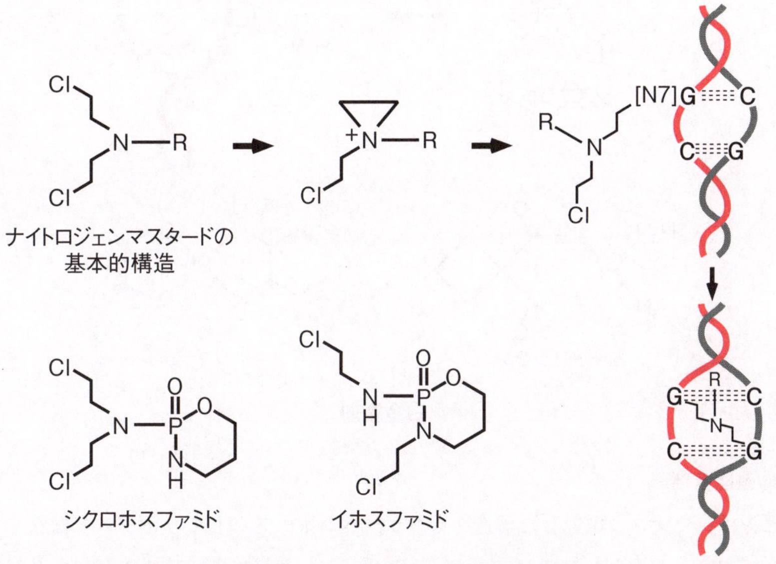

ナイトロジェンマスタードの
基本的構造

シクロホスファミド　　イホスファミド

ナイトロジェンマスタード類の抗がん剤

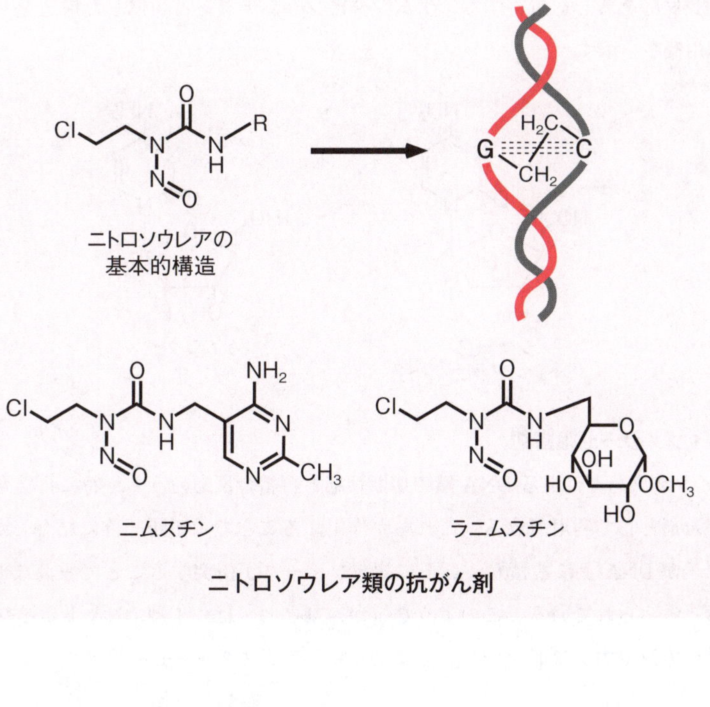

ニトロソウレアの
基本的構造

ニムスチン　　ラニムスチン

ニトロソウレア類の抗がん剤

② 白金製剤

白金製剤も核酸塩基を化学修飾する薬剤であり，DNA上で近接するグアニンを架橋したり，DNAとタンパク質の間を架橋したりする．白金製剤の基本的な構造をもつ**シスプラチン**のほかに，改良型白金製剤として**カルボプラチン**や**オキサリプラチン**などの類縁化合物が開発されている．

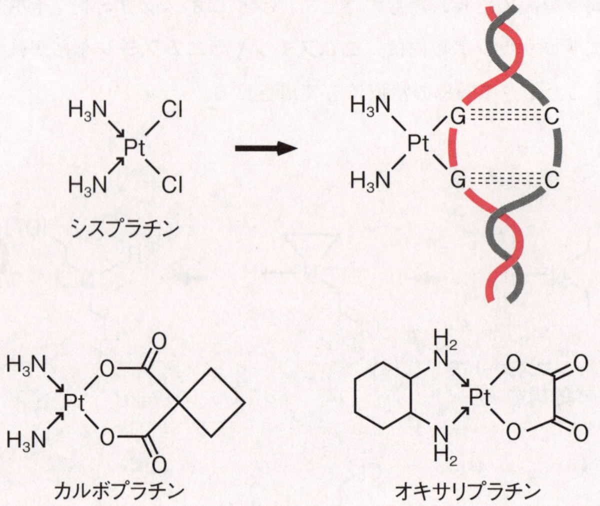

シスプラチン　カルボプラチン　オキサリプラチン

白金製剤

③ 新生鎖伸長阻害剤

シタラビンはシチジンと類似した構造をもつが，ペントースとしてリボースではなくアラビノースが結合しており，シトシンアラビノシド（ara-C）ともよばれる．ピリミジンヌクレオチド代謝に対する拮抗作用を示すほか，三リン酸型（ara-CTP）になってDNAに取り込まれることで，以降の新生鎖伸長反応を著しく阻害する．**ゲムシタビン**もシチジンと類似した構造をもち，シタラビンと同様の作用機序を示す．

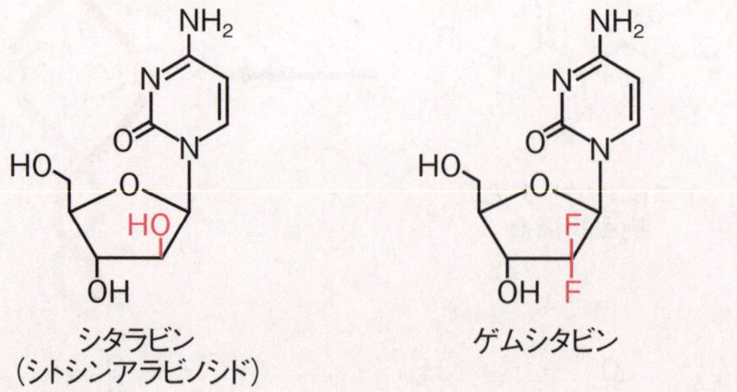

シタラビン（シトシンアラビノシド）　ゲムシタビン

④ DNAトポイソメラーゼ阻害剤

DNAトポイソメラーゼによるDNA鎖の切断反応と再結合反応のうち，特に再結合反応を阻害する薬剤も抗がん剤として利用される．これらが作用することで，切断部位に結合したDNAトポイソメラーゼ分子がDNA上に蓄積し，ここに複製フォークが衝突することで重篤なDNAの損傷がもたらされると考えられている．このような抗がん剤としては，Ⅰ型DNAトポイソメラーゼを阻害する**イリノテカン**や**カンプトテシン**，Ⅱ型DNAトポイソメラーゼを阻害する**エトポシド**などがある．

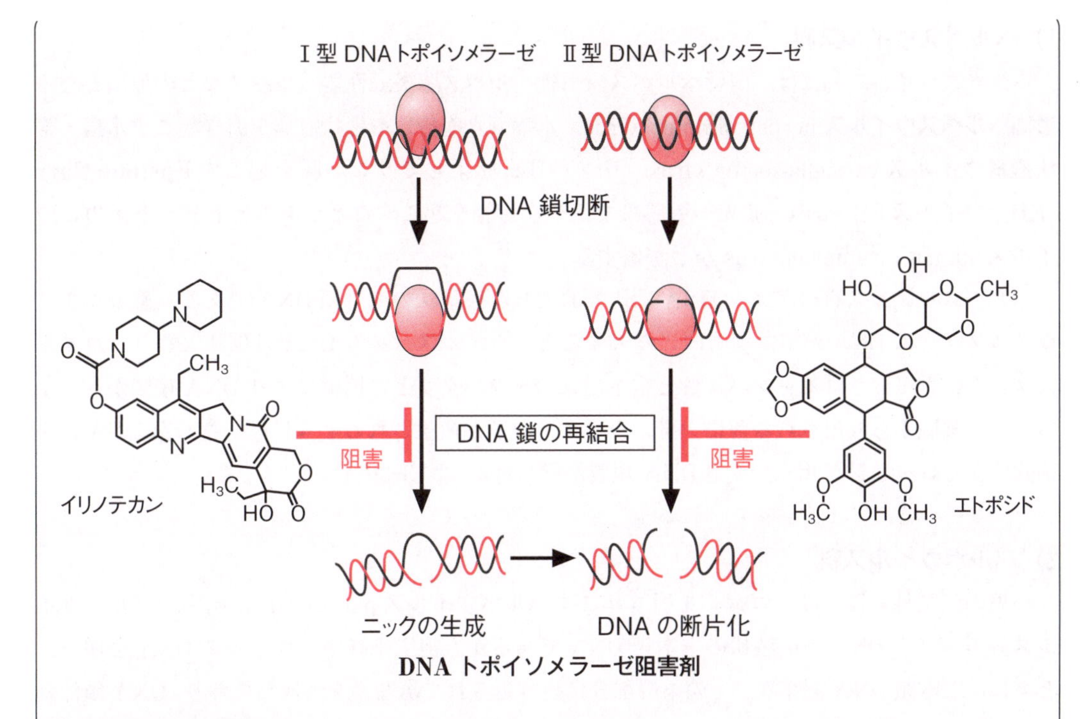

DNA トポイソメラーゼ阻害剤

⑤ **抗腫瘍性抗生物質**

抗がん剤として利用される微生物由来の化学物質は，**抗腫瘍性抗生物質**に分類される．その多くは，複数の作用機序により複合的に DNA 複製を抑制する．**マイトマイシン C** は DNA 中の塩基をアルキル化し，**ブレオマイシン**は DNA にインターカレート（侵入）して高次構造へ影響を与える．また，いずれの抗生物質も活性酸素種やフリーラジカルの生成を介して DNA 二本鎖を切断する．**ドキソルビシン**などの**アントラサイクリン系抗生物質**は，相補塩基対間への侵入や酸素ラジカルを介した DNA の損傷に加えて，エトポシドのようにⅡ型 DNA トポイソメラーゼを阻害する．

3-2-5　ウイルスゲノムの複製

種々の疾患を引き起こすウイルスはそのゲノムを構成する核酸の違いによって DNA ウイルスと RNA ウイルスに分けられる（→1-1-2）．ここではそれらのウイルスゲノムが複製される仕組みについて学ぶ．

A　DNA ウイルスのゲノム複製

ウイルスがもつゲノム DNA の複製は，真核生物や原核生物でのゲノム DNA の複製とは異なる特殊な手順で行われる．その一方で，ウイルスはゲノムの複製に際して，宿主である真核生物のタンパク質などを何らかの形で利用するため，ウイルスの DNA 複製の研究が真核生物の DNA 複製のしくみの解明に役立ってきた側面もある．

1) ヘルペスウイルス科

ヘルペスウイルス科には，口唇ヘルペス，単純ヘルペス脳炎，性器ヘルペスなどの原因となる**単純ヘルペスウイルス** herpes simplex virus，水痘（水疱瘡）や帯状疱疹を引き起こす**水痘・帯状疱疹ウイルス** varicella-zoster virus，リンパ球に感染してリンパ腫を起こす **Epstein-Barr（EB）ウイルス** EB virus，胎児への感染で深刻な影響を起こすことがある**ヒトサイトメガロウイルス** human cytomegalovirus などが属する．

ヘルペスウイルス科のゲノム DNA は比較的大きな直鎖状の二本鎖 DNA である．感染によりウイルスゲノム DNA が宿主細胞内に侵入すると，ウイルスゲノム DNA は環状となり，ウイルスゲノムにコードされるタンパク質と宿主由来のタンパク質との協働により DNA 複製が進行する．宿主細胞から放出される前に大量にウイルス粒子が産生されるときには，特殊な DNA 複製様式であるローリングサークル型 DNA 複製が行われる（図 3-26(a)）．

2) パルボウイルス科

小児の伝染性紅斑（リンゴ病）を引き起こす**パルボウイルス** parvovirus が属するパルボウイルス科のゲノム DNA は直鎖状の一本鎖 DNA であるが，宿主細胞中でウイルス DNA を増やすときには二本鎖 DNA となる．その末端部分は折り返されて塩基対を形成しており，DNA 鎖伸長のプライマーとして利用される（図 3-26(b)）．このため，これらのウイルスは RNA プライマーを利用せずに DNA 複製を開始することができる．このような DNA 合成の開始をセルフプライミングという．

3) ポックスウイルス科

天然痘ウイルス smallpox virus などが属するポックスウイルス科は動物ウイルス中最大のウイルスであり，そのゲノムもウイルスとしては巨大な直鎖状の二本鎖 DNA である．これらのウイルスゲノムも，パルボウイルスと同様に，セルフプライミングを利用して DNA 複製が開始さ

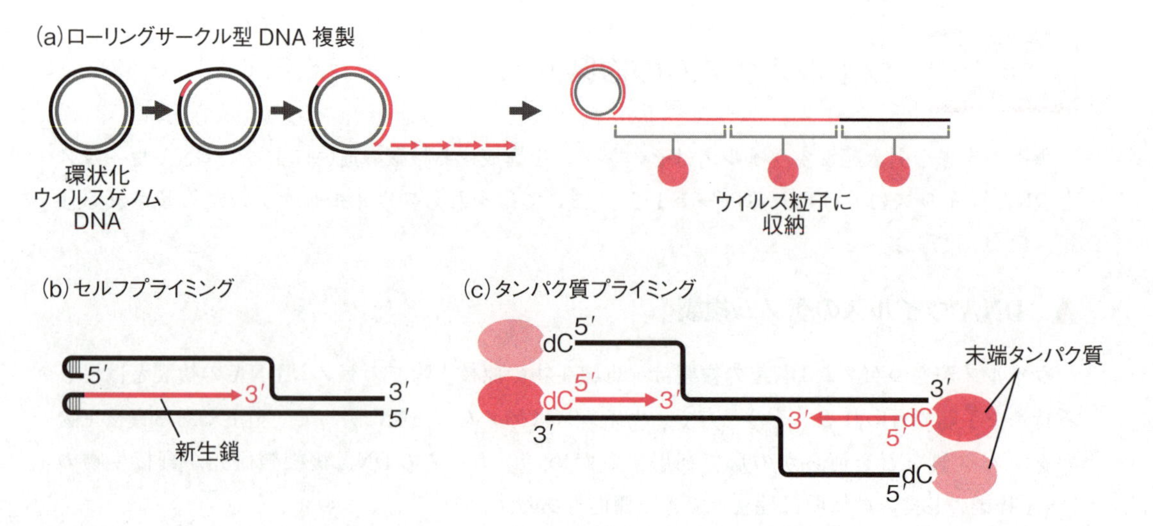

図 3-26　ウイルスの特殊な DNA 複製

れる．なお，ポックスウイルスの DNA 複製は，核内ではなく細胞質で行われる．

4）アデノウイルス科

変則的なプライマーとしては，**アデノウイルス** adenovirus によるタンパク質プライミングがあげられる（図 3-26(c)）．アデノウイルスのゲノムは直鎖状二本鎖 DNA であるが，その両端の 5′末端には末端タンパク質が結合している．この末端タンパク質には dCMP が結合しており，この dCMP の 3′-ヒドロキシ基に連結するように新生鎖が伸長する．末端タンパク質は複製後もウイルス DNA に結合しており，ウイルス DNA の末端を保護していると考えられている．

5）ポリオーマウイルス科

ポリオーマウイルス polyomavirus のゲノムは，環状の二本鎖 DNA である．これらのウイルスゲノムの複製では，T 抗原とよばれるウイルスタンパク質が，DNA 複製開始タンパク質と DNA ヘリカーゼの二つの役割を担う．一方，T 抗原以外は，ウイルスゲノムの複製に関わるタンパク質の大部分を宿主細胞から借用するため，ポリオーマウイルスの DNA 複製は真核生物の DNA 複製と極めて類似した手順で行われる．

B　RNA ウイルスのゲノム複製

1）RNA 複製

RNA をゲノムとすることは極めて特殊なことのようにも感じられるが，**インフルエンザウイルス** influenza virus，消化器系に感染する**ノロウイルス** norovirus やロタウイルス，**風疹ウイルス** rubella virus，**麻疹ウイルス** measles virus，小児まひの原因となる**ポリオウイルス** poliovirus，流行性耳下腺炎（おたふく風邪）を引き起こす**ムンプスウイルス** mumps virus，日本脳炎ウイルス，重症急性呼吸器症候群（SARS）の原因となった**コロナウイルス** coronavirus など，比較的よく耳にするウイルスの多くが RNA をゲノムとしている（図 3-27）．

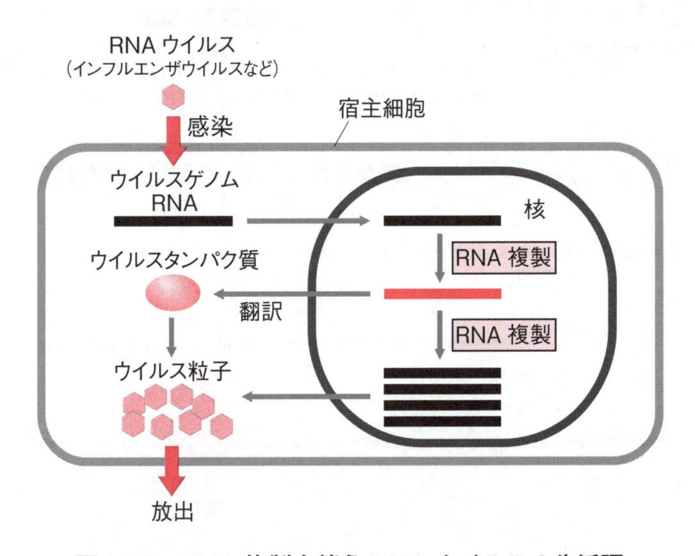

図 3-27　RNA 複製を伴う RNA ウイルスの生活環

これらのウイルスの多くは，古典的なセントラルドグマに反し，RNAを鋳型としてこれに相補的なRNAを合成することによってゲノムを増幅する（図2-3）．この反応を**RNA複製** RNA replicationという．

インフルエンザウイルス（図1-2）は，ヒトなどの宿主細胞に感染する際，ウイルスのエンベロープに存在するヘマグルチニン（糖タンパク質）を介して，宿主細胞膜に発現しているシアル酸糖鎖受容体に吸着して細胞内に侵入する．一方，宿主細胞からインフルエンザウイルスが放出される（出芽するともいう）際には，ウイルスのエンベロープに発現している酵素ノイラミニダーゼが，ヘマグルチニンと結合しているシアル酸糖鎖受容体のシアル酸を切断する．インフルエンザウイルスは宿主細胞内で自身のゲノム（一本鎖RNA）を鋳型としてウイルスmRNA合成とウイルスゲノムRNA複製を行い，ウイルスmRNAから翻訳されたウイルスタンパク質とウイルスゲノムRNAが再度複合体を形成し，宿主細胞外へ放出される．

2）逆転写

後天性免疫不全症候群（AIDS） acquired immunodeficiency syndromeの原因である**ヒト免疫不全ウイルス（HIV）** human immunodeficiency virusや**ヒトT細胞白血病ウイルス（HTLV-1）** human T-cell leukemia virus-1は，**レトロウイルス**科に属するRNAウイルスである．これらのウイルスゲノムの増幅は，ゲノムRNAを鋳型として合成されたDNAを介して行われる．ゲノムRNAからDNAをつくる反応は，DNAからRNAを合成する“転写”と逆向きの反応であるため，**逆転写** reverse-transcriptionとよばれる（図3-28）．

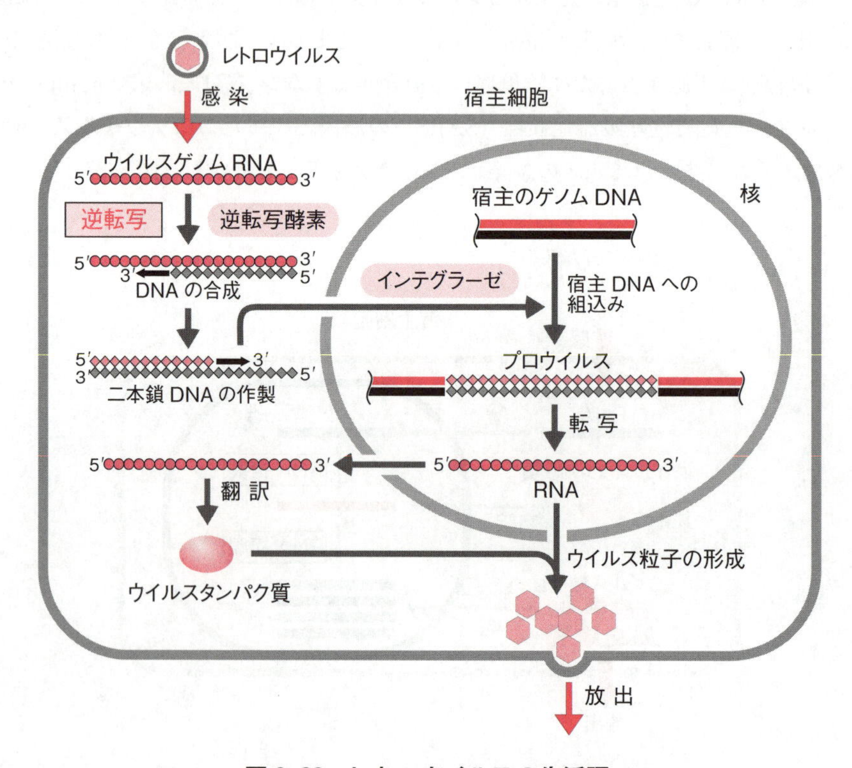

図3-28 レトロウイルスの生活環

逆転写により DNA を合成する酵素を**逆転写酵素** reverse transcriptase という．逆転写酵素と DNA ポリメラーゼの働きでウイルスゲノムに対応した二本鎖 DNA が作製されると，インテグラーゼとよばれる酵素がこの DNA を宿主のゲノム DNA の中に挿入する．宿主ゲノム内に挿入された状態のウイルスゲノムをプロウイルスとよぶ．ウイルスタンパク質の合成やウイルスのゲノム RNA の増幅のために，プロウイルスを鋳型とした転写反応が行われ，これらから新たなウイルス粒子が形成される．

3-2 ヒトは逆転写酵素をもっているだろうか？

逆転写酵素は，その発見の経緯からレトロウイルスのような特殊なウイルスがもつものと考えがちである．しかし，ヒトなどの高等動物にも逆転写酵素は存在する．その一つが，酵素自体に含まれる RNA を鋳型として DNA を合成する**テロメラーゼ**である（→ 3-2-4-C）．また，動く遺伝子といわれるトランスポゾンのうち，**レトロトランスポゾン**（→ 2-5-3）は逆転写酵素を利用して移動するものであり，その配列の中に逆転写酵素の遺伝子をもつものも少なくない．このようなトランスポゾンのなかには活動を止めてしまったものも多いが，ヒトゲノム中で今でも活動しているものがある．これらはウイルス粒子を形成して細胞外へ拡散する能力を失った，レトロウイルス遺伝子の残骸である．

医療とのつながり

3-5 代表的な抗ウイルス薬

ウイルスゲノムの複製は，宿主である真核生物の DNA 複製とは異なる点も多い．この異なる特徴を標的とする薬剤は，宿主への影響が少ない抗ウイルス薬として広く利用されている．

① 抗ヘルペスウイルス薬

アシクロビル（ゾビラックス®）は，単純ヘルペスウイルスや水痘帯状疱疹ウイルスの感染に適用される薬剤であり，デオキシグアノシンに類似した構造をもつ．ヘルペスウイルスのチミジンキナーゼによりリン酸化型となったのち，dGTP と競合してウイルス DNA 中に取り込まれ，新生鎖伸長反応を阻害する（次ページ，上図）．抗サイトメガロウイルス薬として使用される**ガンシクロビル（デノシン®）**も，デオキシグアノシンに類似した構造をもち，アシクロビルと同様の機序でウイルスの DNA 複製を阻害する．

② 抗インフルエンザ薬

抗インフルエンザ薬の作用はインフルエンザウイルスの複製サイクル（図 3-27）に基づいている．**オセルタミビル（タミフル®）**，**ザナミビル（リレンザ®）**ならびに**ラニナミビル（イナビル®）**はインフルエンザウイルスに感染した細胞からインフルエンザウイルスが放出される際に必要なノイラミニダーゼを選択的に阻害することで，新しく形成されたウイルスの感染細胞からの遊離を阻害し，ウイルスの増殖を抑制する．また，インフルエンザウイルスは真核細胞における翻訳に必要な 5′ キャップ構造（図 4-23）を合成する酵素をもっていない．そのためウイルスは，宿主細胞が有するキャップ構造をもつ mRNA 前駆体をキャップ依存性エンドヌクレアーゼによってキャップ近くで切

アシクロビル　dGTP
ヘルペスウイルスチミジンキナーゼ
競合
ヘルペスウイルスDNA複製
アシクロビル一リン酸　アシクロビル三リン酸

アシクロビルの作用

断し，このキャップを含むオリゴヌクレオチドをプライマーとしてウイルスmRNAを合成し，ウイルスタンパク質の合成に繋げている．**バロキサビル（ゾフルーザ®）**はキャップ依存性エンドヌクレアーゼを特異的に阻害し，ウイルスmRNAの合成を阻害することによりウイルス増殖抑制作用を発揮する．

これらの薬剤はいずれもA型およびB型インフルエンザに有効であるが，作用機構からわかるように感染初期にのみ有効であり，インフルエンザ様症状の発現から48時間以降の投与では治療効果が期待できない．

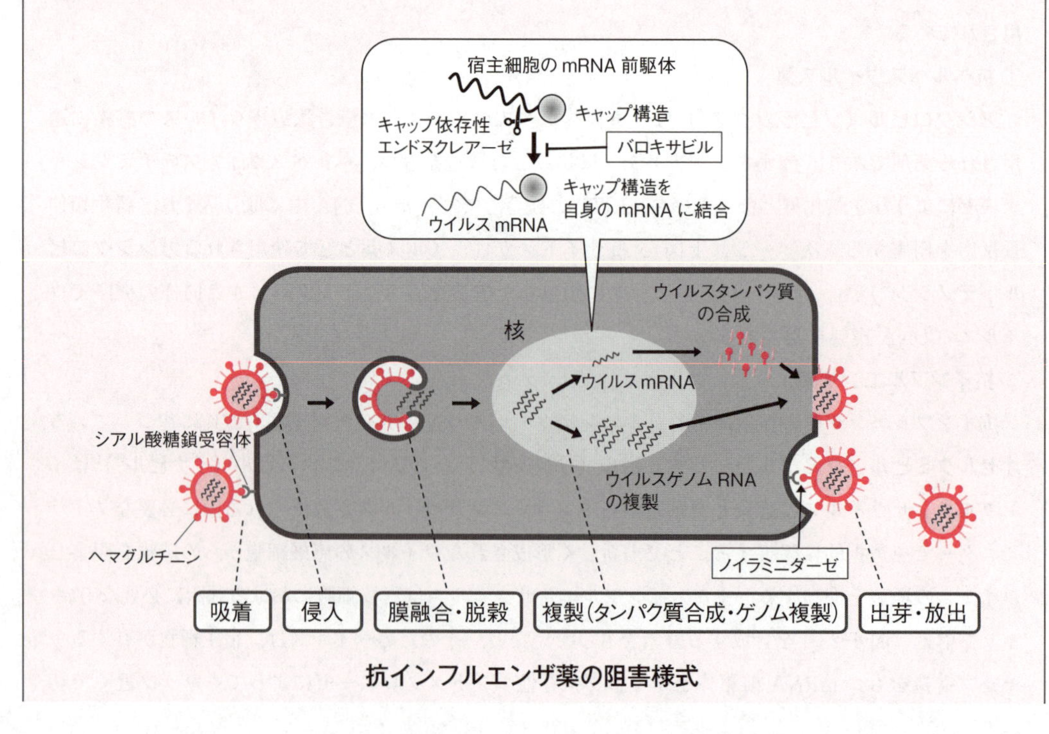

抗インフルエンザ薬の阻害様式

③ 抗 HIV 薬

抗 HIV 薬の多くは，逆転写酵素を阻害する薬剤である．**ジドブジン（レトロビル®）**は**アジドチミジン**（AZT）ともよばれ，チミジンの3′位がアジ化された構造をもつ．**ジダノシン（ヴァイデックス EC®）**は，デオキシリボースから3′位のヒドロキシ基を欠いた構造をもつジデオキシリボースにイノシンが連結したもので，ジデオキシ ATP に変換されて逆転写酵素を阻害する．いずれもデオキシリボースの3′-ヒドロキシ基に相当する部分を欠いているため，以降の DNA 鎖伸長を抑止する．これらのヌクレオシド類縁体以外に，逆転写酵素に直接影響を与える**ネビラピン（ビラミューン®）**や**エファビレンツ（ストックリン®）**なども逆転写酵素を阻害する抗 HIV 薬として利用される．

逆転写酵素阻害薬のほか，ウイルスタンパク質のプロセシングを阻害する薬剤（**リトナビル（ノービア®）**など）や，プロウイルスを宿主の DNA に挿入するインテグラーゼの阻害薬（**ラルテグラビル（アイセントレス®）**など）も抗 HIV 薬として開発されており，多剤併用療法により AIDS の治療にあたるのが一般的である．

ヌクレオシド系

ジドブジン　ジダノシン

非ヌクレオシド系

ネビラピン　エファビレンツ

逆転写酵素阻害薬

Coffee Break

3-3　ガートルード・エリオン

抗ヘルペス薬**アシクロビル**，白血病治療薬**6-メルカプトプリン**，免疫抑制剤**アザチオプリン**，高尿酸血症薬**アロプリノール**，マラリア治療薬**ピリメタミン**，抗菌薬**トリメトプリム**など，核酸代謝に影響を与えるこれらの医薬品は，いずれもエリオンという女性研究者によって開発された．彼女はがん研究を志して大学に入るが，経済的事情や女性であることが理由で大学院に進学できず，一時，高校教師として働いていた．それでも研究者になる夢をもち続け，ヒッチングスの研究室で助手となる．この研究室で，彼女は核酸合成を阻害すればがんや細菌感染を抑えられるという合理的な考えに基づき医薬品を開発した．これは当時の創薬手法として極めて斬新で，その功績によりエリオンとヒッチングスらは1988年，ノーベル生理学・医学賞を受賞した．一人の研究者がこれほど多くの医薬品を開発したことは他に例がない．

Gertrude B. Elion
(1918–1999)

第4章 遺伝子の発現とその調節

4-1 転写とその制御機構

4-1-1 転写の基本

ゲノムDNAの塩基配列の情報をもとにRNAが合成される過程を**転写** transcriptionという．図4-1に示すように，**RNAポリメラーゼ** RNA polymeraseは，二本鎖DNAのどちらか一方の鎖を**鋳型** templateとして，その塩基配列に相補的な塩基配列を有するポリヌクレオチド鎖を合成する．転写の鋳型となるDNA鎖を**アンチセンス鎖** anti-sense strandまたは鋳型鎖とよび，もう一方のDNA鎖を**センス鎖** sense strandまたは非鋳型鎖とよぶ．RNAポリメラーゼによって合成されたRNAの塩基配列は，センス鎖DNAの塩基配列と比べて，チミン（T）がウラシル（U）に置換している以外は同じである．そして，mRNAの塩基配列にはアミノ酸を指令するコドン情報が含まれており，その情報をもとにした翻訳反応によってタンパク質が合成される．図

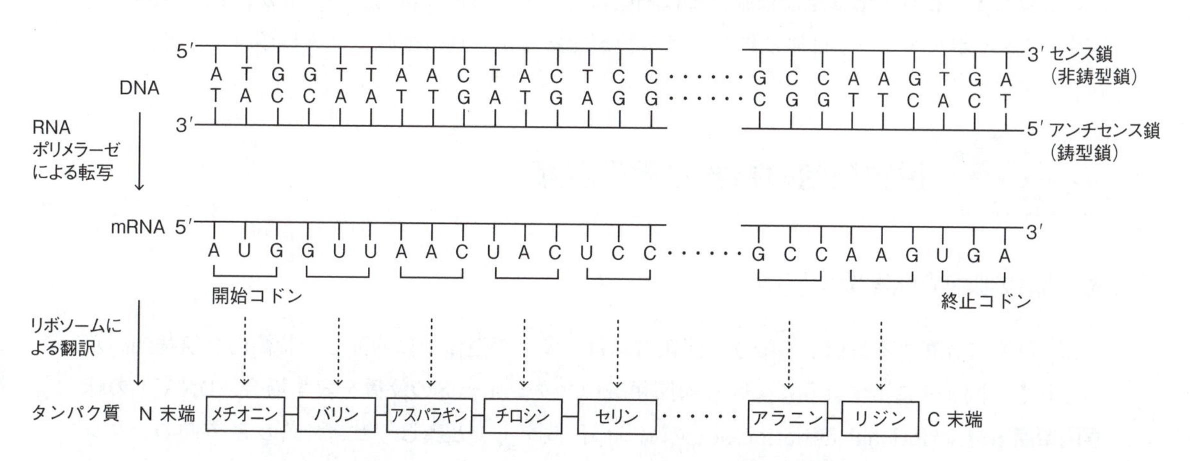

図4-1　セントラルドグマに基づく遺伝子発現

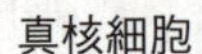

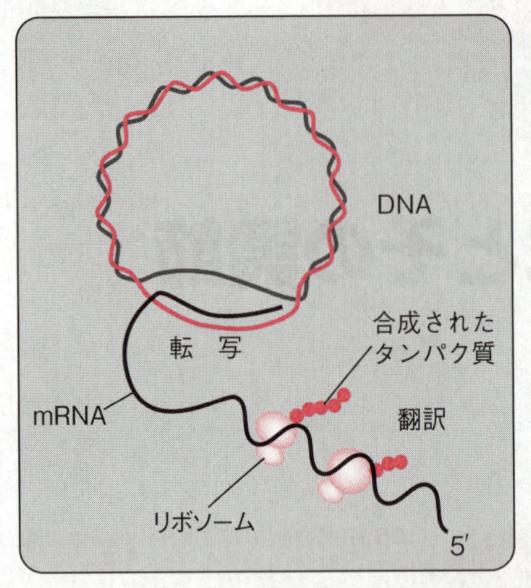

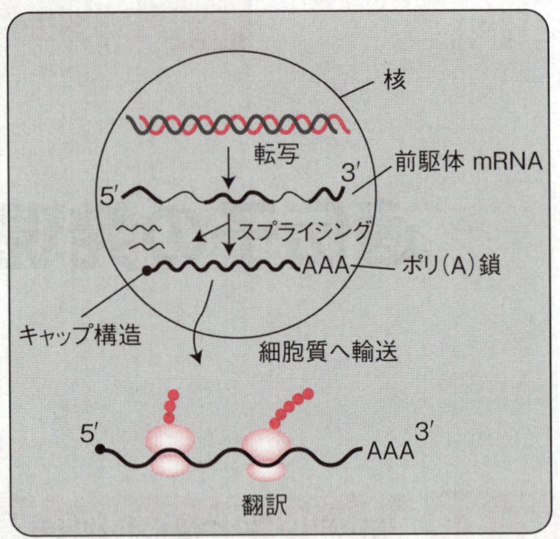

図 4-2　原核細胞と真核細胞の遺伝子発現

4-2に示すように，核をもっていない原核細胞では，RNAポリメラーゼによって合成されたmRNAは，直ちにリボソームが結合して翻訳され，タンパク質合成が開始される．一方，真核細胞では，転写は核内で，翻訳は細胞質で起こり，核内において合成された前駆体mRNAは，キャップ構造の形成，スプライシング，ポリ(A)付加などのプロセシングを受けて成熟mRNAとなる．そして，成熟mRNAは，核膜を通過して，細胞質において翻訳される．

RNA合成については，図4-3(a) に示すように，RNAポリメラーゼが，DNA上を移動しながら，鋳型DNAの塩基を3′から5′方向に認識して，その塩基に対して相補的な塩基を有するリボヌクレオシド三リン酸（ATP，GTP，CTP，UTP）を基質にして，RNAを5′から3′方向に合成する．また，RNA鎖の伸長反応については，図4-3(b) に示すように，伸長するRNA鎖の3′末端のOH基が基質となるリボヌクレオシド三リン酸のα位のリン酸基と反応することで，ピロリン酸が遊離し，新たにホスホジエステル結合ができ，結果として3′方向にRNAが伸長することになる．転写反応は原核細胞と真核細胞において基本的には同じであるが，転写反応を触媒するRNAポリメラーゼは原核細胞では1種類であるが，真核細胞では3種類（Ⅰ，Ⅱ，Ⅲ）存在している．

4-1-2　原核細胞の転写とその調節

A　原核細胞の転写開始反応

原核細胞に存在する遺伝子の転写調節領域には，多くの遺伝子に共通した特徴的な塩基配列がみられる．図4-4に示すように，転写調節領域のヌクレオチドの位置を表す場合，DNA上の**転写開始点** transcriptional initiation site の塩基の位置を＋1と表し，センス鎖の5′方向のヌクレオチドには“−”の符号をつけ，3′方向のヌクレオチドには“+”の符号をつける．転写開始点

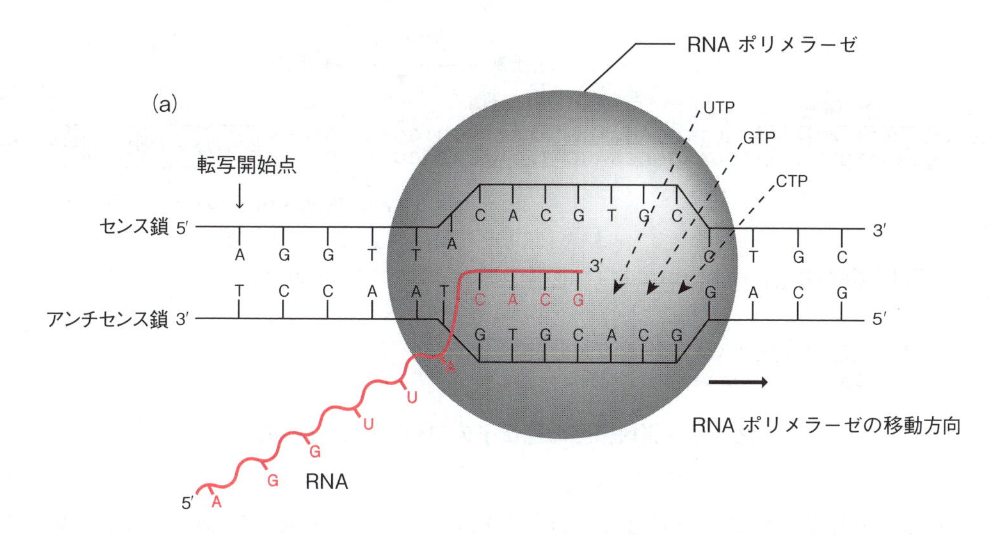

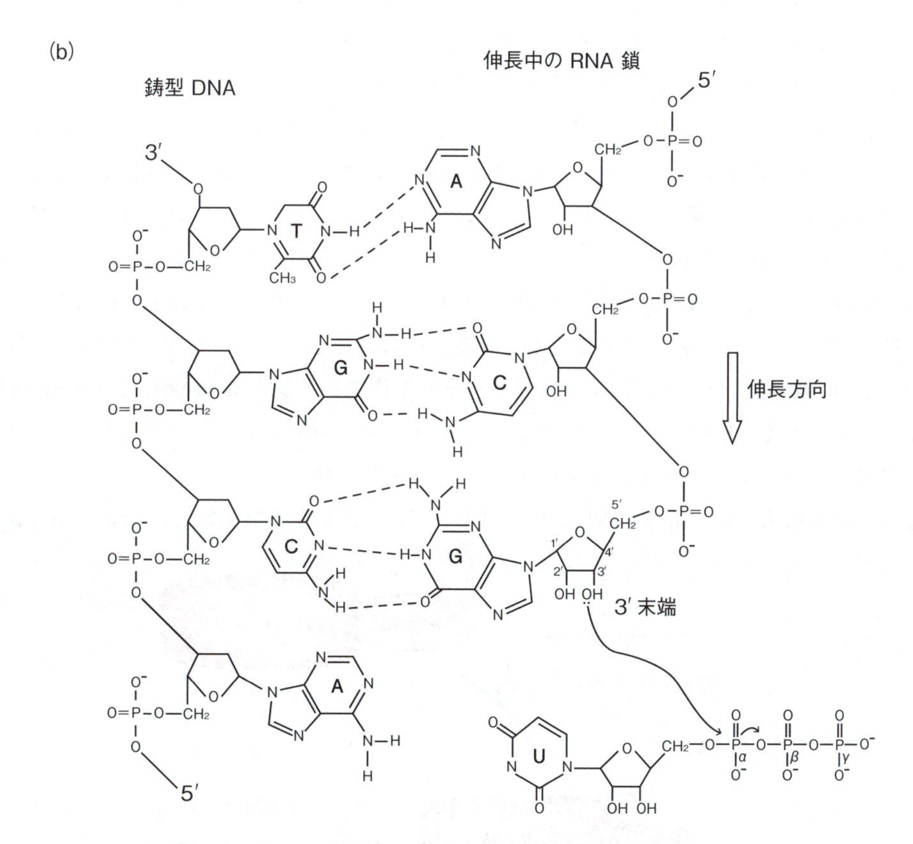

図 4-3　RNA ポリメラーゼによる RNA 合成

の位置から 5′ 方向の上流には転写開始に必要となる**プロモーター** promoter 領域があり，3′ 方向の下流にはタンパク質のコード領域があり，さらに下流には転写を終結させる**ターミネーター** terminator とよばれる塩基配列が存在する．

図 4-4 に示すように，遺伝子のプロモーター領域内の塩基配列において，多くの遺伝子に共通

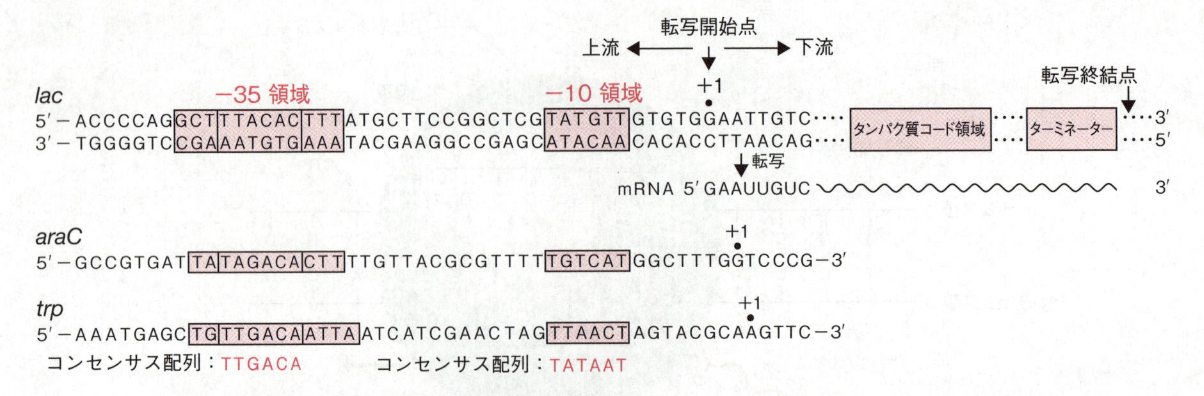

図 4-4 原核細胞の遺伝子のプロモーター構造

して認められる塩基配列が−10付近と−35付近にあり，それぞれを**−10 領域**および**−35 領域**とよび，特に−10 領域は**プリブナウボックス** Pribnow box ともよばれる．どちらの領域も遺伝子ごとに1～2塩基の相違があるものの，アデニン（A）とチミン（T）に富んでおり，RNA ポリメラーゼが結合するのに必要な領域として機能している．

原核細胞に存在する RNA ポリメラーゼは，二つの α サブユニットと二つの β サブユニット（β, β'），さらに ω サブユニットが結合した5種類のサブユニットの複合体から構成されており，この複合体を**コア酵素** core enzyme とよぶ．さらに，この複合体に σ 因子（σ サブユニット）が結合したものを**ホロ酵素** holo enzyme という．RNA ポリメラーゼのプロモーターへの結合については，図 4-5 で示すように，RNA ポリメラーゼはコア酵素に σ 因子が結合したホロ酵素の状態でプロモーターに結合することができる．その結合様式については，σ 因子が−10 領域および−35 領域に結合し，さらに α サブユニットが **UP エレメント** upstream promoter element に結合することで，RNA ポリメラーゼがプロモーターに結合することができる．そして，転写開始に伴って σ 因子が複合体から離れることで，RNA ポリメラーゼとプロモーターとの結合が弱まる．その結果，コア酵素の RNA ポリメラーゼは RNA 合成を開始し，センス鎖の3′方向に向

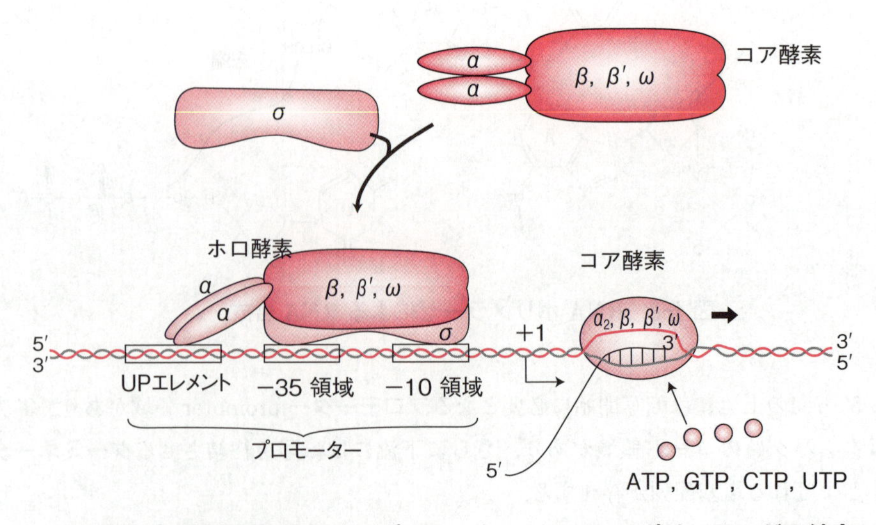

図 4-5 原核細胞遺伝子のプロモーターへの RNA ポリメラーゼの結合

かって DNA 上を移動しながら，リボヌクレオシド三リン酸を基質にして，RNA 鎖を 5′ から 3′ 方向へ伸長させる．

B 原核細胞の転写終結反応

転写の終結はターミネータ配列によって行われる．原核細胞では，**ρ 因子** rho factor とよばれる転写終結因子に依存しないターミネーターと ρ 因子に依存するターミネーターが存在する．図 4-6 に示すように，ρ 因子に依存しないターミネーターは，センス鎖の塩基配列でみたときにグアニン（G）とシトシン（C）に富む**パリンドローム** palindrome（回文配列）がみられ，続いてチミン（T）に富む配列が認められる．転写反応がターミネーターまで進み，ターミネーター領域が転写されると，パリンドローム配列に対応する RNA 部分の塩基が相補的に結合してヘアピン構造が形成される．そして，合成された RNA の 3′ 末端付近に存在するウラシル（U）に富む領域と鋳型 DNA のアデニン（A）に富む領域との結合のみとなり，ウラシル（U）とアデニン（A）との結合が不安定になるために，合成されてきた RNA が鋳型 DNA から解離し，転写が終結することになる．

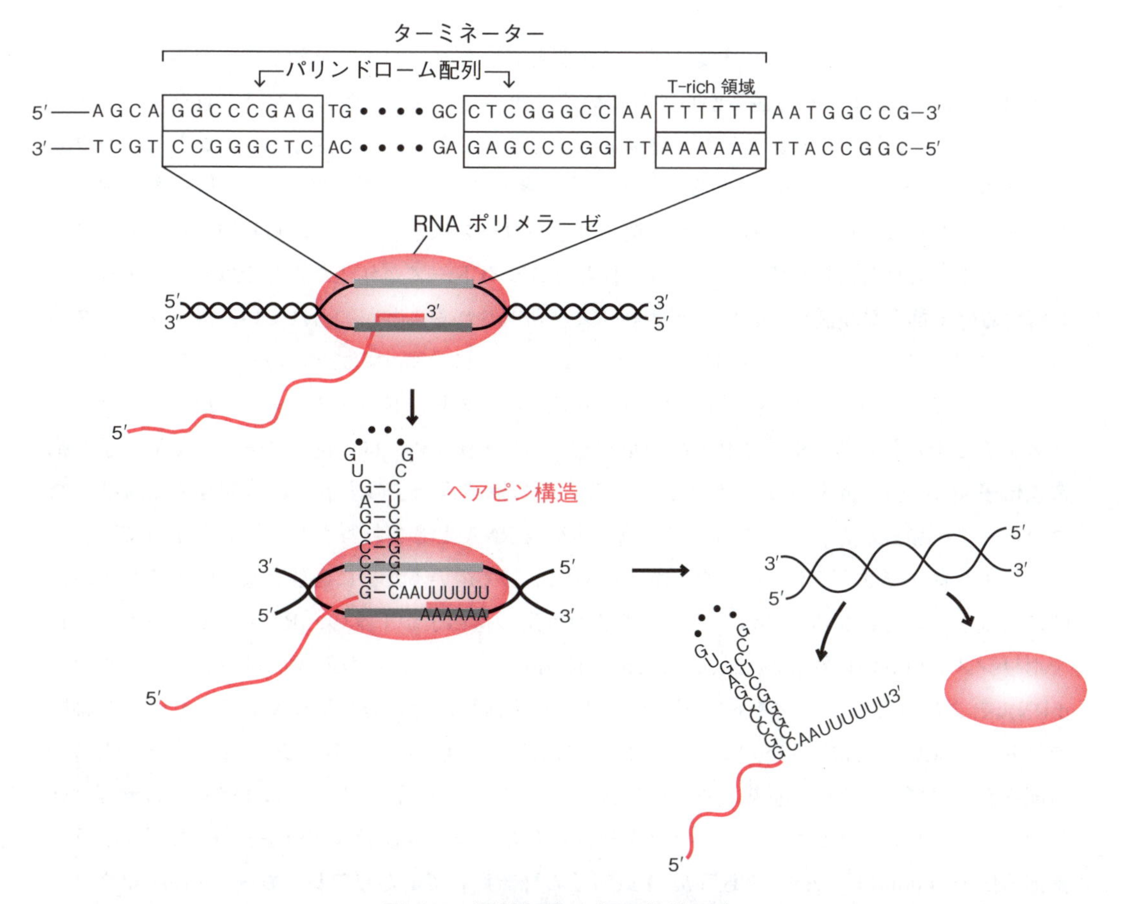

図 4-6 原核細胞の転写終結反応

ターミネーター領域が転写されると，その領域内に存在するパリンドローム配列からヘアピン構造が形成される．さらにウラシルに富む領域は DNA との結合が弱くなり，DNA から RNA が離れやすくなる．

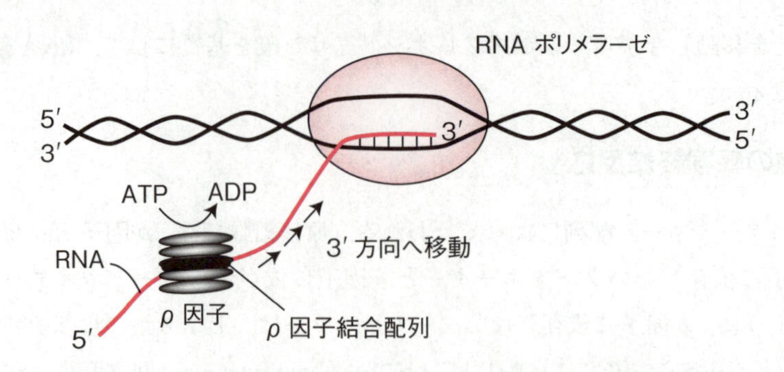

図 4-7　原核細胞における ρ 因子依存性の転写終結反応

一方，ρ 因子に依存する転写終結については，図 4-7 に示すように，ρ 因子は ATP アーゼ活性とヘリカーゼ活性をあわせもっており，ρ 因子が RNA の結合部位に多量体として結合し，ATP アーゼ活性を発揮して RNA 上を移動し，さらにヘリカーゼ活性によって鋳型 DNA から RNA を解離させて，転写を終結させる．

C　オペロン説

原核細胞の遺伝子の多くは，環境に応じて必要とされるタンパク質を効率良く発現するために，**オペロン** operon とよばれる構造からできている．オペロンは，複数のタンパク質をコードする構造遺伝子とその発現を調節する転写調節領域からなっており，代表的なオペロンとして**ラクトースオペロン** lactose operon がある（図 4-8）．大腸菌がエネルギー源として利用できる糖はグルコースであり，ラクトースのような二糖類はグルコースに分解されてから利用されることになる．そこで，大腸菌に対してグルコースの代わりにラクトースを与えた場合では，ラクトースを分解する酵素群が発現誘導されて，ラクトースが利用されることが知られている．ラクトースオペロンには，ラクトースをグルコースとガラクトースに分解するための β-ガラクトシダーゼ（*lac* Z），ラクトースを細胞内に取り込むための β-ガラクトシドパーミアーゼ（*lac* Y），ラクトースをアセチル化するアセチル化酵素（*lac* A）の 3 種類のタンパク質をコードする遺伝子が**構造遺伝子** structure gene として存在している．その構造遺伝子の上流には，転写開始に必要なプロモーター領域が存在し，構造遺伝子は 1 本の mRNA として転写される．したがって，ラクトースオペロンでは，ラクトースをエネルギー源として用いるために必要となる一連の酵素が同時に発現することになる．このように，複数の特定の遺伝子が 1 本の mRNA に転写される様式を**ポリシストロン性転写** polycistronic transcription といい，その転写産物はポリシストロン性 mRNA とよばれる．ポリシストロン性転写は，原核細胞に特異的な転写反応であり，真核細胞ではみられない．通常，オペロンには，転写の調節に関与する**オペレーター** operator とよばれる配列が，プロモーターと重複あるいは近接して存在している．ラクトースオペロンの転写反応において，グルコースが存在して，ラクトースが存在しない場合では，図 4-8 (a) で示すように，調節遺伝子 regulatory gene である *lac* I 遺伝子の翻訳産物である**リプレッサー** repressor がオペレーターに結合することにより，RNA ポリメラーゼがプロモーターに結合できないために，転写開始が抑制される．しかし，グルコースの代わりにラクトースを与えると，図 4-8 (b) に示すように，ラクトースが**誘導因子** inducer としてリプレッサーと結合し，リプレッサーが不活性型

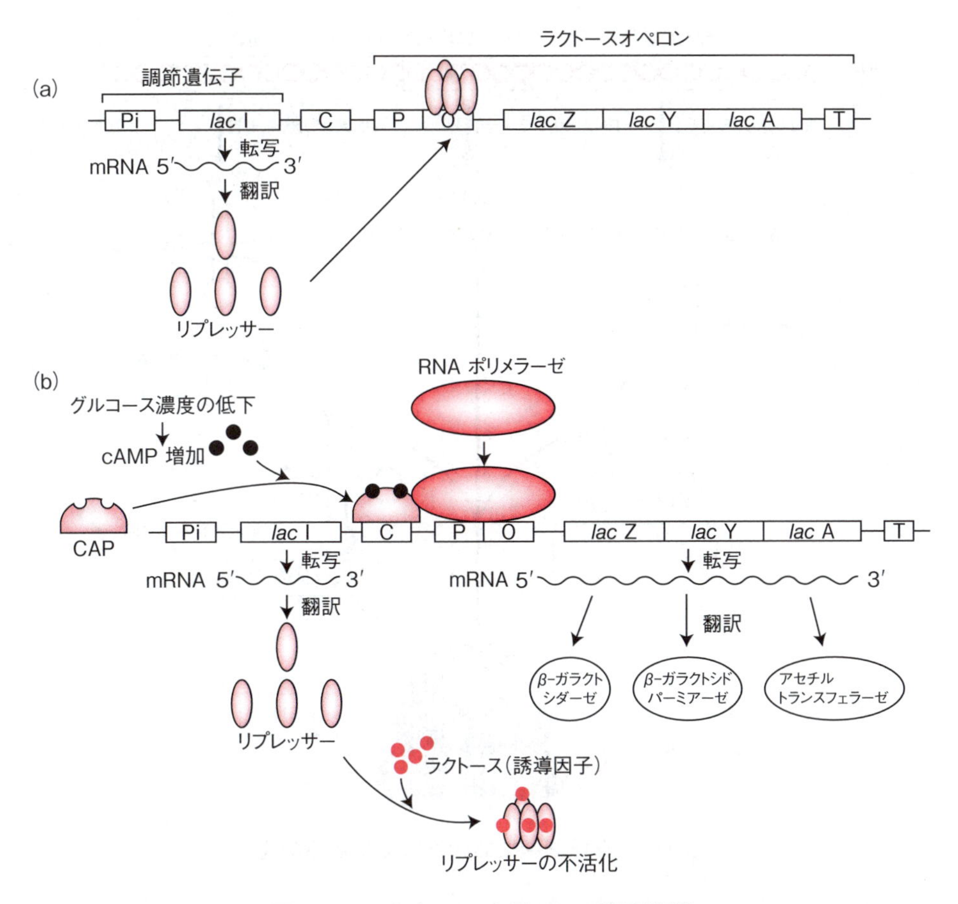

図 4-8　ラクトースオペロンの発現調節

Pi：*lac* リプレッサー遺伝子のプロモーター，C：CAP 結合部位，P：*lac* オペロンのプロモーター，O：オペレーター，T：ターミネーター
(a) 培地中にグルコースが存在するときは，リプレッサー遺伝子からリプレッサーが転写，翻訳される．リプレッサーは *lac* オペロンのオペレーターに結合し，プロモーターへの RNA ポリメラーゼの結合を阻害する．その結果，*lac* オペロンの遺伝子発現はオフになる．
(b) 培地中にグルコースでなく，ラクトースが存在するときは，ラクトースがリプレッサーに結合し，リプレッサーを不活化する．その結果，RNA ポリメラーゼはプロモーターに結合できる．また，グルコース濃度の低下により増加した cAMP は CAP に結合し，活性化する．活性化した CAP は CAP 結合配列に結合し，プロモーターに結合した RNA ポリメラーゼによる転写を促進することで遺伝子発現がオンになる．

となってオペレーターから離れ，その結果，RNA ポリメラーゼがプロモーターに結合できるようになる．そして，グルコース濃度の低下に伴って細胞内の cAMP 濃度が増加し，**カタボライト活性化タンパク質（CAP）** catabolite activator protein に cAMP が結合する．そして，活性化された CAP がプロモーターの上流に存在する CAP 結合部位に結合し，構造遺伝子の転写が起こることになる．

4-1-3　真核細胞の転写とその調節

真核細胞の核内における転写反応に関与する RNA ポリメラーゼは 3 種類あり，図 4-9 に示す

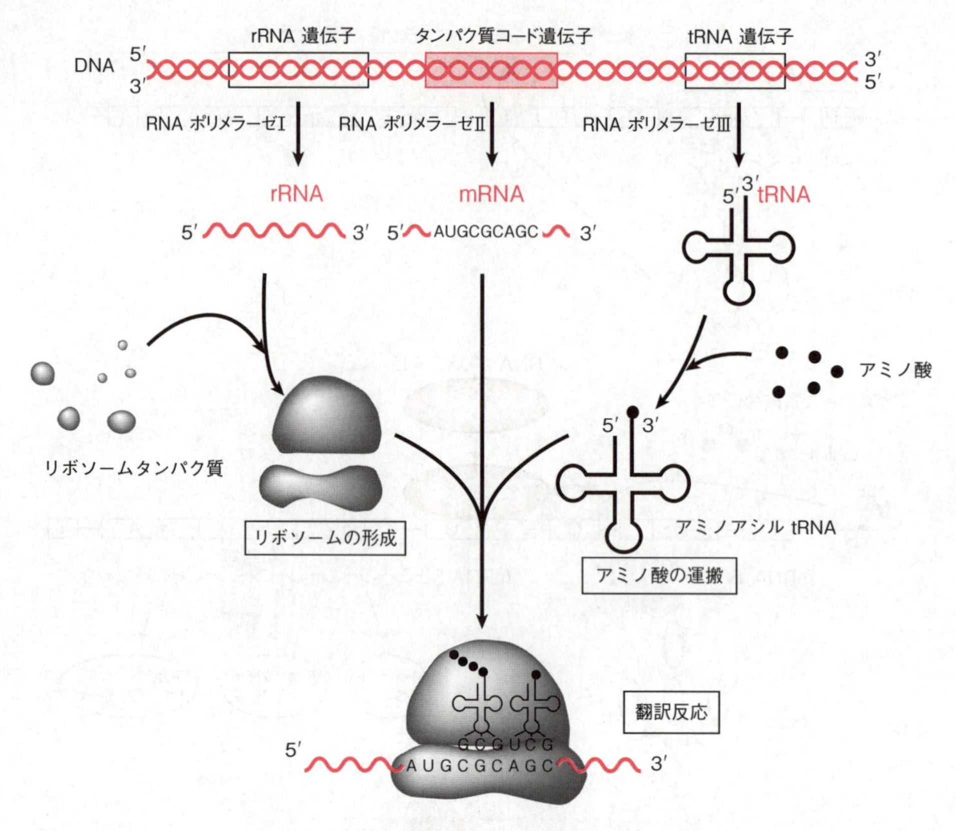

図 4-9　真核細胞における転写産物の機能

ように，RNA ポリメラーゼⅠは5S rRNA を除く rRNA の合成に，RNA ポリメラーゼⅡは mRNA の合成に，RNA ポリメラーゼⅢは tRNA と 5S rRNA の合成に関与する．rRNA はリボソームタンパク質と結合してタンパク質合成装置であるリボソームを構成し，tRNA はアミノ酸と結合してアミノアシル tRNA としてアミノ酸を運搬する．そして，最終的に mRNA のアミノ酸配列情報をもとにタンパク質が合成される（→ 4-4）．

A　RNA ポリメラーゼⅡ系遺伝子の構造と転写反応の概要

図 4-10 に示すように，RNA ポリメラーゼⅡによって転写が行われる遺伝子の構造は，転写開始点から下流には，**エキソン** exon，**イントロン** intron，ポリ(A)付加シグナル，転写終結点が存在する．エキソンは転写されたあと，最終的に成熟 mRNA として残る DNA 領域であり，その大部分の領域はアミノ酸をコードしている．イントロンはアミノ酸をコードしておらず，転写後に取り除かれる DNA 領域である．一方，転写開始点から上流は転写調節領域であり，**プロモーター** promoter が存在する．また，いくつかの遺伝子では，さらに離れた場所（多くは 5′ 上流域）に**エンハンサー** enhancer や**サイレンサー** silencer とよばれる特異的な DNA 配列を構成要素とする転写調節領域が存在する．この転写調節領域によって合成されるイントロン配列を含んだ一次転写産物は mRNA の前駆体であり，**ヘテロ核 RNA（hnRNA）** heterogeneous nuclear RNA ともよばれ，一次転写産物の基本合成量はプロモーターによって決定される．その後，一

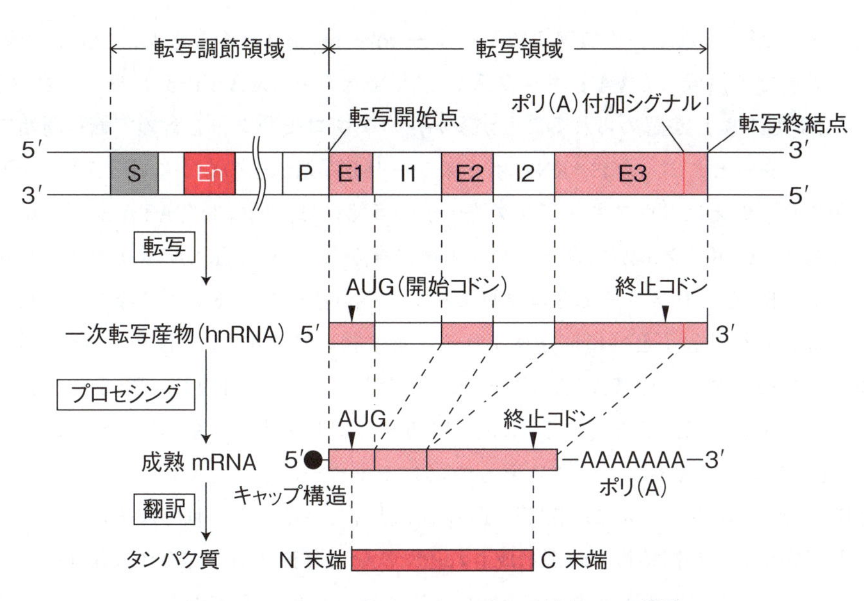

図 4-10　RNA ポリメラーゼⅡ系遺伝子の構造

S：サイレンサー，En：エンハンサー，P：プロモーター，
E1 ～ E3：エキソン 1 ～ 3，I1 ～ I2：イントロン 1 ～ 2

次転写産物は，キャップ構造の形成，スプライシング，ポリ(A)付加などのプロセシングを受け，成熟 mRNA となる（→ 4-3）．次いで，成熟 mRNA は核から細胞質へ運ばれて，リボソームによって翻訳され，タンパク質が N 末端から C 末端方向へ合成される（→ 4-4）．

B　RNA ポリメラーゼⅡ系遺伝子の転写とその活性化

図 4-11 に示すように，RNA ポリメラーゼⅡによって転写される遺伝子の多くには，通常，転写開始点のすぐ上流にイニシエーター配列および **TATA ボックス** TATA box（5′-

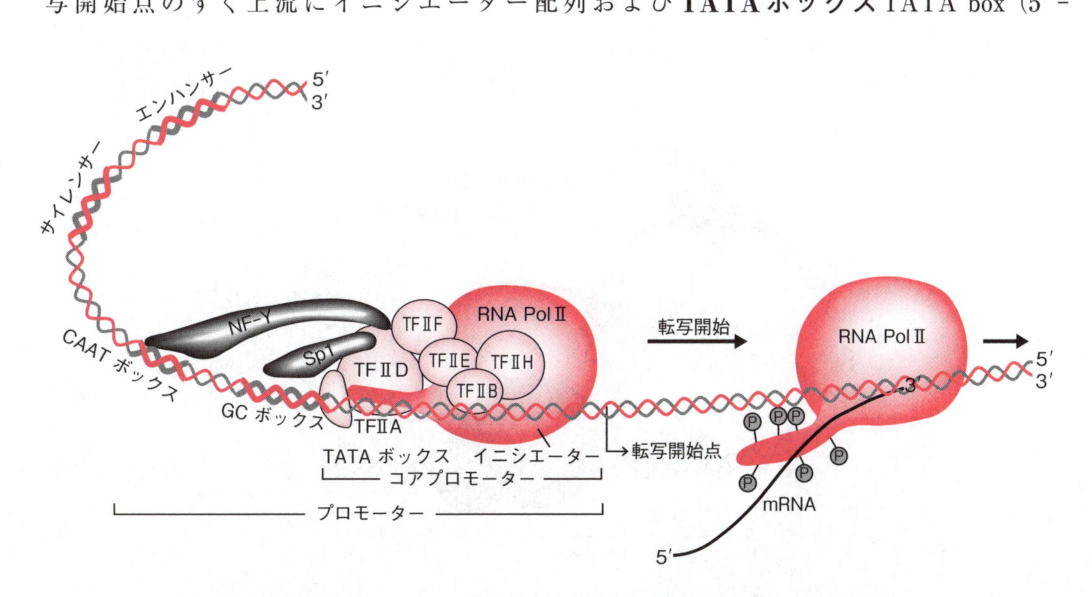

図 4-11　RNA ポリメラーゼⅡ系遺伝子の転写開始複合体の形成

TATAAA-3′）が含まれている**コアプロモーター** core promoter が存在し，さらに一般に上流約－200塩基までの領域に**CAAT ボックス** CAAT box（5′-CCAAT-3′）や**GC ボックス** GC box（5′-GGGCGG-3′）が認められることが多い．コアプロモーターを含めて転写開始に必要な領域をプロモーターとよぶ．なお，RNA ポリメラーゼⅡ系遺伝子のなかには TATA 配列を有しないものがあり，例えばハウスキーピング遺伝子の多くには，明確な TATA 配列が見当たらず，代わりに複数の GC ボックスがプロモーター領域に存在している．RNA ポリメラーゼⅡによる転写開始では，RNA ポリメラーゼⅡはプロモーターへ直接結合するのではなく，複数の基本転写因子と呼ばれる補助因子と共に取り込まれる．まず初めに TATA 結合タンパク質を含む TFⅡD がコアプロモーター上の TATA ボックスに結合し，次いで TFⅡB，TFⅡF，RNA ポリメラーゼⅡが取り込まれて，最終的に TFⅡH，TFⅡE が取り込まれ，基本転写装置が形成される．また，CAAT ボックスや GC ボックスをもつプロモーターでは，CAAT ボックスに転写因子 NF-Y（CBP）が，GC ボックスには転写因子 Sp1 が結合し，それらの転写因子が基本転写装置に結合すると，完全な転写開始複合体が形成される．次いで TFⅡH の ATP 依存性ヘリカーゼ活性が発揮され，さらに TFⅡH によって RNA ポリメラーゼⅡの C 末端ドメインがリン酸化され

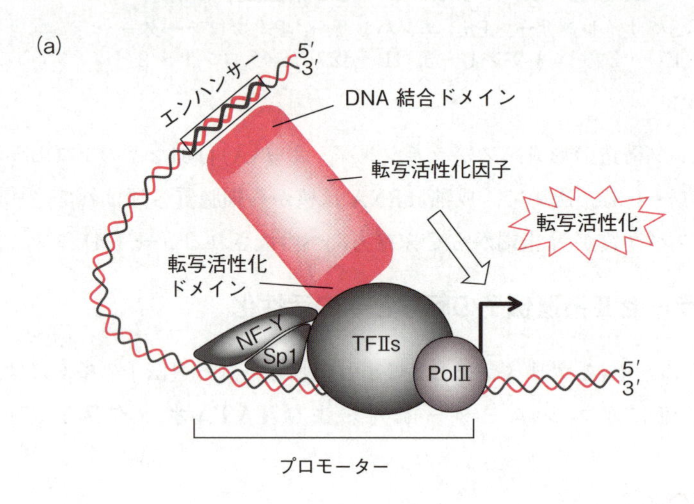

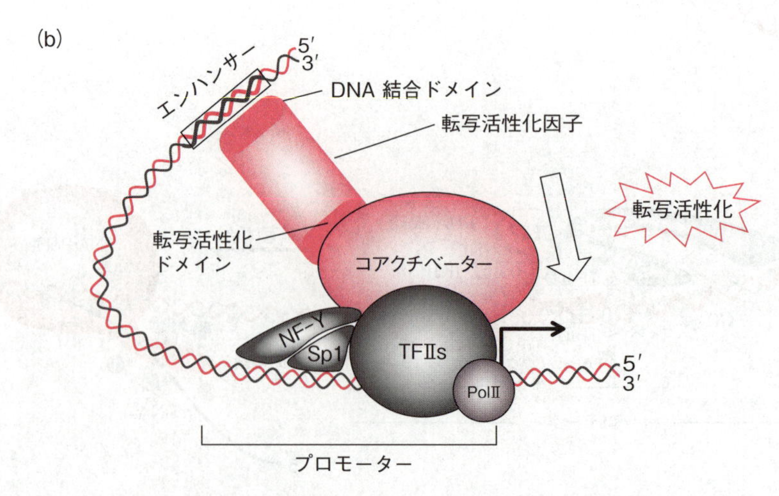

図 4-12　転写活性化因子による転写活性化

て，基本転写因子がRNAポリメラーゼⅡから解離する．引き続きRNAポリメラーゼⅡはプロモーターからセンス鎖の3′側にDNA上を移動しながら，転写終結点までRNA鎖を5′から3′方向に伸長する．プロモーター上では転写開始複合体が形成された後，基本転写因子がRNAポリメラーゼⅡから離れて，RNAポリメラーゼⅡがスタートするが，直ちに新しく次の転写開始複合体が形成されてRNAポリメラーゼⅡが転写を開始する．

mRNAの基本転写量はプロモーターによって規定されるが，遺伝子の転写調節領域には，転写レベルを上昇させるエンハンサーあるいは転写を抑制するサイレンサーとよばれる制御領域が存在する．エンハンサーを介した転写活性化機序としては，図4-12(a)に示すように，エンハンサーに**転写活性化因子** transcriptional activation factor（**アクチベーター** activator）が結合し，さらに，プロモーター上で形成された転写開始複合体と相互作用する．その結果，プロモーター上での転写開始複合体の形成促進や安定化が起き，RNAポリメラーゼⅡによる転写が増大する．RNAポリメラーゼによる転写には，DNAには直接結合しない**転写共役因子**（またはメディエーター）とよばれる分子が関与することもある．転写活性化に関与する転写共役因子を**コアクチベーター** coactivatorといい，図4-12(b)に示すように，コアクチベーターは，エンハンサーに結合した転写活性化因子と基本転写因子を結びつける役割をもち，転写活性化因子の作用を増強する役割を担っている．

C　DNA結合タンパク質

転写活性化因子のエンハンサーへの特異的な結合は，転写活性化因子の立体構造に依存する．転写活性化因子には，特定の塩基配列と結合するのに必要なDNA結合ドメインが存在する．DNA結合ドメインを構成する基本構造はαヘリックスとβシートの簡単な組合せによってつくられる．転写活性化因子は構造的な特徴によって分類される（図4-13）．**ヘリックス・ターン・ヘリックスモチーフ** helix-turn-helix motif（HTH）は二つの連続したαヘリックス領域があり，短いターンによって折れ曲がった構造をしており，ヘリックス領域がDNAの溝の部分にはまって結合する．**ジンクフィンガーモチーフ** zinc finger motifは四つのシステイン残基（C_4型）や二つのシステイン残基と二つのヒスチジン残基（C_2H_2型）が亜鉛に配位したαヘリックスとβシートからなる構造を有している．**ロイシンジッパーモチーフ** leucine zipper motifは7アミノ酸残基ごとにロイシン残基が繰り返されるαヘリックス構造であり，そのN末端側には塩基性アミノ酸残基に富む領域がある．このモチーフをもつ二つのタンパク質はロイシン残基でジッパー状に重なり合って疎水結合して二量体となり，塩基性アミノ酸残基に富む領域を介してDNAに結合する．**ベーシックヘリックス・ループ・ヘリックスモチーフ（bHLH）** basic helix-loop-helix motifは二つのαヘリックスとそれを繋ぐループ領域からなる構造であり，N末端側には塩基性アミノ酸残基に富む領域がある．このモチーフをもつ二つのタンパク質はヘリックス・ループ・ヘリックス領域を介して二量体となり，塩基性アミノ酸残基に富む領域を介してDNAに結合する．

D　RNAポリメラーゼⅡ系遺伝子の転写抑制機構

遺伝子の転写調節領域には，エンハンサーとは異なり，転写を抑制するサイレンサーが存在す

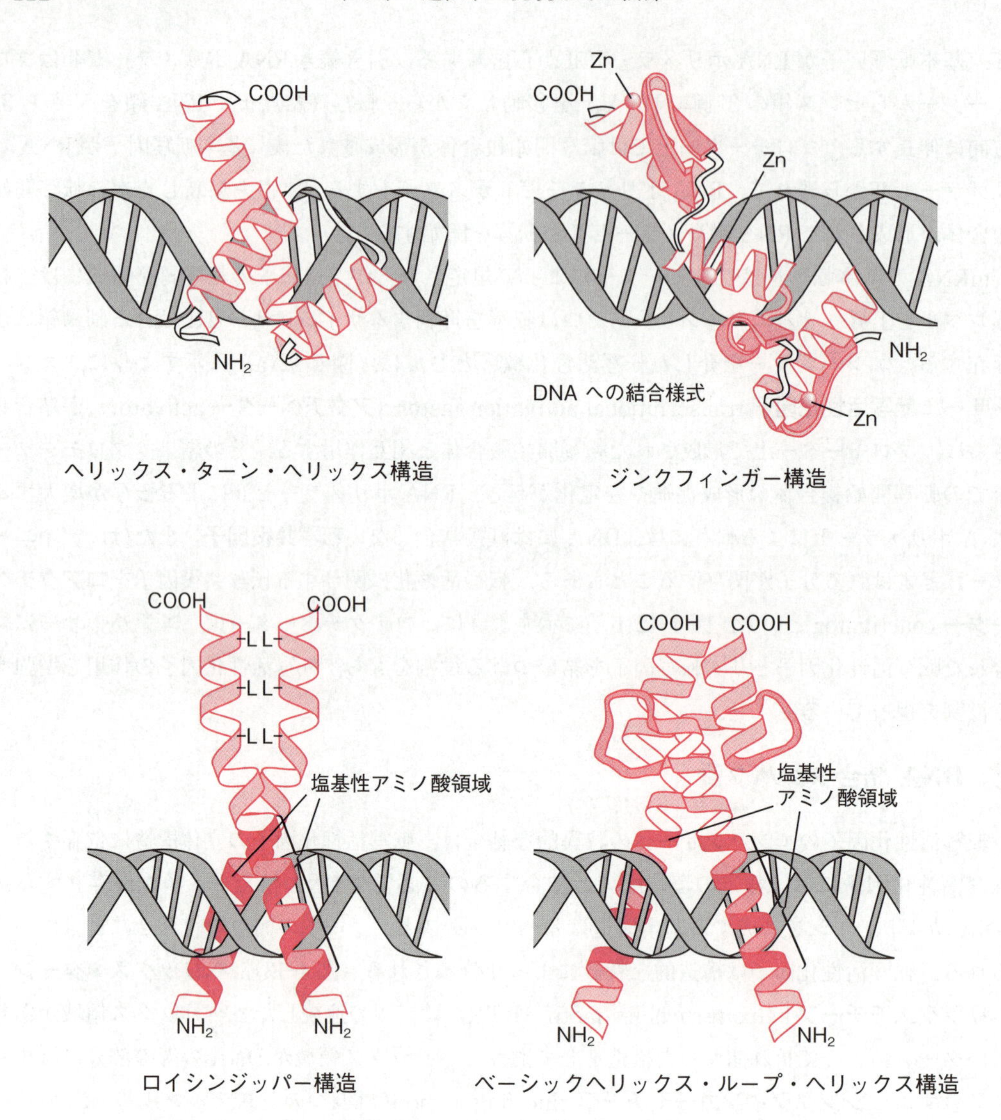

図 4-13　転写活性化因子の DNA 結合ドメイン内のモチーフ

ることがある．このサイレンサーには**転写抑制因子**（**リプレッサー** repressor）が DNA 結合ドメインを介して結合することで，転写が抑制される．転写抑制因子による転写抑制には，三つのパターンが考えられている（図 4-14）．一つ目としては，エンハンサーとサイレンサーが一部重なりあっていることで，転写抑制因子が転写活性化因子と競合的にサイレンサーに結合したことで，転写活性化因子がエンハンサーに結合できなくなり，転写の活性化が起きない場合がある（図 4-14 (a)）．二つ目としては，サイレンサーに結合した転写抑制因子が，エンハンサーに結合した転写活性化因子の活性化ドメインに結合して，転写活性化因子と転写開始複合体との相互作用を遮断することで，転写活性化が起きない場合がある（図 4-14（b））．三つ目としては，サイレンサーに結合した転写抑制因子が転写開始複合体に直接結合することで，転写開始複合体が崩壊して，持続的に転写開始複合体ができなくなり，転写が起こらない場合がある（図 4-14（c））．

哺乳類動物の体細胞のゲノム DNA の塩基配列は，どの組織でも同じであるにもかかわらず，

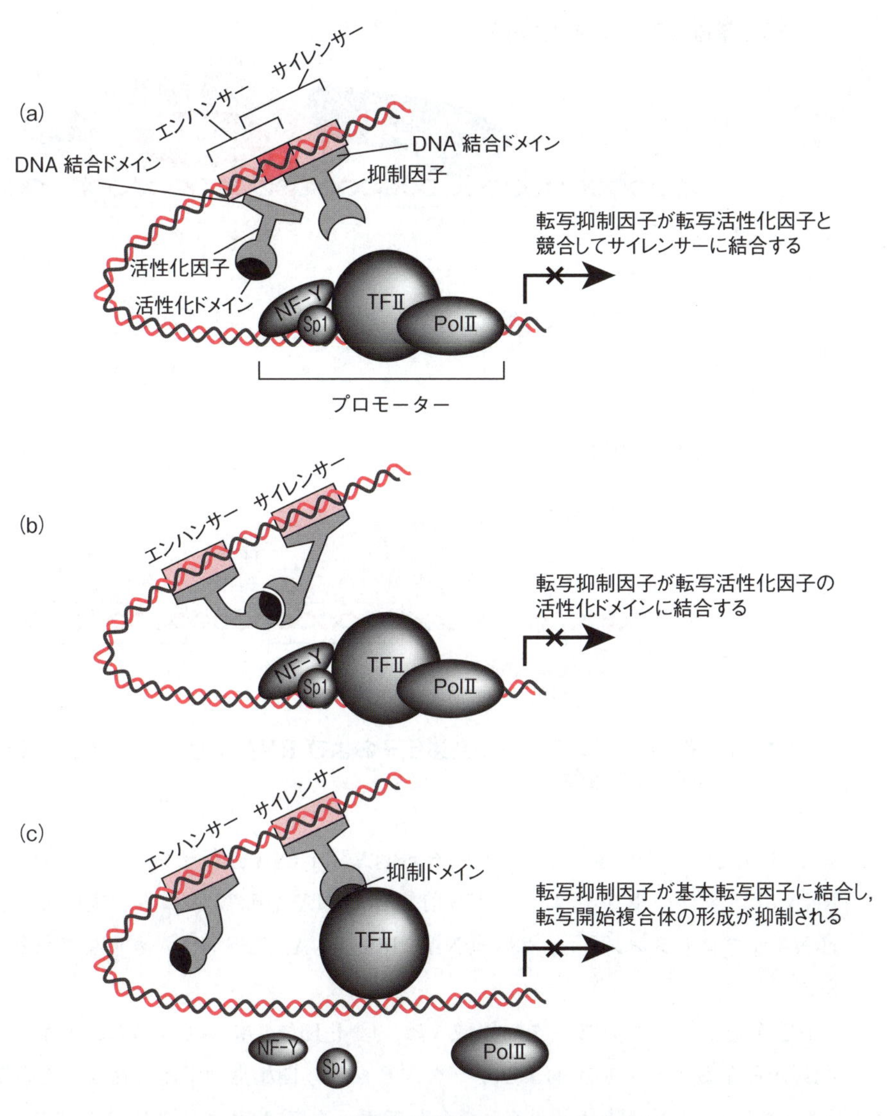

図 4-14　転写抑制因子による転写抑制

特定の遺伝子の転写反応が組織特異的に起こる理由として，転写活性化因子や転写抑制因子が組織特異的に働くことによって巧みに調節されていると考えられている．

アドバンスト　RNA ポリメラーゼⅠおよび RNA ポリメラーゼⅢによる転写反応

rRNA 遺伝子のプロモーター領域には，図 4-15(a) に示すように，特異的な塩基配列からなる**上流制御エレメント** upstream control element (UCE) と**コアプロモーターエレメント** core promoter element (CPE) とよばれる領域がある．RNA ポリメラーゼⅠによる転写開始においても，RNA ポリメラーゼⅠのプロモーターへの結合には，基本転写因子とよばれる補助因子が必要とされる．UCE には UBF (upstream-binding factor) とよばれる基本転写因子が結合し，CPE には SL1 (selectivity factor 1) とよばれる基本転写因子が結合することで，RNA ポリメラーゼⅠによる転写が開

(a) Pol I 系遺伝子（rRNA 遺伝子）

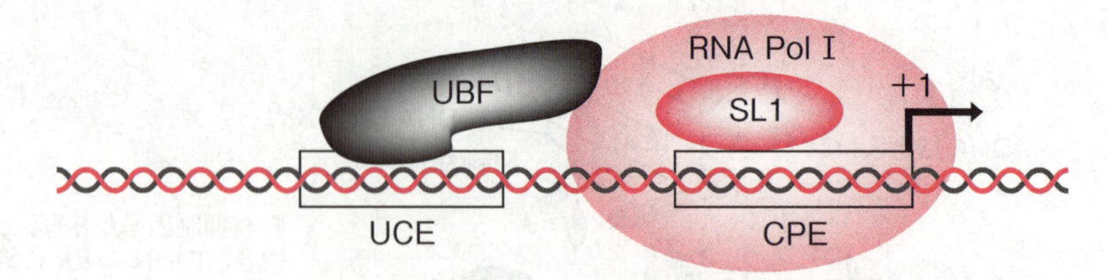

UCE：上流制御エレメント　　　CPE：コアプロモーターエレメント

(b) Pol III 系遺伝子（tRNA 遺伝子）

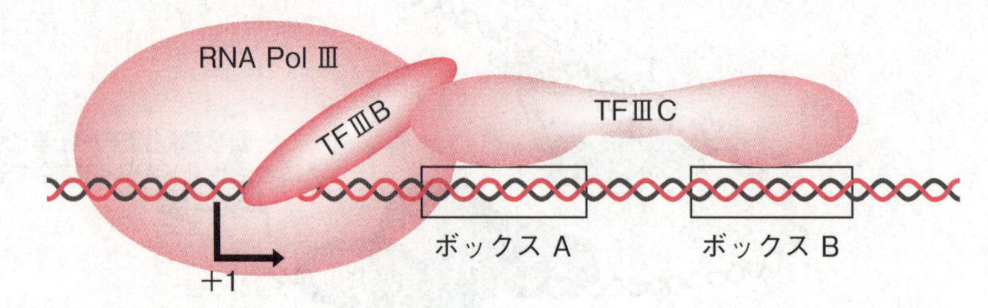

図 4-15　RNA ポリメラーゼ I 系遺伝子および RNA ポリメラーゼ III 系遺伝子の転写複合体

始される．リボソームを構成している rRNA は rRNA 遺伝子にコードされており，RNA ポリメラーゼ I によって 45S 前駆体 rRNA が転写される．次いで，前駆体 rRNA がプロセシングされ，28S rRNA，18S rRNA，5.8S rRNA が産生される（→ 4-3-2）．

tRNA 遺伝子のプロモーター領域には，図 4-15(b) に示すように，特異的な塩基配列からなるボックス A およびボックス B が転写開始点の下流に存在している．TFIIIC が異なる DNA 結合ドメインを介してボックス A とボックス B に結合し，さらに TFIIIB がボックス A の上流に結合し，RNA ポリメラーゼ III が引き寄せられて転写開始複合体が形成されて，転写が開始される．

4-2　クロマチンレベルでの転写制御

4-2-1　ヒストン化学修飾と転写調節

真核細胞の染色体のクロマチン構造を調べるために，細胞核を染色して電子顕微鏡で観察すると，間期染色体の特徴的な構造として，**ユークロマチン** euchromatin と**ヘテロクロマチン**

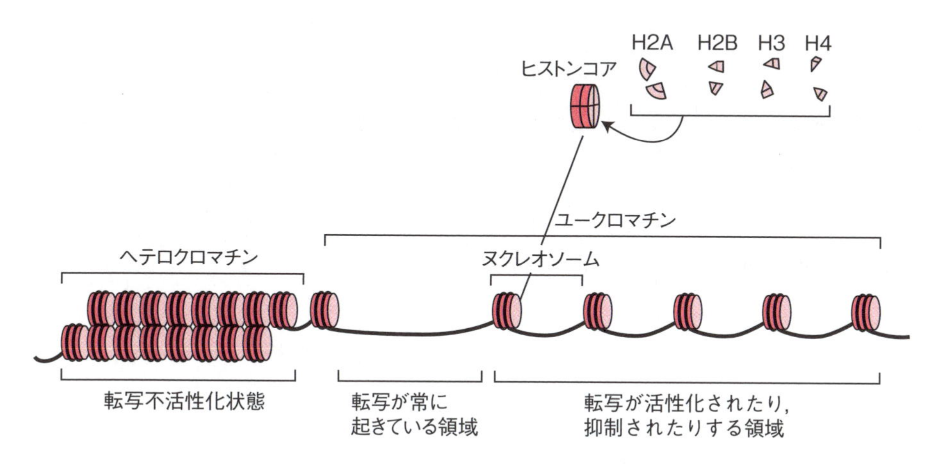

図 4-16　ヘテロクロマチンとユークロマチンの構造

heterochromatin が見られる（図 2-21）．染色体のユークロマチン領域は，比較的薄く染色され，ヌクレオソームの凝縮度は低く，転写反応が活発な遺伝子がユークロマチン領域に存在すると考えられている．一方，ヘテロクロマチン領域は濃く染色され，ヌクレオソームの凝集度が高く，ヘテロクロマチン領域内では遺伝子の転写活性は抑制されていると考えられている（図 4-16）．ヘテロクロマチンには，常にヘテロクロマチン状態のままのである**恒常的ヘテロクロマチン** constitutive heterochromatin があり，セントロメアやテロメアなどの染色体 DNA 領域では恒常的ヘテロクロマチンが形成されている．ヘテロクロマチン領域内に存在する遺伝子でもある条件下では，ヘテロクロマチンがユークロマチンに変化することで，その遺伝子の転写が起こることがあり，ユークロマチンに変換しうるヘテロクロマチンを**条件的ヘテロクロマチン** facultative heterochromatin という．

クロマチンの構造変化には，ヒストンタンパク質の N 末端領域における様々な化学修飾が関与している．図 4-17（a）に示すように，ヒストンタンパク質の N 末端領域に存在する特定のアミノ酸残基において，**アセチル化** acetylation，**メチル化** methylation，**リン酸化** phosphorylation，**ユビキチン化** ubiquitination などの化学修飾がみられる．このようなヒストンタンパク質の修飾はクロマチンの基本単位であるヌクレオソームの構造に直接影響し，クロマチン構造に変化をもたらし，クロマチンレベルにおける転写制御に関与する（表 4-1）．化学修飾されるアミノ酸残基の種類と修飾された側鎖の構造を図 4-17(b）に示す．ヒストンのアセチル化はリジン残基で起こり，ヒストンがアセチル化されると，基本的に転写は活性化される．また，ヒストンのメチル化はリジン残基とアルギニン残基で起こる．リジンのメチル化は，H3-K9 や H3-K27 のように転写抑制を引き起こすものと，逆に H3-K4 や H3-K36 のように転写活性化を誘導するものがある．アルギニンのメチル化も，H3-R8 や H4-R3 のように転写抑制を引き起こすものと，逆に H3-R2 や H3-R17 のように転写活性化を誘導するものがある．ヒストンのリン酸化は，ヒストンのセリン残基で起こり，H2A-S1 のように転写抑制を引き起こすものと H3-S10 のように転写活性化を引き起こすものがある．このようにヒストンの化学修飾が転写の活性化あるいは抑制とよく相関することから，ヒストンタンパク質修飾の組合せが転写レベルでの遺伝子発現を規定する暗号になっていると考える，**ヒストンコード仮説** histone code hypothesis が提唱されている．

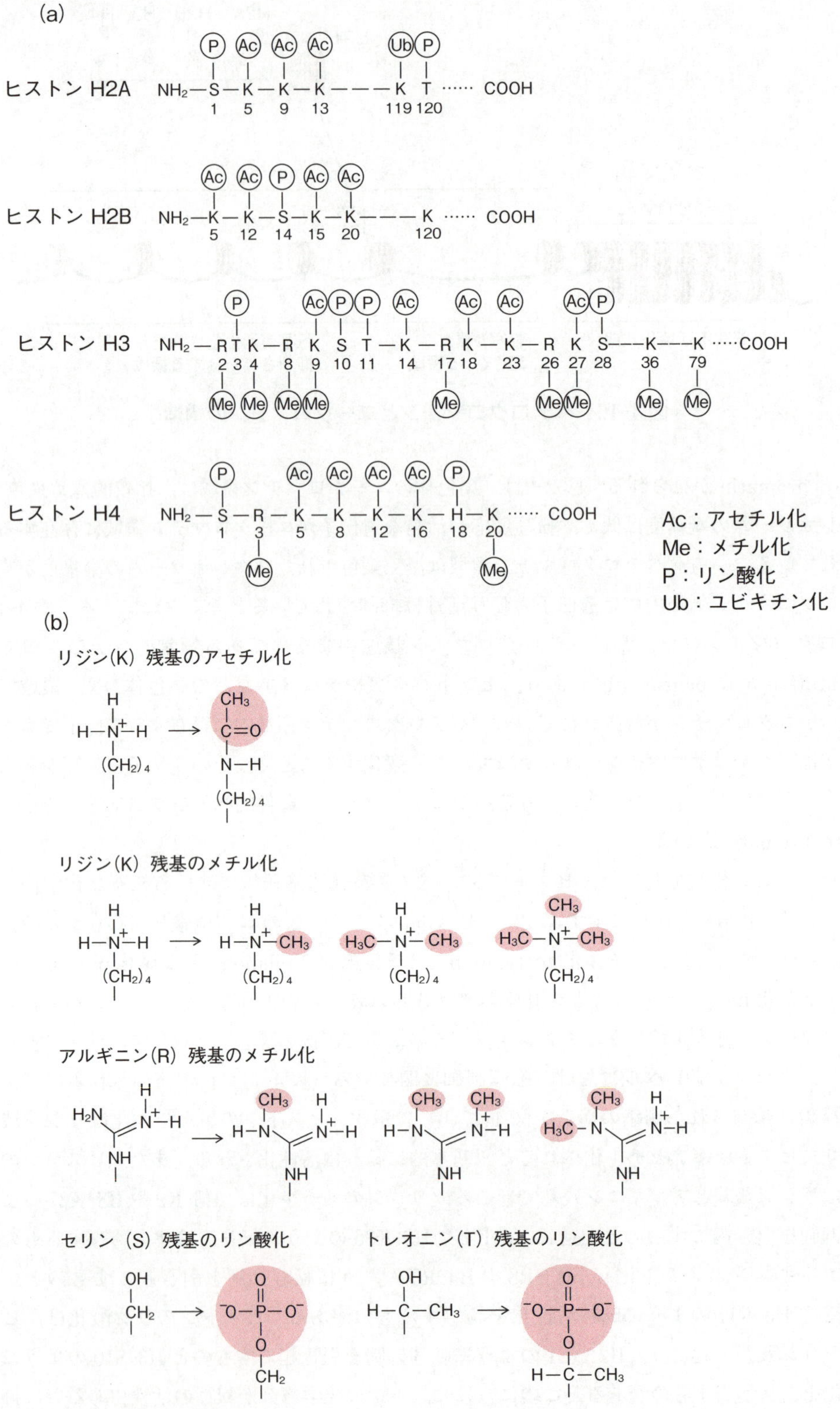

(a)

ヒストン H2A　NH_2—S(P)1—K(Ac)5—K(Ac)9—K(Ac)13———K(Ub)119 T(P)120 …… COOH

ヒストン H2B　NH_2—K(Ac)5—K(Ac)12—S(P)14—K(Ac)15—K(Ac)20———K 120 …… COOH

ヒストン H3　NH_2—R(Me)2 T(P)3 K(Me)4—R(Me)8 K(Ac)(Me)9 S(P)10 T(P)11—K(Ac)14—R(Me)17 K(Ac)18—K(Ac)23—R(Me)26 K(Ac)(Me)27 S(P)28---K(Me)36---K(Me)79 ·····COOH

ヒストン H4　NH_2—S(P)1—R(Me)3—K(Ac)5—K(Ac)8—K(Ac)12—K(Ac)16—H(P)18—K(Me)20 ····· COOH

Ac：アセチル化
Me：メチル化
P：リン酸化
Ub：ユビキチン化

(b)

リジン(K) 残基のアセチル化

$H-N^{+}H_2-(CH_2)_4-$ → $CH_3-C(=O)-NH-(CH_2)_4-$

リジン(K) 残基のメチル化

$H-N^{+}H_2-(CH_2)_4-$ → $H-N^{+}H(CH_3)-(CH_2)_4-$ → $H_3C-N^{+}H(CH_3)-(CH_2)_4-$ → $H_3C-N^{+}(CH_3)(CH_3)-(CH_2)_4-$

アルギニン(R) 残基のメチル化

$H_2N-C(=N^{+}H_2)-NH-$ → $H-N(CH_3)-C(=N^{+}H_2)-NH-$ → $H-N(CH_3)-C(=N^{+}H(CH_3))-NH-$ → $H_3C-N(CH_3)-C(=N^{+}H_2)-NH-$

セリン (S) 残基のリン酸化

$OH-CH_2-$ → $^{-}O-P(=O)(O^{-})-O-CH_2-$

トレオニン(T) 残基のリン酸化

$OH-CH(CH_3)-$ → $^{-}O-P(=O)(O^{-})-O-CH(CH_3)-$

図 4-17　ヒストンの N 末端領域における化学修飾

表 4-1　ヒストンの化学修飾による転写制御

化学修飾	ヒストン	修飾を受けるアミノ酸残基	転写調節
アセチル化	H2A	K5	活性化
	H2B	K12, K15	活性化
	H3	K9, K14, K18, K23, K27	活性化
	H4	K5, K8, K12, K16	活性化
メチル化	H3	K9, K27	不活性化
		R8	不活性化
	H3	K4, K36, K79	活性化
		R2, R17, R26	活性化
	H4	R3	不活性化
リン酸化	H2A	S1	不活性化
	H3	S10	活性化

4-2-2　ヒストンアセチル化による転写活性化

真核細胞のゲノムDNAはヒストン八量体に巻きついてヌクレオソーム構造をとっているため，遺伝子のプロモーター領域においてヌクレオソーム構造が存在していると，基本転写因子やRNAポリメラーゼなどのタンパク質がプロモーターに結合することができずに，転写が開始されない．そこで，遺伝子の転写を開始するためには，プロモーター上のヌクレオソームからヒストンタンパク質が離れてヌクレオソームが解体され，DNA部分が露出される必要がある．逆に，プロモーター領域においてヌクレオソーム構造が再構築されて，さらにクロマチンが凝集すると，転写は完全に抑制されることになる．ヌクレオソームが解体されたり，ヌクレオソームが再構築されたりして，クロマチン構造が変化する過程を**クロマチンリモデリング** chromatin remodeling といい，クロマチンリモデリングによって遺伝子の転写反応が変化する．動物の発生初期の細胞がさまざまな組織の細胞に分化する場合，分化過程で必要とされる遺伝子の転写活性は上昇する一方で，不必要とされる遺伝子の転写活性は低下すると考えられており，この発生特異的な転写反応にクロマチンリモデリングに基づく転写調節が関係していると考えられている．

クロマチンリモデリングを介して転写が活性化される機序として，エンハンサーに結合する転写活性化因子による転写活性化機序がある（図4-18）．エンハンサーがヌクレオソームに巻きついていても，転写活性化因子はエンハンサーに結合することができる．そして，転写活性化因子に**ヒストンアセチル化酵素** histone acetyltransferase（HAT）活性を有するコアクチベーターが結合し，コアクチベーターのHAT活性によってプロモーター上の周囲のヌクレオソームのヒストンのリジン残基が次々とアセチル化される．このようなヒストンのリジン残基のアセチル化によって，塩基性タンパク質であるヒストンの正電荷が低下することになり，リン酸基由来の負電荷をもつDNAとヒストンとの静電的相互作用が弱まり，ヒストンがDNAから離れやすくなる．次いで，図4-19に示すように，SWI/SNFファミリー分子などのクロマチンリモデリング因子が，アセチル化されたヒストン部分を認識してヌクレオソームに結合し，ヌクレオソームに巻きついているDNA鎖を緩めてヌクレオソームからヒストンを除いたり，ヌクレオソームの位置を変えたりする．その結果，プロモーター領域のクロマチン構造がリモデリングされ，露出したプロモ

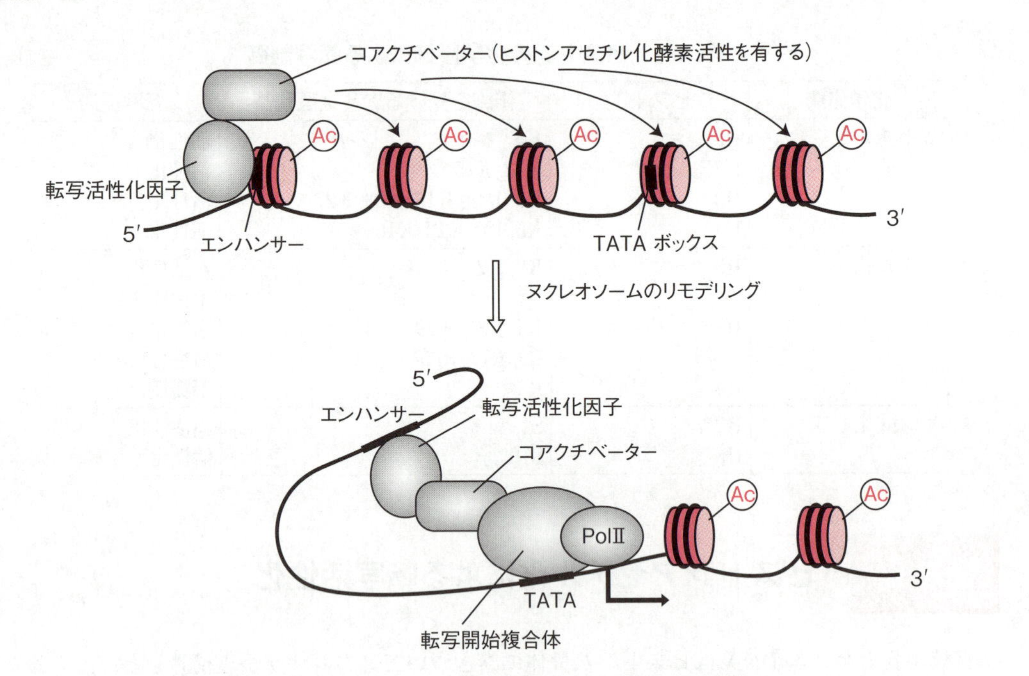

図 4-18　ヒストンアセチル化による転写活性化

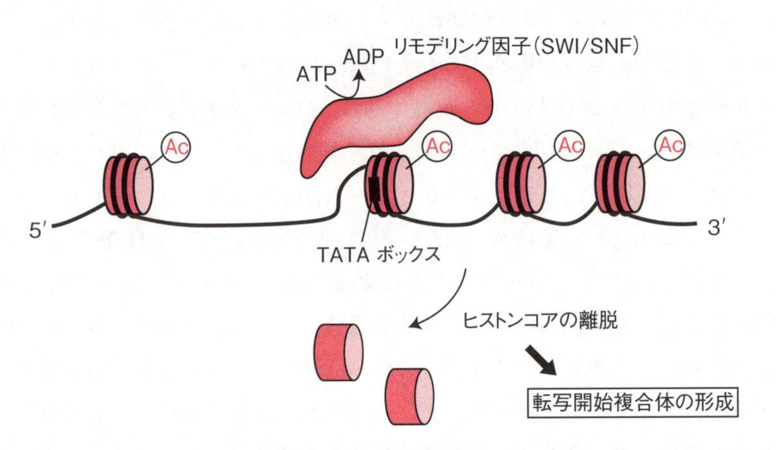

図 4-19　ヒストンアセチル化とクロマチンリモデリング因子（SWI/SNF）による認識
ATPase 活性を有する SWI/SNF はアセチル化されたヒストンタンパク質に結合する．次いで，ATP を加水分解して得られるエネルギーを用いて，クロマチン構造をリモデリングする．

ーター領域の DNA 部分に基本転写因子や RNA ポリメラーゼⅡなどが結合し，転写開始複合体が形成されて転写が開始される．

4-2-3　DNA メチル化による転写抑制

哺乳類動物のゲノム DNA の塩基配列では，5′-シトシン-グアニン-3′（5′-CpG-3′）の2塩基配列のシトシンの5位の炭素原子が，**DNA メチル化酵素** DNA methyltransferase によってメチル化される（図 4-20）．このメチル化状態は，体細胞分裂において，DNA の半保存的複製が起

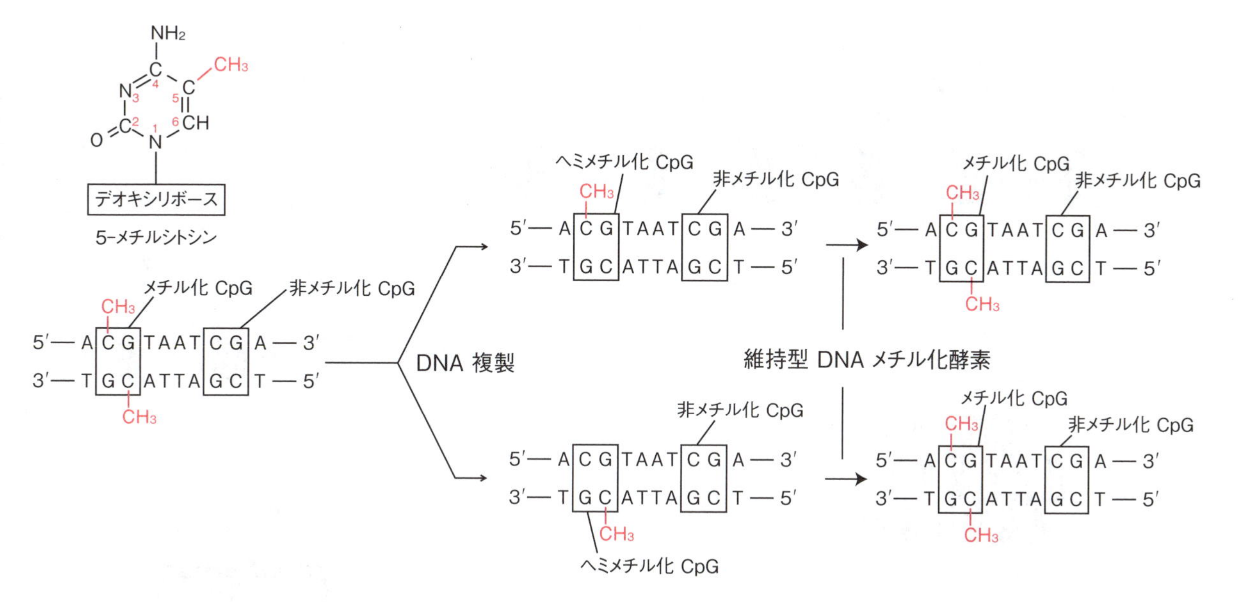

図 4-20 DNA 複製に伴うメチル化パターンの維持

こる際，鋳型鎖にメチル化された CpG がある場合，合成直後の新生鎖の CpG 配列はまだメチル化されていない状態，すなわちヘミメチル化状態であるが，速やかに維持型 DNA メチル化酵素によって新生鎖の CpG のシトシンもメチル化される．しかし，鋳型鎖の CpG がメチル化されていない場合は，新生鎖の CpG もメチル化されない．したがって，体細胞分裂において，DNA の半保存的複製の前後で DNA のメチル化パターンが維持されることから，親細胞の染色体 DNA のメチル化情報は娘細胞に受け継がれることになる．皮膚細胞は体細胞分裂しても必ず皮膚細胞になり，決して神経細胞や血球細胞などにはならないのは，DNA 複製に伴って DNA メチル化パターンが厳密に継承されることで，細胞分化状態が維持されるからである．ゲノム DNA のなかでも限局的に CpG の割合が多い領域を **CpG アイランド** CpG island といい，CpG アイランドが遺伝子のプロモーターなどの転写調節領域や転写領域に存在することが報告されており，メチル化された CpG アイランドを有する遺伝子は，その転写が抑制されていることが知られている．一方，恒常的に発現し，細胞機能の維持に不可欠な遺伝子を**ハウスキーピング遺伝子** housekeeping gene とよぶ．多くのハウスキーピング遺伝子のプロモーター領域内に CpG アイランドが見出されるが，その CpG アイランドはメチル化されていない．

ユークロマチン領域の DNA とヘテロクロマチン領域の DNA との間で最も異なる特徴は，ヘテロクロマチン領域の DNA 上の CpG のシトシンが顕著にメチル化されていることである．基本的に，CpG の高度なメチル化がヘテロクロマチンの形成につながり，遺伝子の転写抑制を引き起こすことになる．図 4-21 に示すように，DNA の CpG が高度にメチル化されると，**メチル化 DNA 結合タンパク質** methylated DNA-binding protein の一種である MeCP2（methyl-CpG-binding protein 2）がメチル化 DNA に結合する．そして，**ヒストン脱アセチル化酵素** histone deacetylase が MeCP2 に結合し，周囲のヌクレオソーム内のヒストンのリジン残基に結合しているアセチル基を離脱させ，その結果としてクロマチンが凝集してヘテロクロマチンが形成され，遺伝子の転写が抑制される．また，**ヒストンメチル化酵素** histone methyltransferase が，メチ

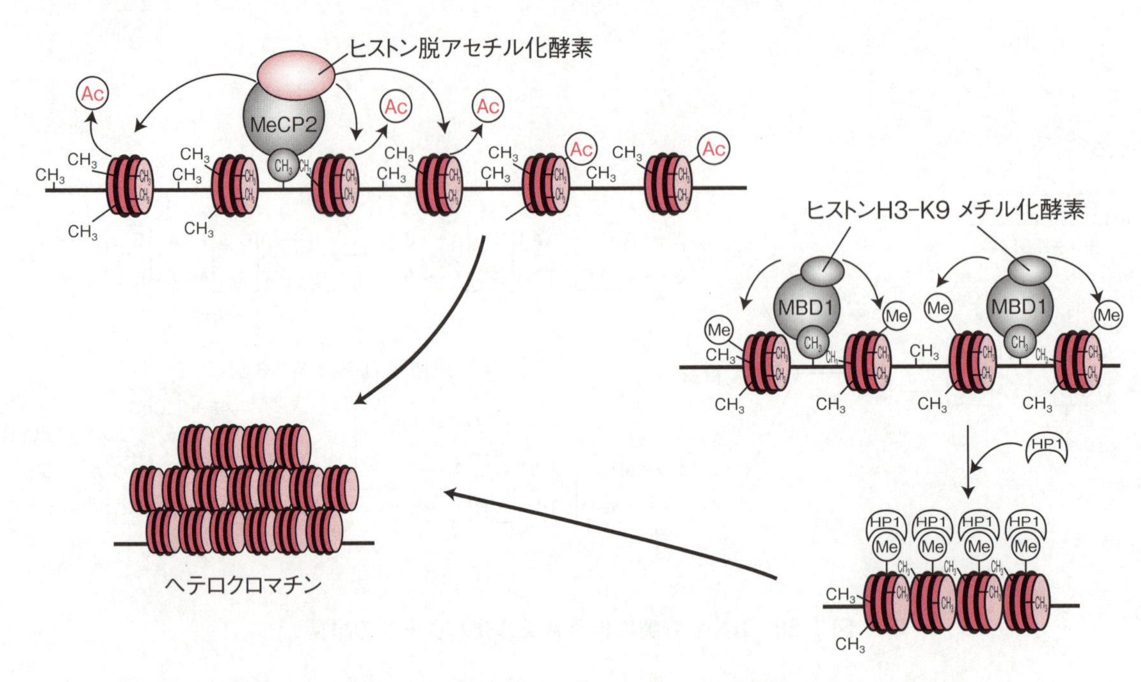

図 4-21　DNA メチル化にもとづく転写抑制

ル化 DNA 結合タンパク質の一種である MBD1 に結合してヒストン H3 の 9 番目のリジン残基をメチル化すると，メチル化されたヒストンのリジン残基に**ヘテロクロマチンタンパク質 1（HP1）** heterochromatin protein 1 が結合して集合化するため，クロマチンが凝集して，ヘテロクロマチンが形成され，遺伝子の転写抑制が起こる．

4-2-4　エピジェネティックな遺伝子発現

ある遺伝子の DNA の塩基配列に変異が起きた場合，その変異が細胞分裂を通して親細胞から娘細胞に伝わり，その変異に基づく表現型が細胞レベルあるいは世代を超えて子孫に受け継がれていく．この現象は**ジェネティックス**（遺伝学）genetics の概念に基づいている．したがって，先天的な遺伝性疾患の発症にはジェネティックな遺伝子発現の違いが寄与する．一方，このような DNA の塩基配列に依存した遺伝子発現の変化とは異なり，塩基配列の変化を伴わずに，遺伝子発現が活性化したり不活性化したりして特徴的な表現型が現れる仕組みがある．この仕組みを**エピジェネティクス** epigenetics とよぶ．エピジェネティックな遺伝子発現には，ゲノム DNA 上の CpG メチル化の変化やヒストンの化学修飾に基づくクロマチン構造の変化が関係すると考えられている．

エピジェネティックな遺伝子発現の一例として，**ゲノムインプリンティング**（ゲノム刷り込み現象）genome imprinting がある．ヒトの体細胞の核内において，1 番から 22 番までの常染色体の相同染色体では，一対のどちらか一方が精子由来で，もう一方が卵子由来である．そして，精子由来の染色体 DNA と卵子由来の DNA の塩基配列を比較すると，互いの染色体 DNA の同じ位置には同一の遺伝子が存在し，その一対の遺伝子を**対立遺伝子（アレル）** allele という．一般

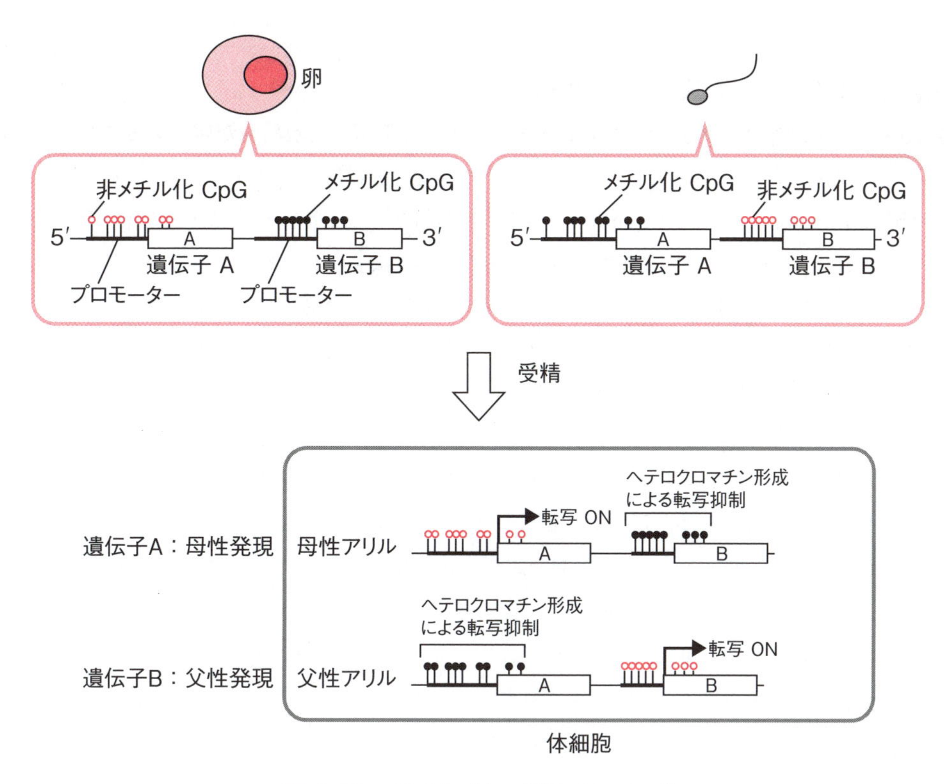

図 4-22 ゲノムインプリンティング

に，対立遺伝子の発現量はほとんど同じであり，翻訳産物の機能には差がないとされている．しかし，図 4-22 に示すように，精子由来か卵子由来かによって転写量が著しく異なる**インプリント遺伝子** imprinted gene とよばれるいくつかの遺伝子がある．精子や卵子の配偶子形成過程において，インプリント遺伝子では，母性アレルでは CpG のメチル化が起きず，父性アレルでは高度にメチル化が起きたり，逆に，母性アレルでは CpG の高度なメチル化が起こり，父性アレルではメチル化が起きないものがある．これらのメチル化状態は受精後の胚形成から個体が形成されるまで維持される．その結果，同じ遺伝子でも精子由来の遺伝子は転写が起き，卵子由来の遺伝子は転写が起きなかったり（サイレントとよぶ），逆に精子由来の遺伝子は転写が起きず，卵子由来の遺伝子は転写が起きるものがあることになる．現在，インプリント遺伝子にみられる転写抑制には DNA のメチル化によるヘテロクロマチンの形成が関与していると考えられている．通常，精子と卵子の染色体 DNA はメチル化されているが，受精直後に精子および卵子由来の染色体 DNA は，いずれも一旦，脱メチル化されてリセットされる．そして，発生が進むにつれ，染色体 DNA のメチル化パターンが確立されて，さまざまな分化細胞ができあがり，組織が形成されて個体ができることになる．しかし，インプリント遺伝子のメチル化パターンは受精直後でもリセットされずに個体ができあがるまでそのまま維持されるため，個体においてもインプリント遺伝子の発現様式が保持されることになる．

医療とのつながり

4-1　がんのエピゲノム治療薬

近年，がんの発症にエピジェネティックな遺伝子発現異常が関与することが知られている．がん細胞のゲノムDNAのメチル化状態の解析により，正常細胞に比べて，**がん抑制遺伝子** tumor suppressor gene（→ 6-6-7）のCpGアイランドが高度にメチル化されていることが明らかとなっている．下図に示すように，がん抑制遺伝子のプロモーター領域に存在するCpGアイランドが後生的に高度にメチル化されてヘテロクロマチンを形成し，転写抑制が起こる．その結果，細胞は異常に増殖し，がんの発症・進展につながると考えられる．がん細胞ではさまざまなエピジェネティックな遺伝子発現の異常が蓄積していると考えられ，現在，DNAのメチル化異常やヒストンの修飾異常を標的とした治療（エピゲノム治療とよばれる）が臨床の現場で取り入られている．がんの発症・進展にはDNAのメチル化，ヒストン脱アセチル化，ヒストンメチル化があげられることから，DNAメチル化阻害剤，ヒストン脱アセチル化阻害剤，ヒストンメチル化阻害剤などが開発されている．現在までに，骨髄異形成症候群に適用されるDNAメチル化酵素阻害剤**5-アザシチジン**，**デシタビン**，皮膚T細胞リンパ腫に適用されるヒストン脱アセチル化酵素阻害剤**ロミデプシン**，**ボリノスタット**が国内外で承認されている（→ p.219 医療とのつながり）．さらに，急性骨髄性白血病に適用できるヒストンメチル化酵素阻害剤**3-デアザネプラノシンA**の臨床応用も進みつつある．

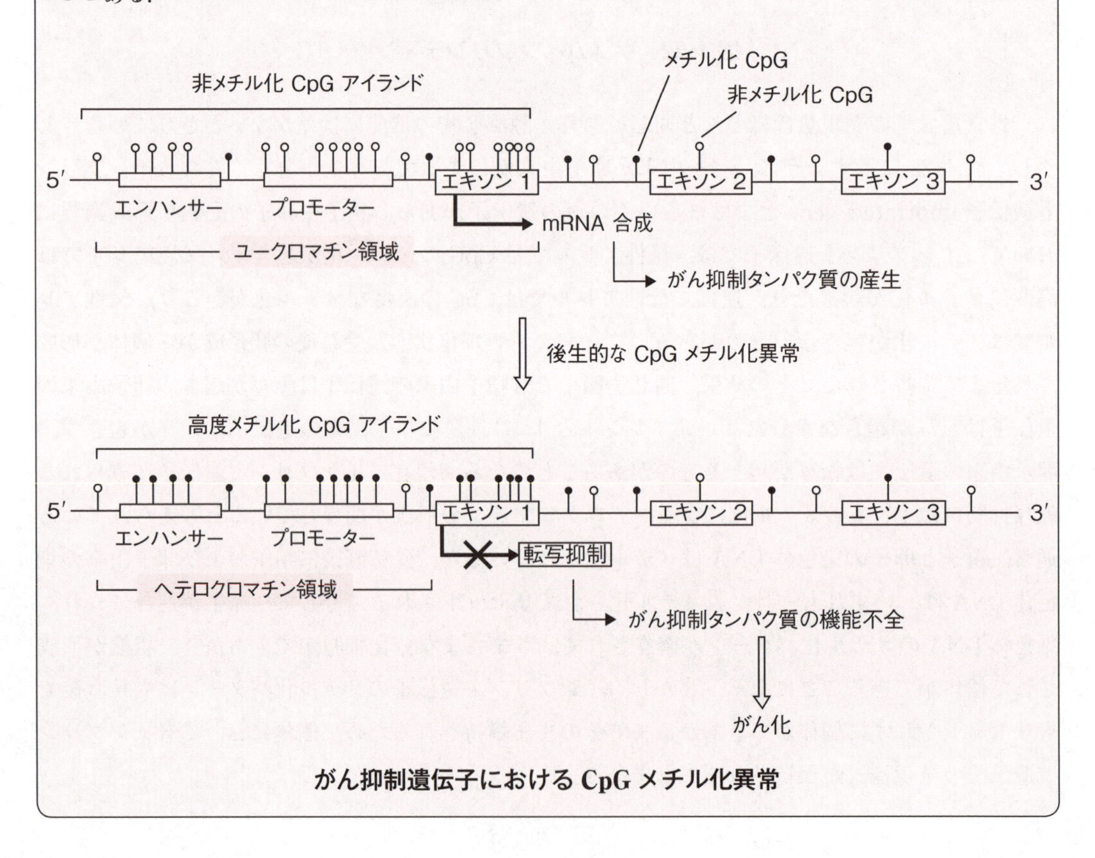

がん抑制遺伝子におけるCpGメチル化異常

4-3　真核細胞における RNA プロセシング

mRNA，tRNA，rRNA は，まず初めに DNA から**前駆体 RNA** precursor RNA として合成される．前駆体 RNA は，そのまま機能するのではなく，ホスホジエステル結合の切断，塩基の修飾などのさまざまな加工を受けて，機能性を有する成熟 RNA となる．このような前駆体 RNA がさまざまな加工を受けて成熟 RNA になる過程を **RNA プロセシング** RNA processing とよぶ．

4-3-1　mRNA のプロセシング

A　5′- キャップ構造の形成

前駆体 mRNA の 5′ 末端には，7 位の窒素原子がメチル化された 7-メチルグアノシンが結合している（図 4-23）．この構造を**キャップ構造** cap structure とよび，前駆体 mRNA の 5′ 末端と 7-メチルグアノシンの 5′ 末端が三つのリン酸基を介して結合している．高等真核細胞の mRNA では，転写開始の一番目の塩基が結合しているリボースの 2′ 位もメチル化されることもあり，さらに 2 番目のヌクレオチドの 2′ 位もメチル化されることがある．キャップ構造の形成によって，mRNA はエキソヌクレアーゼによる分解を免れることから，キャップ構造は mRNA の安定化に寄与していると考えられる．さらに，キャップ構造には翻訳開始因子 eIF4F（eIF4E, eIF4G, eIF4A の複合体）が結合し，eIF4F にメチオニル tRNA を含むリボソームの小サブユニットが結

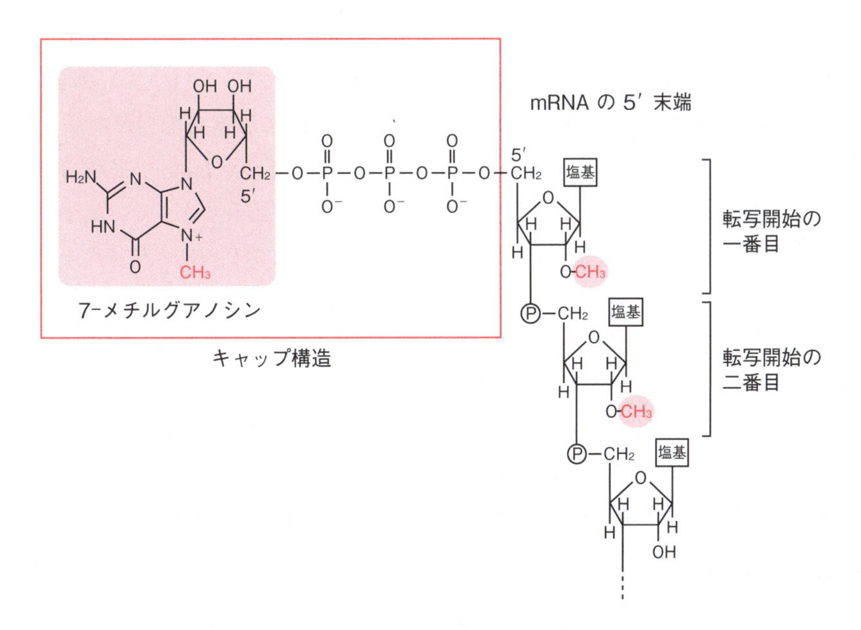

図 4-23　mRNA のキャップ構造

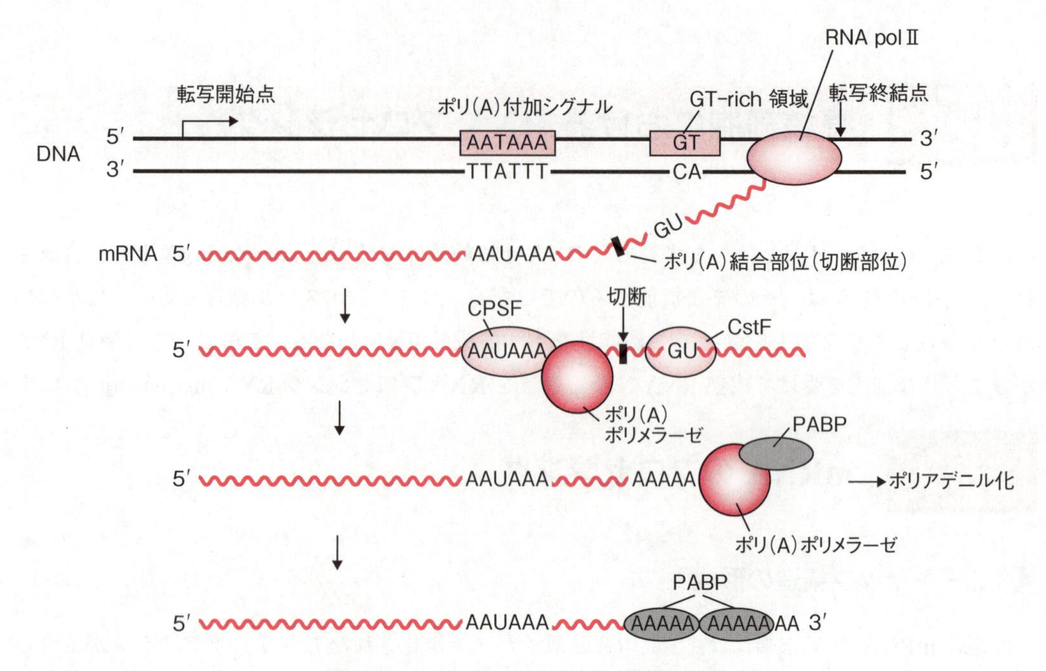

図 4-24　mRNA のポリ(A)付加反応

合して翻訳開始複合体が形成されることから，キャップ構造は翻訳開始反応に必要であり，翻訳反応において重要な役割を果たしている（→ 4-4-5-A）.

B　3′ 末端におけるポリ(A)付加

真核細胞の成熟 mRNA の 3′ 末端には，アデニル酸が連続的に数百個並んだ配列が認められ，この部分を**ポリ(A)尾部** poly(A)tail という．このポリ(A)は遺伝子の DNA にコードされているのではなく，転写が終了した後にポリ(A)ポリメラーゼによって付加される．図 4-24 に示すように，高等真核細胞の前駆体 mRNA では，3′ 末端の近傍に 5′-AAUAAA-3′ からなるポリ(A)付加シグナルが存在し，その 20 ～ 30 塩基下流に 5′-GU-3′ に富む配列がある．これらの塩基配列を目印に CPSF（cleavage and polyadenylation specificity factor）が結合し，さらに CstF（cleavage stimulation factor）やポリ(A)ポリメラーゼが結合する．その結果，ポリ(A)付加シグナルの下流で mRNA が切断された後，その 3′ 末端からポリ(A)ポリメラーゼが ATP を基質にして，アデニル酸を連続的に付加してポリ(A)尾部を形成する．そして，ポリ(A)尾部に**ポリ(A)結合タンパク質（PABP）** poly-A binding protein が結合することで，mRNA が安定化されると考えられる．また，ポリ(A)尾部に結合した PABP がキャップ構造に結合した翻訳開始因子と結合することで，mRNA が環状となり，1 本の環状 mRNA に複数のリボソームが結合した状態，ポリリボソームが形成され，翻訳が効率良く起こることから，キャップ構造と同様にポリ(A)付加は，翻訳効率に重要な役割を果たしている（→ 4-4-5，図 4-39）.

C　スプライシング

mRNA は，まず初めに遺伝子の転写領域のエキソンとイントロンを含んだすべての領域が転

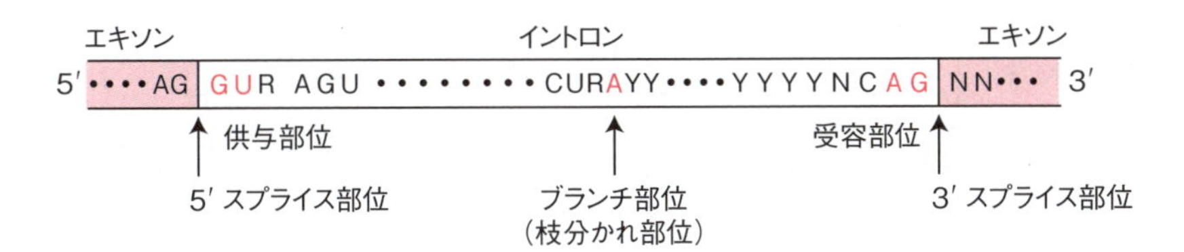

図 4-25　エキソン-イントロンの境界配列

R：プリン塩基（A, G），Y：ピリミジン塩基（U, C），N：任意の塩基

写され，**ヘテロ核 RNA（hnRNA）** heterogeneous nuclear RNA ともよばれる前駆体 mRNA として生成される．そして，イントロン由来の mRNA 部分が取り除かれ，エキソン由来の mRNA 部分が連結されて成熟 mRNA が生成される．この一連の反応を**スプライシング** splicing という．前駆体 mRNA の大部分のイントロン相当部分では，図 4-25 に示すように，イントロンの 5′ 末端には GU，3′ 末端には AG という配列が保存されており，**GU-AG 則** GU-AG rule といい，エキソンとイントロンの境界にある 5′ スプライス部位と 3′ スプライス部位が正確に規定される．

スプライシング反応の機序を図 4-26 に示す．まず初めに，イントロン内のブランチ部位（枝分かれ部位）のアデニンヌクレオチドのリボースの 2′ 位 OH 基が 5′ スプライス部位のホスホジエステル結合のリン原子を求核攻撃し，1 回目のエステル転移反応が起こる．これにより，**ラリアット（投げ縄）構造** lariat structure をもった中間体ができる．次いでエキソンの 3′ 末端の OH 基が 3′ スプライス部位のホスホジエステル結合のリン原子を求核攻撃して，2 回目のエステル転移反応が起こると，3′ スプライス部位の切断によってイントロン部分が取り除かれ，同時にイントロンの両側にあった二つのエキソンがホスホジエステル結合で連結し，スプライシングが完了する．このスプライシング反応は，**低分子リボ核タンパク質（snRNP）** small nuclear

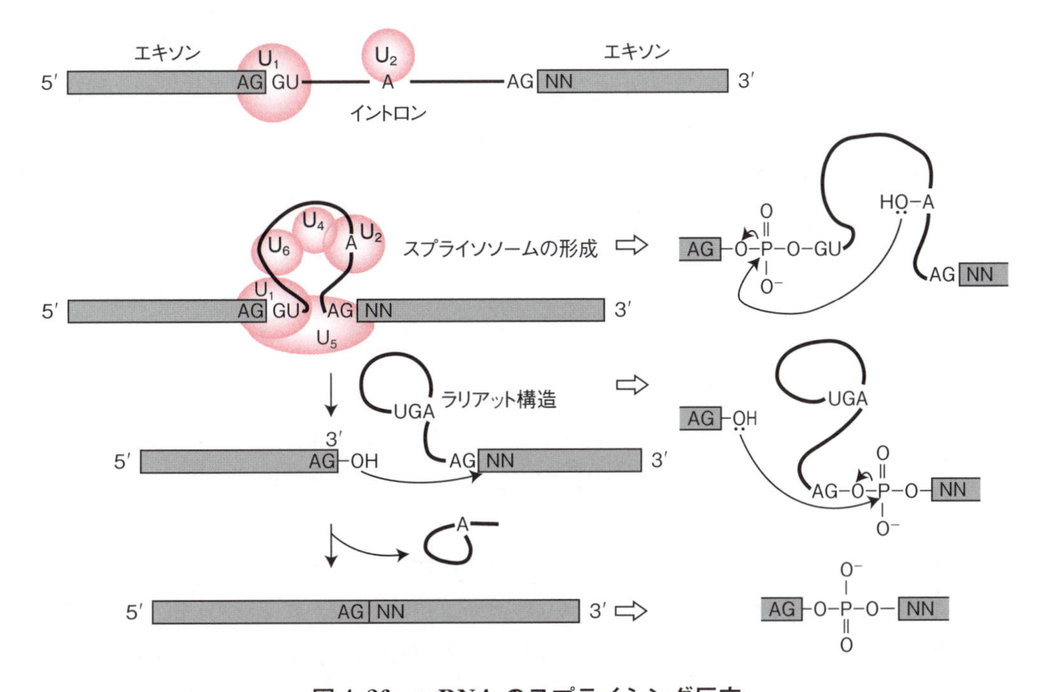

図 4-26　mRNA のスプライシング反応

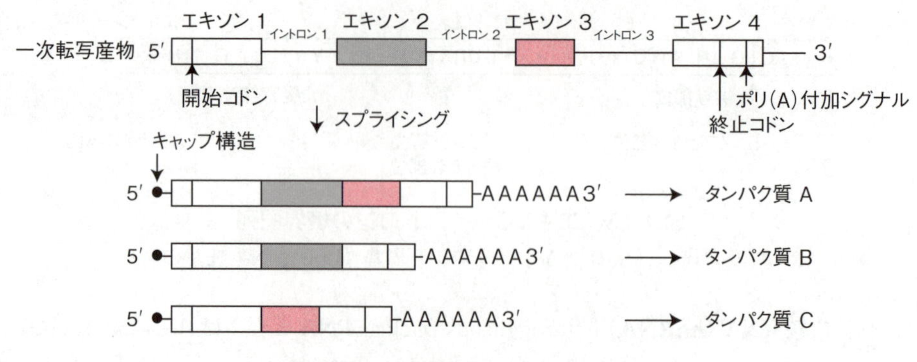

図 4-27　選択的スプライシング

ribonucleoprotein の集合体である**スプライソソーム** spliceosome で起こる．snRNP は，**低分子核 RNA（snRNA）** small nuclear RNA（約 100 ～ 200 ヌクレオチド）とタンパク質との複合体であり，スプライス部位やブランチ部位を認識し，スプライソソームを形成してスプライシング反応を触媒する．なお，snRNA はウラシル（U）の含量が高いことから U-snRNA ともよばれ，U1 snRNP，U2 snRNP，U4 ～ U6 snRNP は，スプライシング反応を触媒する．

真核細胞の mRNA の転写は**モノシストロン性転写** monocistronic transcription であり，通常，転写産物は 1 本の mRNA に一種類のタンパク質がコードされているモノシストロン性 mRNA である．しかし，複数のエキソンを有する一部の遺伝子では，スプライス部位を変えることで，一つの前駆体 mRNA からエキソンの組合せの異なる複数の成熟 mRNA が生成されることがあり，このようなスプライシング機構を**選択的スプライシング** alternative splicing とよぶ（図 4-27）．選択的スプライシングによって，アミノ酸配列情報をコードしているエキソンの組合せが変化すると，アミノ酸配列が異なる複数のタンパク質が合成されることになる．例えば，同一遺伝子において，組織特異的な選択的スプライシングが起こることにより，組織特異的にエキソンの組合せが異なった成熟 mRNA が生成され，その結果，それぞれの組織で特異的に機能するタンパク質が生成されることがある．

核内で，mRNA のプロセシングによって生成された成熟 mRNA は，mRNA 結合能をもつ輸送タンパク質と結合して，RNA-タンパク質複合体として核膜孔を通って細胞質へ輸送され，リボソームにより翻訳される．

医療とのつながり

4-2　スプライシング異常による遺伝性疾患

これまでに，スプライシング異常によって起こる遺伝性疾患が報告されており，その一つに**サラセミア** thalassemia がある．ヘモグロビンは四つのサブユニットからなり，二つの α グロビン鎖と二つの β グロビン鎖から構成されている．サラセミアは α 鎖の合成量と β 鎖と合成量が不均等になることで発症する遺伝性の貧血症である．サラセミアのなかでも，β グロビンの遺伝子異常に基づくものを β サラセミアといい，β サラセミアのなかには，プロモーター領域の変異に基づく転写障害やナンセンス変異に基づく翻訳障害以外に，RNA スプライシング異常によって発症するものがある．この場合，イントロン内の供与部位や受容部位の塩基配列に変異がある β

グロビンの異常遺伝子では，通常とは異なる部位でスプライシングが起こり，正常な β グロビンができなくなり，貧血を発症する．

4-3-2　rRNA のプロセシング

真核生物の rRNA のうち，5.8S，18S，28S は RNA ポリメラーゼ I によって**核小体** nucleolus において 1 本の前駆体 45S rRNA（ヒトでは約 13000 塩基）として転写される．そして，前駆体 rRNA にエンドリボヌクレアーゼが作用して，特定の箇所で切断反応が起こり，5.8S，18S，28S の成熟 rRNA が生成される（図 4-28）．なお，最も小さな 5S rRNA をコードしている遺伝子は別の DNA 領域に存在しており，RNA ポリメラーゼⅢによって**核質** nucleoplasm において転写される．そして，18S rRNA はリボソームの小サブユニットの構成成分となり，5.8S rRNA，28S rRNA は 5S rRNA とともにリボソームの大サブユニットの構成成分となる．

4-3-3　tRNA のプロセシング

tRNA は RNA ポリメラーゼⅢによって前駆体 tRNA として合成され，切断され，修飾を受けて成熟 tRNA となる．成熟した tRNA の 3′ 末端には，アミノ酸との結合に必要な 5′-CCA-3′ が必ず付加されている（図 2-11(a)）．真核細胞の tRNA の遺伝子は，この CCA 配列をコードしておらず，CCA 配列の付加反応は一次転写産物が生成された後に起こることから，CCA 配列の付加反応は tRNA のプロセシングの一つと考えられる．また，成熟 tRNA には Ψ（プソイドウリジン），I（イノシン），D（ジヒドロウリジン），m_2G（ジメチルグアノシン）などの修飾塩基が含

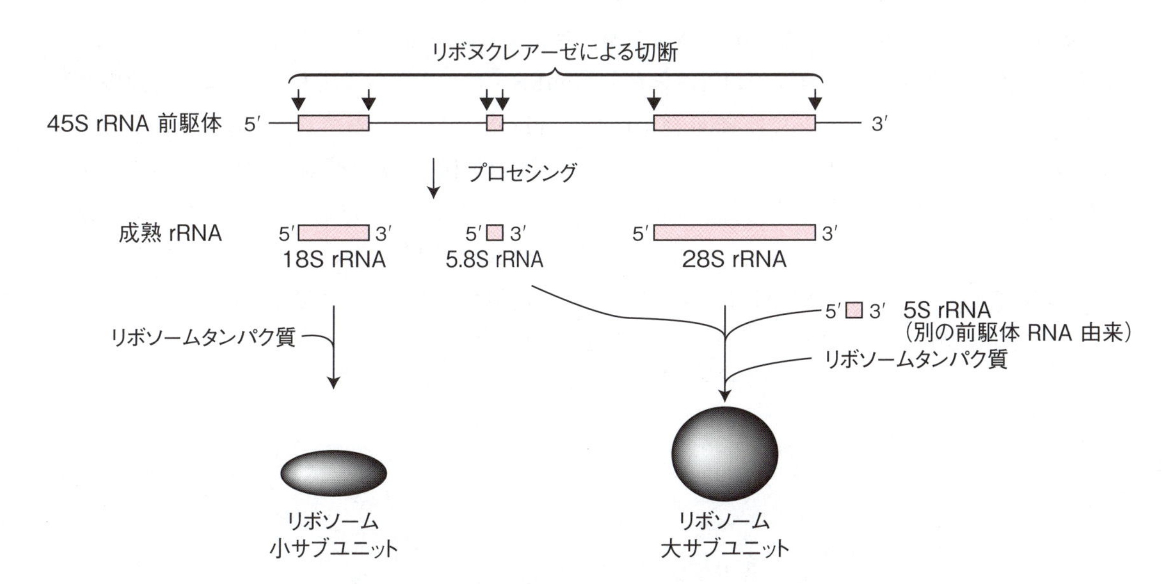

図 4-28　真核細胞 rRNA のプロセッシング

まれているが（図2-11(b)，図4-31），これらの塩基の修飾も一次転写産物が生成された後に起こることから，tRNAのプロセシングの一つと考えられる．すべての修飾塩基の機能が解明されているわけではないが，修飾塩基がtRNAの高次構造の安定化やtRNAのアンチコドンとmRNAのコドンとの相互作用に関与すると考えられている（→ 4-4-2）．

4-3-4　miRNAによる遺伝子発現調節

真核生物はウイルスゲノムのような外来RNAによる感染から細胞を守るため，RNA分解機構を備えていることが知られていた．1998年にファイアFireとメローMelloは線虫の実験系において，二本鎖RNA（dsRNA）double strand RNAが相同な塩基配列をもつ標的遺伝子の発現を抑制することを発見し，この現象を**RNA干渉（RNAi）**RNA interferenceとよんだ．近年，真核細胞のゲノムDNAから転写されているがタンパク質に翻訳されないRNA（non-coding RNA）がtRNAやrRNA以外にもたくさん存在していることがわかってきている．この中でRNAサイレンシングを介した遺伝子発現調節に関与する短鎖RNAを**マイクロRNA（miRNA）**microRNAとよぶ．miRNAは前駆体としてゲノムDNAから転写され，プロセシングを受けて成熟miRNAとなる．図4-29に示すように，まず初めに，RNAポリメラーゼⅡによってmiRNA遺伝子から合成されたpri-miRNA（primary miRNA）が，分子内で相補的塩基対を形成して，ヘアピン構造を形成する．そして，**ドローシャ**Droshaとよばれる**RNA分解酵素**RNaseの作用を受けてヘアピン構造部分が切り出されて，pre-miRNAとなり，細胞質へ核外輸送される．pre-miRNAは**ダイサー**Dicerとよばれる RNaseによって21～28塩基対の二本鎖RNAになる．その後，二本鎖RNAは分離して一本鎖となり，標的mRNAと相補的な塩基配列を有する一本鎖のmiRNAが**RNA誘導性サイレンシング複合体（RISC）**RNA induced silencing complexとよばれるタンパク質複合体と結合する．そして，RISC・miRNAの複合体がmiRNAを介して主にmRNAの3′非翻訳領域に結合することで，リボソームの移動阻止による標的mRNAの翻訳抑制が生じたり，RNA分解活性による標的mRNAの切断が起きたりする．複数の遺伝子に対してある程度の相同性を有するmiRNAは，複数の遺伝子を同時に発現抑制することができる．現在，ヒトでは2000種類以上のmiRNAが同定されており，ヒトを含めた多くの動植物において，発生や分化の過程における特異的な遺伝子発現の調節に関与している．さらに，がん，糖尿病，循環器系疾患，神経変性疾患，免疫疾患などの発症や進展に関与することも明らかにされ，これらの疾患の早期発見にmiRNAを活用することが考えられている（→ p.222 アドバンスト）．また，RNAiは，実験レベルでも応用されており，細胞内において特定の遺伝子の発現抑制法として利用されている（→ 7-4-7-B）．

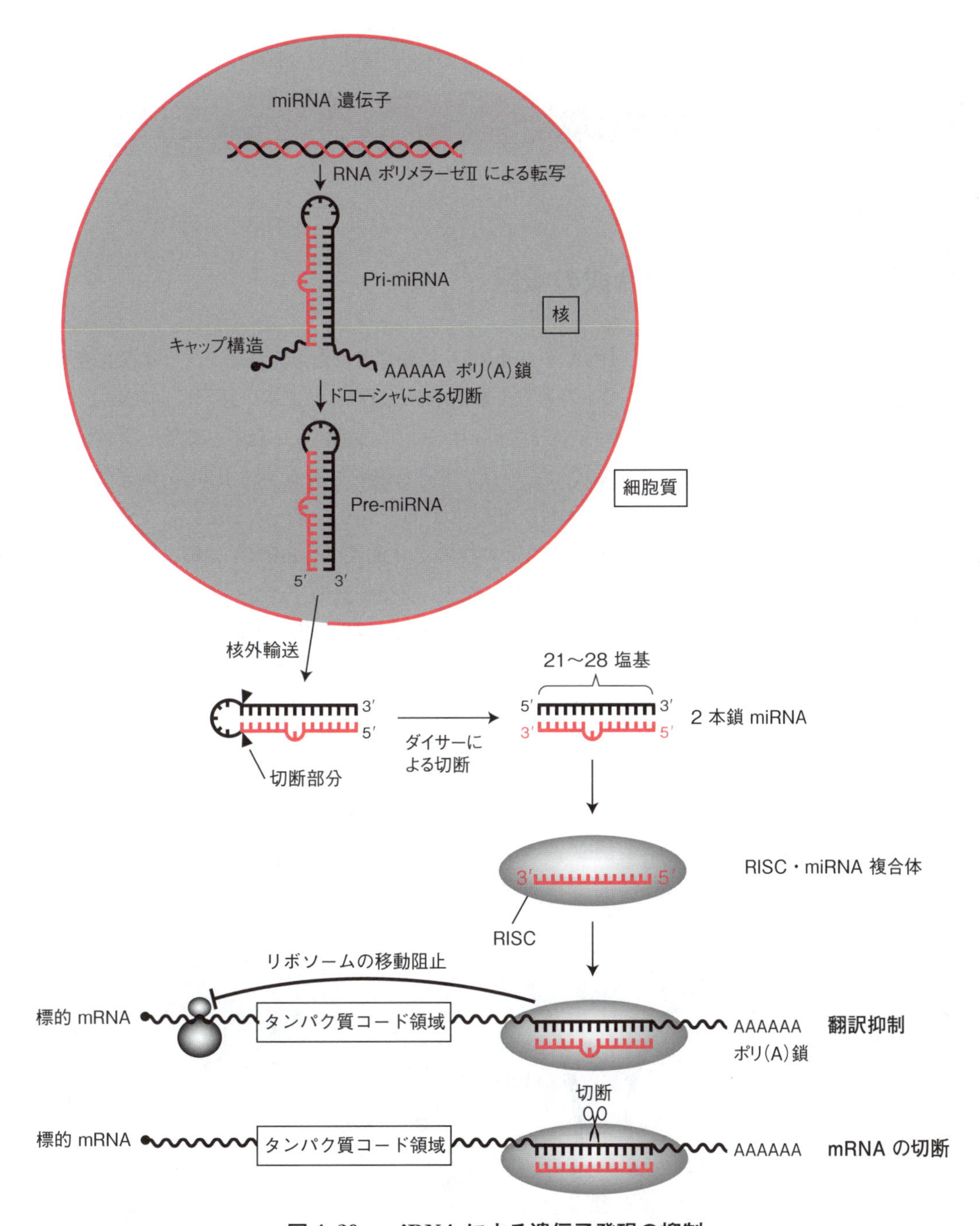

図 4-29 miRNA による遺伝子発現の抑制

miRNA は，特定の遺伝子の翻訳を抑制したり，mRNA を切断する．miRNA が mRNA の 3′ 非翻訳領域に相補的に結合（一部ミスマッチも可）すると，RISC・miRNA 複合体は，リボソームの移動を阻止することにより，翻訳を抑制する．また，mRNA の翻訳（コード）領域または非翻訳領域において，miRNA の塩基配列が完全に相補的な場合，mRNA は切断・分解される．

4-4 タンパク質合成

4-4-1 タンパク質合成の概観

セントラルドグマの最終過程は，DNA から mRNA に転写された遺伝情報をアミノ酸に変換し，タンパク質を合成することである．この過程を**翻訳** translation とよぶ．翻訳は mRNA 上にコードされた遺伝情報に基づき，リボソーム上で行われる．この翻訳反応は原核細胞と真核細胞で基本的には類似の過程をたどるが，いくつかの点で大きな違いもある（図 4-30）．例えば，原核細胞では，核が存在しないために転写途中の mRNA からでもリボソームが結合して翻訳が起こる．一方，真核細胞では，核膜が存在するために核内で合成された mRNA は細胞質に運ばれ，細胞質に存在するリボソームで翻訳されることになる．真核細胞のリボソームは粗面小胞体の細胞質側に結合した状態（膜結合型リボソーム）かまたは細胞質に浮遊した状態（遊離型リボソーム）で存在しており，それらの両方のリボソームで翻訳が行われる．そして，合成されたタンパク質は細胞内の特定部位へ輸送され，一部はさらに細胞外へ分泌される．なお，タンパク質はその機能を発現するうえで，翻訳後さまざまな修飾を受けることがある．

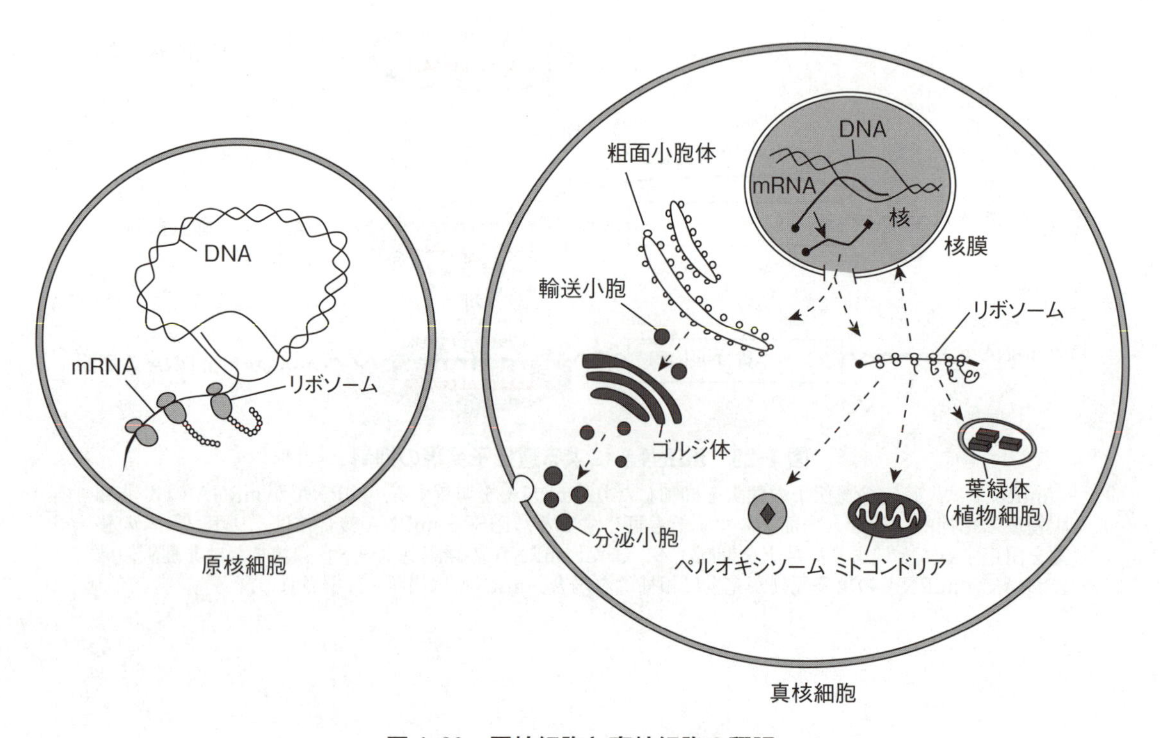

図 4-30　原核細胞と真核細胞の翻訳

4-4-2　コドンとアンチコドン

タンパク質を構成するアミノ酸は20種類であり，そのアミノ酸配列は遺伝子上の3個の連続した塩基配列によって規定されている．mRNA 上の3塩基の組合せを**コドン**（遺伝暗号）codon といい，コドンは，一つのアミノ酸に対応している（表4-2）．mRNA の塩基はアデニン，グアニン，シトシン，ウラシルの4種類からなるので，コドンは64種類（= 4 × 4 × 4）が可能である．しかし，タンパク質合成の終了を規定するのに3通りのコドンが使われているので，20種類のアミノ酸に対して61種類のコドンが使われる．タンパク質合成の最初のアミノ酸はメチオニンであり，**開始コドン** initiation codon はメチオニンをコードする AUG である．メチオニンのコドンは1種類しかないので，ペプチドの途中のメチオニンに対しても開始コドンと同様に AUG が使われる．トリプトファンを規定するコドンも1種類（UGG）のみ存在する．表4-2から明らかなように，これら以外の18種類のアミノ酸では一つのアミノ酸が複数のコドン（**同義コドン** synonymous codon という）によってコードされている．このように一つのアミノ酸に対して複数の同義コドンがあることをコドンの**縮重** degeneracy という．また，UAA，UAG，UGA の三つは**終止コドン** stop codon であり，これらのコドンに対応するアミノ酸は存在しないため，翻訳の過程で終止コドンが現れるとそこで翻訳が終結する．

tRNA の特徴的な構造は，すでに第2章で学んだ（→ 2-3-4-B）．tRNA の役割は，コドンに対応するアミノ酸を認識して結合し，リボソームまで運んでくることである．そのため tRNA には，L 字型の一方の末端に mRNA のコドンに相補的に結合する**アンチコドン** anticodon とよばれる三つの塩基があり，3′ 末端にはアミノ酸が付加されることになる（図4-31）．例えば，メチオ

表 4-2　コドン表

第一塩基	第二塩基 U		第二塩基 C		第二塩基 A		第二塩基 G		第三塩基
U	UUU	Phe	UCU	Ser	UAU	Tyr	UGU	Cys	U
	UUC	Phe	UCC	Ser	UAC	Tyr	UGC	Cys	C
	UUA	Leu	UCA	Ser	UAA	**終止**	UGA	**終止**	A
	UUG	Leu	UCG	Ser	UAG	**終止**	UGG	Trp	G
C	CUU	Leu	CCU	Pro	CAU	His	CGU	Arg	U
	CUC	Leu	CCC	Pro	CAC	His	CGC	Arg	C
	CUA	Leu	CCA	Pro	CAA	Gln	CGA	Arg	A
	CUG	Leu	CCG	Pro	CAG	Gln	CGG	Arg	G
A	AUU	Ile	ACU	Thr	AAU	Asn	AGU	Ser	U
	AUC	Ile	ACC	Thr	AAC	Asn	AGC	Ser	C
	AUA	Ile	ACA	Thr	AAA	Lys	AGA	Arg	A
	AUG	**Met 開始**	ACG	Thr	AAG	Lys	AGG	Arg	G
G	GUU	Val	GCU	Ala	GAU	Asp	GGU	Gly	U
	GUC	Val	GCC	Ala	GAC	Asp	GGC	Gly	C
	GUA	Val	GCA	Ala	GAA	Glu	GGA	Gly	A
	GUG	Val	GCG	Ala	GAG	Glu	GGG	Gly	G

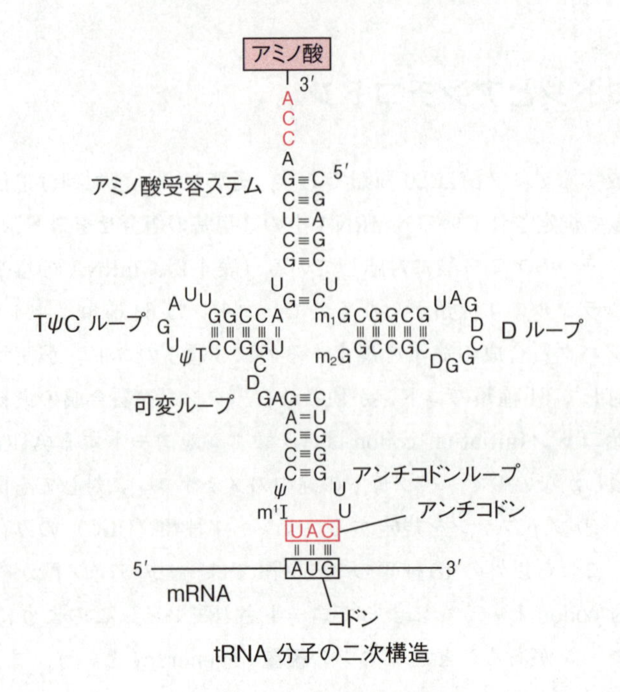

図 4-31　tRNA 分子の構造

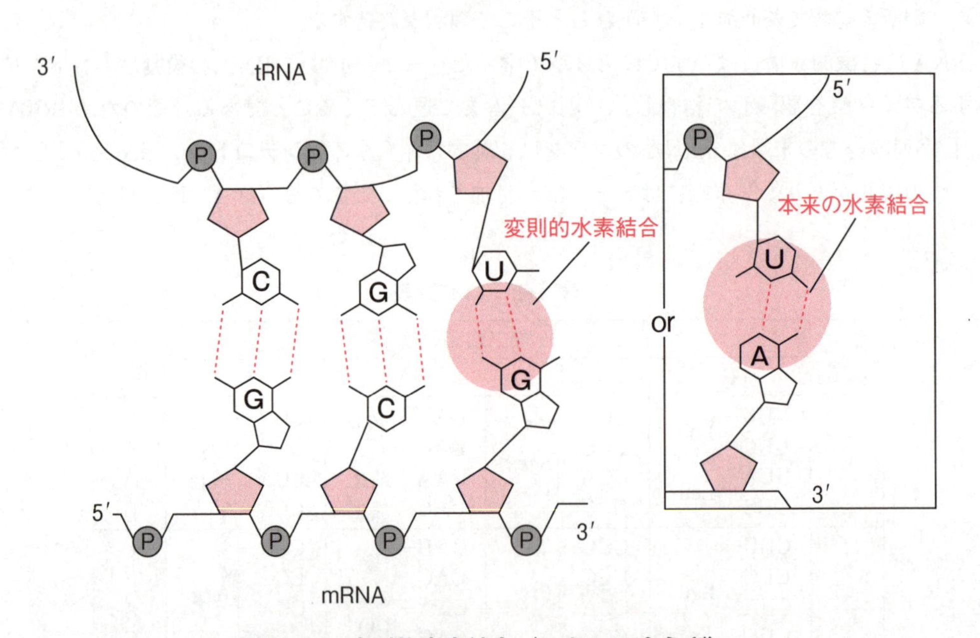

図 4-32　変則的水素結合（コドンのゆらぎ）

ゆらぎ仮説によると，アンチコドン $^{5'}$UGC$^{3'}$ をもつ tRNA は，コドン $^{5'}$GCA$^{3'}$ だけでなくコドン $^{5'}$GCG$^{3'}$（どちらも Ala をコード）とも結合することができる．

ニンを結合する tRNA^{Met} ではコドン AUG に対応する CAU というアンチコドン配列を有する．

tRNA がアンチコドンを介して相補的に mRNA に結合するとすると，61 種類のコドンに対してそれぞれ別々の tRNA が必要であると考えられる．しかし，実際には細胞内にはもっと少ない種類の tRNA しか存在しないことがわかっている．では生体はどのようにして少ない種類の

表 4-3　ゆらぎ塩基対による変則的塩基対形成

tRNA アンチコドンの一塩基目（ゆらぎ塩基）	ゆらぎ塩基に対応する mRNA コドンの三塩基目
I	U, C, A
U	A, G
G	U, C
C	G
A	U

tRNA で多様なコドンに対応しているのだろうか．その答えは，クリックらによる**ゆらぎ仮説** wobbling hypothesis によって説明される．tRNA には特殊な塩基が含まれていることはすでに学んだが，アンチコドンを構成する 1 文字目の塩基は，A，G，C，U 以外に I（イノシン）であることがある．ゆらぎ仮説では，mRNA のコドンと tRNA のアンチコドンとの結合において，コドンの 1 文字目と 2 文字目の塩基は厳密な相補的塩基対の形成が必要であるが，コドンの 3 文字目（すなわち，アンチコドンの 1 文字目）は，アンチコドンとの間で変則的な自由度の高い塩基対（これを**ゆらぎ塩基対** wobbling base pair という）を形成するというものである（図 4-32）．具体的には，アンチコドンの第一塩基が C あるいは A のときは厳密な塩基相補性が保たれるが，アンチコドンの第一塩基が U あるいは G のときは，二つの異なったコドンが読まれる．さらにアンチコドンの 1 塩基目がイノシンの場合は，三つの異なるコドンがその tRNA により読まれる可能性がある（表 4-3）．その結果，1 種類の tRNA が複数のコドンを読み取ることが可能となり，61 種類のコドンを読み取るのに，最少 31 種類の tRNA があればよいことになる．

ゆらぎ塩基対が自由度の高い塩基対を形成できる理由として，基本的にコドン-アンチコドン塩基対は比較的に直線的な構造をしており，二重らせん構造をとらないことなどがあげられる．

Coffee Break

4-1　遺伝暗号の解読

遺伝暗号はどのようにして解読されたのであろうか．ニーレンバーグらはウラシルのみからなる poly(U) を合成し，大腸菌のリボソームを含む無細胞抽出液と 1 種類の放射標識アミノ酸を加え，タンパク質合成を行ったところ，放射標識フェニルアラニンの場合にのみ，タンパク質に放射活性が取り込まれた．この実験は，遺伝暗号 UUU はフェニルアラニンであること示している．これがコドン解読の第一歩であった．その後，彼らは poly(A) はリジン，poly(C) はプロリン，そして poly(G) はグリシンであることを示した．また，2 種類の塩基の繰り返すポリヌクレオチドを用いて，UCU はセリン，CUC はロイシンであることなどを明らかにした．次いで彼らはコドンとして考えられるあらゆるトリヌクレオチドを合成し，リボソーム存在下に各トリヌクレオチドと放射標識したアミノアシル tRNA との結合性を直接，解析する方法を考案した．この方法により約 50 のコドンの解読が終了した．その後，コラナによりこれらの結果が検証され，すべての遺伝暗号が解読された（表 4-2）．

Marshall W. Nirenberg
(1927-2010)

4-4-3 tRNA へのアミノ酸の結合

tRNA の 3′ 末端にアミノ酸が結合したものは**アミノアシル tRNA** aminoacyl-tRNA という.

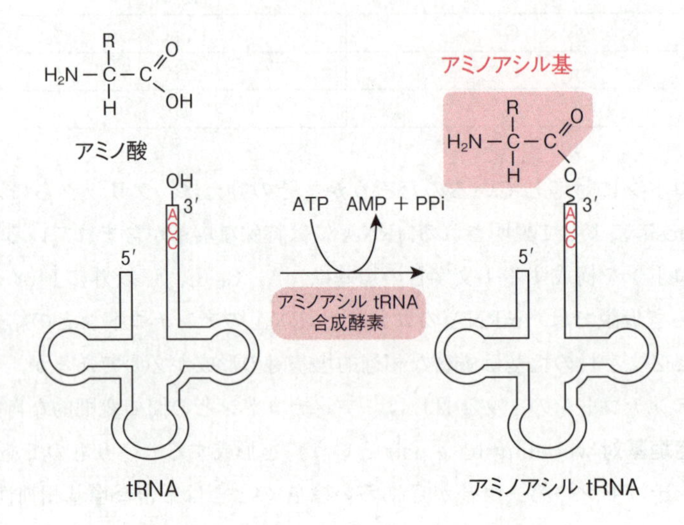

図 4-33　アミノアシル tRNA の合成

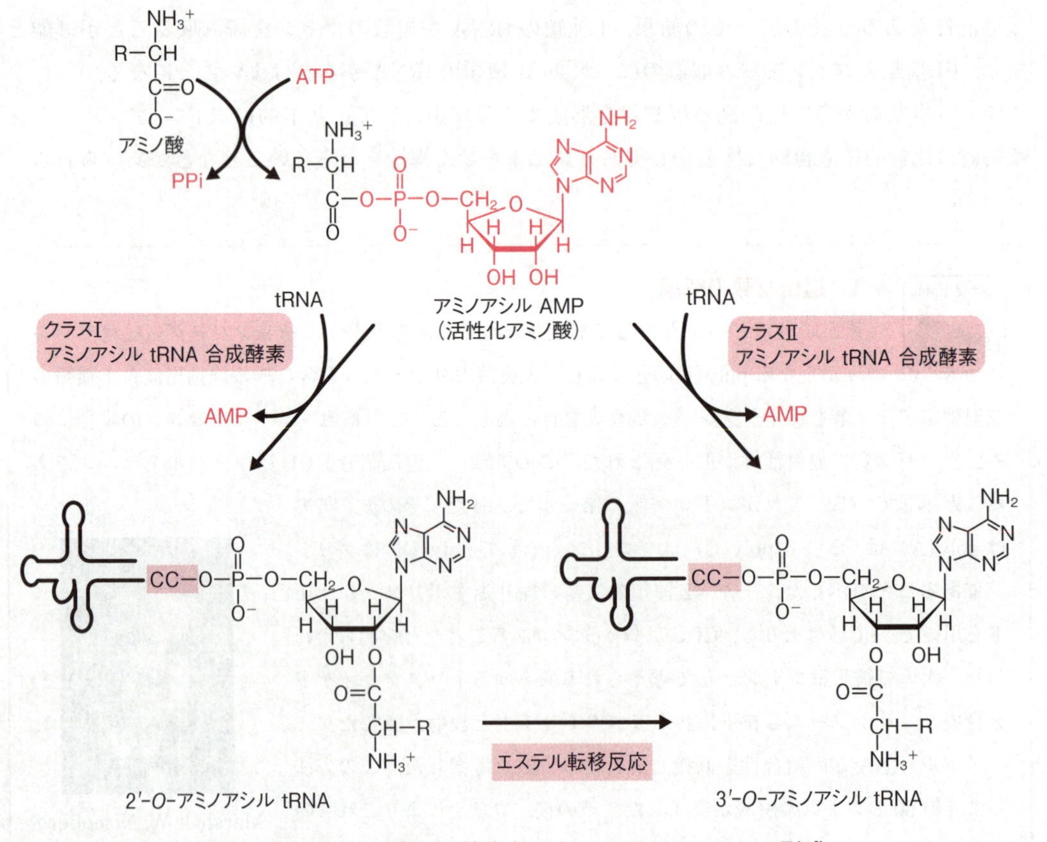

図 4-34　アミノ酸の活性化とアミノアシル tRNA の形成

これはtRNAとエステル結合したアミノ酸部分はアミノ酸の種類にかかわらずすべてアミノアシル基ということができるからである．tRNAへのアミノ酸の結合反応は，**アミノアシルtRNA合成酵素** aminoacyl-tRNA synthetaseによって，tRNAの3′末端のアデニンヌクレオチドのリボースにアミノ酸が結合される（図4-33）．この酵素は20種類のアミノ酸すべてに対してそれぞれ別の酵素が少なくとも1種類は存在し，いずれの酵素もアミノ酸の活性化とアミノアシル基のtRNAへの結合の両反応を触媒する（図4-34）．アミノ酸はまず，ATPのアデニンヌクレオチドと共有結合することにより活性化される．この反応により生成するアミノアシルAMPは次いで，tRNAの3′末端にあるアデニンヌクレオチドのリボース部分の3′もしくは2′ヒドロキシ基との間でエステル結合を形成する．アミノアシルtRNA合成酵素には二つのクラスがあり，クラスⅠは2′ヒドロキシ基に，クラスⅡは3′ヒドロキシ基にアミノ酸を結合させる．2′ヒドロキシ基にエステル形成した2′-*O*-アミノアシルtRNAのアミノアシル基は，次いでエステル転移反応によってtRNAの3′末端のヒドロキシ基へ移動する．タンパク質合成には3′エステルの3′-*O*-アミノアシルtRNAのみが利用される．

アドバンスト　セレノシステインtRNA

グルタチオンペルオキシダーゼをはじめとするいくつかの抗酸化活性を示す酵素の活性中心にはセレンが必須で，これは**セレノシステイン** selenocysteineというアミノ酸残基として存在する．セレノシステインは，システインの硫黄（S）がセレン（Se）に置き換わったものである（図1-11）．セレノシステインは翻訳時にアミノアシルtRNAとしてリボソームに取り込まれることがわかっている．それではセレノシステインはどのようにしてmRNAにコードされているのだろうか．その仕組みは次のようである．本来，UGAは終止コドンであるが，mRNAにセレノシステイン挿入配列とよばれる特殊な構造（特徴的な塩基配列と二次構造）がある場合のみ，セレノシステインのコドンとして認識される．セレノシステインに対しては特有の$tRNA^{Sec}$がある．まずセリルtRNA合成酵素によって$tRNA^{Sec}$にセリンが結合し，次いでそのセリン残基はセレノシステイン合成酵素（ピリドキサールリン酸を含む酵素）によってセレノシステイン残基に変換される．セレノシステイニル$tRNA^{Sec}$は特異的な翻訳伸長因子（SelBまたはmammalian SelB）を介して，セレノシステイン挿入配列がある場合のリボソームA部位に結合する．

4-4-4　リボソームの構造と機能

リボソームはタンパク質合成の場であり，大サブユニットと小サブユニットが結合してタンパク質合成装置として機能する．どちらのサブユニットも複数のリボソームRNA（rRNA）に多数のリボソームタンパク質が結合して形成されている（図4-35）．リボソームは巨大な複合体であるため，その大きさは，通常，分子量ではなく，超遠心分離したときの沈降係数（S値）を用いて表される．原核細胞の70Sリボソームは50S大サブユニットと30S小サブユニットからなり，

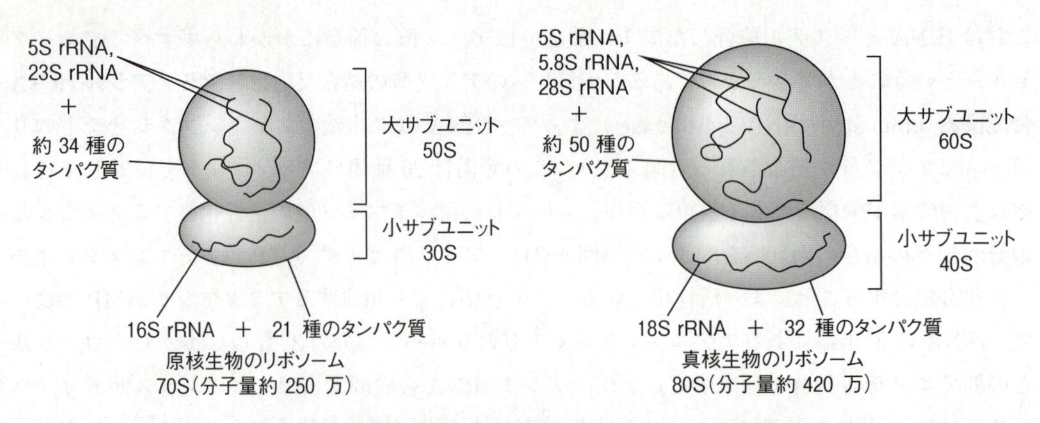

図 4-35　原核細胞と真核細胞のリボソームの構成

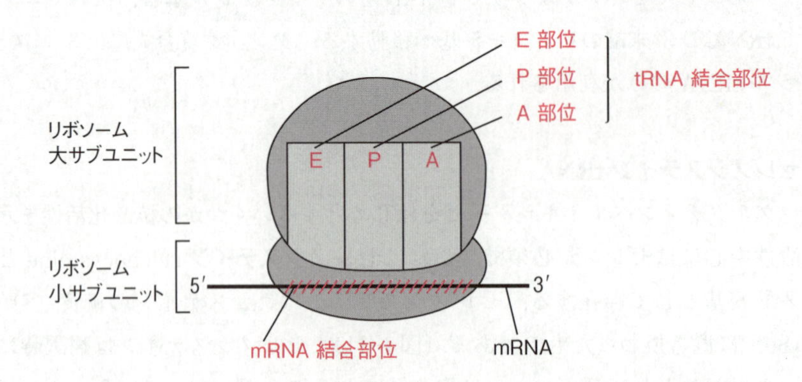

図 4-36　リボソームにおける tRNA と mRNA の結合部位

真核細胞の 80S リボソームは 60S 大サブユニットと 40S 小サブユニットからなる．原核細胞と真核細胞のリボソームの基本構造は似ているが，それぞれのサブユニットを構成している rRNA の種類やサイズ，また，リボソームタンパク質の数などは両者で異なっている．

リボソームの機能は，mRNA の塩基配列情報をもとに，アミノ酸を互いにペプチド結合させてタンパク質を合成することである．mRNA が存在することでリボソームの小サブユニットと大サブユニットが会合してタンパク質合成が開始されるが，リボソームには mRNA や tRNA が結合するための特定の場所がある．mRNA の結合部位は小サブユニットに存在し，tRNA の結合部位は大小サブユニットにまたがって 3 か所存在する（図 4-36）．3 か所の結合部位として，アミノ酸を運んできたアミノアシル tRNA が結合する **A 部位** aminoacyl site，合成途中のポリペプチドが結合しているペプチジル tRNA が結合する **P 部位** peptidyl site，そして，ペプチジル基が転移してリボソームから遊離する直前の tRNA が結合している **E 部位** exit site がある．

4-4-5　タンパク質合成各反応

すべての生物においてタンパク質合成はリボソーム上で行われ，N 末端から始まり，C 末端で終わる．これは mRNA が 5′ → 3′ 方向へ翻訳されることを意味している．mRNA は 3 塩基単位で 1 アミノ酸に翻訳されるが，そのコドンの区切りをフレーム（読み枠）という．mRNA の塩基

表 4-4　原核生物および真核生物の翻訳に関与する因子群

	原核生物	真核生物
開始アミノアシル tRNA	fMet-tRNA	Met-tRNA
ポリペプチド鎖開始因子	IF-1	eIFs（10 種類以上）
	IF-2	
	IF-3	
ポリペプチド鎖伸長因子	EF-Tu	eEF-1α
	EF-Ts	eEF-1β
	EF-G	eEF-2
ポリペプチド鎖終結因子	RF-1	eRF-1
	RF-2	
	RF-3	eRF-3

配列は，フレームの取り方によって 3 通りのアミノ酸配列（これをリーディングフレームという）が可能であるが，実際に用いられていないフレームで読むと終止コドンが頻繁に現れる．一般に，終止コドンが現れず，ある一定の長さが確保されるリーディングフレームを**オープンリーディングフレーム（ORF）** open reading frame という．

翻訳の過程は，**開始** initiation，**伸長** elongation，**終結** termination の 3 段階からなる複雑な反応で，各反応にはそれぞれ**開始因子（IF）** initiation factor，**伸長因子（EF）** elongation factor，**終結因子（RF）** releasing factor とよばれる多種類のタンパク質が関与する．これらの因子は原核細胞で詳しく研究されているが，真核細胞においても同様の因子が見出され，それらの名前には真核細胞（eukaryotic）を意味する e が付されている（表 4-4）．原核細胞と真核細胞におけるタンパク質合成機構は基本的にはよく似ているが，特に翻訳開始反応には大きな違いがみられ，これは主に mRNA の構造の違いによる．

原核細胞の mRNA では，開始コドン上流に**シャイン・ダルガルノ（SD）配列** Shine-Dalgarno sequence とよばれるプリン塩基に富んだ数塩基の特異な配列が存在する（図 4-37）．翻訳が開始されるためには，まず初めにこの SD 配列にリボソームの 30S 小サブユニットが結合することが必要である．ここで SD 配列は，小サブユニットの構成成分である 16S rRNA の 3′末端付近に存在するピリミジン塩基に富んだ配列（5′-ACCUCCU-3′）と相補的な塩基対を形成する．この塩基対が形成されると，SD 配列の数塩基下流に存在する AUG が開始コドンとして認識される．原核細胞における翻訳反応の概要を図 4-38 に示す．原核細胞では小サブユニット

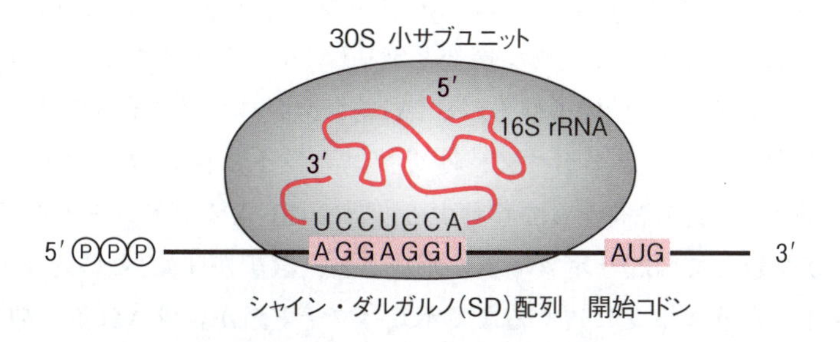

図 4-37　原核細胞のリボソームと mRNA との結合様式

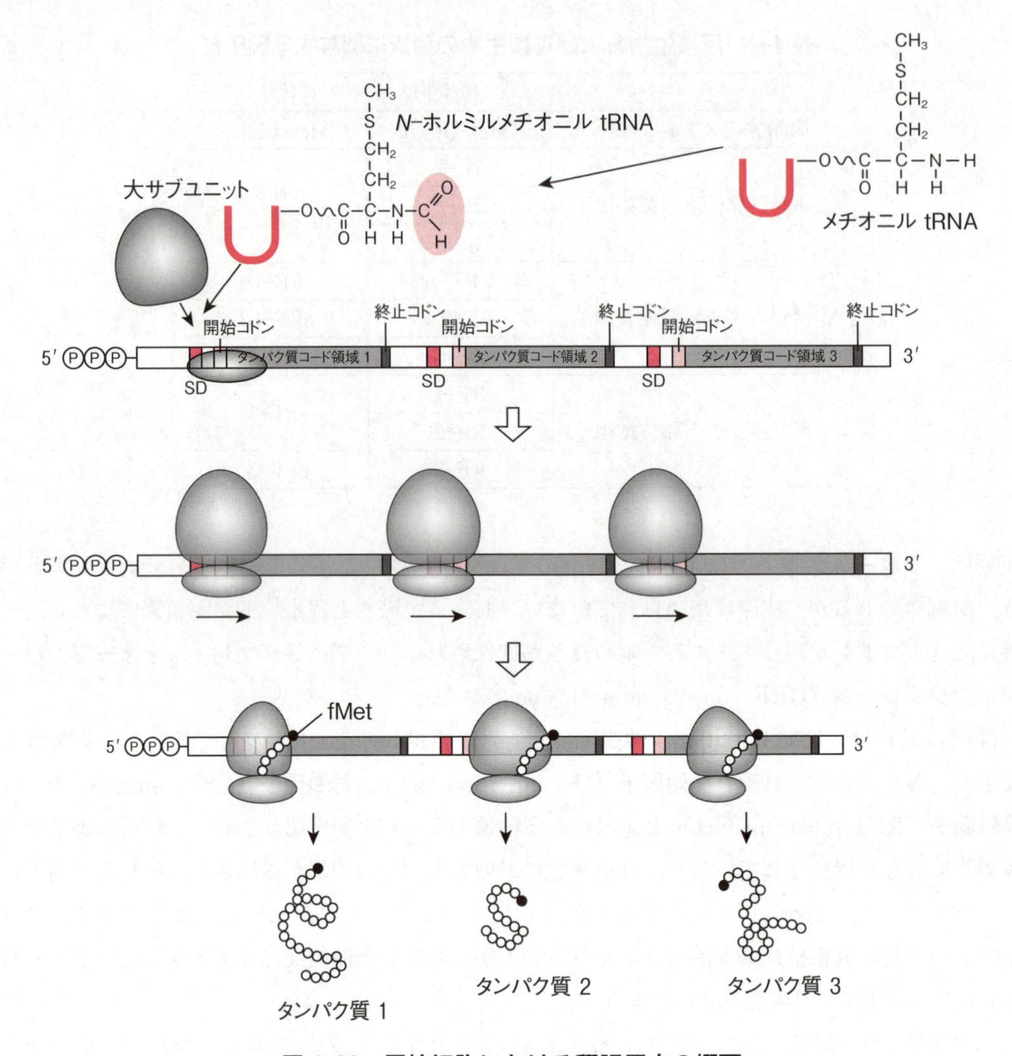

図 4-38　原核細胞における翻訳反応の概要

に N-ホルミルメチオニンを結合した開始 tRNA が結合し，さらに大サブユニットが結合して翻訳が開始される．原核細胞の mRNA は，1 本の mRNA に複数のタンパク質がコードされている**ポリシストロン性 mRNA** polycistronic mRNA であることが多く，各タンパク質をコードする領域にはそれぞれタンパク質合成の開始コドンと終止コドン，ならびにリボソーム結合部位である SD 配列がある．

一方，真核細胞の翻訳では，リボソームの 40S 小サブユニットが mRNA に結合するためには，図 4-39 に示すように，5′ 末端のキャップ構造とポリ(A)尾部が重要な役割を担っている．これら二つの特徴的な構造が翻訳開始因子群やポリ(A)結合タンパク質によって認識され，環状構造をとることで小サブユニットと結合する．小サブユニットは開始コドンの AUG に向かって mRNA の 5′ 末端から 3′ 方向に向かって移動する．開始 tRNA が開始コドンを認識すると，60S 大サブユニットが結合して 80S リボソームが形成され，翻訳が開始される．80S リボソームが mRNA 上を移動し，終止コドンに達するまでポリペプチド鎖が合成される．翻訳が終了すると 80S サブユニットは大小のサブユニットに解離し，再度利用される．真核細胞の mRNA は，原

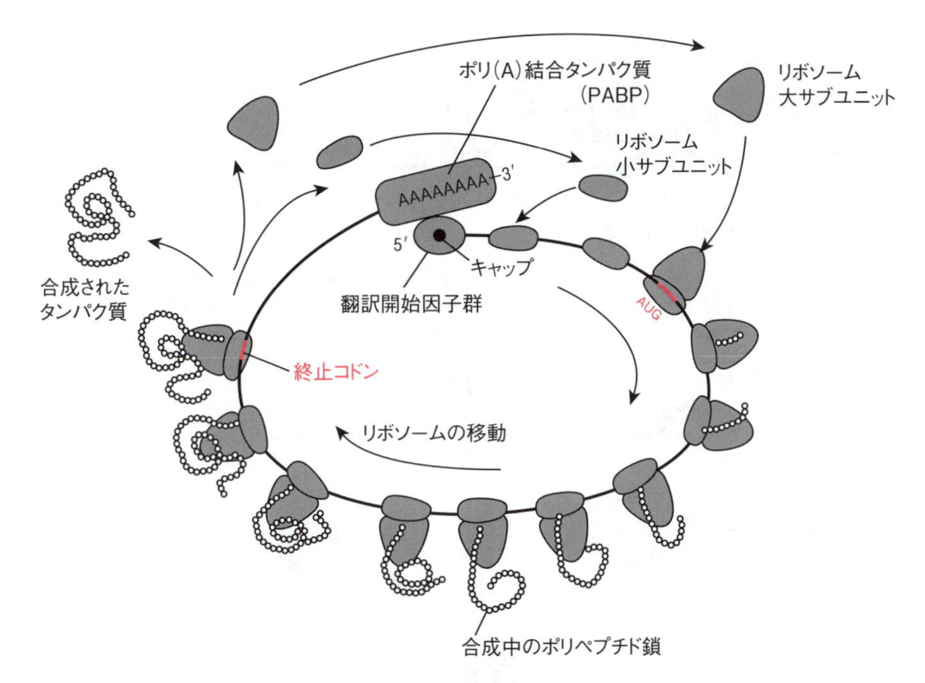

図 4-39　真核細胞における翻訳反応の全体像

核細胞とは異なり，**モノシストロン性 mRNA** monocistronic mRNA であり，通常 1 本の mRNA からは，1 種類のタンパク質が翻訳される．

以下に翻訳の 3 段階の各反応について詳しく説明するが，ヒトでのタンパク質合成を理解するため，真核細胞での翻訳反応を中心に述べる．

A　翻訳開始反応

翻訳開始反応は，メチオニンが結合した開始 tRNA，開始因子，mRNA およびリボソームサブユニットが関与する複雑な反応である．

原核細胞では，*N*-ホルミルメチオニル $tRNA^{fMet}$，IF-2 および GTP が **3 者複合体** ternary complex を形成し，さらにリボソームの 30S 小サブユニット，IF-1 および IF-3 が結合して**開始複合体** initiation complex を形成する．開始複合体は mRNA の SD 配列を認識して結合し，開始 AUG コドンにまで到達すると，開始複合体に結合していた IF-2-GTP の GTP 加水分解を促して，IF-2 の遊離に続き，IF-1・IF-3 を複合体から遊離させる．その後，小サブユニットに 50S 大サブユニットが結合して，70S 開始複合体が形成される．

一方，真核細胞における翻訳開始反応を図 4-40 に示す．まず，メチオニル $tRNA_i^{Met}$, eIF-2 および GTP が 3 者複合体を形成し，これはさらにリボソームの小サブユニットと結合して 43S 前開始複合体を形成する．mRNA の 5′ 末端のキャップ構造にキャップ結合タンパク質（CBP；cap binding protein）である eIF-4E が結合し，さらに eIF-4G とポリ(A) 結合タンパク質（PABP）が eIF-4E に結合し，eIF-4A と共同で ATP の加水分解を伴いながら，mRNA の 5′ 末端側の高次構造を解く（ヘリカーゼ活性）．43S 前開始複合体は mRNA の 5′ 末端に結合して 43S・mRNA 複合体となると，ペプチドの最初のコドンである AUG と出会うまで 3′ 方向に移動

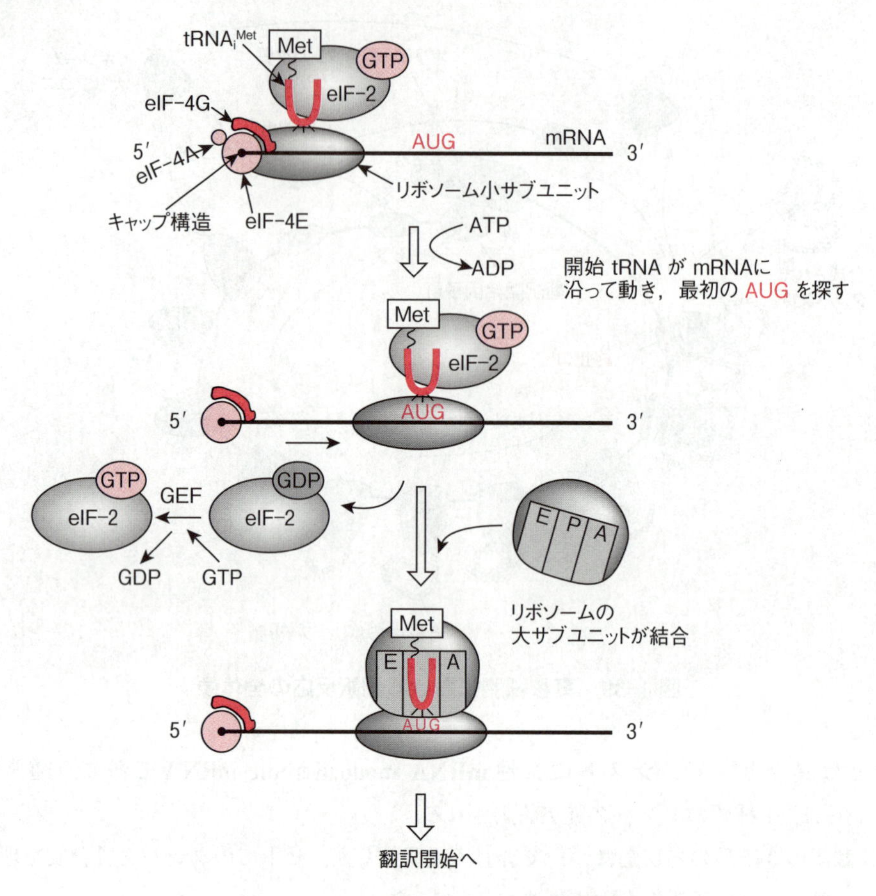

図 4-40　真核細胞における翻訳開始過程

する（AUG 走査機構）．真核細胞では，開始コドンとなる AUG 周囲には発見者の名前に因んで**コザック共通配列** Kozak consensus sequence とよばれる配列 RNNAUGG（R：プリン，N：任意の塩基）がみられる．43S・mRNA 複合体が開始コドンに到達すると，eIF-5 は複合体に結合していた eIF-2-GTP の GTP 加水分解を促して，eIF-2-GDP の遊離に続いて他の開始因子を複合体から遊離させる．続いて，60S サブユニットが結合して，80S 開始複合体が形成される．遊離した，eIF-2-GDP はグアニルヌクレオチド交換因子（GEF）の働きにより，GDP が GTP と交換され，eIF-2-GTP が再生される．

アドバンスト　キャップ構造に依存しない真核細胞のタンパク質合成開始

真核細胞において，mRNA からタンパク質の合成が開始されるには，キャップ構造が必要で，そこに多くの因子が結合する．しかし，真核細胞に感染して増殖するいくつかのウイルスではキャップ構造に依存しないでタンパク質合成を開始するものがあり，これを**内部開始機構** internal initiation とよぶ．内部開始機構では，mRNA 鎖の内部に存在する**内部リボソーム結合部位（IRES）** internal ribosome entry site とよばれる特定の領域にリボソームが直接結合することにより翻訳が開始される．IRES はポリオウイルスや C 型肝炎ウイルスなどを初めとするいくつかのウイルス遺伝子に存在するが，ヒトの免疫グロブリン重鎖結合タンパク質 mRNA やショウジョウバエのアンテナペディア mRNA など，真核細胞遺伝子にも見出されている．IRES 部分では，メチオニル$tRNA_i^{Met}$，eIF-2 および GTP の 3 者複合体とリボソームサブユニットが直接結合し，前開始複合体の形成にキャップ結合タンパク質である eIF-4E を必要としない．その結果，タンパク質合成は，IRES 配列の 3′ 側で最も近い AUG から開始される．このような IRES を用いたタンパク質発現の仕組みは動物細胞用発現ベクターに利用されている．すなわち，IRES 配列により 1 本の mRNA から二つの外来遺伝子をポリシストロン性に発現させることができる．そのようなベクターでは，2 種類のタンパク質のコーディング領域の間に IRES が挿入されている．その結果，一つ目のタンパク質の発現とともに IRES の下流に挿入された二つ目のコーディング領域の開始メチオニンからもタンパク質の発現が起こる．

B　ペプチド鎖伸長反応

開始複合体が形成されると，ペプチド鎖伸長反応が始まる．ペプチド鎖伸長反応は原核細胞と真核細胞において基本的には同じである．この反応の 1 サイクルあたり，1 残基のアミノ酸がペプチジル tRNA に付加される．反応に関与するペプチド鎖伸長因子は原核細胞では EF-Tu，EF-Ts と EF-G であるのに対して，真核細胞では eEF-1 と eEF-2 である（表 4-4）．

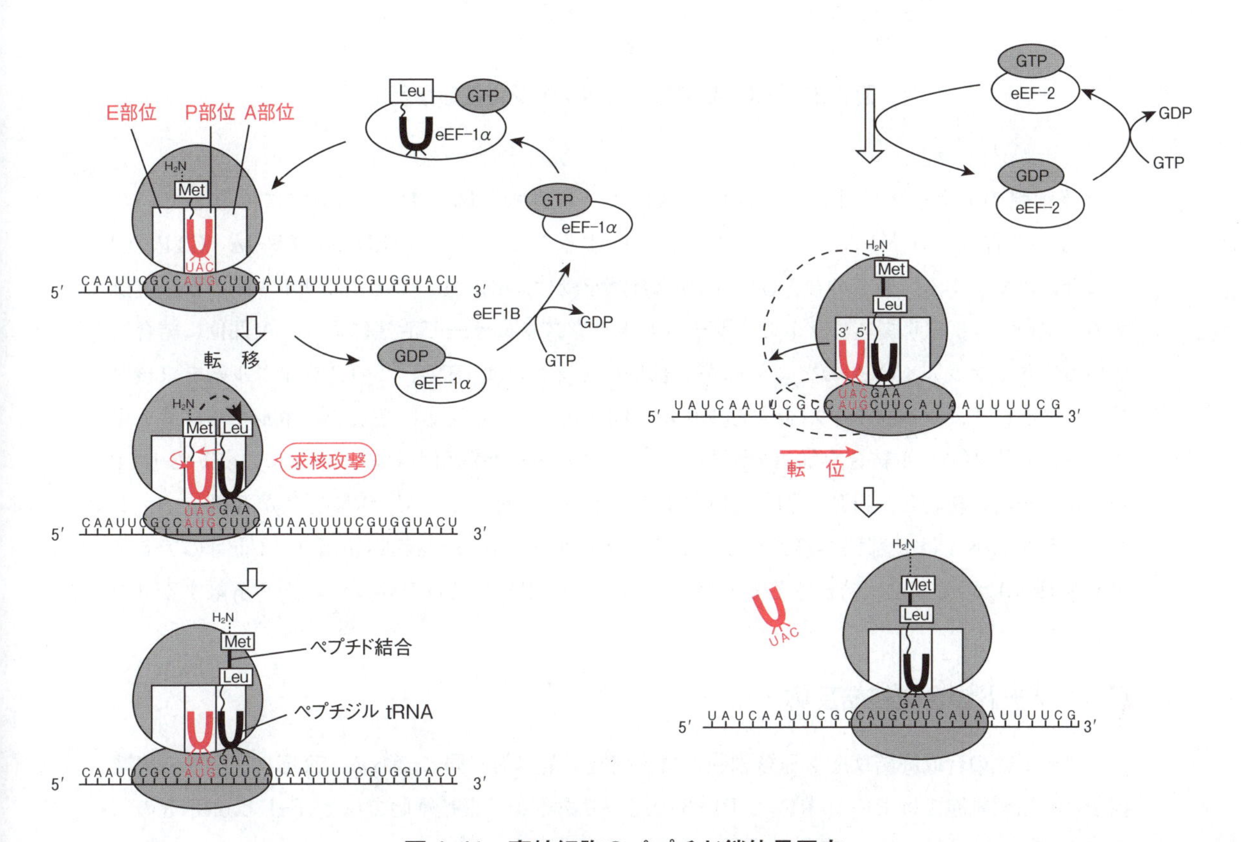

図 4-41　真核細胞のペプチド鎖伸長反応

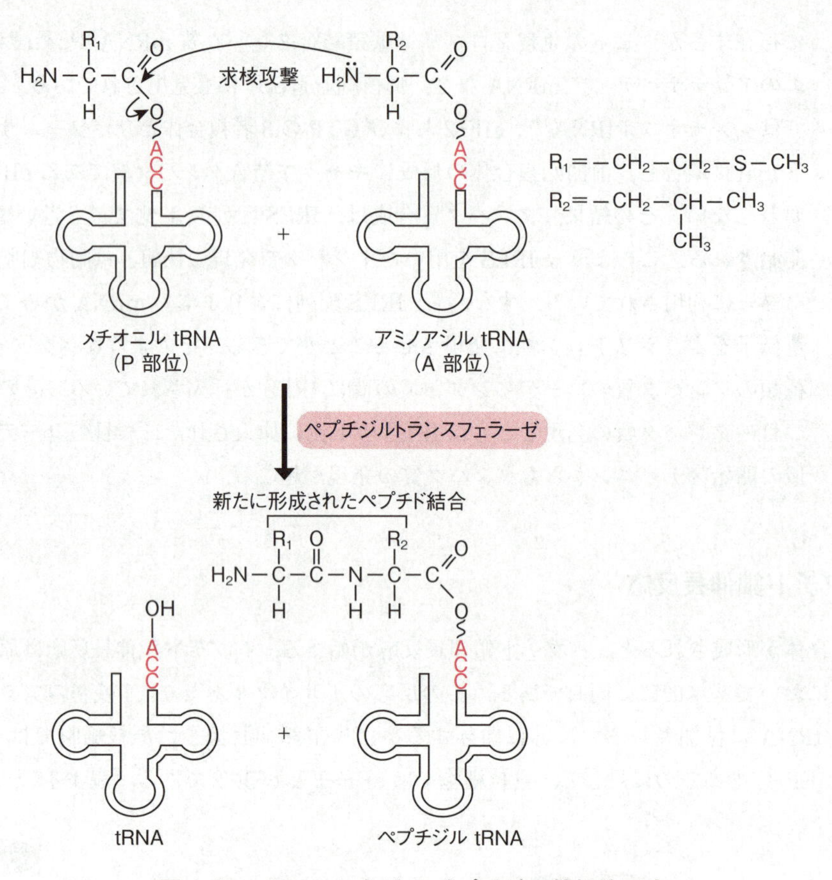

図 4-42　tRNA におけるペプチジル基転移反応

真核細胞の1サイクル目の伸長反応は次のように進む（図 4-41）．A 部位に位置している mRNA の2番目のコドンに，そのコドンに対応するアミノアシル tRNA・eEF-1α・GTP の3者複合体が結合する．結合の後，GTP は加水分解を受け，eEF-1α・GDP はリボソームから解離する．次いで，60S サブユニットのペプチジルトランスフェラーゼ活性により，A 部位に結合しているアミノアシル tRNA のアミノ基が P 部位のメチオニル $tRNA_i^{Met}$ のメチオニル基を求核攻撃することにより，ペプチド結合を形成する（図 4-42）．この反応に必要なエネルギーはメチオニル$tRNA_i^{Met}$ のアシル結合を加水分解した際のエネルギーが利用される．最後に，eEF-2-GTP がリボソームに結合し，GTP の加水分解によるエネルギーを利用して，$tRNA_i^{Met}$ が E 部位へ，ジペプチジル tRNA は P 部位へ移動する（トランスロケーション translocation）．3番目のアミノアシル tRNA が A 部位に結合すると同時に空になった $tRNA_i^{Met}$ はリボソームから解離する（図 4-41）．

C　ペプチド鎖合成終結反応

ペプチド鎖の合成終結反応も原核細胞と真核細胞で基本的に同じである．反応に関与する終結因子は，原核細胞では RF-1，RF-2，RF-3 の三つであるが，真核細胞では eRF-1 と eRF-3 の二つである（表 4-4）．

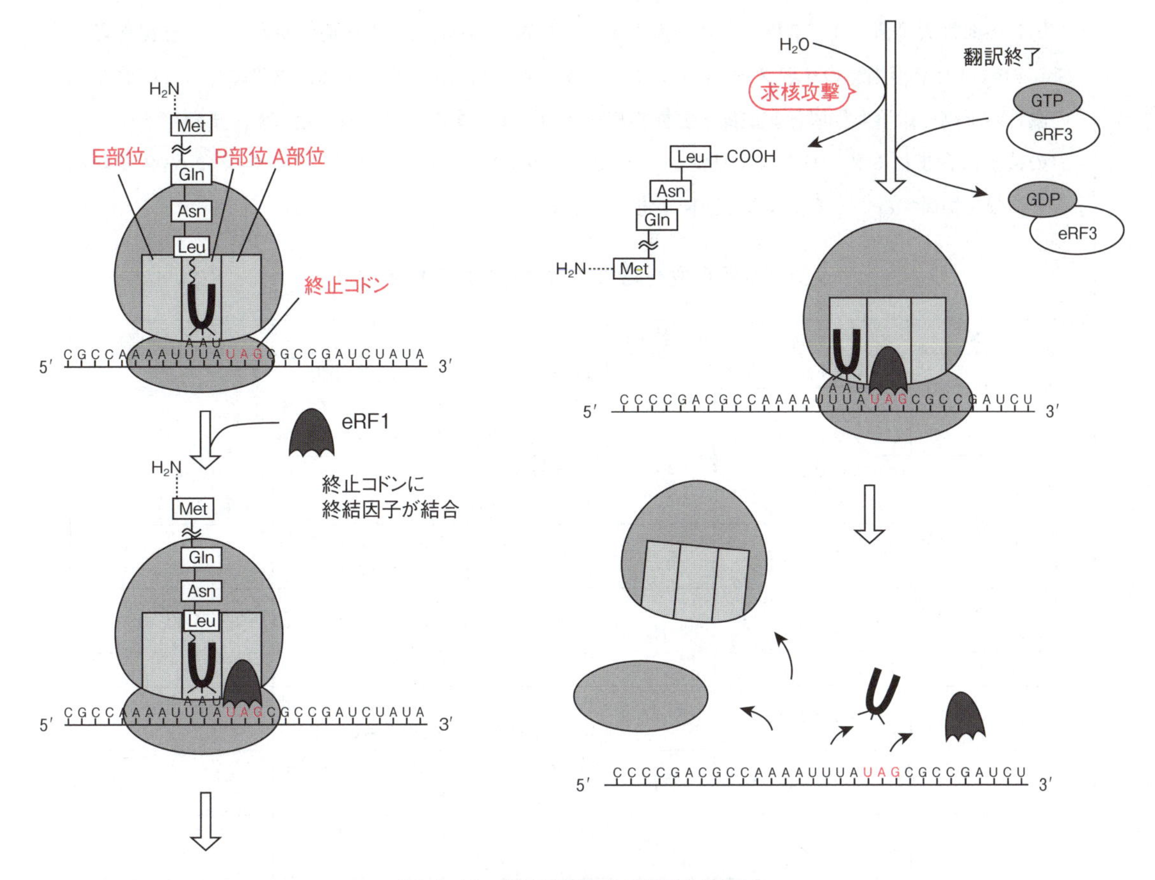

図 4-43　真核細胞の翻訳終結反応

真核細胞における終結反応を図 4-43 に示す．終止コドンが A 部位に現れると，認識する tRNA が存在しないので，eRF-1 が結合する．eRF-1 は，ペプチジルトランスフェラーゼとの共同でペプチジル tRNA からポリペプチド部分を加水分解して遊離させる．次いで，eRF-3 が eRF-1 に結合するとリボソームと空の tRNA は mRNA から遊離し，リボソームはさらに 40S サブユニットと 60S サブユニットに解離する．

医療とのつながり

4-3　抗生物質ならびに細菌毒素の標的としてのリボソーム

真核生物の 80S リボソームは，40S と 60S のサブユニットからなり，一方，原核生物のリボソームは 80S より小さい 70S リボソームであり，30S と 50S のサブユニットからなる．この構造上の違いが，タンパク質合成を阻止する**抗生物質** antibiotics への感受性の違いの要因となる．リボソームを標的とする抗生物質は数多くあり（次表），いずれも感染症の化学療法薬として利用されている．代表的なものにアミノグリコシド系化合物（ストレプトマイシン，カナマイシン）やマクロライド系，テトラサイクリン系，クロラムフェニコール系化合物などがある．ピューロマイシンは，アミノアシル tRNA と類似の構造をもち，リボソームの A 部位を占拠してそれまで合成されたペプチドに結合して，タンパク質合成を停止する．

腸管出血性大腸菌（O-157株など）が産生する**ベロ毒素** verotoxin や赤痢菌が産生する**志賀毒素** Shiga toxin は真核細胞のリボソームに作用して，タンパク質合成を阻害する．感染に伴って出血性の激しい下痢や，溶血性尿毒症候群，急性脳症などのさまざまな病態を引き起こす．また，トウゴマの種子に含まれるタンパク質の**リシン** ricin は，28S rRNA の 3732 番目のアデニンの *N*-グリコシド結合を切断することでこれらと同様な毒性を示す．

タンパク質合成を阻害するいくつかの抗生物質

分　類	一般名	感受性生物	作用機序	副作用，毒性
アミノグリコシド系	ストレプトマイシン	原核	30S サブユニットに結合し，翻訳開始の阻害，コドンのミスリーディングの誘発（70S の 30S と 50S への解離を阻害）	聴覚障害（難聴） 腎毒性
	カナマイシン			
	ゲンタマイシン			
マクロライド系	エリスロマイシン	原核	50S サブユニットに結合し，トランスロケーションを阻害	消化器障害 （下痢，吐き気など）
	クラリスロマイシン			
テトラサイクリン系	テトラサイクリン	原核	30S サブユニットに結合し，アミノアシル tRNA の A 部位への結合阻害	
クロラムフェニコール系	クロラムフェニコール	原核	50S サブユニットに結合し，ペプチジルトランスフェラーゼを阻害	再生不良性貧血
リンコマイシン系	リンコマイシン			
ヌクレオシド系	ピューロマイシン	原核・真核	アミノアシル tRNA 類似体として作用し，未成熟なペプチド鎖合成の誘発	
	アニソマイシン	真核	60S サブユニットに結合し，ペプチジルトランスフェラーゼを阻害	
	シクロヘキシミド	真核	60S サブユニットに結合し，トランスロケーションを阻害	

4-4-6　リボザイム

生体反応を触媒する酵素はすべてタンパク質であると考えられていたが，1982 年チェック Cech は，テトラヒメナ（真核生物，繊毛虫の一種）の rRNA 前駆体自体に自己を切断し，再結合するスプライシング活性（→ 4-3-1-C）があることを発見した（表 2-1）．続いて，アルトマン Altman は tRNA 前駆体を切断して成熟 tRNA を生成するリボヌクレアーゼ P では，構成する RNA 部分に触媒作用があることを示した．このように触媒能を有する RNA 分子のことを**リボザイム** ribozyme とよぶ．リボザイムのもつ意味を決定的にしたのは，リボソームの X 線結晶構造解析による詳細な立体構造の解明である．すなわち，リボソーム大サブユニットのペプチジルトランスフェラーゼ活性に重要な領域にはタンパク質はなく，RNA しか存在しないことが示された．これはペプチド結合の形成がタンパク質の存在しない状況で可能であることを強く示唆している．多様なリボザイムの発見により，RNA が遺伝情報の伝達物質としての働きとともに，いくつかの反応の触媒としての能力をもつことが示され，生命の起源時には RNA が主要な役割を果たしていたとする **RNA ワールド仮説** RNA world hypothesis が唱えられている．

4-2　卵が先か，ニワトリが先か

生命の起源において，核酸とタンパク質はどちらが先に存在したのかという問題がある．すなわち，太古の時代の生命体では，遺伝情報をもつ核酸の複製が行われたはずである．核酸を複製するにはポリメラーゼという酵素タンパク質が必要と考えられるが，そのタンパク質は核酸にコードされていなければならないからである．これは大きな疑問であった．しかし，RNA 自身が酵素活性を示すリボザイムの発見により，最初に進化したのは RNA であり，RNA しか存在しなかった時代があったとする，「RNA ワールド」の概念が提唱されるようになった．その後，遺伝情報を安定に保持できる DNA や高度な触媒能を有するタンパク質が進化したと考えられる．

4-5　タンパク質の細胞内輸送

4-5-1　遊離型および膜結合型リボソームでのタンパク質合成

タンパク質合成が行われるリボソームは，細胞質内に遊離して存在するものと，粗面小胞体の表面や核の外膜あるいは細胞骨格に結合して存在するものがある．いずれの場合も，1 本の mRNA に多数のリボソームが結合してタンパク質合成を行っており，この状態のものを**ポリソーム** polysome（またはポリリボソーム）とよぶ．すべてのタンパク質は細胞質の遊離型リボソームで合成が開始されるが，その後，そのまま細胞質に留まるか，あるいはそれぞれのタンパク質がもつ特異的な**シグナル配列** signal sequence や高次構造の特徴により，特定の経路を通って目的の細胞小器官や細胞膜へ輸送されたり，細胞外へ分泌される（図 4-30）．なかには種々の翻訳後修飾を受けることにより，機能を有するタンパク質となるものも多い．

4-5-2　移行シグナル

A　細胞膜移行ならびに分泌シグナル

細胞膜タンパク質や分泌タンパク質の場合は，合成されたタンパク質は小胞体内腔に送り込まれるか，または小胞体膜上に留まらなければならない．これらのタンパク質はいずれも粗面小胞体に結合したポリソーム上で前駆体タンパク質として合成される．タンパク質の N 末端には**シグナルペプチド** signal peptide とよばれる約 10 ～ 15 残基の疎水性アミノ酸に富む配列が存在しており（表 4-5），シグナルペプチドによる小胞体内腔への移行は詳しく解明されている．図 4-44 に示すように，まず遊離のリボソーム上で合成されはじめたタンパク質のシグナルペプチ

表 4-5　真核細胞におけるタンパク質のシグナル配列の例

標的細胞小器官	典型的なシグナル配列	シグナル配列の特徴
小胞体	NH_2-M-R-S-L-L-I-L-V-L-C-F-L-P-L-A-A-L- ならびに　-K-D-E-L-COOH	αヘリックス構造をとるN末端の疎水性アミノ酸配列 小胞体に留まるときのC末端の四つのアミノ酸配列
核	-P-K-K-K-R-K-V-	ペプチド鎖中の塩基性アミノ酸配列
ミトコンドリアマトリックス	NH_2-M-L-S-L-R-Q-S-I-R-F-F-K-P-A-T-	塩基性アミノ酸によって分断されたN末端の疎水性アミノ酸配列
ペルオキシソーム	-S-K-L-COOH または　NH_2----R-L-(X_5)-H-L-	C末端の特異的な三つのアミノ酸配列 またはN末端付近に付加されたペプチド

ドがリボソームから露出すると，シグナルペプチドに**シグナル認識粒子** signal recognition particle（SRP）とよばれるタンパク質-RNA複合体が結合する．次いでSRPが小胞体膜上にあるSRP受容体に結合し，さらに小胞体膜上のリボソーム受容体もリボソームと結合することにより，小胞体膜にリボソームがしっかりと結合する．その後，シグナルペプチドからSRPが遊離するとともにシグナルペプチドは小胞体膜の膜通過チャネルに結合する．タンパク質の合成が進むと小胞体内腔にループ状にポリペプチドが送り込まれる．タンパク質がC末端まで合成されるとシグナルペプチドは小胞体内腔に存在するシグナルペプチダーゼにより切断されて成熟型のタンパク質となる．

細胞膜受容体などの膜貫通型タンパク質の場合は，アミノ酸配列の一部に疎水性アミノ酸残基に富む膜輸送停止配列があり，それによって小胞体内への送り込みが停止したままC末端まで

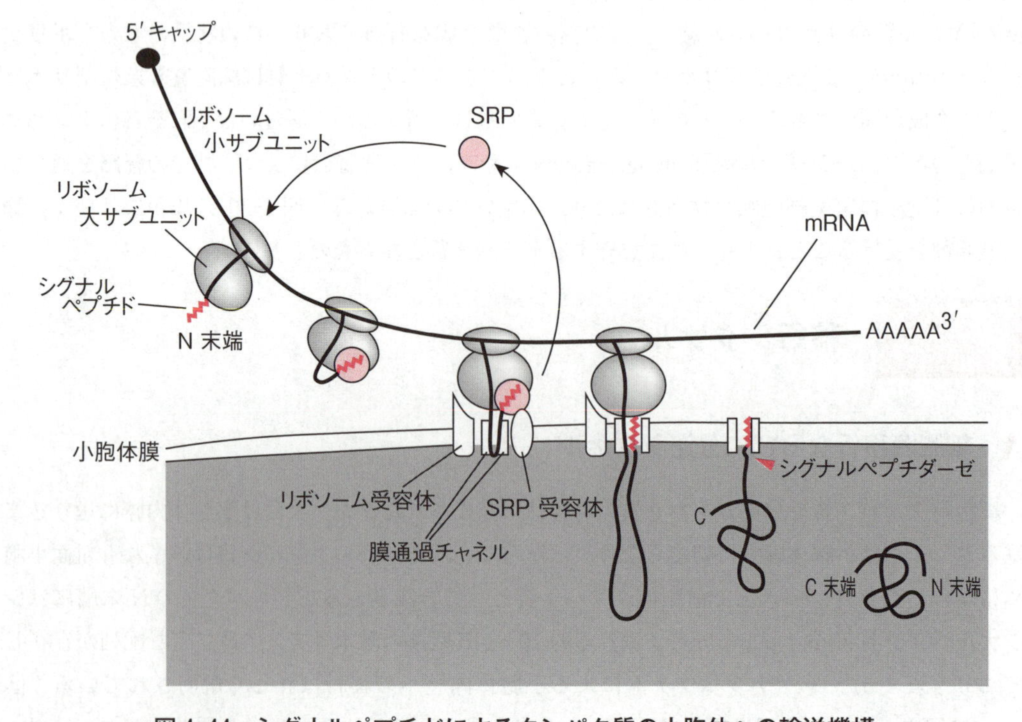

図 4-44　シグナルペプチドによるタンパク質の小胞体への輸送機構

翻訳される．その後，シグナルペプチドが切断されると脂質二重層を一回貫通する膜タンパク質となる．膜輸送停止配列は膜タンパク質の**膜貫通領域** transmembrane domain であり，20 数個の疎水性アミノ酸残基に富む配列が α ヘリックスを形成する．

小胞体に移行した膜タンパク質または分泌タンパク質は，次にゴルジ体を経て，分泌小胞を形成し，分泌小胞の膜は細胞膜と融合する．その結果，分泌小胞膜に結合している膜タンパク質は細胞膜の一部となる．一方，分泌小胞内に蓄えられていた可溶性タンパク質は融合により，細胞外に分泌される．このような分泌を**エキソサイトーシス** exocytosis という．

B 核局在化シグナル

DNA ポリメラーゼ，RNA ポリメラーゼ，ヒストン，転写因子など核で働く多くのタンパク質は細胞質で合成された後，核内へ輸送される必要がある．これらのタンパク質は，核膜あるいは細胞質内の細胞骨格に結合しているポリリボソームで合成された後，核内へ移行する．核に局在するタンパク質には**核局在化シグナル（NLS）** nuclear localization signal とよばれる数残基の塩基性アミノ酸に富む特徴的な配列がある（表 4-5）．NLS は必ずしも N 末端ではなく，一次配列上のほぼどこにあってもよい．核に移行するタンパク質では，まず細胞質に存在するインポーチン α・インポーチン β 複合体の α サブユニットが NLS 部分に結合し，核膜孔複合体（図 1-6）に運ばれ，GTP の加水分解エネルギーを利用してに核内に移行する．NLS の働きは実験によって確認できる．すなわち，本来，細胞質に局在するタンパク質に NLS を融合した融合タンパク質を細胞内で発現させると，融合タンパク質は核に局在化する（図 7-24(b)）．一方，核から細胞質へのタンパク質の移行もあり，それには**核外移行シグナル（NES）** nuclear export signal とよばれる配列が関与する．

C その他の移行シグナル

遊離型のポリソームで合成されたタンパク質はミトコンドリアやペルオキシソームなどの細胞小器官へ移行するか，あるいは細胞質内に留まる．ミトコンドリアで働くタンパク質の大部分は核の遺伝情報をもとに細胞質で合成されて，ミトコンドリア内に運ばれる．このようなタンパク質には，N 末端に特異的なミトコンドリア移行シグナルが存在する．ミトコンドリア内膜に組み込まれるタンパク質では，ミトコンドリア移行シグナルが二つ連続している．すなわち，N 末端側のマトリックス移行シグナルによりマトリックスに移行した後，マトリックス移行シグナルが分解されて膜移行シグナルが現れ，それによりタンパク質はマトリックスから内膜に局在する．この他にも，ペルオキシソームへの移行を規定するシグナル配列なども存在する（表 4-5）．

4-6 タンパク質の翻訳後修飾

リボソーム上で新規に合成されたタンパク質がそれぞれの特異的な機能を発揮するには，mRNA から翻訳されたままの形では不十分なことが多い．例えば，mRNA の配列をもとに合成

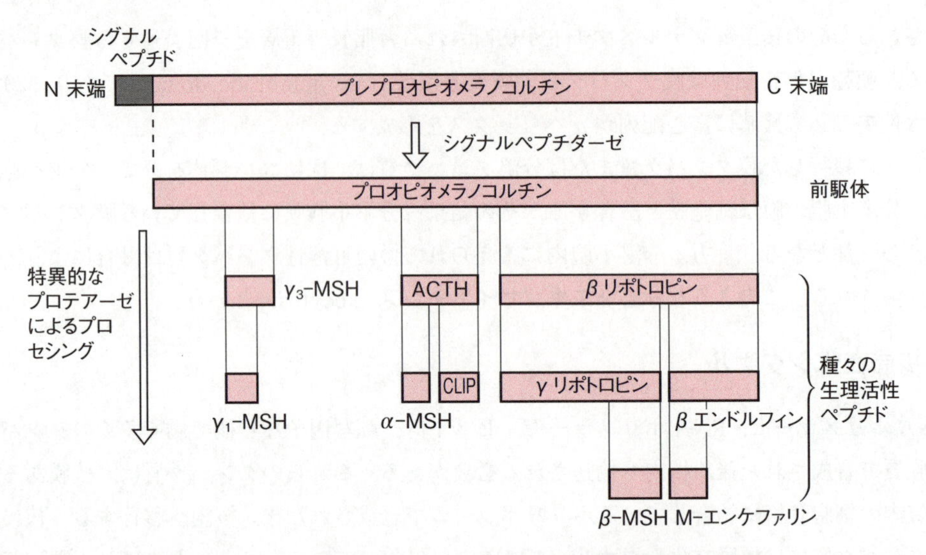

図 4-45　プレプロオピオメラノコルチンのプロセシング

されたタンパク質が，タンパク質分解酵素（プロテアーゼ）によって特定のアミノ酸配列部位において切断（これを**限定分解** limited digestion という）されてはじめて生理活性のある分子を生成するものがある．また，タンパク質によっては糖鎖や脂質が付加したり，特定のアミノ酸がリン酸化や硫酸化されるなど，種々の修飾を受けている．このような修飾反応は**翻訳後修飾** posttranslational modification と総称される．

4-6-1　プロテアーゼによる切断

ある種のペプチドホルモンでは，最初に分子量の大きな前駆体タンパク質として合成された後，プロテアーゼによる限定分解を受けて，活性のあるペプチドホルモンがつくられる．この例として，プロインスリンが特異的に切断されて，インスリン分子が生成することは古くから知られている．さらに複雑な例として，プレプロオピオメラノコルチン前駆体がある．図 4-45 に示すように，まずプレプロオピオメラノコルチン mRNA から 1 本の長い前駆体ポリペプチドが翻訳される．その後，この前駆体に複数の特異的なプロセシング酵素が作用することにより，副腎皮質刺激ホルモン（ACTH），リポトロピン（LPH），メラニン細胞刺激ホルモン（MSH），エンドルフィンおよびメチオニンエンケファリン（M-エンケファリン）などの各種ポリペプチドが生成される．このような仕組みの全容が解明されたのは，cDNA クローニングによって前駆体タンパク質の全アミノ酸配列が明らかにされた結果である．

4-6-2　糖鎖による修飾

糖鎖による修飾は翻訳後修飾の中でも重要なものである．哺乳動物の全タンパク質の約半分は糖鎖付加を受けている．糖鎖による修飾は小胞体とゴルジ体で行われる．分泌タンパク質や膜タンパク質の多くは糖鎖と結合した糖タンパク質である（図 4-46）．ポリペプチド鎖のセリンまた

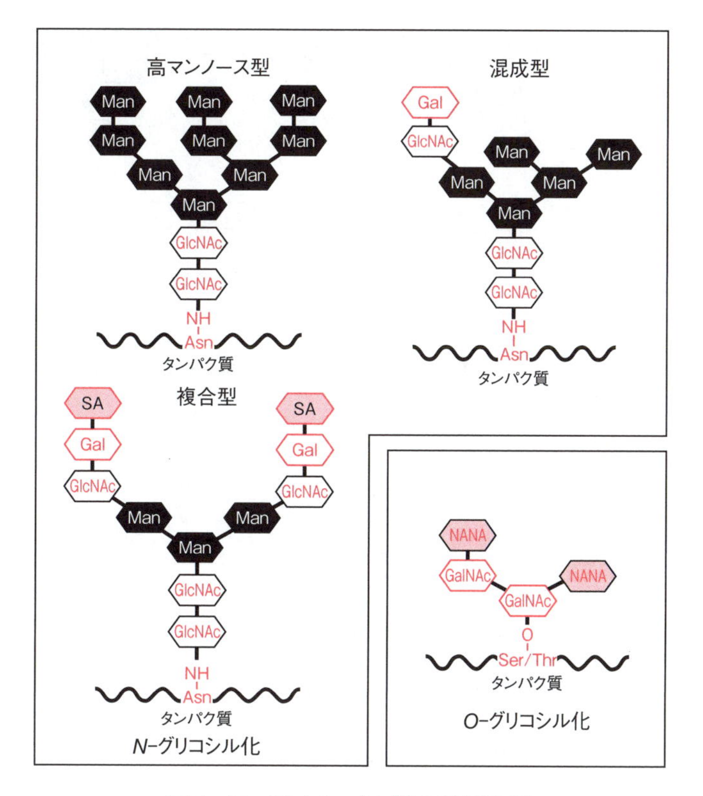

図 4-46　糖タンパク質の糖鎖の例

Gal, galactose；GalNAc, *N*-acetylgalactosamine；GlcNAc, *N*-acetylglucosamine；Man, mannose；NANA, *N*-acetylneuraminic acid；SA, sialic acid

はトレオニン残基の側鎖のヒドロキシ基に糖鎖が*O*-グリコシド結合しているものは***O*-グリコシド型糖鎖** *O*-glycosylated polysaccharide とよばれ，一連の付加反応はゴルジ体で行われる．一方，ポリペプチド鎖の Asn-X-Ser/Thr（X はどのアミノ酸でもよい）配列の Asn 残基の側鎖のアミド基に糖鎖が*N*-グリコシド結合しているものは，***N*-グリコシド型糖鎖** *N*-glycosylated polysaccharide とよばれる．この糖鎖はまず粗面小胞体の内腔側で形成され，次にゴルジ体において高マンノース型，混成型，さらに複合型へと三つの修飾経路により糖鎖が形成される．これら糖タンパク質の糖鎖の機能は，必ずしもすべて明らかになっているわけではないが，いくつかの例ではポリペプチド鎖の折りたたみや立体構造の安定化，さらにサブユニットのオリゴマー形成，細胞膜への局在や細胞外リガンド分子の認識などに関与することが知られている．

4-6-3　脂質による修飾

脂質によるタンパク質の修飾反応として，タンパク質に脂肪酸のミリスチン酸やパルミチン酸あるいはイソプレン骨格（C5 単位）のファルネシル基やゲラニルゲラニル基が共有結合することがある．また，タンパク質の C 末端のカルボキシ基に**グリコシルホスファチジルイノシトール（GPI）** glycosylphosphatidylinositol が共有結合したものもある．また，いずれの場合もタンパク質に疎水性の大きなアルキル鎖が付加することにより，タンパク質はそのアルキル鎖を脂質

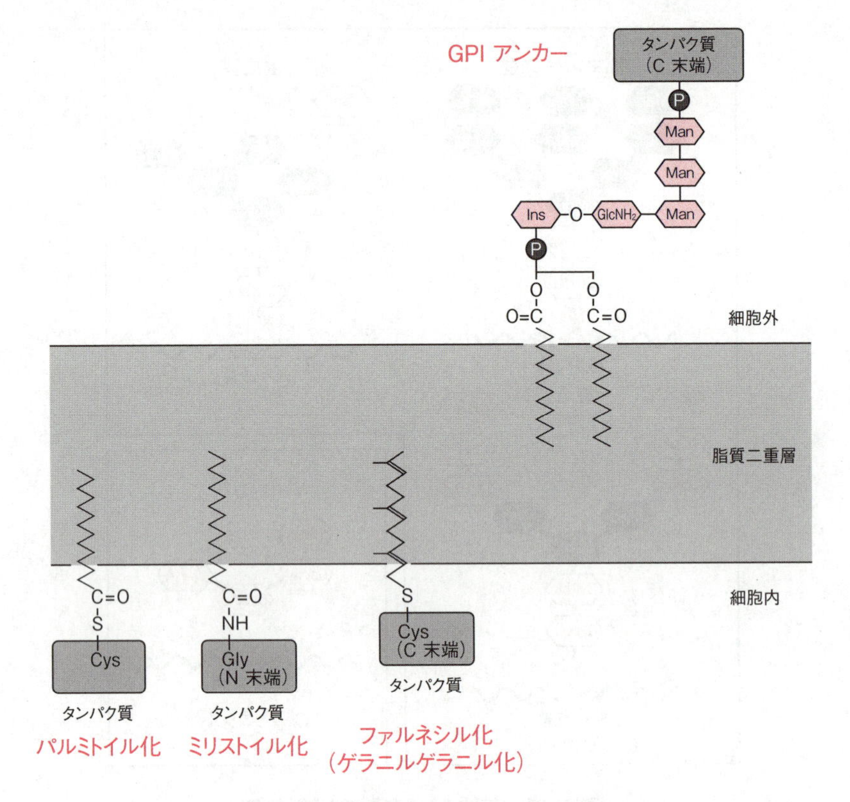

図 4-47　脂質結合型膜タンパク質

Ins, inositol；$GlcNH_2$, glucosamine；Man, mannose

二重層に突き刺して固定された状態（これを**アンカーリング** anchoring という）になり，膜に局在化する（図 4-47）．細胞内シグナル伝達に重要な低分子量 G タンパク質の Ras はシステイン残基がパルミトイル化されており，Src タンパク質は N 末端がミリストイル化されている．これらのタンパク質はいずれも細胞質側に存在する．一方，GPI-アンカー型膜タンパク質は脂質二重層の外側に存在し，酵素，受容体，細胞接着分子など 100 種類以上が知られている．いずれの場合も脂質の付加による細胞膜への局在が，生理活性の発現に重要な役割を果たしている．

4-6-4　その他の修飾

糖鎖や脂質の付加以外に，タンパク質の N 末端 α-アミノ酸またはリジンの ε-アミノ基のアセチル化，ペプチドホルモンに多くみられる C 末端アミド化，コラーゲンにおけるプロリンとリジン残基のヒドロキシ化（それぞれヒドロキシプロリン，ヒドロキシリジン），さらにプロトロンビンなどの血液凝固系タンパク質にみられるグルタミン酸残基の γ-カルボキシ化（γ-カルボキシグルタミン酸）などは，それらのタンパク質の生理作用にとって極めて重要である．ミルクに含まれるカゼインは，セリン残基に多くのリン酸化が起こっており，そこに多数の Ca^{2+} が結合する．これら以外に硫酸化，メチル化，ADP リボシル化など多様な修飾反応がある．そのため自然界には 200 種類以上の異型アミノ酸が存在するといわれている．

4-7 タンパク質の品質管理とは

タンパク質は多数のアミノ酸がペプチド結合し，複雑に折りたたまれた構造をしている．このタンパク質が機能を発現するには，ポリペプチド鎖の正しい折りたたみ（フォールディング）が必須である．タンパク質の高次構造は非共有結合からなり，構造にかなりの自由度があるため，タンパク質は種々の要因により変性しやすい．そのため，生体には変性タンパク質やミスフォールドタンパク質を監視，除去する機構が存在している．これは工場における“品質管理部門”が製品の品質を一定に保証しているのと同じことから，生体における異常タンパク質の検出，修復，除去を**タンパク質の品質管理** quality control of proteins とよぶ．

4-7-1 シャペロン

翻訳途中のタンパク質はフォールディングが未完成であり，分子内部の疎水的なアミノ酸残基が露出しやすく，そのままではタンパク質どうしが凝集して正しい高次構造をとれなくなる．また，正常に折りたたまれたタンパク質でも，細胞が熱，酸化ストレスや浸透圧ストレスなどを受けるとタンパク質が変性する．細胞内にはタンパク質のフォールディングを助けたり，変性したタンパク質の高次構造を再生するタンパク質分子が存在する．このようなタンパク質は**分子シャ**

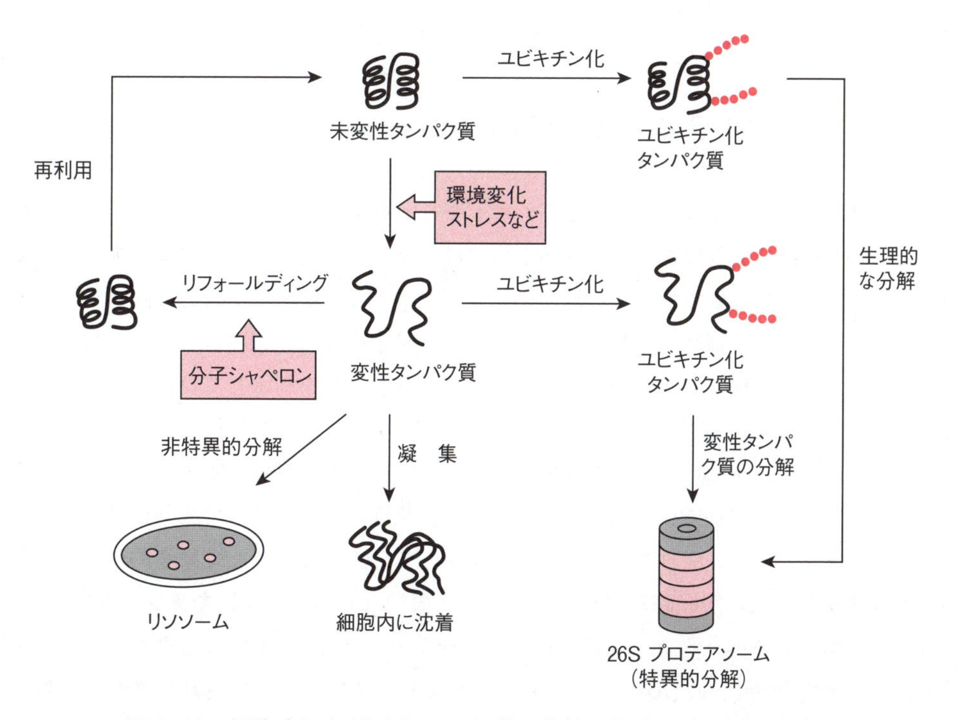

図 4-48　細胞内におけるタンパク質の変性，再生および分解経路

ペロン molecular chaperone とよばれ，原核生物から真核生物に至るすべての生物に存在している．それらの多くは熱やその他のストレスにより発現が誘導される**熱ショックタンパク質（HSP）** heat shock protein である．HSP には最初に見出された HSP70（分子量 70 kDa）の他，HSP60（分子量 60 kDa，シャペロニンともよばれる）や HSP27 などがある．これらの HSP は，タンパク質の高次構造の形成だけでなく，タンパク質を細胞小器官へ運ぶ際にも重要な働きをしている．

未変性のタンパク質が環境変化やストレスにより変性した場合，それらの変性タンパク質がたどる経路を図 4-48 に示す．まず変性したタンパク質の一部は分子シャペロンによってリフォールディングされる．しかし，変性の程度が大きい場合はシャペロンによる再生は不可能であり，リソソームに取り込まれて非特異的に加水分解されるか，より特異的な分解経路であるユビキチン-プロテアソーム系によって分解される．しかし，これら分解，除去機能が不十分であったり，タンパク質の変性がより亢進した場合には，変性タンパク質は凝集して不溶化し，細胞内に沈着し，細胞障害を与えることになる．

Coffee Break

4-3　シャペロンとは？

シャペロンはフランス語で，介添えをする女性のことである．その昔，良家の若い女性が初めて社交界にデビューするとき，経験豊かな女性が付き添い，マナーを教えたり，お気に入りの紳士との間を仲介，あるいは逆に悪い虫（？）がつかないようにガードしたという．ちょうど合成されたばかりのタンパク質分子が他のタンパク質と凝集してしまわないように，HSP が護っている様子から，分子シャペロンとよばれている．

4-7-2　ユビキチン化とプロテアソーム

通常，生体高分子の分解に ATP などのエネルギーは不要である．これは核酸，糖質，タンパク質などの異化反応を見れば明らかである．例えば，タンパク質は種々のプロテアーゼによって分解されるが，ATP は不要である．これらのタンパク質の異化反応は比較的時間スケールの遅いものである．ところが，細胞内の種々のタンパク質の動きを詳しく調べると，いくつかのタンパク質は機能を果たした後，すぐに消失する．例えば，細胞周期を制御している因子群（サイクリン類，サイクリン依存性キナーゼインヒビター類，p53 など）は時間単位で合成と分解が制御されており，その結果，正しい細胞周期が維持されている．一方，変性したタンパク質は不溶化して細胞内に沈着し，細胞機能に重大な影響を与える可能性がある．そこで細胞には，このように不要となったタンパク質や変性したタンパク質に対して，ATP を消費して積極的に分解，除去する特異的なタンパク質分解経路が存在する．最も代表的なものは．**ユビキチン-プロテアソーム系**であり，分解されるべきタンパク質には**ユビキチン** ubiquitin とよばれるタンパク質が複数個結合し，これが分解除去のための目印（タグ）となる．ユビキチン化されたタンパク質は **26S プロテアソーム** proteasome とよばれる巨大なプロテアーゼ複合体に送り込まれて分解される

(図 4-48). プロテアソームは細胞内のいわゆるゴミ焼却場と考えることができる.

ユビキチンは真核細胞に普遍的 (ubiquitous) に存在する 76 アミノ酸からなるポリペプチドで, 酵母からヒトに至るまでアミノ酸配列の高い相同性がある. 図 4-49 に示すように, タンパク質のユビキチン化にはユビキチン活性化酵素 (E1), ユビキチン結合酵素 (E2), ユビキチンリガーゼ (E3) という三つの複合酵素系が関与する. まず, ユビキチン活性化酵素のシステイン残基とユビキチンの C 末端カルボキシ基とが ATP のエネルギーを利用して結合する. 次にこのユビキチンはユビキチン結合酵素に転移され, 最後にユビキチンリガーゼによって, ユビキチン結合酵素に結合したユビキチンと標的タンパク質のリジン残基が結合する. この反応が繰り返されて標的タンパク質はポリユビキチン化される. ポリユビキチン化された標的タンパク質は 26S プロテアソームに認識され, ATP 依存的にペプチドまたはアミノ酸にまで分解される. このとき, ポリユビキチンはユビキチンイソペプチダーゼによって単量体となり, 再度, ユビキチン化に利用される.

また, ユビキチンと相同性の高い SUMO (small ubiquitin-related modifier) とよばれるポリペプチドによる修飾反応もある. SUMO 化はユビキチン化とは異なり, 1 分子だけが結合し, タンパク質分解の目印にはならない. SUMO 化はタンパク質の核輸送, 転写活性調節, ユビキチン化を阻害することによるタンパク質の分解抑制 (安定化) 等に関与している.

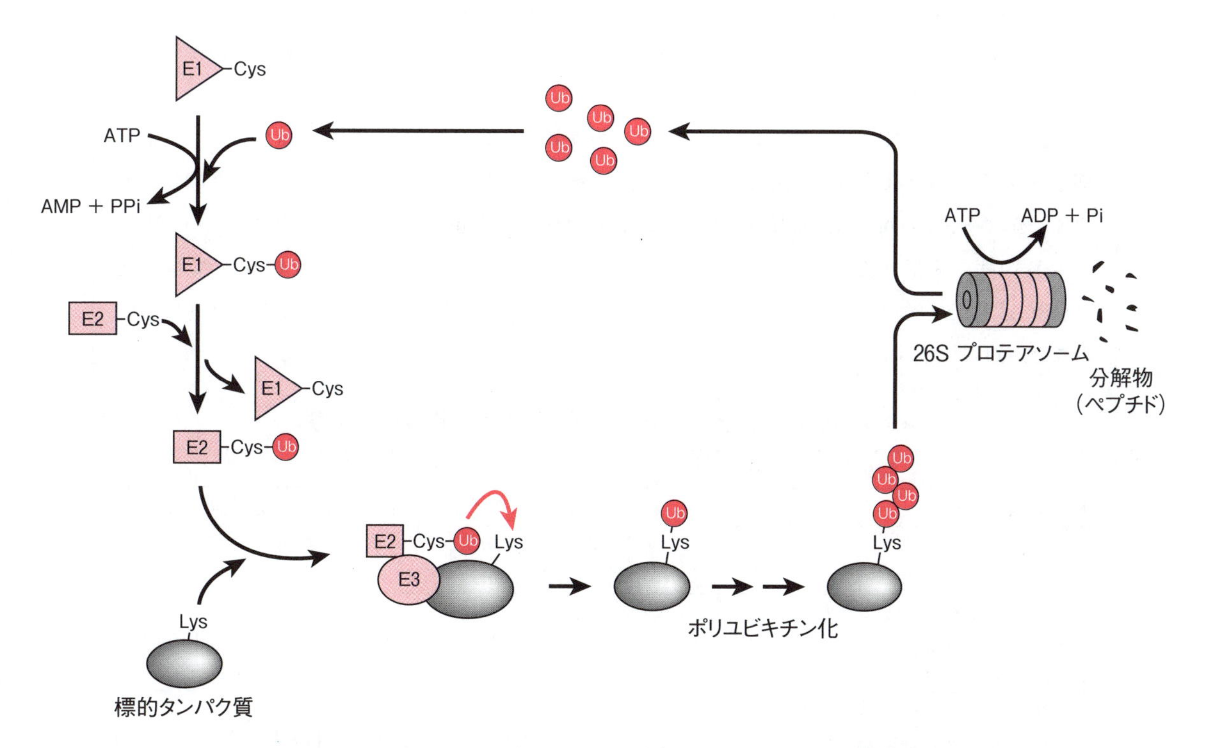

図 4-49　ユビキチン-プロテアソーム系によるタンパク質の分解

ユビキチンは ATP 依存的に E1 の Cys 残基に結合する. 次にユビキチンは E2 の Cys 残基に転移する. その後, E3 の働きでユビキチンの C 末端が標的タンパク質の Lys 残基に結合する. 同様の機構により, ユビキチンの Lys 残基にユビキチンが数個～数十個付加される. ポリユビキチン化標的タンパク質は 26S プロテアソームにおいて ATP 依存的に分解される. ユビキチンは単量体として遊離し, 再利用される.

プロテアソームを阻害する薬物は細胞内に不要なタンパク質の蓄積を引き起こし，細胞死を誘導することから，抗がん剤として利用されている（→ p.219 医療とのつながり）．

医療とのつながり

4-4　タンパク質のフォールディング異常と疾患

タンパク質のフォールディング異常が原因となる疾病にはさまざまなものが知られている（次表）．いずれも異常タンパク質の蓄積により，特定の神経細胞が障害される．

アルツハイマー病 Alzheimer's disease では，アミロイド前駆体タンパク質（APP）遺伝子が正常タンパク質とは異なる部位でプロセシングを受ける結果，生じたアミロイドβの蓄積と沈着が原因となる．**パーキンソン病** Parkinson's disease では，αシヌクレインとよばれるタンパク質が中脳黒質部に蓄積し，ドパミン神経細胞内にレビー小体とよばれる凝集物を形成する．**クロイツフェルト・ヤコブ病** Creutzfeldt-Jakob disease や**牛海綿状脳症（BSE）**は，脳内における異常プリオンタンパク質の沈着が原因とされている．プリオンタンパク質は，ホモ二量体を形成し，異常型プリオンタンパク質は正常型プリオンタンパク質と同一のアミノ酸配列であるが，二次および三次構造が互いに異なるフォールディング多形である．正常プリオンは脳内に存在しているが，異常プリオンが細胞内に取り込まれると，正常型と結合し，異常型に変換していく．正常型はαヘリックスに富む構造であるが，異常型はβシートに富み，熱や酸，タンパク質分解酵素などに対して極めて安定になる．このため，感染した肉類中の異常プリオンは通常の調理によっては変性せず，感染能力を失わないため，極めて危険である．

3塩基の繰り返しであるトリプレットリピートのリピート数が著しく増大する結果，発症する疾病を**トリプレットリピート病** triplet repeat disorder と総称する．トリプレットがアミノ酸のグルタミンをコードする疾患は，**ポリグルタミン病** polyglutamine (polyQ) disease とよばれ，ハンチントン舞踏病，遺伝性脊髄小脳変性症，球脊髄性筋萎縮症，歯状核赤核淡蒼球ルイ体萎縮症（DRPLA）などが含まれる．その他，コーディング領域以外のトリプレットが伸長する脆弱X症候群などが知られている．

タンパク質のフォールディング異常による代表的な疾患

疾患名	特　徴
アルツハイマー病	脳内にアミロイドβの蓄積・沈着，老人斑の形成
パーキンソン病	中脳黒質にαシヌクレインの蓄積・沈着，レビー小体の形成
クロイツフェルト・ヤコブ病 スクレーピー（ヒツジ） 牛海綿状脳症（ウシ）	脳，脊髄に異常型プリオンタンパク質の蓄積・沈着
トリプレットリピート病（ポリグルタミン病） 　ハンチントン舞踏病 　遺伝性脊髄小脳変性症 　球脊髄性筋萎縮症 　歯状核赤核淡蒼球ルイ体萎縮症　など	遺伝子のコード領域における3塩基リピート配列のポリグルタミン残基が異常に伸長したタンパク質の発現，沈着
トリプレットリピート病（非ポリグルタミン病） 　脆弱X症候群　など	遺伝子の非コード領域における3塩基リピート配列の異常な伸長

アドバンスト　オートファジー（プロテアソーム系とならぶもう一つの細胞内分解機構）

細胞を取り巻く環境がストレス（高温，アミノ酸飢餓，異常タンパク質の蓄積，細菌の侵入など）により変化すると，**オートファジー** autophagy とよばれる一連の反応が作動し，細胞内のタンパク質や細胞小器官が分解される（図 4-50）．オートファジーとは，自己 auto ＋貪食 phago- からなる造語であり，細胞が自分で自分を食べる（＝消化する）ことを意味している．この反応では，まず小胞体膜上に Atg とよばれるタンパク質とともにリン脂質が集まり，隔離膜とよばれる脂質二重膜（脂質二重層の膜が二重）が形成される．この隔離膜は成長して，細胞質成分や変性タンパク質，さらには不要となった細胞小器官（傷害を受けたミトコンドリアなど）を取り囲む．最終的には隔離膜の末端どうしが融合して，オートファゴソームとよばれる直径約 1 μm の閉じた二重膜構造を形成する．動物細胞では，オートファゴソームは次に細胞内のリソソーム（→ 1-1-3-B-6）と融合して，オートリソソームとなり，その内部ではオートファゴソーム由来のタンパク質と，リソソーム由来のタンパク質分解酵素が反応して，タンパク質や細胞小器官はアミノ酸やペプチドに分解される．オートファゴソームの内側の脂質膜も分解される．オートファジーは不要物の分解だけが目的ではなく，細胞がアミノ酸飢餓状態に陥った場合，緊急避難的に細胞内のタンパク質を分解して必要なアミノ酸を供給し，栄養飢餓によるダメージを回避するための機序であると考えられる．オートファゴソームは必要なときに形成され，そのあと消滅するが，隔離膜の膜脂質がどこから供給されてくるのかなど未解明な部分も多い．

上記のオートファジーはマクロオートファジーともよばれ，細胞質のタンパク質や細胞小器官が非選択的に分解される．一方，より特異的な基質のみを分解する選択的オートファジーも知られており，その異常は神経変性疾患やがん，ならびに感染症とも関連すると考えられている．

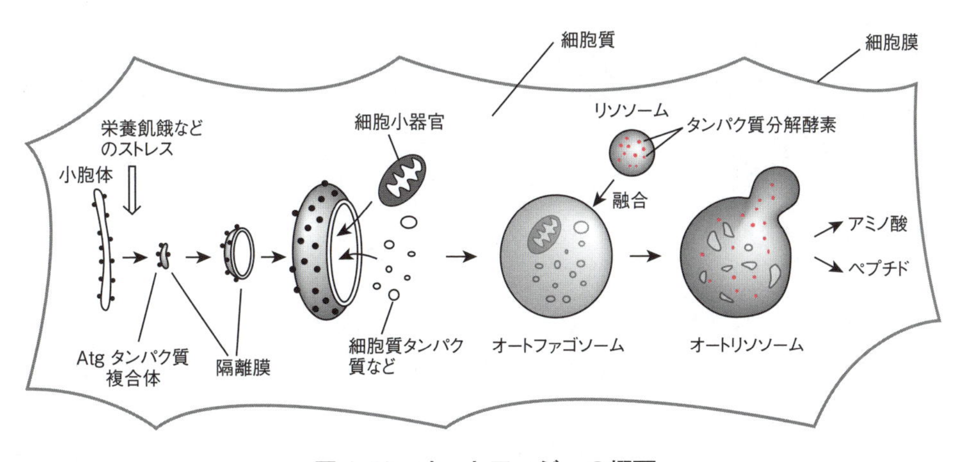

図 4-50　オートファジーの概要

第5章

遺伝子の変異と修復

遺伝子の突然変異には，染色体異常のような巨大なものから，点突然変異のような小さなものまで存在している．これらは，DNA 複製の誤りだけでなく，環境変異原物質などの外的要因や活性酸素などの内部要因に起因したり，自然発生的に生じたりするさまざまな DNA 損傷によっても引き起こされる．したがって，相補塩基対の誤りや DNA の損傷は速やかに修復されねばならず，このために塩基除去修復，ヌクレオチド除去修復，ミスマッチ修復，相同組換え修復，非相同末端結合などのさまざまな DNA 修復機構が細胞内で働いている．これらの DNA 損傷の修復に関わるタンパク質の欠損は数多くの突然変異を誘発することになり，高発がん性などを特徴とするさまざまな遺伝性疾患の原因となる．

5-1 突然変異

突然変異 mutation とは，もともと，親とは異なる形質が子供に現れ，以後，遺伝的形質として子孫に伝えられることをいう．この現象は遺伝子の変化を伴うと考えられるため，現在では，何らかの影響によって誘起される DNA の塩基配列の変化も突然変異とよぶ．

5-1-1 染色体異常

染色体異常 chromosomal aberration とは，巨大な DNA の変化であり，染色体数や染色体構造の異常として光学顕微鏡レベルで認められる突然変異である．第 3 章に示した染色体の不分離による異数性は最も顕著な染色体異常といえるが，これ以外にも，染色体の一部が失われている**欠失** deletion，同じ部分が繰り返される**重複** duplication，一部が逆向きに繋がる**逆位** inversion，一部が別の染色体に移動してしまう**転座** translocation などを顕微鏡下で確認することができる（図 5-1）．

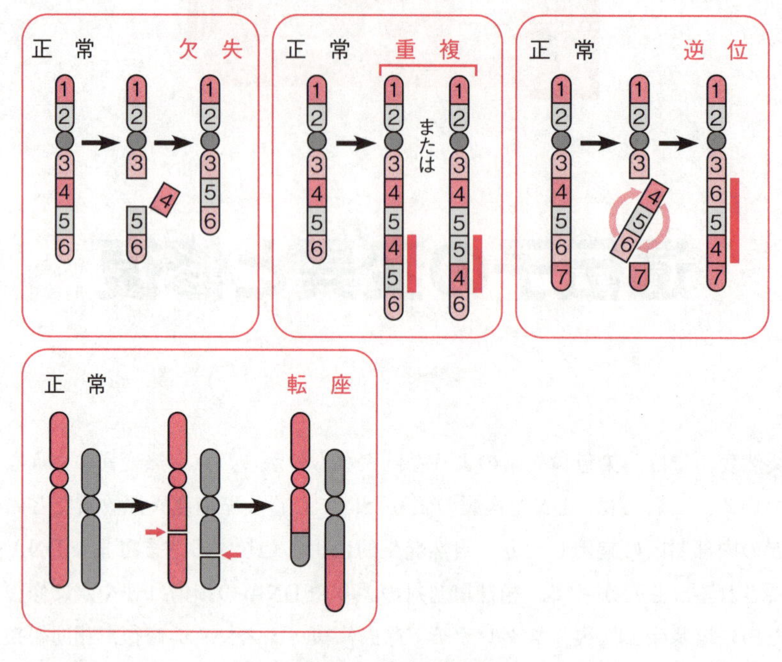

図 5-1　染色体異常

5-1-2　点突然変異

染色体異常のようなDNA構造の巨大な変化とは対照的に，1ヌクレオチドの変化がもたらす極めて局所的な塩基配列の変化を**点突然変異** point mutation という．実際に起こる突然変異の多くは，この点突然変異に分類される（図5-2）．

A　塩基置換変異

点突然変異のうち，DNA中の一塩基が他の塩基に置き換わってしまうような突然変異を**塩基置換変異** base substitution mutation という．塩基置換変異のうち，プリン塩基からプリン塩基

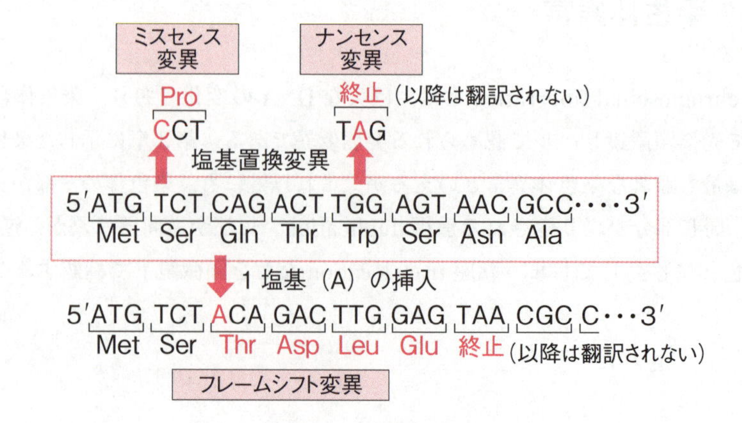

図 5-2　点突然変異

へ，あるいはピリミジン塩基からピリミジン塩基への置換が起きることを**トランジション** transition という．これに対し，プリン塩基からピリミジン塩基への置換，あるいはその逆が起きることを**トランスバージョン** transversion という．塩基置換の多くはトランジションであり，トランスバージョンが起きる頻度は，トランジションの 10 分の 1 程度である．

塩基置換変異がタンパク質をコードする領域に生じた際には，そのアミノ酸配列に影響を与えることも多い．塩基置換変異により，あるアミノ酸のコドンが別のアミノ酸のコドンに変化した場合，これを**ミスセンス変異** missense mutation という．一般に，ミスセンス変異が起きた場合でも，翻訳されるタンパク質の構造に著しい影響はない．これに対し，塩基置換変異によりアミノ酸のコドンが終止コドンに変化した場合，翻訳されるタンパク質は本来のものより短くなってしまう．このような塩基置換変異を**ナンセンス変異** nonsense mutation とよぶ．

一方，塩基置換変異が起きても，コドンの縮重（重複）のために指定されるアミノ酸に変化が生じないこともある．このような塩基置換変異を**サイレント変異** silent mutation という．

B　挿入と欠失

1 ヌクレオチドの**挿入** insertion もしくは**欠失** deletion によって塩基配列の変化が起こる場合も，点突然変異の分類に含めることがある．挿入や欠失がタンパク質のアミノ酸配列をコードする領域に生じた場合，翻訳の読み枠（これを“フレーム”という）がずれてしまうために，変異の位置よりうしろ側のアミノ酸配列が大きく変わってしまう．このような変異を**フレームシフト変異** frame-shift mutation という．フレームシフト変異は，1 ヌクレオチドの挿入，欠失に限らず，3 の倍数以外の数のヌクレオチドが挿入，欠失することによって起こる．多くの場合，フレームシフト変異により本来の終止コドンよりも早い段階で終止コドンが現れることになり，翻訳されるタンパク質は正常なものよりも短くなる．

医療とのつながり

5-1　染色体異常と疾患

染色体異常は DNA の巨大な変化を伴うため，遺伝情報も大きく損なわれてさまざまな疾患につながる．特に腫瘍細胞では特徴的な染色体異常が数多く見出されており，これがさまざまながん関連遺伝子の発見につながった．このような染色体異常で最もよく知られるものがフィラデルフィア染色体である（表 6-3，→ p.219 医療とのつながり）．フィラデルフィア染色体は慢性骨髄性白血病患者の白血球に頻繁にみられる異常な染色体構造であり，9 番染色体と 22 番染色体の一部が相互に転座することによって生じる．

また，ダウン症候群患者の大部分は 21 番染色体トリソミーによって発症するが（→ p.71 医療とのつながり），一部に 21 番染色体の転座による症例もある．このようなものを転座型ダウン症候群という．通常，ダウン症候群は減数分裂時の染色体不分離に起因するため，患者の両親の染色体型に異常はみられないが，転座性ダウン症候群の場合には両親のいずれかが転座型染色体をもった保因者であることも多い．

5-2 DNA 損傷の要因と種類

DNA は比較的安定な分子であるが，その大きさが莫大であるため，構成するすべてのヌクレオチドを不変のまま維持しておくのは難しい．実際，DNA 中のヌクレオチドには細胞内外のさまざまな要因により，多様な化学的変化がもたらされている．

5-2-1 自然発生的損傷

自然発生的な DNA の損傷として代表的なものは，*N*-グリコシド結合の開裂による核酸塩基の脱落である（図 5-3）．プリン塩基が脱落した部位を脱プリン部位（apurinic site），ピリミジン塩基が脱落した部位を脱ピリミジン部位（apyrimidinic site）という．これらの英語名の頭文字から，DNA 中の脱塩基部位をまとめて **AP 部位** AP site とよぶ（図 5-3）．生理的条件下では，細胞 1 個当たり 1 日に約 10,000 個の核酸塩基が自然に脱落してしまうといわれている．

また，自然発生的な**酸化的脱アミノ反応** oxidative deamination により，細胞 1 個当たり 1 日に約 100 個のシトシンがウラシルに変化することも知られている（図 5-3）．このようにして生じたウラシルを異常なものとして速やかに排除できるよう，DNA にはウラシルではなく，チミンが用いられていると考えられる（→ p.30 Coffee Break）．

5-2-2 内部要因による損傷

DNA の損傷は，細胞内に生じる反応性の高い代謝産物によって起こることもある．スーパーオキシドアニオン，ヒドロキシラジカル，過酸化水素，一重項酸素は，まとめて**活性酸素種（ROS）** reactive oxygen species とよばれ，紫外線や電離放射線などの外的要因のほか，細胞内の代謝活動によっても生成するきわめて反応性の高い分子である．これらの活性酸素種が DNA に作用することにより，核酸塩基が **8-オキソグアニン** 8-oxoguanine や**チミングリコール** thymine glycol などに変化する（図 5-4）．このような核酸塩基の化学的変化を DNA の**酸化的**

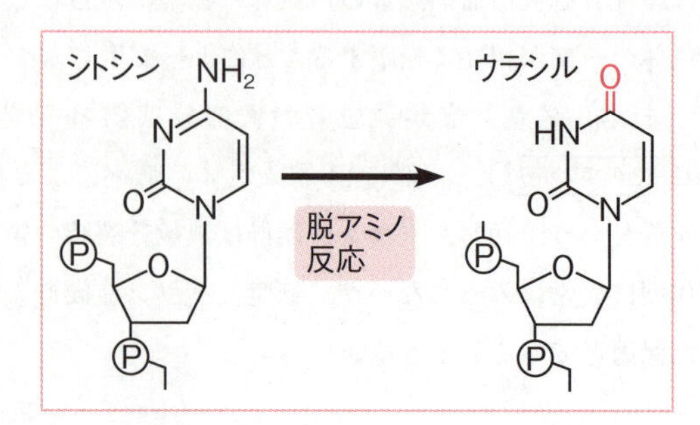

図 5-3 自然発生的損傷

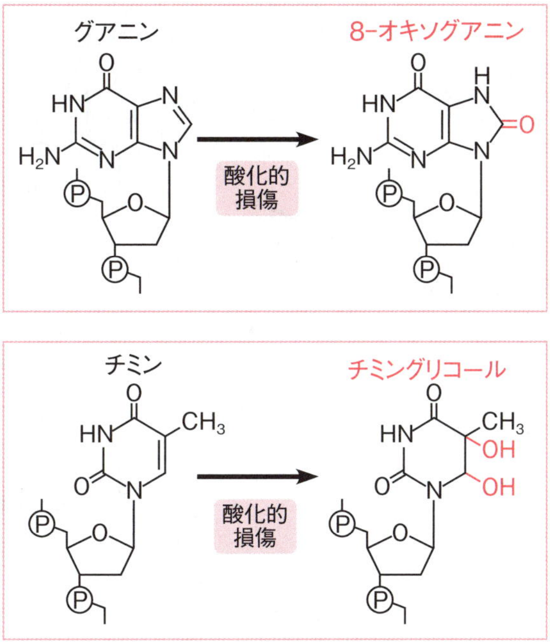

図 5-4　酸化的損傷

損傷 oxidative DNA damage という．8-オキソグアニンはシトシンのほかにアデニンとも，チミングリコールはアデニンのほかにグアニンとも塩基対を形成するため，DNA の酸化的損傷は塩基置換変異を誘発する．

5-2-3　紫外線損傷

DNA に照射された**紫外線（UV）** ultra-violet ray が，直接 DNA に作用して構造の変化をもたらすこともある．シクロブタン型**ピリミジン二量体** pyrimidine dimer は，紫外線によって生じる最も一般的な DNA 損傷である．これは，同じ DNA 鎖の上で隣り合うピリミジン塩基に紫外線が照射されたとき，二つのピリミジン環の 5 位と 6 位の間にシクロブタン環を形成することで生じる架橋構造である（図 5-5）．特にチミンが並んだ箇所で発生しやすいため，**チミン二量体** thymine dimer としてよく知られる．また，頻度は低いが，隣接するピリミジン環の 6 位と 4 位とが紫外線により架橋され，(6-4)光産物を形成することもある（図 5-5）．これらは，点突然変異の原因となるだけでなく，DNA の構造をゆがめて DNA 複製や転写の障害となる．

5-2-4　環境変異原による DNA の化学的修飾

外部環境に由来し，DNA に損傷を与えて突然変異を誘発するものを**環境変異原** environmental mutagen という．私たちは，呼吸や食事などの日常的な活動によって環境変異原となるさまざまな化学物質を体内に取り込み，毎日のように影響を受けている．

それらのうち，高い求電子性をもった分子は，DNA の負電荷に富む箇所に対して**アルキル化**

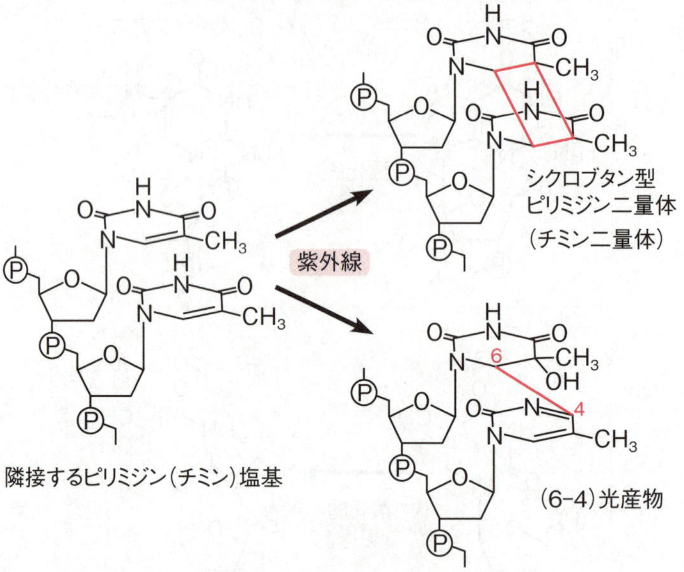

図 5-5　紫外線損傷

alkylation を行う．なかでも，グアニンの7位やアデニンの3位に位置する窒素原子がアルキル化の標的となりやすい．このようにしてDNA中にアルキル化塩基が生じると，正確な塩基対の形成が妨害されたり，脱塩基反応が促進されてAP部位が増えたりする．このため，アルキル化剤（あるいは生体内で代謝されてアルキル化剤となる物質）の多くは発がん性物質として警告されている．このような物質の代表的なものとしては，ハム，ソーセージなどに発色剤として添加される亜硝酸塩が脂肪族アミンと反応して生成する**ニトロソアミン** nitrosoamine がある．また，自動車の排気ガスやタバコの煙に含まれる**ベンゾ[*a*]ピレン** benzo[*a*]pyrene も，体内で代謝されてDNA中の核酸塩基に共有結合する（図5-6）．

アルキル化剤以外にも，外部からの化学物質が細胞内でDNAに損傷を与える例は多い．例えば，抗腫瘍性抗生物質（→ p.90 医療とのつながり）の多くは，活性酸素種を介してDNAに作用し，酸化的DNA損傷やDNA鎖の切断を起こす．また，亜硝酸（HNO_2）がDNAに作用すると，核酸塩基の酸化的脱アミノ反応（→ 5-2-1）を強く誘発することも知られている．

5-2-5　電離放射線による損傷

X線やγ線などの**電離放射線** ionizing radiation（放射能）は，直接DNAに作用する場合もあるが，水分子などに働きかけて活性酸素種などの反応性の高い分子を生成し，間接的にDNA損傷を誘発することが多い．電離放射線によって生じるDNA損傷には，核酸塩基の酸化的損傷のほか，DNA-タンパク質間の架橋やDNA鎖の切断など多彩なものがある．なかでも，電離放射線によって，DNAの二本鎖がほぼ同じ箇所で切断されるような損傷が発生することは重要である．このようなDNA損傷を**DNA二本鎖切断** DNA double strand break という．一般に，DNA損傷の修復はDNA二本鎖の相補性に基づいて行われることが多い．しかし，DNA二本鎖切断で

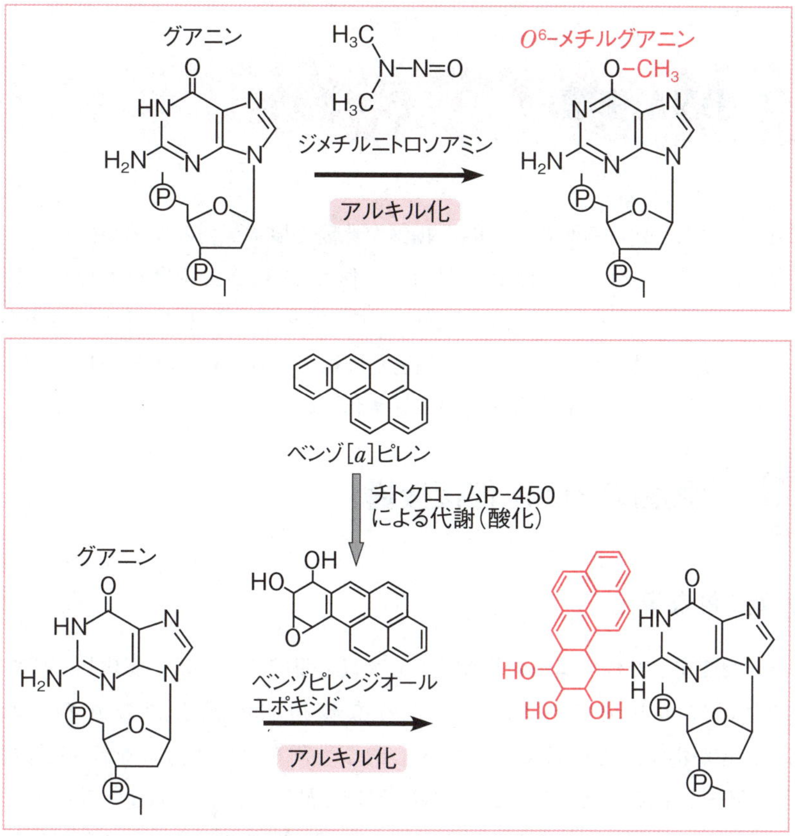

図 5-6　環境変異原による DNA のアルキル化

は相補鎖も損傷を受けており，正確な修復が困難になる．染色体の欠失，逆位，転座などをもたらす可能性もあり，その影響も極めて重篤なものになる．

5-2-6　DNA 複製のエラー

DNA 複製時のエラーは DNA 損傷ではないが，突然変異の要因として重要である．DNA 複製の際，DNA ポリメラーゼは，まれに誤ったヌクレオチドを取り込む．第 3 章で学んだように，そのほとんどは，DNA ポリメラーゼに備わった校正機能で取り除かれるが，ごく一部が見逃されて点突然変異の原因となることがある．また，DNA ポリメラーゼが鋳型鎖上を空滑りして新生鎖と鋳型鎖がずれてしまい，これが原因となって塩基配列の挿入や欠失が生じることもある．このような DNA ポリメラーゼの空滑りは，ゲノム中の縦列反復配列で特に起こりやすい．

5-3 DNA 修復

DNA 損傷自体は突然変異ではない．DNA 損傷が原因で塩基配列の変化が生じ，これが定着したとき突然変異となる．しかし，細胞内では日々，何万ものDNA損傷が生じているにもかかわらず，それによって突然変異を生じるのはごくわずかである．これは，**DNA 修復** DNA repair のメカニズムにより，極めて効率よくDNA損傷が修復されるためである．細胞内には，DNA 損傷の種類に応じて，複数のDNA修復機構が準備されている．

5-3-1 大腸菌のDNA修復機構

A 損傷の直接的な復元

何らかの原因で変化した核酸塩基の修復法として最も単純なものは，変化した核酸塩基そのものを元の状態に戻す方法である．このような修復法の代表的なものとして**光回復** photoreactivation がある．光回復において中心的な役割を果たす酵素を**光回復酵素**もしくは**DNA フォトリアーゼ** DNA photolyase とよぶ．光回復酵素は，代表的な紫外線損傷であるシクロブタン型ピリミジン二量体に作用して，ピリミジン環の間の架橋構造を切断し，核酸塩基を復元する（図5-7）．この酵素は光受容分子として還元型FADをもつフラビン酵素であり，可視光線（波長350～500 nm）を吸収して活性化され，機能する．

B 塩基除去修復

核酸塩基の酸化的損傷や脱アミノ反応など，損傷が比較的小さな場合には，**塩基除去修復（BER）** base excision repair により修復される（図5-8）．まず **DNA グリコシラーゼ** DNA

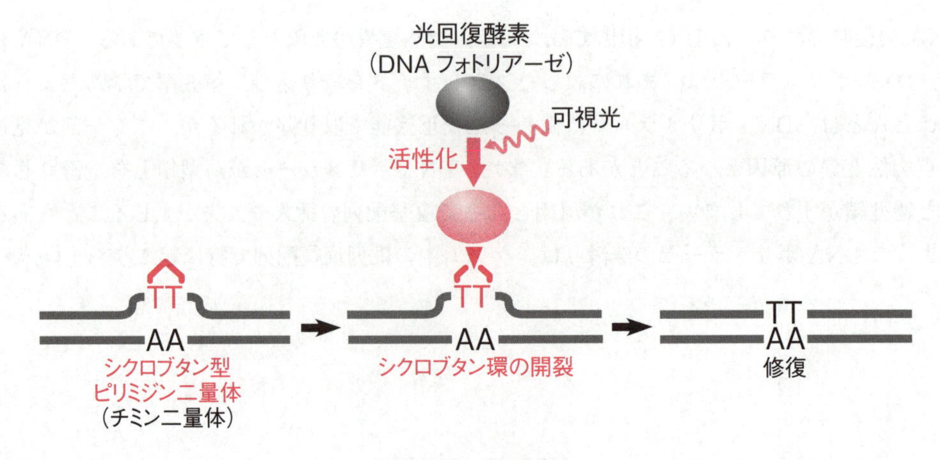

図5-7 光回復

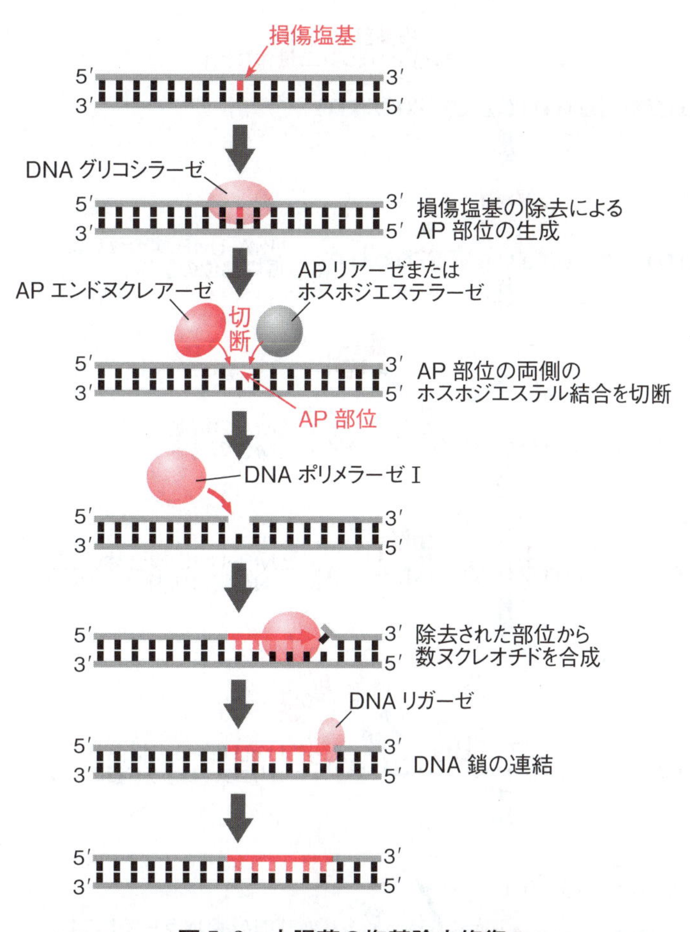

図 5-8 大腸菌の塩基除去修復

glycosylase が損傷塩基を認識し，デオキシリボースとの間の *N*-グリコシド結合を切断して損傷塩基を DNA から取り除く．損傷塩基が除かれたあとに残る構造は，核酸塩基が脱落した AP 部位と同じ構造であるため，これ以後の過程は AP 部位の修復にも利用される．

次いで，AP 部位の 5′ 側のホスホジエステル結合を **AP エンドヌクレアーゼ** AP endonuclease が，3′ 側を AP リアーゼまたはホスホジエステラーゼが切断し，DNA より AP 部位を取り除く．損傷ヌクレオチドが除かれたあとにできる DNA の隙間（ギャップ）から DNA ポリメラーゼ I が反応を開始し，既存の DNA を分解しながら数ヌクレオチド分を伸長する．最後に，DNA リガーゼによって DNA 鎖が連結され，塩基除去修復が完了する．

C ヌクレオチド除去修復

紫外線によるピリミジン二量体や(6-4)光産物，核酸塩基への比較的大きな構造物の付加など DNA 二重らせんを歪ませるようなかさ高い損傷は，損傷部位だけでなく，その前後の正常な配列を含むオリゴヌクレオチドをまとめて取り除いてから，その部分を新規に合成しなおすことで修復される．このような修復機構を**ヌクレオチド除去修復（NER）** nucleotide excision repair という（図 5-9）．

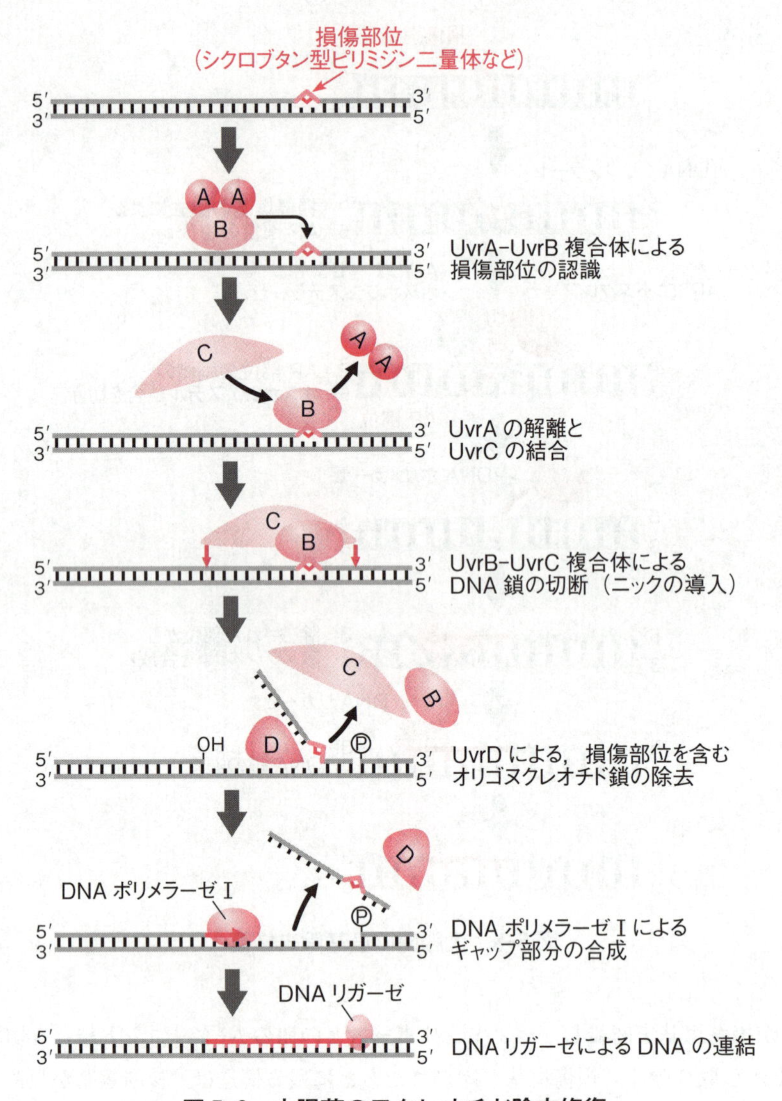

図 5-9　大腸菌のヌクレオチド除去修復

大腸菌のヌクレオチド除去修復において中心的に働くタンパク質は，UvrA，UvrB，UvrC，UvrD の四つである（Uvr は“紫外線耐性”を表す ultra-violet resistant の略）．まず，UvrA-UvrB 複合体が損傷塩基を認識したのち，UvrA が UvrC に置き換わって，損傷部位に UvrB-UvrC 複合体ができる．この複合体が，12～13 ヌクレオチドの間隔をあけた 2 か所でホスホジエステル結合を切断する（ニックの導入）．その結果，損傷部位は 2 か所のニックに挟まれた形となる．このニックで挟まれた領域が，DNA ヘリカーゼ活性をもつ UvrD により相補鎖から引き剝がされることで，損傷部位が DNA から取り除かれる．あとに残る DNA のギャップ部分が DNA ポリメラーゼⅠによって新たに合成されたのち，DNA リガーゼによって連結される．

D　ミスマッチ修復

大腸菌の DNA ポリメラーゼⅢは，10^4～10^5 に 1 回の割合で誤ったヌクレオチドを DNA に連結する．誤って連結されたヌクレオチドの大部分は，DNA ポリメラーゼⅢの ε サブユニットがもつ校正機能（→ 3-2-3-B-1）- ②）によって修正されるが，この機能も極めてまれに DNA ポリメラーゼの誤りを見逃す．このようにして残された DNA 複製の誤りを修正するのが，**ミスマッチ修復（MMR）** mismatch repair である．

ミスマッチ修復では修正されるべきヌクレオチドに構造的な異常はなく，二本鎖のどちらの塩基が誤っているかを判断するのは困難に思われる．大腸菌では，このような判断を DNA のメチル化を指標として行う．大腸菌のゲノム DNA では，通常，5′-GATC-3′ という配列のアデニン残基の N^6 位がメチル化されている．しかし，DNA が複製されてから 5′-GATC-3′ 配列がメチル化を受けるまでには多少のタイムラグがあり，DNA 複製直後の新生鎖はメチル化されていない．

これを利用し，図 5-10 で示した手順で，大腸菌のミスマッチ修復が行われる．まず MutS タンパク質のホモ二量体が，複製後の DNA に対して相補鎖間の不適切な塩基の対合（ミスマッチ）の有無を検査する（Mut は“変異”を表す mutation の略）．MutS ホモ二量体がミスマッチを発見すると，MutL ホモ二量体と複合体を形成し，DNA 上を移動しながら 5′-GATC-3′ のメチル化配列を検索する．メチル化配列が見出されると，エンドヌクレアーゼである MutH を活性化して，メチル化されていない DNA 鎖を切断する（ニックの導入）．続いて，ヌクレオチド除

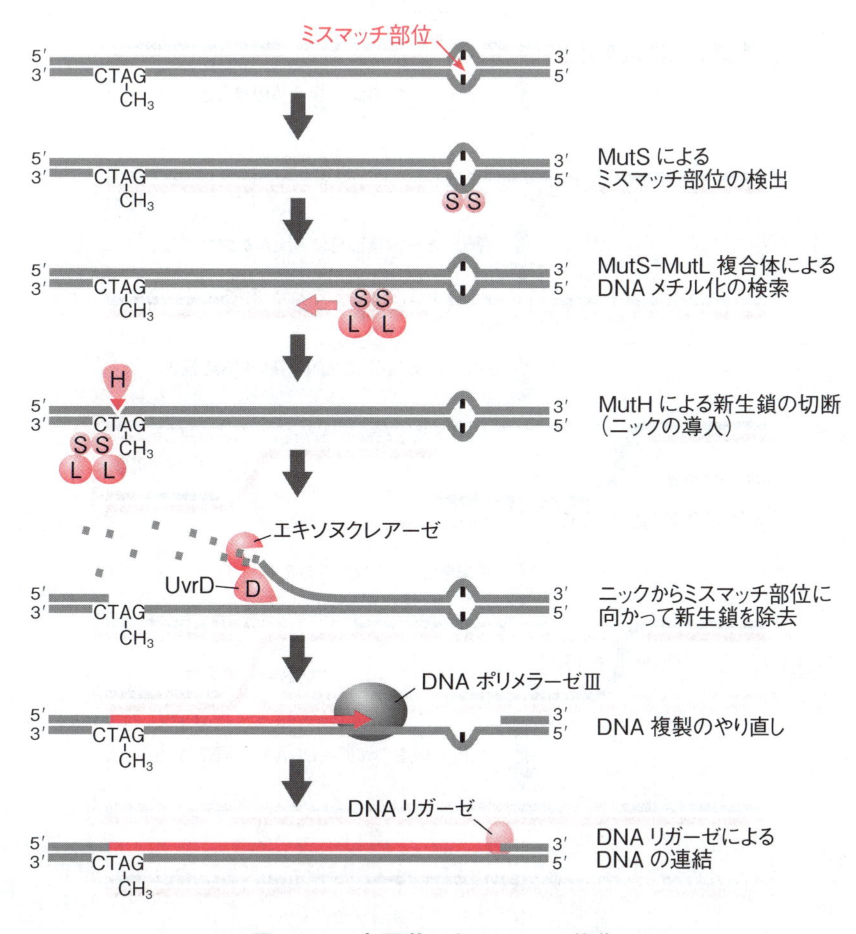

図 5-10　大腸菌のミスマッチ修復

去修復にも用いられるUvrD（DNAヘリカーゼ）やエキソヌクレアーゼが，切断点からミスマッチ部位を越える位置までヌクレオチドを取り除き，この領域がDNAポリメラーゼⅢによって再び複製されることでDNA複製の誤りが修正される．ミスマッチ修復機構が存在するため，大腸菌でDNA複製の誤りが残存する頻度は，10^{10} ～ 10^{11} 個のヌクレオチドを重合する間に1回程度にまで抑えられている．

E　相同組換え修復

DNA二本鎖が完全に切断された場合は，修復の鋳型となりうる無傷のDNA鎖が存在しない．このため，DNA複製後の姉妹DNAなど，別の二本鎖DNA上にある相同な塩基配列を利用して修復が行われる．このような修復ではDNA相同組換えのメカニズムが利用されるため，この修復機構を**相同組換え修復（HRR）** homologous recombinational repairとよぶ（図5-11）．

DNAの二本鎖切断が起こると，その切断部にRecB，RecC，RecDから構成されるタンパク質複合体が結合する（Recは“組換え”を表すrecombinationの略）．この複合体は，DNAヘリカーゼ活性とエキソヌクレアーゼ活性を有しており，切断部位片側のDNA鎖を5′→3′の方向に分解することにより，3′末端側の一本鎖を突出させる．次いで，この一本鎖部分にRecAタン

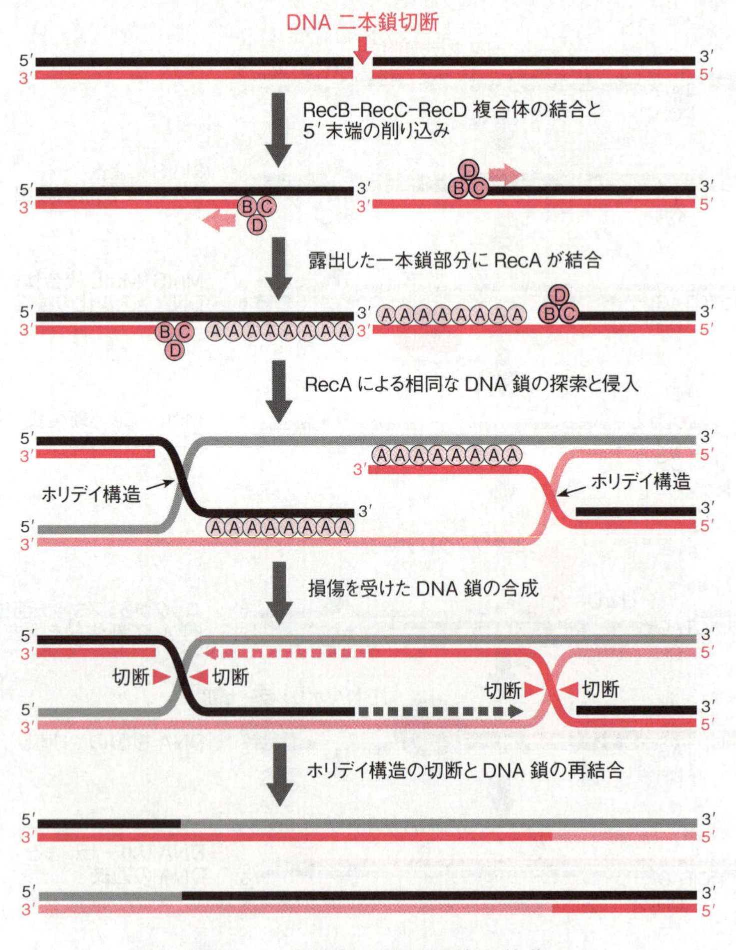

図5-11　大腸菌の相同組換え修復

パク質が数珠つなぎのように結合する．この状態になったRecAは，結合した一本鎖に相補的な塩基配列を探索するため，ほかのDNA二本鎖内に侵入する．目的に適した無傷のDNA領域が見出されると，RecAが結合した一本鎖部分とその領域との間で相補塩基対を形成する．このときにみられるDNA二本鎖の乗り換え構造を**ホリデイ構造** Holliday junctionとよぶ．損傷によって失われた配列が無傷のDNA鎖の情報をもとに合成されたのち，ホリデイ構造が切断・再結合することで2組のDNA二本鎖が分離して，修復が完了する．

アドバンスト **SOS応答**

大腸菌では，DNAが紫外線などの環境変異原に曝され重篤な損傷を受けたとき，その修復に関わるいくつかのタンパク質の発現が誘導される．これを**SOS応答** SOS responseという．SOS応答の対象となる遺伝子は，通常，リプレッサータンパク質（LexA）によって発現が抑えられているが，相同組換えに関与するRecAタンパク質の影響を受けてLexAが分解されると，抑制されていた遺伝子の発現が誘導される．LexAは，DNA損傷が重篤なほど，激しく分解され減少する．また，LexAによって発現が制御される遺伝子のオペレーターとそこに結合するLexAの親和性は遺伝子によって異なり，LexAと高い親和性を示すオペレーターをもつ遺伝子は，重篤なDNA損傷により著しくLexAが分解されたときにだけ発現が高まる．このような遺伝子がコードするタンパク質には，DNA修復の正確性を犠牲にして細菌の生存を促す作用をもつものもある．すなわち，SOS応答は“**誤りがちな修復** error-prone repair”を誘発する．大腸菌のような単細胞生物では，突然変異を起こすリスクが増大しても細胞増殖を継続したほうが種全体としての生存に有利であるため，損傷が重篤で修復不能の場合の生き残り策として，SOS応答が機能しているものと思われる．別の見方をすれば，積極的に突然変異を誘発して遺伝子を多様化させ，過酷な環境に適した遺伝子をもつ細菌を選択していると考えることもできる．

5-3-2 真核生物のDNA修復機構

A 損傷の直接的な復元

多くの真核生物にも大腸菌と同様のDNAフォトリアーゼが存在し，ピリミジン二量体の修復を行っている．さらに真核生物では，(6-4)光産物の光回復を行うDNAフォトリアーゼも存在している．しかし，ヒトを含む胎盤性哺乳類にはDNAフォトリアーゼは存在せず，光回復の機能は失われている．

Coffee Break

5-1　光回復と生物時計

ヒトを含む胎盤性哺乳類にDNAフォトリアーゼの活性がみられないことは，かなり以前より知られていた．一方，ヒトDNAの塩基配列が網羅的に調べられた結果，DNAフォトリアーゼと極めて類似した構造をもつタンパク質の遺伝子が見出された．クリプトクロムとよばれるこのタンパク質は，DNAフォトリアーゼとしては働いておらず，生物時計を司るタンパク質群の一つとして，昼夜の周期（概日リズム）で発現の誘導と抑制を繰り返しながら転写因子の活性を制御している．哺乳類のクリプトクロムでは光を受容する機能は失われているが，ショウジョウバエのクリプトクロムは，DNAフォトリアーゼのように可視光のエネルギーを受け取って概日リズムを調整する役割をもっている．同様の構造をもったタンパク質は植物やらん藻からも見つかっており，光を受容して生命活動を制御している．このように，DNAフォトリアーゼと概日リズムに関わるタンパク質や可視光を受けて働くタンパク質とが，幅広い生物種で多様な機能を発揮する類縁タンパク質として大きなファミリーを形成していると考えられている．

B　塩基除去修復

真核生物でも塩基損傷の種類に応じたDNAグリコシラーゼが発現しており，これを利用した塩基除去修復が行われている．ただし，真核生物の場合，AP部位を除去したのちに損傷部を再合成する方法が二つある（図5-12）．一つ目は，DNAポリメラーゼβを用いてギャップ部にヌクレオチドを取り込ませたのちに，DNAリガーゼによって既存のDNAに連結する方法であり，こ

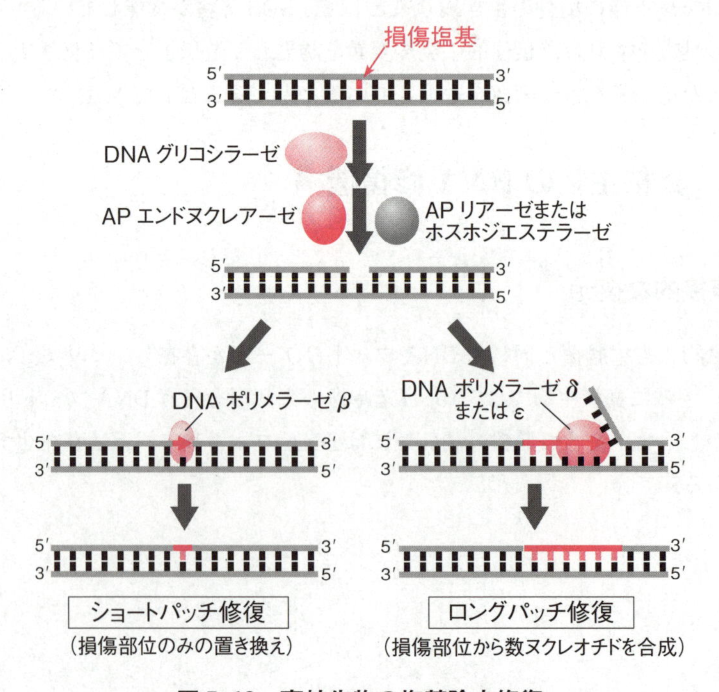

図5-12　真核生物の塩基除去修復

の反応で置き換えられるヌクレオチドは損傷部位の一つだけである．このような修復反応を**ショートパッチ修復** short-patch repair という．

これに対し，DNA ポリメラーゼ δ もしくは ε を利用して損傷部を合成することもある．この場合には，既存の DNA 鎖を引き剝がしながら 2 〜 8 ヌクレオチドを合成し，剝がされた部分を切除してから DNA リガーゼによって既存の DNA と連結する．結果的にショートパッチ修復より長い領域が置換されるため，この修復反応を**ロングパッチ修復** long-patch repair という．

C　ヌクレオチド除去修復

真核生物のヌクレオチド除去修復には，その変異が色素性乾皮症（XP）やコケイン症候群（CS）の原因となるタンパク質が多く関わっており，XPA，XPB，XPC，XPD、XPE，XPF，XPG，ならびに CSA，CSB などと名付けられている．これらの二つの疾病については後述する（→ p.176 医療とのつながり）．

真核生物のヌクレオチド除去修復も，基本的なしくみは原核生物のものと同じであるが，はるかに多くのタンパク質が関与し，複雑である．また，損傷部位のおかれた状況によって損傷を認識する方法に二つのタイプが存在する．これらは，**全ゲノム型修復** global-genome repair と**転写共役型修復** transcription-coupled repair とよばれている（図 5-13）．全ゲノム型修復は，ゲ

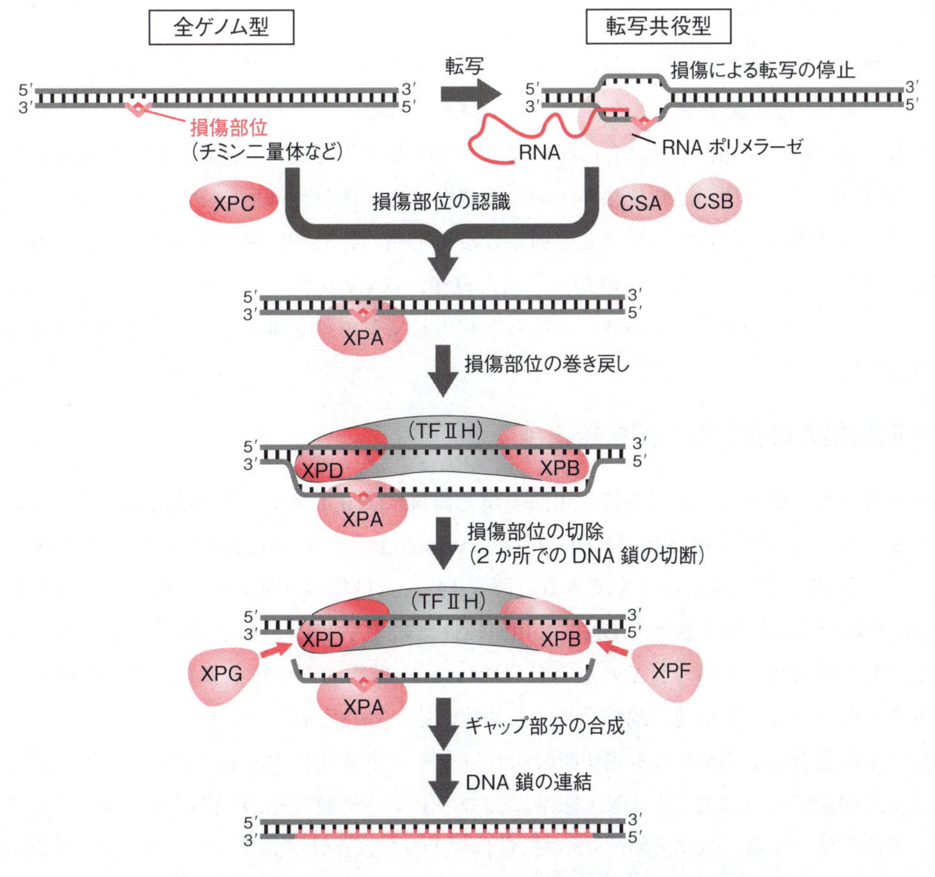

図 5-13　真核生物のヌクレオチド除去修復の二つのタイプ

ノム全体を広く監視してDNA損傷の修復を行う経路である．これに対し，転写共役型修復は転写中の鋳型鎖DNAを選択的に修復する．転写共役型修復の働きにより，転写の効率が損なわれないよう，転写中のDNA領域が優先的に修復される．

全ゲノム型修復では，まず，XPCを含むタンパク質複合体が，紫外線により生成したチミン二量体など，相補塩基対の構造の大きな異常を見つけ，この損傷部位に結合する．次いで，この領域にXPA，XPB，XPDの三つのタンパク質が集合する．このうちXPBとXPDはいずれも，基本転写因子TFⅡHのサブユニットとして転写開始に関わるDNAヘリカーゼである．このXPBとXPDのDNAヘリカーゼ活性により，損傷部位を含む比較的広い領域が巻き戻されて一本鎖になり，ここにXPF複合体とXPGの二つのエンドヌクレアーゼが働く．XPF複合体が損傷部位の5′側，XPGが3′側を切断することで，損傷部位を含む24～32ヌクレオチドの長さのオリゴヌクレオチドが取り除かれる．DNA上に残るギャップ部分はDNAポリメラーゼδまたはεによって合成されたのち，DNAリガーゼによって連結される．

一方，転写共役型修復では，転写の障害となる鋳型鎖上の異常構造でRNAポリメラーゼが停止することにより，DNA損傷が検知される．その後，検知された領域でXPAが損傷部位に結合し，全ゲノム型修復と同様の手順により修復する．CSAとCSBは，損傷部位への修復タンパク質の集合や，修復後の転写の再開に関与していると考えられている．

D ミスマッチ修復

真核生物のDNA複製後に残ったミスマッチは，大腸菌と類似の機構で取り除かれたのちに，排除された領域のDNAを複製しなおすことで修正される．このミスマッチ修復で働くヒトタンパク質も，大腸菌のMutSやMutLに相同なタンパク質として複数の種類が確認されている．しかし，真核生物では鋳型鎖と新生鎖の識別に核酸塩基のメチル化は用いられない．では，真核生物のミスマッチ修復において鋳型鎖と区別される新生鎖の特徴とは何であろうか．この答えは未だ明確ではないが，新生鎖伸長反応が完了した直後，DNAリガーゼが働くまでは新生鎖に特有のニックやギャップが残されており，これらを利用して新生鎖を識別しているという可能性が有力視されている．

E 相同組換え修復と非相同末端結合

真核生物でも，原核生物と同様に，相同組換え修復によりDNA二本鎖切断に対処している．これに加えて，**非相同末端結合（NHEJ）** non-homologous end-joiningとよばれる方法によりDNA二本鎖切断を修復することもできる（図5-14）．二倍体の真核細胞では，DNA複製後の姉妹DNAだけでなく相同染色体のDNAも相同組換えの相手として利用できる．しかし，ヒトを含む哺乳類細胞では，姉妹DNAのないG_1期であっても相同染色体上の遺伝子を組換えの相手とすることは少なく，非相同末端結合による修復が主に適用される．

非相同末端結合ではDNA二本鎖切断の切れ目をそのまま連結することによって修復が行われる．まず，切断によって生じたDNA末端に二つのタンパク質（Ku70とKu80）からなるKuヘテロ二量体が結合する．次に，Kuヘテロ二量体がDNA依存性プロテインキナーゼ（DNA-PK）の触媒サブユニットと複合体を形成し，DNA-PKの調節サブユニットとなる．さらに，ここに

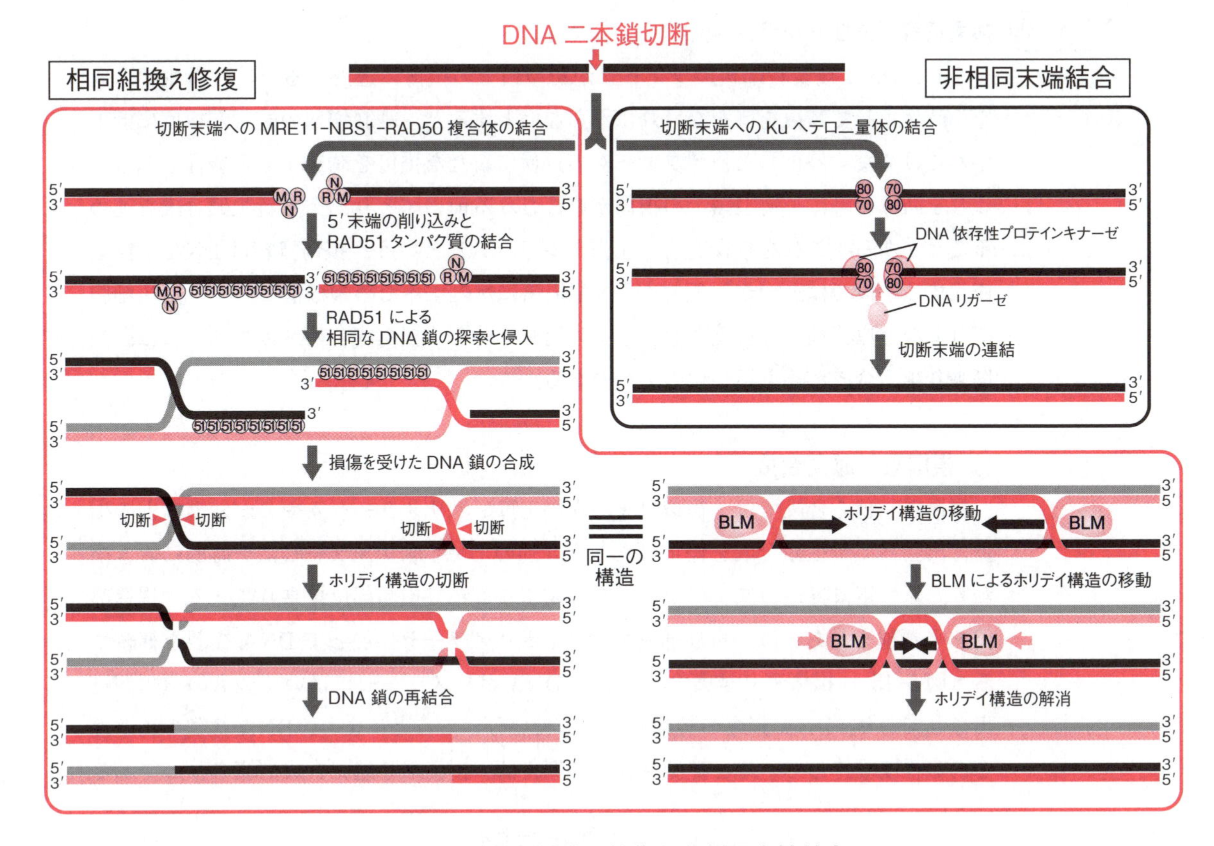

図 5-14　相同組換え修復と非相同末端結合

DNA リガーゼなどが呼び寄せられ，DNA 二本鎖切断によって生じた二つの DNA 末端をそのまま連結する．したがって，非相同末端結合で修復される前に連結される末端に削り込みが起きていると，修復後の DNA に変異が生じる．このため，非相同末端結合は誤りがちな修復であるといわれるが，それでも信頼度は比較的高いと考えられている．

真核生物の相同組換え修復は，姉妹 DNA が存在する S 期から G_2 期にかけて行われることが多い．その基本的な手順は，原核生物の相同組換え修復と同様である．真核生物の相同組換え修復では，まず MRE11，NBS1，RAD50 の三つのタンパク質からなる複合体が DNA 二本鎖切断部位に結合する．これらがエキソヌクレアーゼを呼び寄せ，3′ 末端の突出した一本鎖をつくる．この一本鎖部分に，原核生物の RecA に相当する RAD51 タンパク質（RAD は放射線 radiation の略）が数珠つなぎに結合する．この RAD51-DNA 複合体が相同な塩基配列をもつ二本鎖 DNA に侵入し，相補鎖と塩基対を形成することでホリデイ構造が形成される．塩基対を形成した DNA 鎖を鋳型として失われた配列を合成したのち，ホリデイ構造を解消して相同組換え修復を完了する．ホリデイ構造の解消には，切断と再結合による方法と，BLM とよばれる DNA ヘリカーゼを用いた分岐構造の移動による方法がある．

アドバンスト **損傷寛容（損傷トレランス）**

もし，DNA 複製時に複製フォークが鋳型鎖上の損傷に遭遇するたび，新生鎖合成を一時停止して修復を待たなければならないとすると，細胞増殖の速度が極度に低下するだけでなく停止した複製フォークの近傍に新たな損傷を誘発する可能性もある．これを防ぐために，鋳型鎖上の損傷が修復される前に，とりあえず新生鎖合成を進めることがある．これを損傷寛容（損傷トレランス）という．損傷寛容は DNA 損傷を修復する手段ではないが，細胞が DNA 損傷に対処するための機構として，真核細胞だけでなく原核細胞でも重要な役割を果たしている．損傷寛容のメカニズムには，損傷乗り越え合成と鋳型鎖交換の二つがある．

1）損傷乗り越え合成

損傷乗り越え合成では，複製フォークの DNA ポリメラーゼ δ や ε が鋳型鎖上の損傷に出会って新生鎖合成を停止したとき，別の DNA ポリメラーゼに一時的に置き換わり，新生鎖に特定のヌクレオチドを導入することで損傷部位を乗り越える．損傷部位を乗り越えたあとは，再び通常の DNA ポリメラーゼに戻って DNA 複製を継続する（図 5-15）．損傷乗り越え合成を行う DNA ポリメラーゼにはいくつもの種類が見出されており，DNA 損傷の種類に応じて使い分けることにより，DNA 複製の正確性をある程度維持していると推測される．例えば，損傷乗り越え合成酵素の一つである

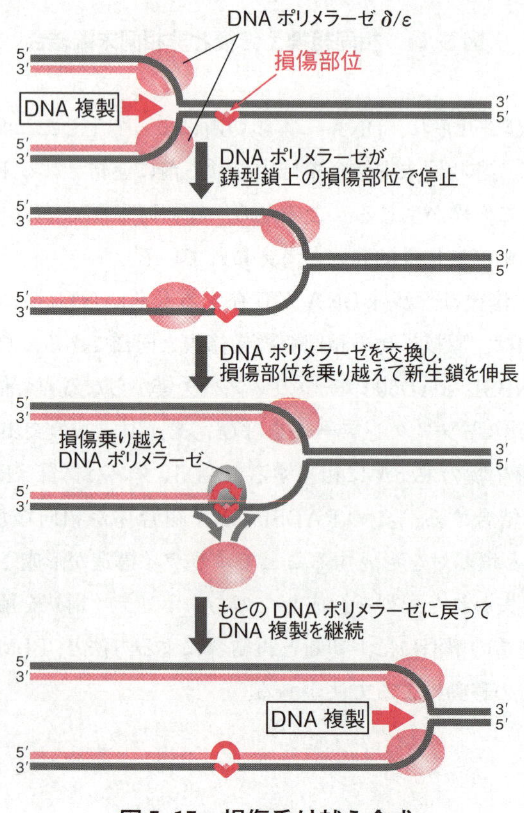

図 5-15　損傷乗り越え合成

DNA ポリメラーゼη(イータ) は，鋳型鎖上のピリミジン二量体に対して新生鎖に二つのアデノシンを導入する．ピリミジン二量体の多くがチミン二量体であるため，この酵素が相補的な新生鎖を正しく合成する確率は高い．しかし，同じ紫外線損傷である(6-4) 光産物に対してDNAポリメラーゼηが利用されることは少ない(→ p.176 医療とのつながり)．

2) 鋳型鎖交換

鋳型鎖上の損傷によって新生鎖の合成が停止したときにも，もう一方の親鎖を鋳型とする新生鎖合成はある程度まで継続される．このようにして合成を継続した新生鎖は，損傷により合成を停止した新生鎖の鋳型鎖として利用できる．これを利用して停止した新生鎖の合成を継続する損傷寛容の手段を，鋳型鎖交換という（図 5-16)．鋳型鎖交換では，DNA 損傷による新生鎖合成の停止を受けて，複製フォークの後退による巻き戻しや相同組換えを利用した方法により新生鎖どうしで相補塩基対を形成させる．その後，鋳型鎖の損傷に対応した位置を越えて新生鎖を伸長してから，巻き戻し構造や組換え構造を解消して DNA 複製を継続する．

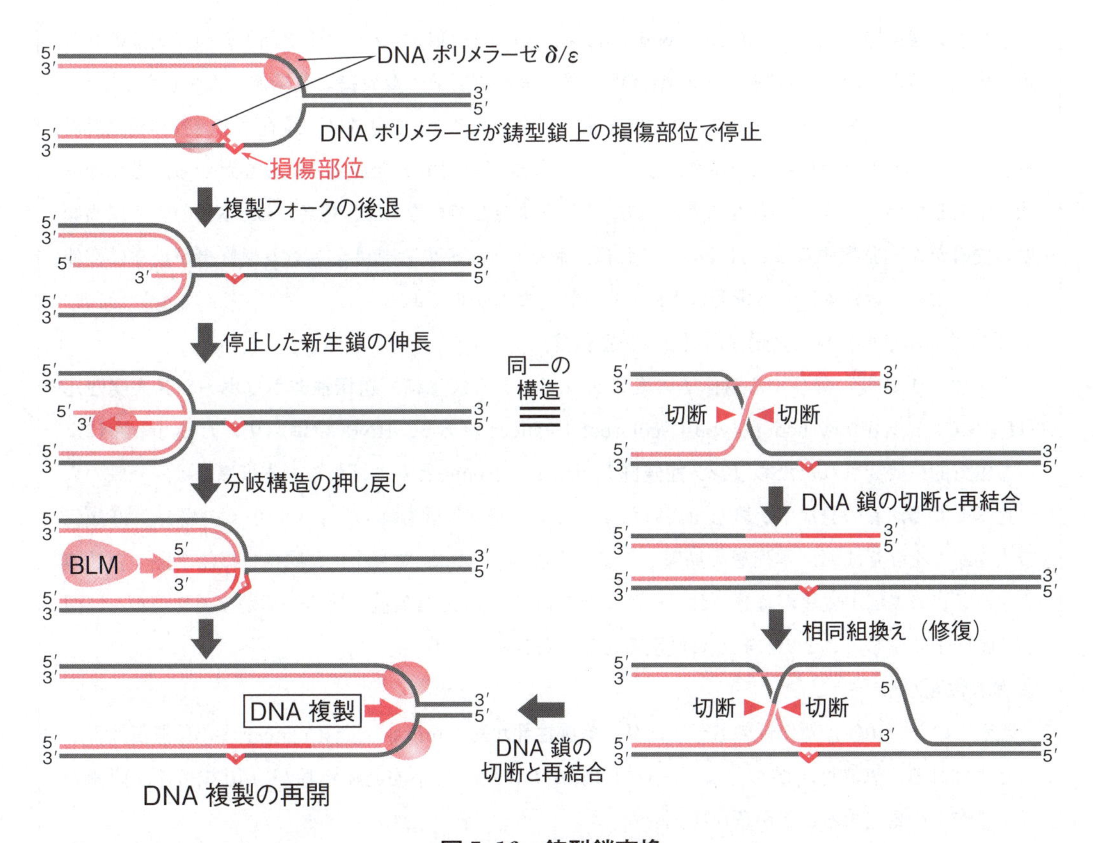

図 5-16　鋳型鎖交換

医療とのつながり

5-2　DNA 損傷修復機構の異常と遺伝性疾患

① 色素性乾皮症とコケイン症候群

色素性乾皮症（XP） xeroderma pigmentosum は，紫外線に対して著しく高い感受性を示す常染色体劣性遺伝病であり，その患者の多くはヌクレオチド除去修復に遺伝的な欠陥をもつ．XP 患者では，紫外線照射部位に色素斑や水疱などの皮膚症状が現れ，皮膚がんを発症する頻度も極めて高い．またこれらの皮膚症状に加えて，神経症状や発育障害などのみられることもある．

2人の XP 患者から採取した細胞を融合したとき，融合細胞の紫外線感受性が低下して正常細胞に近づく場合がある．これは，融合した患者の細胞間で失われた機能を補い合っていると考えられ，両者で欠損している遺伝子は異なると推測できる．このような実験を通じて，失われた機能で患者（細胞）をグループ分けしたものを**相補性群** complementation group とよぶ．この方法により，XP 患者は，A ～ G の七つの相補性群とバリアントとよばれるものの 8 群に分けられる．これらのうち，A ～ G の相補性群のそれぞれで欠損している遺伝子の産物が，ヌクレオチド除去修復で働く XPA，XPB，XPC，XPD，XPE，XPF，XPG の七つのタンパク質である．一方，バリアントの患者では DNA ポリメラーゼ η が遺伝的に欠損しており，ピリミジン二量体に対する損傷乗り越え合成に欠陥がある．

コケイン症候群（CS） Cockayne syndrome も，XP と同様にヌクレオチド除去修復に欠陥のある遺伝病であるが，CS は特に転写共役型修復に関与する遺伝子の変異により発症する．したがって，患者によっては，CS と XP が合併した症状を示す場合もある．CS 患者は，発育障害，精神発達遅滞，難聴，視機能低下などの症状を示す．また，若い年齢で白内障を発症することなどから，老化の症状を早発しているとする見方もある．一方，XP を併発していない CS 患者では，XP のように高頻度の皮膚がんを発症することはない．これは，おそらく CS 患者では全ゲノム型修復が正常に機能しているため，紫外線による影響は XP よりも軽くなるからであろう．

② 遺伝性非ポリポーシス大腸がん（リンチ症候群）

ミスマッチ修復に関与する遺伝子の変異が原因となる疾患に，**遺伝性非ポリポーシス大腸がん（HNPCC）** hereditary non-polyposis colorectal cancer がある．HNPCC は，リンチ Lynch らによって精力的に研究されたため**リンチ症候群** Lynch syndrome ともよばれる．本疾患では，一般の人に比べて大腸がんの発症率が著しく高いだけでなく，発症年齢も極めて若く，多くの場合，40 歳代で大腸がんを発症する．本疾患の原因として，大腸菌の MutS や MutL と同様の機能を担う複数のタンパク質の遺伝子変異が確認されている．その結果，DNA 複製後に残るわずかな誤りががんに関わる遺伝子に生じることで，発がんに至ると考えられる．

③ 家族性乳がん

乳がんの 5 ～ 10％は遺伝性のものであり，**家族性乳がん** familial breast cancer または遺伝性乳がんとよばれる．家族性乳がんでは，一般的な乳がんに比べて平均発症年齢が約 10 歳若く，両側の乳房にがんを発症することが多い．

家族性乳がんの代表的な原因遺伝子として，**BRCA1** や **BRCA2** がある．これらの遺伝子に変異のある人の約 7 割が，60 歳までに乳がんを発症する．BRCA1，BRCA2 は，いずれも相同組換え修復に関わるタンパク質であり，DNA 二本鎖切断部位からの 5′ 末端の削り込みによる一本鎖 DNA の露出を調節したり，一本鎖領域へのRAD51の結合を促したりする．またBRCA1は，細胞周期チェックポイントにも関わっていることが知られている．

④ ブルーム症候群とウェルナー症候群

ブルーム症候群（BS） Bloom syndromeは，多様ながんが若年から高頻度に発症する遺伝性疾患である．BS患者由来の細胞の大きな特徴として，姉妹染色分体交換とよばれる姉妹DNA間の組換えが高頻度に起こることがあげられる．このBSの原因遺伝子産物であるBLM（図5-14，5-16）は，DNA鎖の切断・再結合を介さずにホリデイ構造を解消する作用をもつDNAヘリカーゼであり，このような作用が失われることで，相同組換え修復や鋳型鎖交換のあとのDNA鎖の乗り換えが頻発するようになると考えられる．

BLMと類似した構造をもつDNAヘリカーゼの一つにWRNとよばれるタンパク質があるが，これは**ウェルナー症候群（WS）** Werner syndromeという別の遺伝病の原因遺伝子産物として同定されたものである．WSは，白内障，皮膚の萎縮・硬化，白髪，しゃがれ声，骨粗鬆症，動脈硬化，糖尿病など，さまざまな老化徴候が若い年齢で現れる遺伝病として知られる．日本人の100万人に1～3人がWS患者であるとされるが，これは世界的に見て極めて高頻度であり，これまでの報告例の半数以上は日本人患者のものである．

第6章 細胞内シグナル伝達と遺伝子発現

これまでに遺伝子の転写制御と翻訳のしくみについて，詳しくみてきたが，細胞が他の細胞からの情報を受け取り，細胞の運動や形態の変化，特定のタンパク質の発現誘導，さらに増殖や分化など，実際に機能を発揮するには，細胞外の生理活性分子の情報が核に伝わり，最終的に特定の遺伝子の発現が制御される必要がある．細胞外の情報が細胞膜から細胞質を経て，核に至るまでのタンパク質-タンパク質間相互作用とタンパク質リン酸化を中心とする一連の反応を**細胞内シグナル伝達機構** intracellular signal transduction system という．ここではそのしくみを理解するとともに，シグナル伝達機構の異常によって，細胞の増殖が無秩序に起こるがんの発症機構について，分子レベルで理解することを目的とする．現在これらの知見に基づいて，多くの分子標的薬とよばれる新しいがんの治療薬が開発され，臨床で利用されている．

6-1 ホルモンとオータコイド

生理活性分子は分泌のされ方や標的細胞への作用のしかたなどから，**ホルモン** hormone と**オータコイド** autacoid の2群に大きく分けることができる．これらの分子はいずれも細胞外から働きかけ，細胞内の代謝を調節したり，遺伝子発現を調節している．ホルモンとオータコイドによる作用様式の違いについて図6-1に示す．ホルモンとよばれる一群は，特定の内分泌腺で産生され，血液中に分泌された後，血流を介して標的臓器の細胞に作用するもので，このような形式

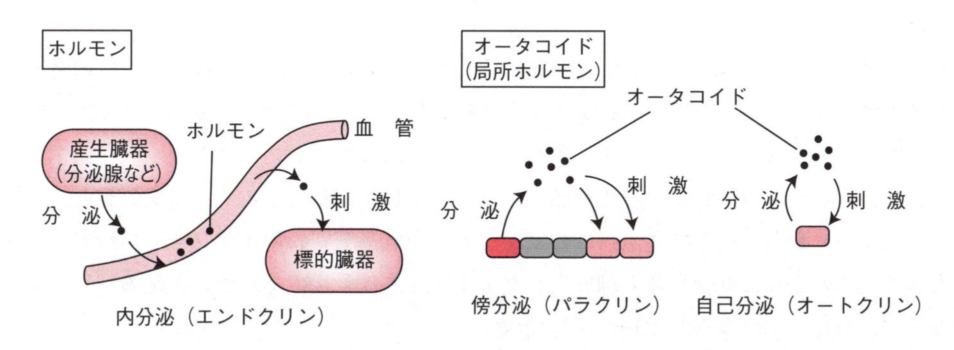

図6-1 ホルモンとオータコイドによる作用様式の違い

を**内分泌**または**エンドクリン** endocrine とよぶ．内分泌の場合は，内分泌腺と標的臓器の距離が離れているのが一般的である．ホルモンはその構造によって，ステロイドホルモン，ペプチドホルモン，活性アミンなどに分類される．一方，オータコイドは局所ホルモンともよばれるもので，血流を介さず，産生した細胞のごく近傍に分泌され，局所の細胞に作用する．このような分泌形式を**傍（ぼう）分泌**または**パラクリン** paracrine とよぶ．また，産生細胞から分泌された分子が，同じ細胞に作用することもあり，これを**自己分泌**または**オートクリン** autocrine とよぶ．オータコイドには，**エイコサノイド** eicosanoid，生理活性アミン，一酸化窒素などが含まれるが，**サイトカイン** cytokine や増殖因子などを含む場合もある．エイコサノイドとはプロスタグランジン，トロンボキサン，ロイコトリエンに代表されるアラキドン酸から生合成される炭素数 20 の高度不飽和脂肪酸誘導体で，平滑筋収縮の調節をはじめとする多様な作用を示す．サイトカインとは，感染，炎症ならびに免疫反応時にリンパ球やマクロファージなどから分泌される比較的低分子の糖タンパク質でさまざまな生理活性を示すものである．この他，神経による情報伝達は刺激によって神経終末からシナプス間隙に遊離される**神経伝達物質** neurotransmitter によって行われる．シナプスは神経と神経，または神経とその支配臓器との間に形成される約 20 nm の間隙からなる特殊な構造であり，極めて特異的な情報伝達が可能である．

6-2　脂溶性リガンドと水溶性リガンド

細胞外の生理活性分子は特定の臓器または細胞に極めて特異的に作用するが，それは生理活性分子に対する**受容体**（または**レセプター** receptor とよぶ）が，細胞に発現しているかどうかによって決まる．受容体に結合する生理活性分子は一般に**リガンド** ligand と総称される．リガンドの細胞に対する作用のしかたは，リガンドが脂溶性であるか水溶性であるかによって異なる（図 6-2）．

脂溶性リガンド（ただし，エイコサノイドは細胞膜に受容体がある）は一般に細胞膜の脂質二重層を自由に通過して細胞内に入ることができる．これらの分子は細胞質または核内に存在する特異的な**核受容体** nuclear receptor と結合し，リガンド-核受容体複合体が転写調節因子として目的遺伝子のプロモーター領域などに含まれる特異的なホルモン応答配列に結合し，目的遺伝子の発現を制御する．

一方，水溶性リガンドは，細胞膜上に存在する受容体に結合する．受容体の多くは細胞内で**セカンドメッセンジャー** second messenger とよばれるシグナル伝達分子の産生を介して，種々のタンパク質リン酸化反応を引き起こす．受容体によってはセカンドメッセンジャーの産生を介さず，受容体自身がタンパク質リン酸化を触媒したり，受容体に結合するタンパク質を介して膜脂質のリン酸化などが引き起こされる．このほか受容体が直接細胞膜のイオンチャネルを制御する場合もある．このように膜受容体の細胞内シグナル伝達系は多様であるが，各種のリガンドは特異的な受容体を介して，多彩な生理作用を発現する．

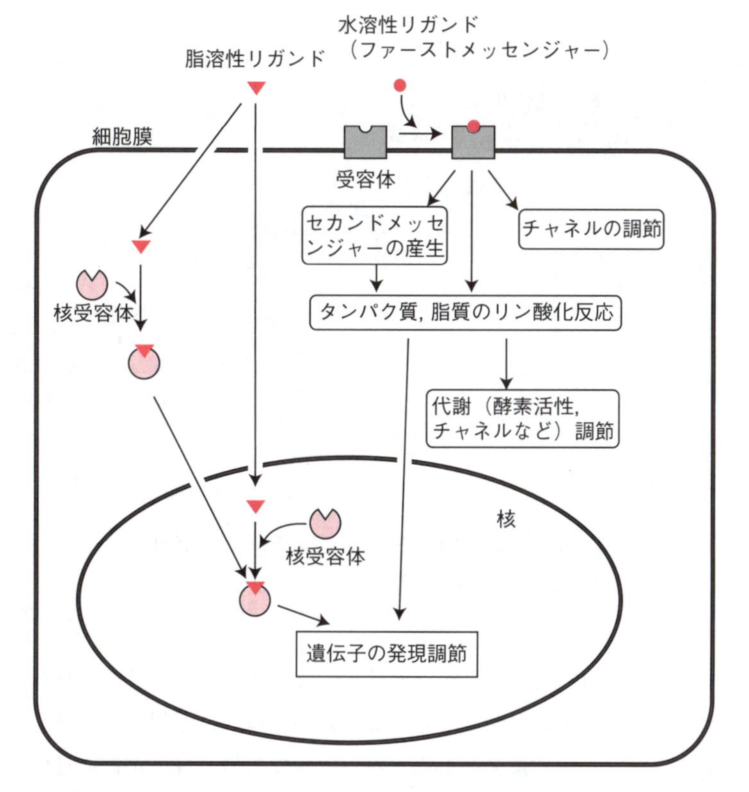

図 6-2　脂溶性リガンドと水溶性リガンドに対する受容体とシグナル伝達の概要

6-3　脂溶性ホルモン，ビタミン D，レチノイン酸と核受容体

代表的な脂溶性ホルモンは，グルココルチコイド（コルチゾールなど）やミネラルコルチコイド（アルドステロンなど）の副腎皮質ホルモン，男性ホルモン（テストステロンなど）や女性ホルモン（エストラジオールなど）の性ホルモンであり，すべてコレステロールから生合成され，**ステロイドホルモン** steroid hormone と総称される．ステロイドホルモン以外に，チロキシンなどの**甲状腺ホルモン** thyroid hormone，さらに**ビタミン D_3** vitamin D_3 や**レチノイン酸** retinoic acid などのリガンドは細胞膜を通過して，細胞内の核受容体と結合して核における転写を調節する．

代表的な核受容体である**ステロイドホルモン受容体** steroid hormone receptor の基本構造を図 6-3 に示す．ステロイドホルモン受容体にはリガンド結合・転写活性化領域ならびに DNA 結合領域があり，それらの間はヒンジ領域とよばれる．DNA 結合領域には DNA 結合モチーフの一つであるジンクフィンガードメインがある．リガンドによる刺激がないとき，ステロイドホルモン受容体は細胞質（一部は核内）に存在し，DNA 結合領域に阻害タンパク質である熱ショックタンパク質（Hsp90 など）が結合している．ステロイドホルモン受容体–熱ショックタンパク

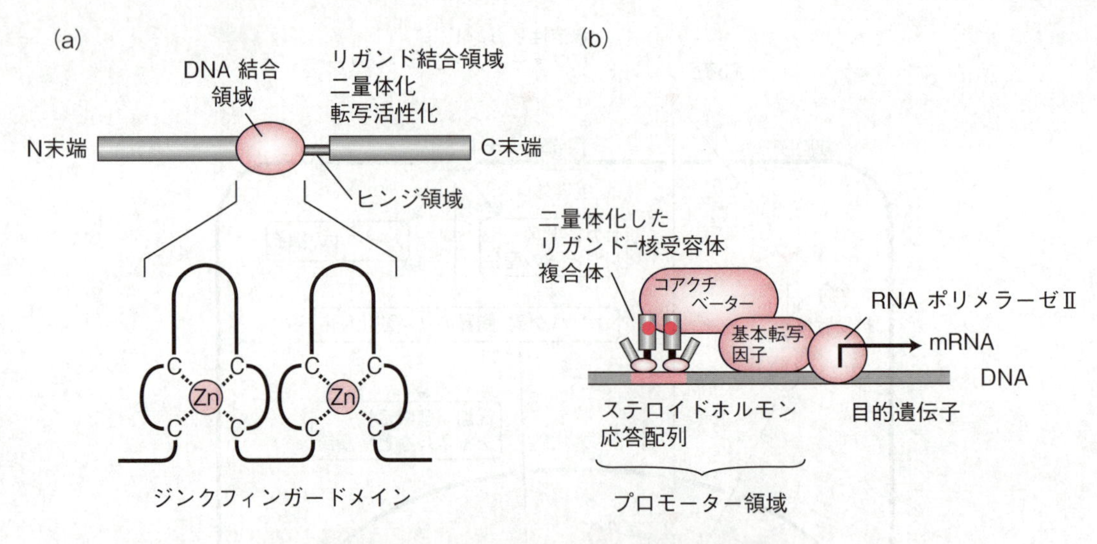

図 6-3　ステロイドホルモン受容体の構造

(a) ステロイドホルモン受容体の基本構造
(b) ステロイドホルモン-ステロイドホルモン受容体複合体による転写活性化

質複合体は，細胞質では細胞骨格のアクチンと結合することにより，核への移行が阻害されている．受容体にステロイドホルモンが結合すると受容体の構造変化が起こり，熱ショックタンパク質が解離して，受容体どうしが二量体を形成する．次いでこの二量体が標的遺伝子のプロモーター上に存在する**ステロイドホルモン応答配列** steroid hormone responsive element（エンハンサー）に結合することにより，標的遺伝子の転写を活性化する（図 6-3）．

一方，レチノイン酸や甲状腺ホルモンの受容体は，リガンドが結合するとヘテロ二量体を形成

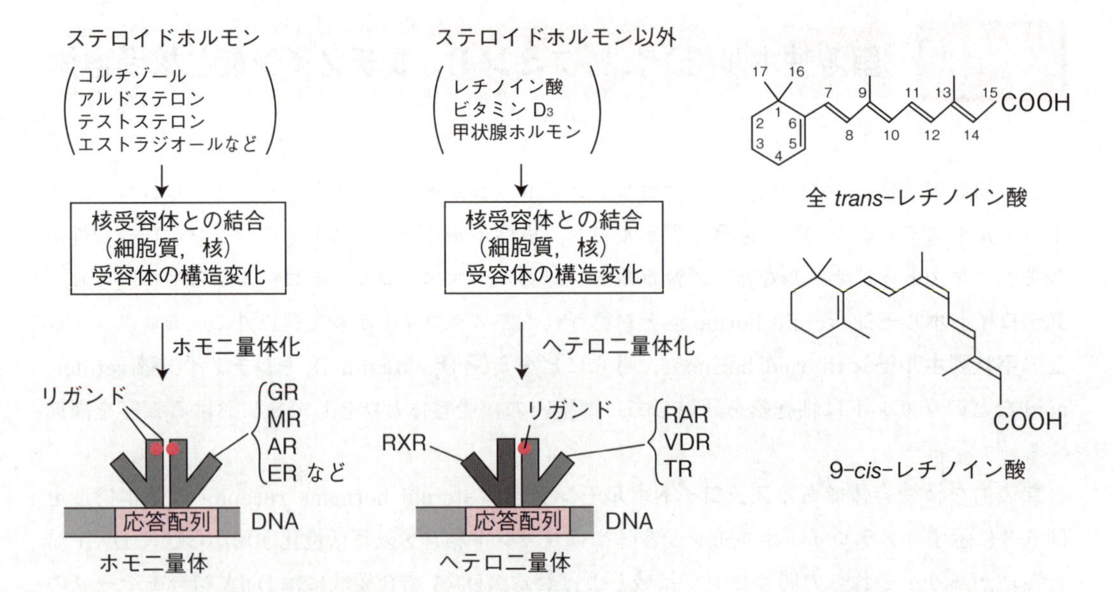

図 6-4　ステロイドホルモンとその他の脂溶性リガンドに対する核受容体の二量体化

GR：グルココルチコイド受容体，MR：ミネラルコルチコイド受容体，AR：アンドロゲン受容体，ER：エストロゲン受容体，RAR：全 *trans*-レチノイン酸受容体，RXR：9-*cis*-レチノイン酸受容体，VDR：ビタミン D_3 受容体，TR：甲状腺ホルモン受容体

する．レチノイン酸は脂溶性ビタミンの一つであるビタミンAの誘導体で，個体の発生，形態形成や組織の分化誘導などに重要な働きをしており，全 *trans*-レチノイン酸または 9-*cis*-レチノイン酸の二つの異性体として存在する（図6-4）．レチノイン酸が核の**レチノイン酸受容体（RAR）** retinoic acid receptor に結合すると，レチノイン酸-RAR 複合体は **RXR** とよばれる RAR 類似のタンパク質とヘテロ二量体を形成して，**レチノイン酸応答配列** retinoic acid responsive element に結合する（図6-4）．さらにコアクチベーターを介して，基本転写因子が活性化され，特定の遺伝子の発現が誘導される．一方，RXR にリガンドである 9-*cis*-レチノイン酸が結合すると 9-*cis*-レチノイン酸-RXR のホモ二量体が形成され，レチノイン酸-RAR 複合体は DNA から解離する．

医療とのつながり

6-1　レチノイン酸による白血病の分化誘導療法

急性前骨髄球性白血病（APL） acute promyelocytic leukemia は，骨髄球が未分化な段階で腫瘍化したものである．本疾患では，15番染色体上にある転写制御因子 PML 遺伝子と 17 番染色体上にあるレチノイン酸受容体 α（RARα，ララ）遺伝子間で相互転座が起こっている．その結果，PML-RARα 融合遺伝子が形成され，分化誘導因子であるレチノイン酸による転写誘導が抑制されることが発症の原因である．このことから，治療には全 *trans*-レチノイン酸（ATRA，アトラ）が極めて有効であることが示された．ATRA は白血球の分化誘導を促進することにより，治療効果を発揮することから分化誘導療法とよばれる．本疾患は播種性血管内凝固症（DIC）を合併しやすく，脳出血による死亡が多く，かつては最も治療が困難なタイプの急性白血病であったが，ATRA 療法の登場で出血などの合併症も減少し，現在では最も予後の良いタイプとなっている．

脂溶性ビタミンであるビタミンDは食物として摂取されるだけでなく，体内でコレステロールから合成され，多くの構造類似体が存在する．そのなかで腸管で Ca^{2+} 吸収に強い活性を有するのは活性型ビタミン D_3 である．ビタミン D_3 は図6-5に示すように体内で2回の水酸化反応

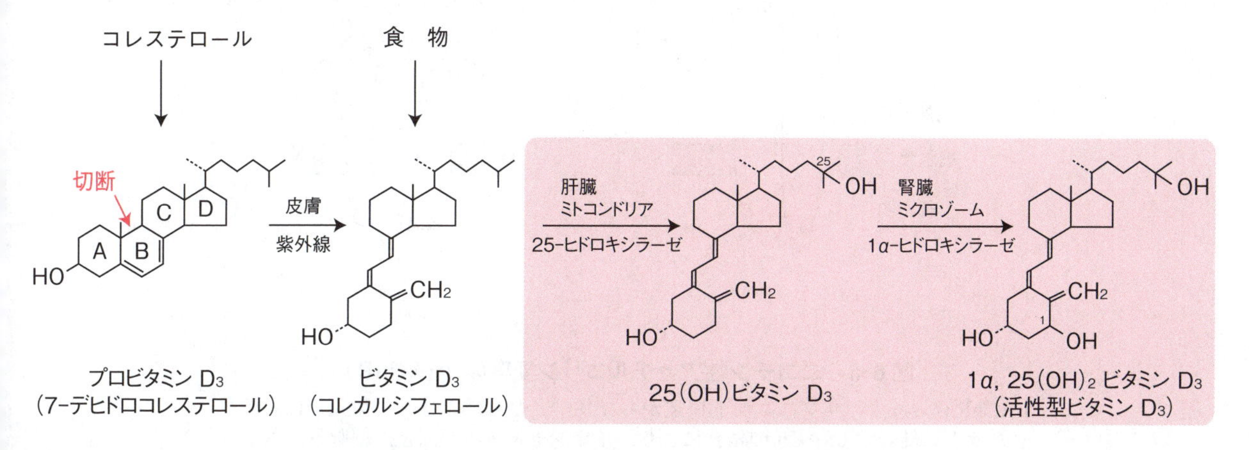

図6-5　生体内におけるビタミン D_3 の活性化

を受けて活性型に変換される．すなわち，コレステロールからプロビタミンD_3が生成されると，皮膚において紫外線により，ステロイド骨格のB環の一部が切断され，ビタミンD_3(コレカルシフェロール）になる．ビタミンD_3は肝臓のミトコンドリアにおいて25位が水酸化され，さらに腎臓ミクロゾームにおいて1α位が水酸化され1α, 25$(OH)_2$ビタミンD_3となる．このジヒドロキシビタミンD_3が活性型ビタミンD_3である．活性型ビタミンD_3は細胞膜を通過した後，細胞内にある**ビタミンD受容体（VDR）** vitamin D receptor に結合する．ビタミンD_3-VDR複合体はRXRとヘテロ二量体を形成し，**ビタミンD応答配列** vitamin D responsive element（エンハンサー）に結合し，転写を活性化する．

6-4　細胞膜受容体の種類と機能

細胞膜上に存在する受容体にはいくつかのタイプがある．受容体そのものが特定のイオンを通過させる**イオンチャネル型受容体** ion channel receptor，リガンドが受容体に結合した後，細胞内で**Gタンパク質** G protein とよばれるGTP結合タンパク質を介してセカンドメッセンジャーを産生する**Gタンパク質共役型受容体（GPCR）** G protein-coupled receptor，膜を貫通した受容体タンパク質の細胞内ドメインがプロテインキナーゼ活性を有する**プロテインキナーゼ型受容体** protein kinase receptor，膜を貫通した受容体の細胞内ドメインにおいて細胞質型チロシンキナーゼと結合する**酵素共役型受容体** enzyme-coupled receptor などに分類することができる．

6-4-1　イオンチャネル型受容体

イオンチャネル型受容体の代表的なものとして，ニコチン性アセチルコリン受容体（nAChR），クロリドイオン受容体，GABA受容体，NMDA型グルタミン酸受容体などがある．nAChRはイ

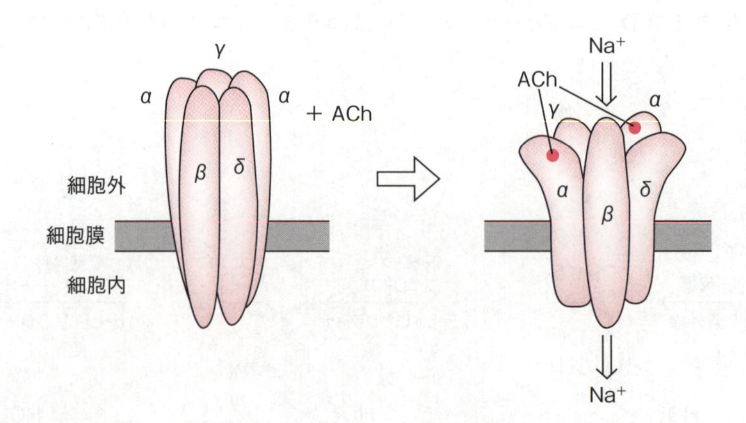

図6-6　ニコチン性アセチルコリン受容体（nAChR）
nAChRは$\alpha_2\beta\gamma\delta$のサブユニット構造からなり，アセチルコリン（ACh）はαサブユニットに結合する．AChの結合により，イオンチャネルが開き，細胞外のNa^+イオンが流入し，活動電位が発生する．

オンチャネル型受容体として，最も古くから研究されている．nAChR は交感神経節あるいは副交感神経節の節後線維，ならびに神経-筋接合部における筋細胞表面に存在し，4 種のサブユニットが五量体を形成している（図 6-6）．アセチルコリンが受容体に結合すると，膜を貫通するタンパク質の高次構造が変化し，細胞外の Na^+ イオンが細胞内に流入する．本来，細胞の膜電位は −80 mV 程度であり，負に分極しているが，Na^+ イオンの細胞内への流入によって一過性に脱分極し，膜電位は急激に＋側に片寄り，活動電位が発生する．

Coffee Break

6-1　毒ヘビとシビレエイの意外な関係とは？

コブラ，ウミヘビ，アマガサヘビなどの毒ヘビに咬まれると呼吸麻痺によって死亡することがある．これらの蛇毒中には神経毒とよばれるポリペプチド（分子量 6,000 〜 8,000）が含まれており，神経-筋接合部にあるニコチン性アセチルコリン受容体（nAChR）に特異的に結合して，神経伝達を遮断して呼吸麻痺を引き起こす．南米原住民の矢毒クラーレに含まれる *d*-ツボクラリン（低分子性アルカロイド）も同様の作用がある．一方，シビレエイや電気ウナギの発電器官は nAChR に富んでいる．そこでアマガサヘビの神経毒 α-ブンガロトキシンを用いたアフィニティークロマトグラフィーによって，発電器官から高純度の nAChR が精製された．京都大学の沼らは，nAChR の部分アミノ酸配列の情報から，cDNA クローニングを行い，全アミノ酸配列を決定した．これはイオンチャネル型受容体の構造が明らかになった最初の例である．アセチルコリン受容体の構造解明に毒ヘビとシビレエイは大きな貢献をしたのである．

アマガサヘビ *Bungarus multicinctus*
（ウィキペディアより）

カリフォルニアシビレエイ *Torpedo californica*
（ウィキペディアより）

6-4-2　G タンパク質共役型受容体とセカンドメッセンジャー

GPCR は 1 本のポリペプチド鎖の N 末端が細胞膜の外側に，C 末端が細胞質側に存在し，途中，細胞膜を 7 回貫通して形成されていることから，7 回膜貫通型受容体ともよばれる（図 6-7）．GPCR は 800 種類近くあると推定され，ヒトの全遺伝子の約 3% に相当する．このように GPCR は巨大な遺伝子ファミリーを形成し，しかもその約半数は嗅覚受容体であると考えられている．GPCR は細胞質側のループ部分と C 末端領域において G タンパク質と結合する．G タンパク質は，受容体の情報を**アデニル酸シクラーゼ** adenylate cyclase や**ホスホリパーゼ Cβ**（**PLCβ**）

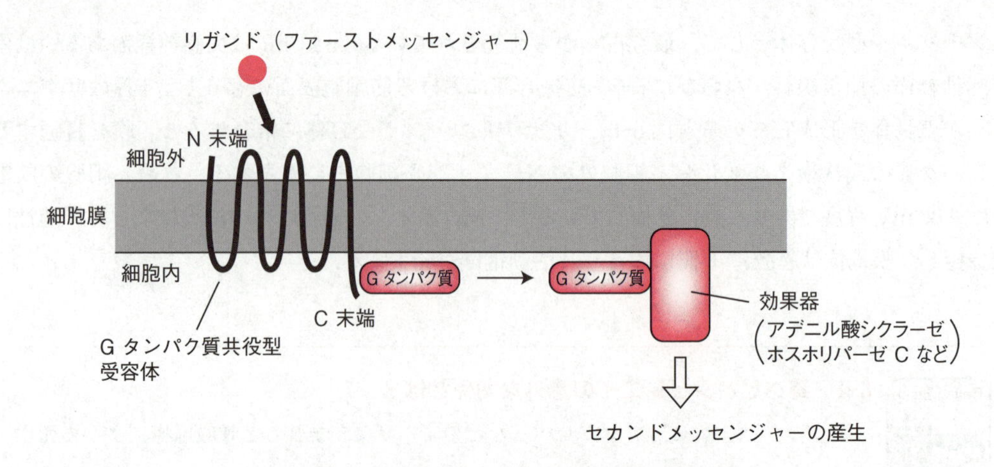

図 6-7　G タンパク質共役型受容体の概念

phospholipase Cβ などの酵素（エフェクターまたは効果器という）に伝える伝達装置である．エフェクターは酵素以外にイオンチャネルであることもある．G タンパク質は **Gs**，**Gi**，**Gq**，**Gt** の 4 種類に大別することができるが，いずれのタイプも GTP と結合すると活性型，GDP と結合すると不活性型になる．図 6-7 に示すようにリガンドが受容体に結合すると，活性型 G タンパク質は膜上を拡散してエフェクターと相互作用し，その活性を制御する．エフェクタータンパク質の種類に応じて，細胞質内に**セカンドメッセンジャー** second messenger とよばれる特異的な低分子化合物が産生される．

図 6-8 に G タンパク質の種類と産生されるセカンドメッセンジャー，それによって調節されるプロテインキナーゼ等の関係を示す．Gs（stimulation，活性化）はアデニル酸シクラーゼを活性化し，細胞内 cAMP 濃度を増大させる．生成した cAMP はセカンドメッセンジャーとして，**cAMP 依存性プロテインキナーゼ** cAMP-dependent protein kinase（プロテインキナーゼ A）を活性化する．嗅覚受容体に存在する Golf（olfactory，嗅覚の）も Gs に分類される．図 6-9 に

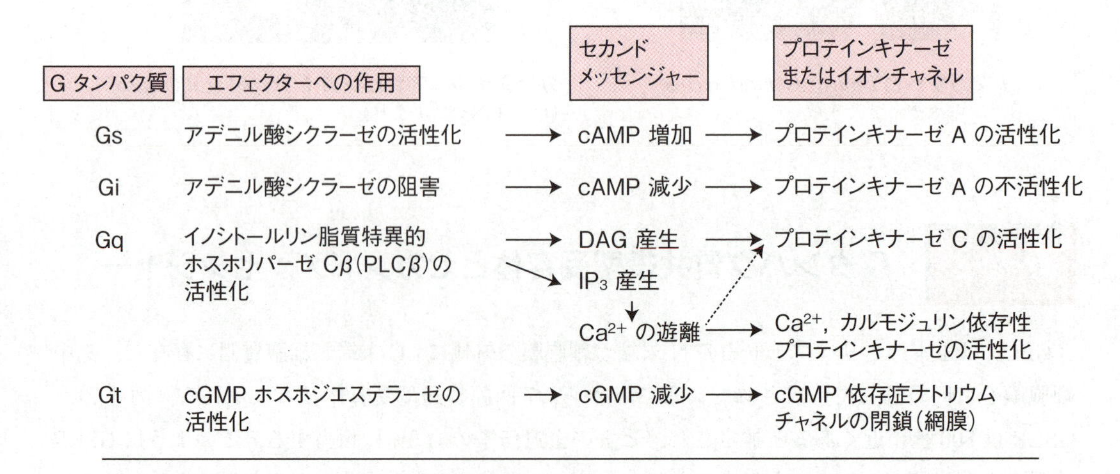

図 6-8　代表的な G タンパク質の種類，産生されるセカンドメッセンジャーとプロテインキナーゼ等の活性調節

DAG：ジアシルグリセロール，IP_3：イノシトール 1,4,5-トリスリン酸

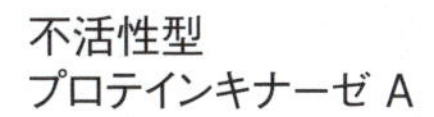

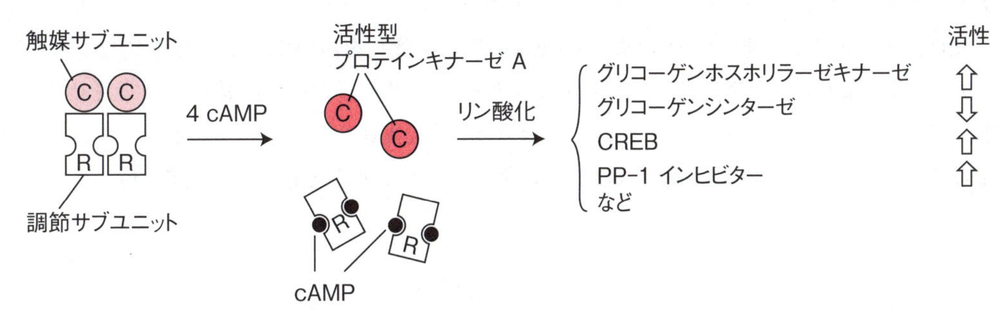

図 6-9　cAMP によるプロテインキナーゼ A の活性化と主な基質タンパク質

CREB：CRE 結合タンパク質 CRE binding protein
PP-1 インヒビター：プロテインホスファターゼ-1 インヒビター protein phosphatase-1 inhibitor
不活性型のプロテインキナーゼ A は 2 個の触媒サブユニット（C）と 2 個の調節サブユニット（R）からなる四量体である．cAMP が R サブユニットに結合することにより，C サブユニットが遊離して，活性型プロテインキナーゼ A になる．

cAMP によるプロテインキナーゼ A の活性化の機構と代表的なプロテインキナーゼ A の基質タンパク質を示してある．Gs タイプの受容体を介するいくつかのホルモンでは，cAMP の増加にともない，特定の遺伝子の転写が活性化する．図 6-10 に示すように cAMP の増加によってプロテインキナーゼ A が活性化するとプロテインキナーゼ A は転写因子 **CREB**（CRE binding protein）をリン酸化する．リン酸化されて活性化した CREB は標的遺伝子プロモーター上の

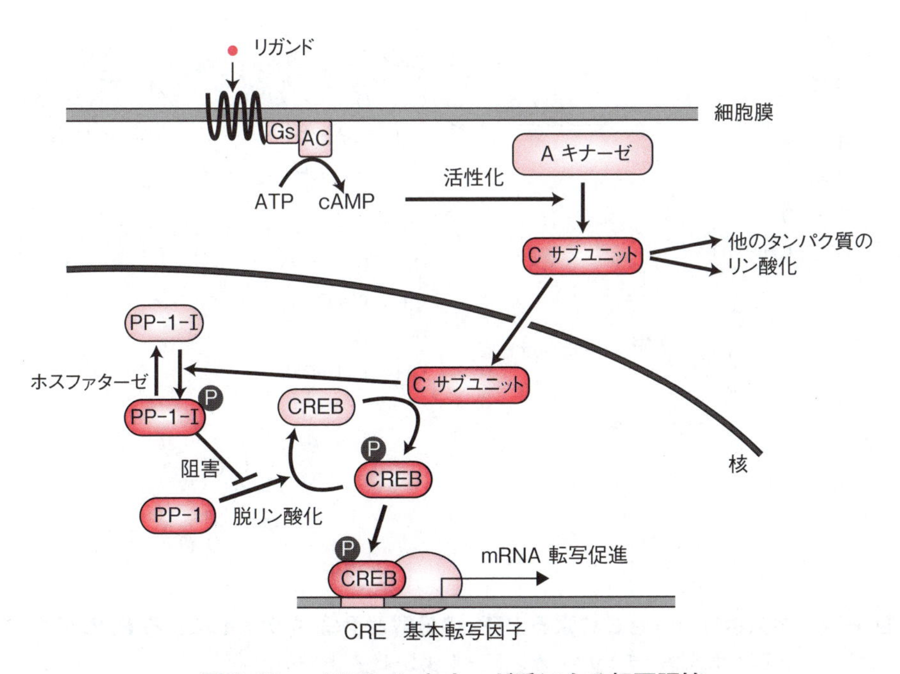

図 6-10　cAMP-A キナーゼ系による転写調節

CRE：cAMP 応答性エレメント cAMP responsive element
PP-1：プロテインホスファターゼ-1
PP-1-Ⅰ：プロテインホスファターゼ-1 インヒビター

cAMP応答配列（CRE） cAMP responsive element に結合し，転写を促進する．このとき，プロテインキナーゼAはCREBと同時に，プロテインホスファターゼ-1インヒビターもリン酸化し，プロテインホスファターゼ-1によるCREBの脱リン酸化を防いでいる（図6-10）．

一方，Gi（inhibition，阻害）はアデニル酸シクラーゼを阻害してcAMP濃度を減少させる（図6-8）．また，アデニル酸シクラーゼによって合成されたcAMPはcAMPホスホジエステラーゼによって不活性な5′-AMPに分解されることにより，シグナルが停止する（図6-11）．

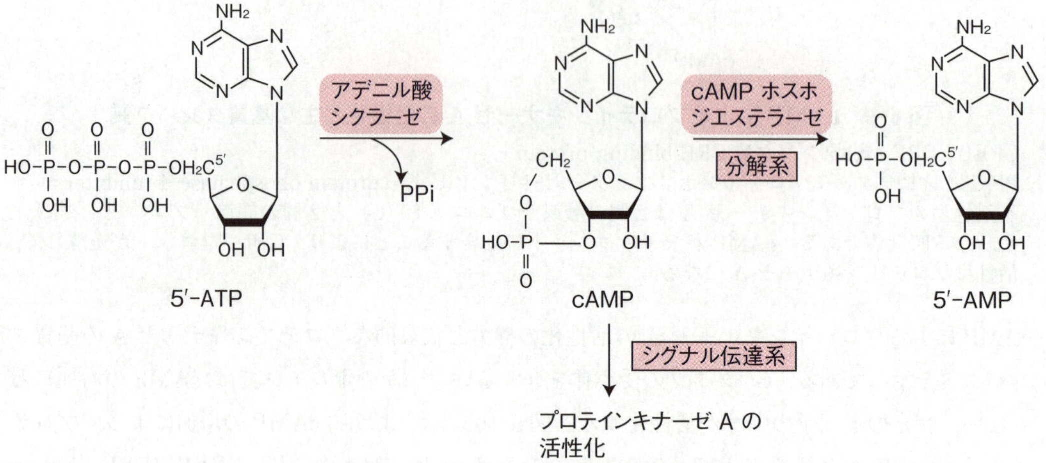

図6-11　cAMPの合成と分解反応

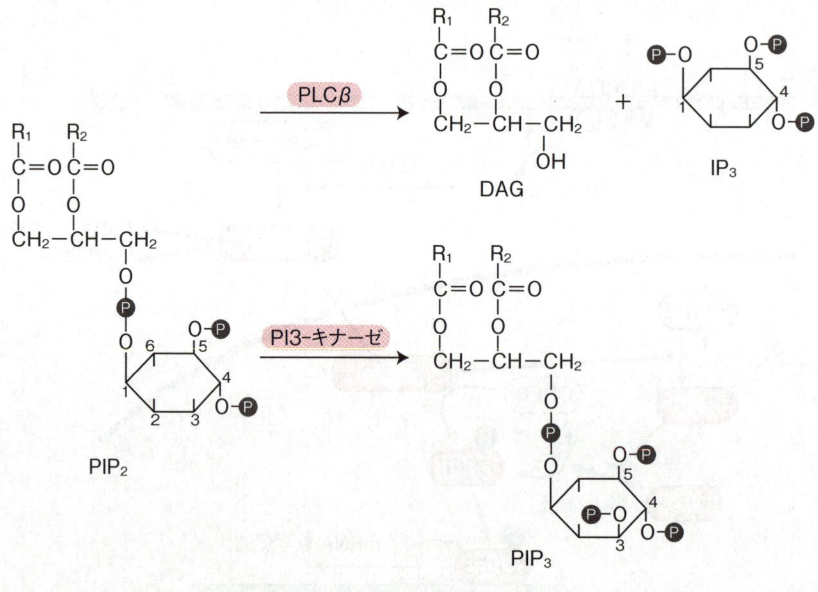

図6-12　ホスホリパーゼCによるPIP_2の分解とPI3-キナーゼによるPIP_3の生成

PIP_2：ホスファチジルイノシトール4, 5-ビスリン酸
PIP_3：ホスファチジルイノシトール3, 4, 5-トリスリン酸
DAG：ジアシルグリセロール
IP_3：イノシトール1, 4, 5-トリスリン酸
PLCβ：イノシトールリン脂質特異的ホスホリパーゼCβ

Gq は PLCβ を活性化して，細胞膜のリン脂質である**ホスファチジルイノシトール 4,5-ビスリン酸（PIP$_2$）** phosphatidylinositol 4,5-bisphosphate から，**イノシトール 1,4,5-トリスリン酸（IP$_3$）** inositol 1,4,5-trisphosphate と**ジアシルグリセロール（DAG）** diacylglycerol を生成する（図 6-12）．これら両化合物はどちらもセカンドメッセンジャーとして，個別のプロテインキナーゼを活性化する．図 6-13 に Gq タンパク質が関与する細胞内シグナル伝達経路を示す．まず，PLCβ によって細胞膜から切り離された IP$_3$ は小胞体膜上にある IP$_3$ 受容体のリガンド結合ドメイン（細胞質側）に結合する．IP$_3$ 受容体は IP$_3$ 感受性 Ca^{2+} チャネルであり，IP$_3$ の結合により，小胞体内に蓄えられていた Ca^{2+} イオンが細胞質内に流出する．細胞外または小胞体内の Ca^{2+} イオン濃度は通常，10^{-3} mol/L オーダーであり，細胞質内の Ca^{2+} イオン濃度はそれの 1/1000 ～ 1/10000 程度低く保たれている．IP$_3$ により細胞質内の Ca^{2+} イオン濃度が一過性に約 10 倍上昇する．遊離した Ca^{2+} はカルシウム結合タンパク質の**カルモジュリン** calmodulin に結合し，活性化したカルモジュリンは **Ca^{2+} カルモジュリン依存性プロテインキナーゼ** Ca^{2+}/calmodulin dependent protein kinase（CaM キナーゼ）に結合し，CaM キナーゼを活性化する．一方，DAG は疎水性分子であるため，細胞膜上を拡散し，Ca^{2+} イオンとともに**プロテインキナーゼ C** protein kinase C（C キナーゼ）を活性化する．これらの反応の結果，CaM キナーゼやプロテインキナーゼ C は転写因子を含む種々のタンパク質のリン酸化を引き起こす．

Gt は網膜における光受容体における情報伝達に関与し，cGMP ホスホジエステラーゼを活性化して cGMP 濃度を減少させ，cGMP 依存性ナトリウムチャネルを閉じる（図 6-8）．

このように G タンパク質はセカンドメッセンジャーの産生を介して，さまざまな細胞機能の調節に関与しているが，実際の細胞内ではより複雑なクロストークによるシグナル伝達が行われており，微細な生理機能の調節が可能になっている．

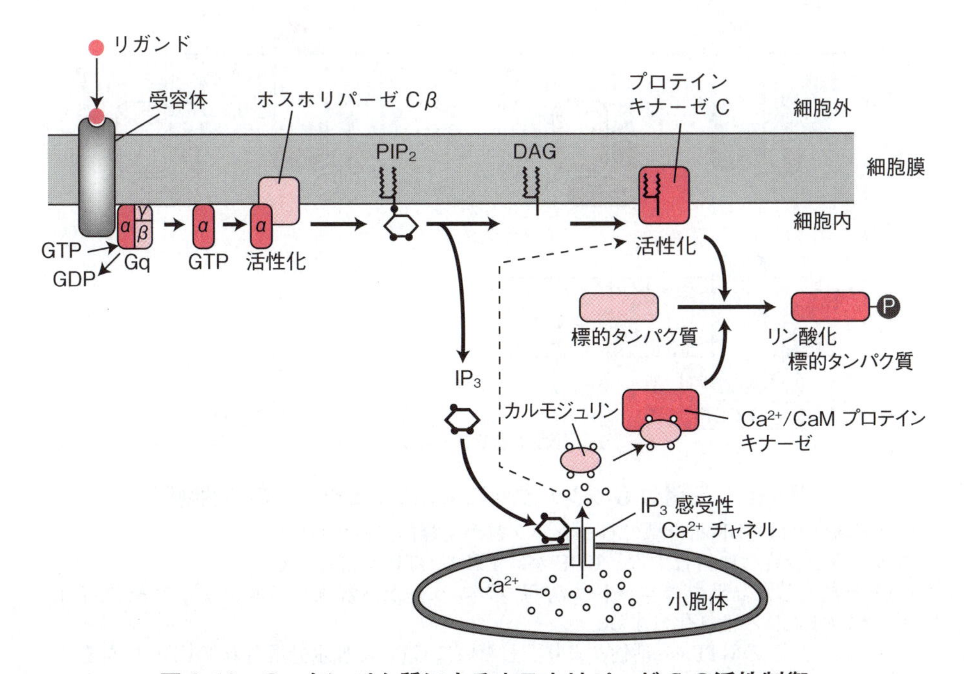

図 6-13　Gq タンパク質によるホスホリパーゼ C の活性制御

7回膜貫通型受容体と共役しているGタンパク質はα, β, γの三つのサブユニットからなり，**三量体Gタンパク質** trimeric G-protein ともよばれる（これとは別の低分子量Gタンパク質については6-4-3-Aで述べる）．α, β, γサブユニットはそれぞれ多くの種類が存在するが，異なる$\beta\gamma$サブユニットであってもそれらの機能は変わらない．一方，αサブユニットはGTPまたはGDPの結合サブユニットであり，Gタンパク質の特徴を決めている．すなわち，Gs, Gi, Gq, Gtのαサブユニットはそれぞれαs, αi, αq, αtとして区別される．図6-14に三量体Gタンパク質によるエフェクターの活性制御機構を示す．リガンド刺激のない状態では，Gタンパク質はα（GDP結合型），β, γの三量体として受容体に結合している．受容体にリガンドが結合すると，αサブユニットのGDPが放出され，代わりにGTPが結合する．そうすると三量体はαと$\beta\gamma$サブユニットの二つに解離し，GTP結合型αサブユニットがエフェクターに作用する．これにより，多くの場合，エフェクターは活性化されるが，阻害されるものもある．また，まれではあるが，細胞やリガンドによってはαサブユニットでなく，$\beta\gamma$サブユニットがエフェクターを調節する．GTP結合型αサブユニットはエフェクターに作用したのち，αサブユニット自身のもつGTP分

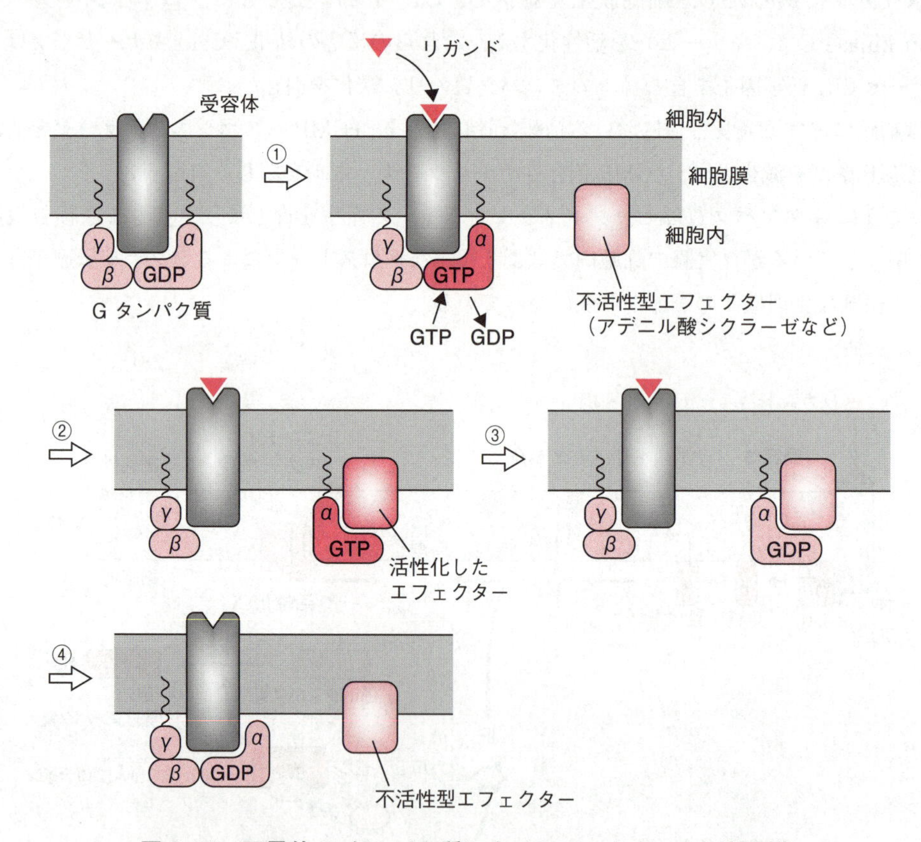

図6-14　三量体Gタンパク質によるエフェクターの活性制御

リガンド結合前はGDP結合型のGタンパク質が受容体に結合している．
①リガンドが受容体に結合するとGDPがはずれてGTPが結合する．
②GTPを結合したαサブユニットは$\beta\gamma$サブユニットから解離してエフェクターに結合し，活性化（または不活性化）する．
③αサブユニットのGTPase活性により，しだいにGTPは加水分解されてGDPになる．
④GDP結合型となったαサブユニットは再び$\beta\gamma$サブユニットと会合し，受容体に結合する．

解活性（GTPase）により，GTP が加水分解され，不活性な GDP 結合型になる．さらにここに $\beta\gamma$ サブユニットが再会合し，最初の状態に戻る．このように三量体 G タンパク質は，自動的に制御のかかる分子スイッチであることがわかる．

コレラ菌や百日咳菌の産生する**コレラ毒素** cholera toxin または**百日咳毒素** pertussis toxin はタンパク質であり，どちらも A（active）および B（binding）の 2 種類のサブユニットからなる．どちらの毒素も B サブユニットを介して細胞膜に結合した後，A サブユニットのみが細胞内に入る．A サブユニットはタンパク質の特定のアミノ酸残基に ADP-リボースを転移させる **ADP-リボシルトランスフェラーゼ** ADP-ribosyltransferase 活性をもっており，コレラ毒素の場合，NAD^+ を基質として小腸上皮細胞において，Gs の α サブユニットの Arg 残基が ADP リボシル化される．これにより GTPase 活性が著しく低下し，アデニル酸シクラーゼが活性化し続け，細胞内に過剰の cAMP が蓄積する．cAMP は Na^+ の細胞外への能動輸送を促進するので，大量の Na^+ と水が上皮細胞から腸管内腔に排出され，コレラ特有の重篤な下痢と脱水症状を引き起こす．一方，百日咳毒は Gi，Gt などの α サブユニットの Cys 残基を ADP リボシル化する．これにより受容体と G タンパク質が共役できなくなり，アデニル酸シクラーゼの抑制が遮断され，cAMP が上昇して種々の毒作用が発現する．これらの特異的な性質のため，コレラ毒素と百日咳毒素は G タンパク質のタイプの決定やシグナル伝達の研究に利用されている．

6-4-3　プロテインキナーゼ型受容体

A　チロシンキナーゼ型受容体

EGF，PDGF などの増殖因子受容体は 1 本のポリペプチド鎖からなり，細胞内にはチロシンキナーゼドメインが存在する．ここでは最も代表的な増殖因子である EGF のシグナル伝達系について解説するが，他の増殖因子についても基本的に類似している．受容体にリガンドが結合する

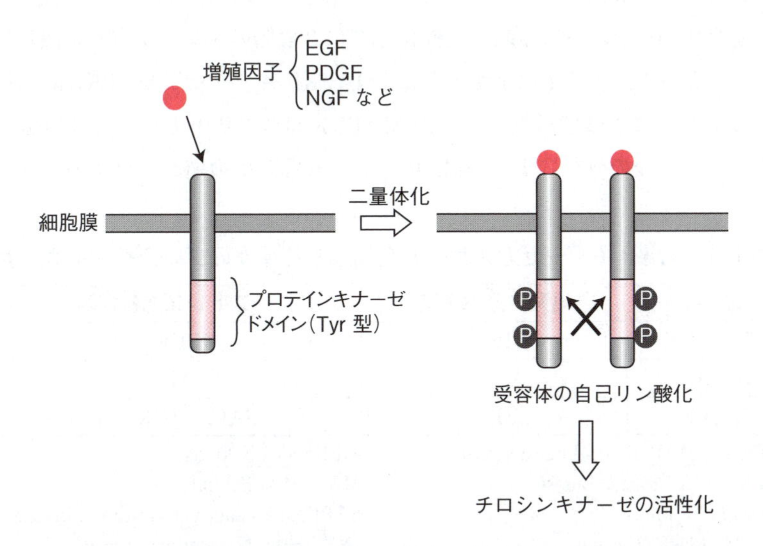

図 6-15　増殖因子の受容体への結合と受容体の自己リン酸化

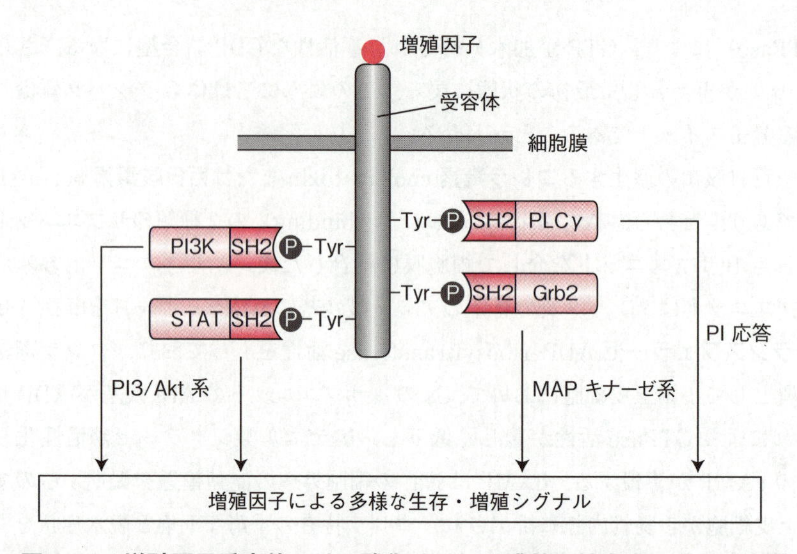

図 6-16 増殖因子受容体のリン酸化チロシン残基に結合するタンパク質

と，受容体は二量体化し，互いに特定のチロシン残基をリン酸化する（図 6-15）．これによって受容体チロシンキナーゼはさらに活性化され，複数のチロシン残基がリン酸化される．これを受容体の**自己リン酸化** autophosphorylation という．受容体が自己リン酸化されると，リン酸化チロシン残基を特異的に認識する種々のタンパク質が結合する．図 6-16 に示すように，受容体に結合する Grb2，PI3 キナーゼ，STAT，ホスホリパーゼ Cγ などは，リン酸化チロシン残基を特異的に認識する **SH2 ドメイン** SH2 domain とよばれるタンパク質領域を有する．EGF 受容体の細胞内シグナル伝達経路は複雑であるが，ここでは中心となる二つの経路について考える．

第一の経路は **MAP キナーゼ経路** MAP kinase pathway とよばれるもので，増殖シグナル経路として最も代表的な経路である．MAP キナーゼ（mitogen-activated protein kinase, MAPK）は，種々の増殖因子（マイトジェン）や発がんプロモーターによって活性化され，細胞内の種々の基質タンパク質をリン酸化するキナーゼとして見出されたものである．その後の研究で，細胞膜の増殖因子受容体から核における転写活性化までに 3 段階のタンパク質リン酸化反応の存在することが明らかとなった．表 6-1 に示すように，MAPKK キナーゼ（MAPKKK）が MAPKK をリン酸化し，リン酸化によって活性化された MAPKK は MAP キナーゼ（MAPK）をリン酸化して活性化する．その後の研究により，MAP キナーゼ経路は増殖シグナルの伝達だけでなく，

表 6-1 MAP キナーゼカスケードを構成する種々のプロテインキナーゼ

総 称	増殖・分化経路	ストレス応答経路
MAPKKK	Raf	MEKK など
MAPKK	MEK	MKK
MAPK	ERK	SAPK（JNK），p38

MAPKKK, MAP kinase kinase kinase
MAPKK, MAP kinase kinase
MAPK, MAP kinase
MEK, MAPK/ERK kinase
ERK, extracellular-signal regulated kinase
MEKK, MEK kinase
MKK, MAPK kinase
SAPK, stress activated protein kinase
JNK, c-Jun N-terminal kinase

熱，高浸透圧，放射線などに対するストレス応答や，細胞の分化ならびに細胞周期の制御などさまざまな細胞応答の伝達に関与していることが明らかにされた．したがって，MAP キナーゼは当初，特定のプロテインキナーゼ（現在の ERK）を意味したが，現在では総称として用いられる．

図 6-17 に EGF による MAP キナーゼ経路を示す．まず，受容体のリン酸化チロシン残基にアダプタータンパク質の Grb2 が結合する．Grb2 は SH2 ドメインをもつだけでなくプロリンに富む領域を認識する SH3 ドメインをもっている．Grb2 は細胞質において SH3 ドメインを介して SOS と結合しているので Grb2 の受容体への結合により SOS は細胞膜近辺に引き寄せられる．その結果，細胞膜に局在する **Ras** と相互作用できるようになる．Ras は分子量約 21,000 の**低分子量 G タンパク質** low molecular weight G protein で，脂肪酸鎖による修飾（→ 4-6-3）を受けており，脂肪酸鎖を介して細胞膜に結合している．SOS は**グアニンヌクレオチド交換促進因子（GEF）** guanine nucleotide exchange factor とよばれ，Ras に結合した GDP を GTP に交換し，活性化する．活性型 Ras はセリン/トレオニンキナーゼである Raf に結合し，これを活性化する．活性化された Raf は MEK をリン酸化し，活性化する．MEK はユニークなセリン/トレオニン/チロシンキナーゼで，ERK の Thr 残基と Tyr 残基の両方をリン酸化することにより活性化する．リン酸化 ERK は核内に移行して，TCF，SRF などの転写因子をリン酸化する．その結果，それらの転写因子が c-fos などの標的遺伝子の応答配列に結合し，さらに増殖に必要な遺伝子の転写が引

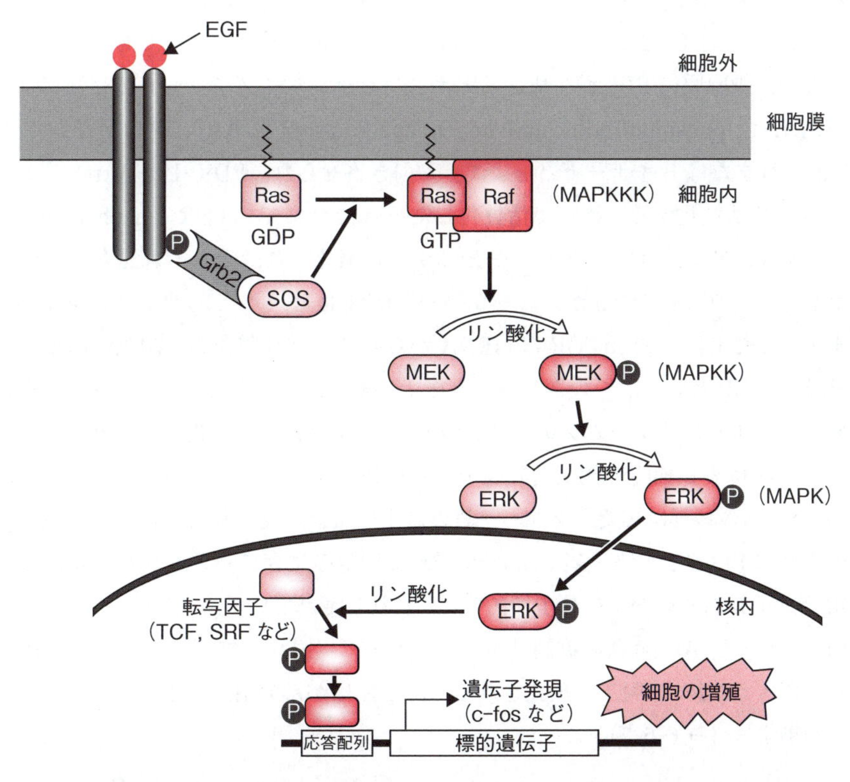

図 6-17　EGF 受容体シグナルにおける Ras-MAP キナーゼ経路

TCF：三者複合体因子 ternary complex factor
SRF：血清応答因子 serum response factor

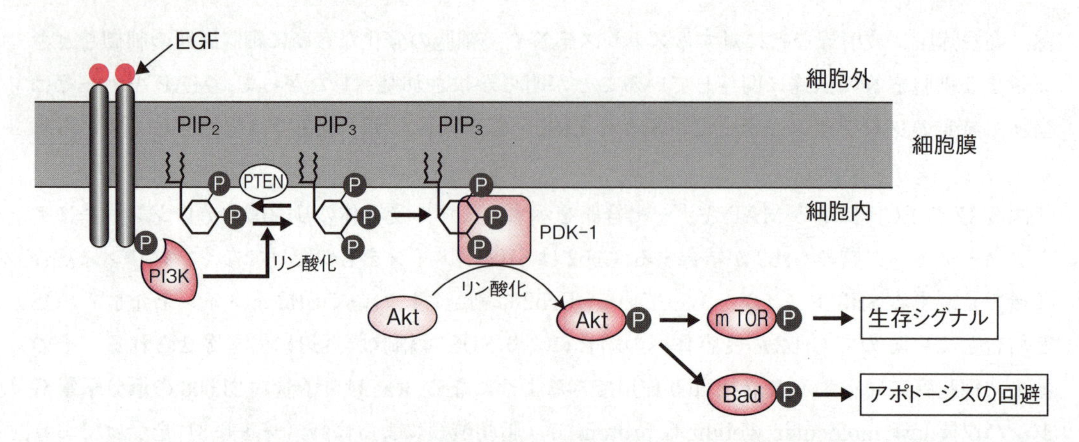

図6-18　EGF 受容体シグナルにおける PI3K/Akt 経路

き起こされる.

第二の経路は**ホスファチジルイノシトール-3-キナーゼ(PI3 キナーゼ)-Akt 経路** PI3 kinase-Akt pathway とよばれるもので，細胞の生存を促すシグナル経路である（図6-18）. EGF 受容体のリン酸化チロシン部位に **PI3 キナーゼ** PI3 kinase が結合する. PI3 キナーゼは受容体に結合することで膜の近くに引き寄せられ，細胞膜脂質のホスファチジルイノシトール 4,5-ビスリン酸（PIP_2）の3位の OH 基をリン酸化して，ホスファチジルイノシトール 3,4,5-トリスリン酸（PIP_3）を生成する（図6-12）. このように PI3 キナーゼは脂質キナーゼであり，プロテインキナーゼではない. 細胞膜に PIP_3 が生成するとホスファチジルイノシトール依存性プロテインキナーゼ-1（PDK-1）phosphatidylinositol-dependent kinase-1 と **Akt**（**プロテインキナーゼ B** protein kinase B または B キナーゼともよぶ）が引き寄せられ，PDK-1 は Akt をリン酸化することにより Akt を活性化する. 次いで活性化した Akt を介して mTOR（mechanistic target of rapamycin，エムトアまたはエムトー）や Bad がリン酸化され，それぞれ生存シグナルの増強またはアポトーシスの回避につながる（→ 6-5-3）. mTOR は，セリン/トレオニン型のプロテインキナーゼで，活性化された mTOR は mRNA からのタンパク質合成（翻訳）において重要な S6 キナーゼと 4E-BP という二つのタンパク質をリン酸化して活性化する. S6 キナーゼは翻訳開始時に形成される 40S リボソームタンパク質の S6 をリン酸化して活性化し，タンパク質合成を促進する. 4E-BP は真核細胞の翻訳開始因子（eIF-4E）結合タンパク質で，リン酸化により細胞周期の $G_1 \rightarrow S$ への移行に必要なタンパク質の産生や血管内皮細胞増殖因子等の産生を亢進させる. このように PI3 キナーゼ-Akt-mTOR 経路は細胞の生存に重要なシグナル伝達経路であり，mTOR 阻害薬は新しいがんの分子標的薬として注目されている.

一方，PI3 キナーゼ-Akt 経路の抑制はホスファターゼ（脱リン酸化酵素）である PTEN によって行われ，PIP_3 が PIP_2 へ脱リン酸化される. PTEN はがん抑制遺伝子であり，細胞の生存や増殖を負に制御する（→ 6-6-7）.

6-2　mTOR 阻害薬は夢の不老長寿のくすりとなるか？

ラパマイシンはモアイ像で知られるイースター島（ポリネシア語でラパ-ヌイ）の土壌中の放線菌から発見された抗生物質で，強力な免疫抑制作用を示す．ラパマイシンは細胞内で FKBP12 というタンパク質と結合し，ラパマイシン-FKBP12 複合体が TOR（target of rapamycin）というセリン/トレオニンキナーゼを阻害する．TOR タンパク質は，最初，酵母で見出されたが，その後の研究で，哺乳類にも存在することが明らかになり，哺乳類の酵素は mTOR とよばれる．ラパマイシンは免疫抑制活性以外に，強い抗腫瘍活性を有することが示され，mTOR は抗がん剤の開発において重要なタンパク質の一つとなっている．すでにいくつかの mTOR 阻害剤が分子標的薬として上市されている．さらに研究者たちを興奮させたのは，ラパマイシンを長期間投与したマウスは寿命が延長したことである．ラパマイシンそのものは免疫抑制作用が強く，長生きする前に感染症などで死亡する可能性の方が高いが，いずれ不老長寿のくすりの開発も夢ではないかもしれない．

B　セリン/トレオニンキナーゼ型受容体

TGFβ（transforming growth factor β）ファミリーとよばれる一群のサイトカインに対する受容体は細胞内ドメインにセリン/トレオニンキナーゼ領域が存在する．哺乳類では TGFβ ファミリーに属するサイトカインは 30 種類以上が存在する．なお，TGFα は EGF の仲間であり，TGFβ とは構造や作用が異なる．

図 6-19 に TGFβ のシグナル伝達経路を示す．TGFβ 受容体はⅠ型とⅡ型の 2 種類の異なる受

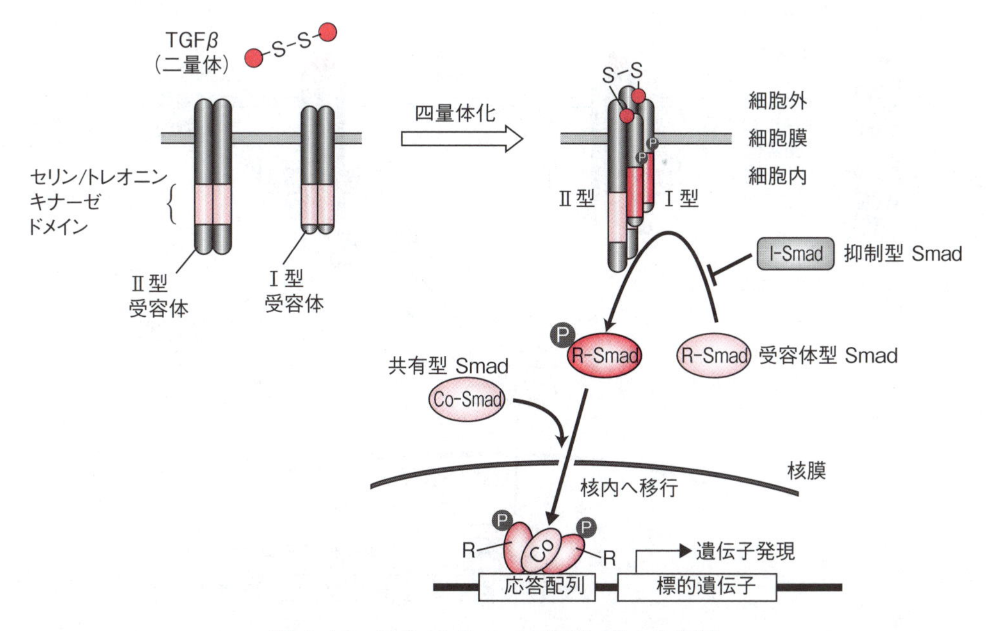

図 6-19　TGFβ-Smad 系のシグナル伝達

容体から構成されている．リガンドの結合により四量体となり，II型受容体のセリン/トレオニンキナーゼがI型受容体をリン酸化する．リン酸化されたI型受容体はR-Smad（受容体型，receptor-regulated Smad）とよばれるタンパク質をリン酸化する．リン酸化されたR-SmadはCo-Smad（共有型，common-mediator Smad）と複合体を形成し，核内に移行して，転写因子として特定の遺伝子の転写制御領域にある応答配列に結合し，転写を活性化する．一方，I-Smad（抑制型，inhibitory Smad）はI型受容体に結合して，R-Smadのリン酸化を阻害する．発生段階における胚形成，神経や骨などの器官形成に重要なサイトカインであるアクチビンやBMP（bone morphogenetic protein）もTGFβファミリーに属し，Smadを介したシグナル伝達が行われる．

TGFβは多様かつ複雑な生理作用を示すが，当初より知られているものは細胞増殖抑制活性と細胞外マトリックスタンパク質の合成促進活性である．すなわち，TGFβはがん抑制性サイトカインであり，そのシグナル伝達経路が破綻すると細胞のがん化につながる．しかし，いったん形成されたがん細胞に対しては運動，浸潤の促進作用など，がんの悪性化に関わるという二面性をもっている（→ p.217 アドバンスト）．

6-4-4　酵素共役型受容体

酵素共役型受容体は細胞内ドメイン自体にはチロシンキナーゼ活性をもたないが，細胞質に存在する細胞質型チロシンキナーゼが細胞内ドメインに結合することにより，シグナル伝達が行われる．酵素共役型受容体は主にサイトカイン受容体にみられ，代表的なものとして，**インターフェロンγ（IFNγ）** interferon γや**インターロイキン2（IL-2）** interleukin 2受容体がある．図6-

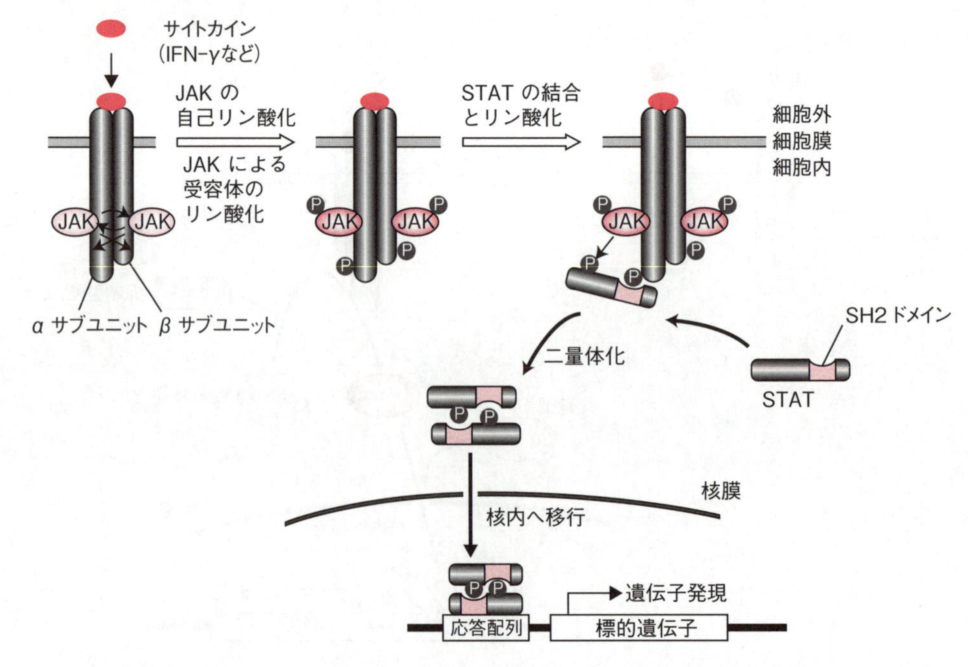

図6-20　サイトカインによるJAK-STAT系のシグナル伝達

20に示すように，IFNγ受容体はα，βの二つのサブユニットからなるヘテロダイマーであり，αサブユニットの細胞外ドメインにリガンドが結合すると，受容体に結合している**ヤヌスキナーゼ** Janus kinase（JAK，ジャック）とよばれる細胞質型チロシンキナーゼが互いに自己リン酸化して活性化する．次いで活性化したJAKは受容体のチロシン残基をリン酸化する．受容体のリン酸化チロシン残基は**STAT**（signal transducer and activator of transcription，スタット）とよばれるタンパク質の結合部位となる．次いでSTATはJAKによりリン酸化され，活性化型となり，互いのSH2ドメインを介して二量体化して核に移行し，転写因子として特定の遺伝子上の応答配列に結合して転写を活性化する．

IFN，G-CSF，エリスロポエチンをはじめとする多くのサイトカインが組換え型医薬品として製造されており，抗感染症薬，抗腫瘍薬，造血賦活薬として，臨床で活用されている（→8-1）．

6-4-5　その他のシグナル伝達系

A　Wnt/βカテニン シグナル系

βカテニンは細胞接着分子カドヘリンの細胞内ドメインに結合するタンパク質として同定されたものであるが，その後の研究で**Wnt**（ウィント）シグナル系における転写制御因子として重要

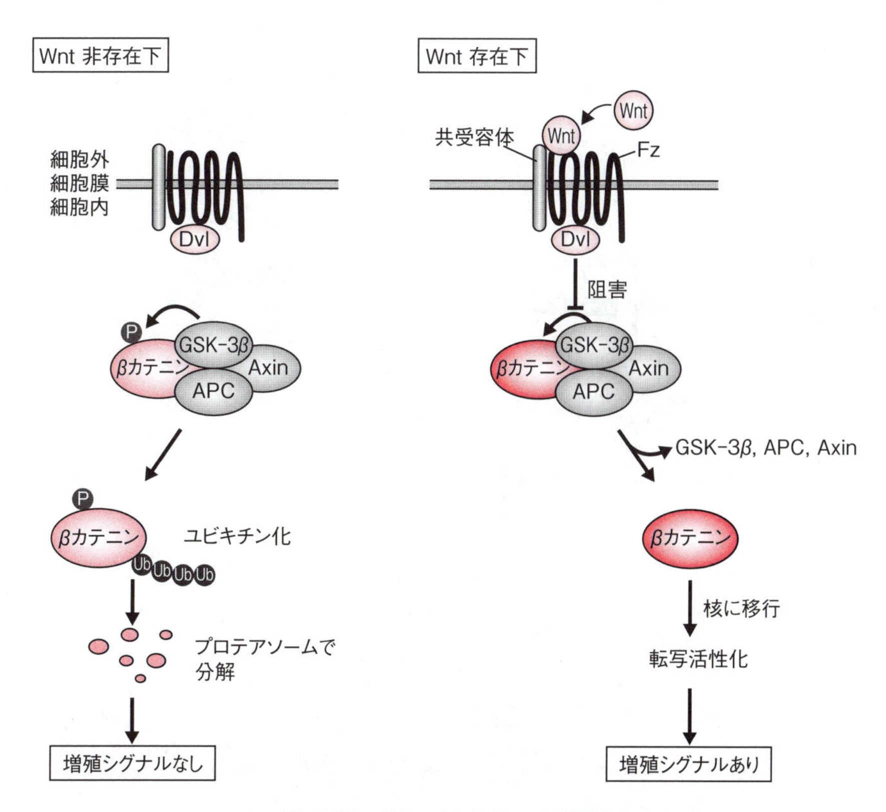

図6-21　Wnt/βカテニン経路
Fz：Frizzled フリッツルド，Dvl：Disheveled ディシュベルド

な役割を果たしていることが明らかになった．Wnt は細胞外に分泌されるタンパク質で，動物の初期発生や形態形成に重要な因子であるが，細胞の増殖，分化抑制などにも関わり，がんの発症や悪性化にも密接に関与している．さらにがん以外にも多くの病態が Wnt/β カテニン経路の異常に関連していることが明らかにされつつある．図 6-21 に示すように，Wnt 非存在下では，β カテニンは APC，GSK-3β（glycogen synthase kinase-3β），Axin などと複合体を形成して GSK-3β によってリン酸化され，リン酸化 β カテニンはユビキチン/プロテアソーム系（→ 4-7-2）で分解される．Wnt の受容体は Fz（frizzled，フリッツルド）とよばれる 7 回膜貫通型タンパク質であり，リガンドの結合には共受容体が必要である．Wnt が受容体に結合すると上記複合体形成ができなくなり，β カテニンは GSK-3β によるリン酸化を受けなくなる．その結果，β カテニンは分解されずに蓄積し，核内に移行して転写制御因子として TCF/LEF ファミリーと結合することでさまざまな標的遺伝子の転写を活性化する．APC はがん抑制遺伝子であるが，APC に変異が起こると β カテニンのリン酸化が抑制され，転写活性化が亢進して大腸腺腫の形成などを引き起こす（→ 6-6-7，図 6-34）．なお Wnt のシグナル伝達には β カテニンを介さない経路も存在する．

B　Notch シグナル系

Notch（ノッチ）遺伝子は 1 回膜貫通型の受容体タンパク質であり，多細胞生物における発生，分化，増殖などに重要な役割を果たしている．リガンド分子の Delta（デルタ）も 1 回膜貫通型タンパク質であることから，Notch シグナル系は細胞-細胞間相互作用を介して活性化される．ニューロンの発生過程において，発生学的に同等な細胞がすべてニューロンに分化すると神経として機能できない．そこで，あるニューロン（Delta を発現）は隣接する細胞（Notch を発現）の

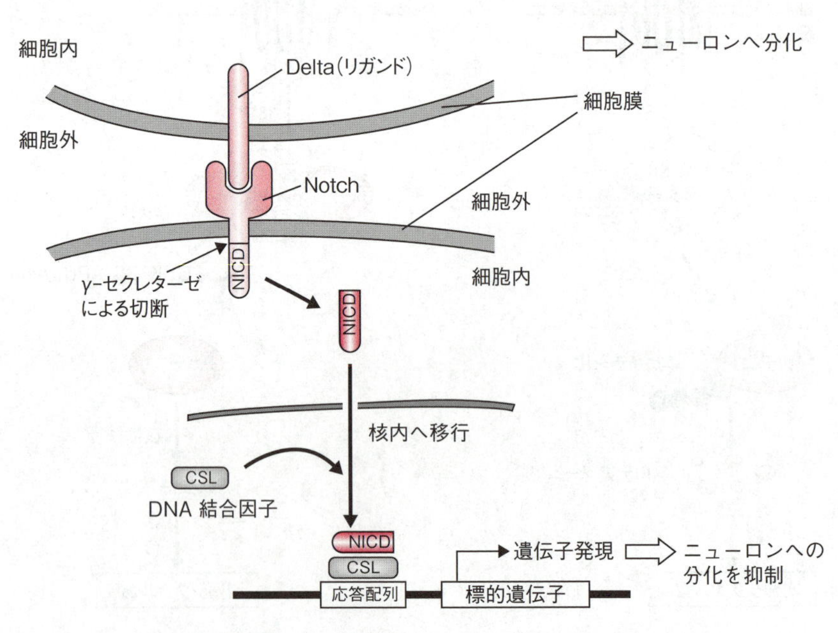

図 6-22　細胞-細胞間相互による Notch シグナル経路

NICD：Notch 細胞内ドメイン

ニューロンへの分化を抑制している（これを側方抑制という）．Notch シグナル伝達系を図 6-22 に示す．Notch がリガンド分子と相互作用すると，Notch の細胞内ドメイン NICD（Notch intracelular domain）が γ-セクレターゼによって切断され，NICD が遊離し，核に移行する．核移行した NICD は DNA 結合因子と複合体を形成して，転写活性化因子として標的遺伝子の転写を活性化する．近年，Notch シグナル系は分化における役割だけでなく，がん細胞による血管新生促進作用に関与していることが見出され，抗 VEGF 抗体（→ p.219 医療とのつながり）と Notch 阻害剤を併用することにより，より強力な抗腫瘍効果の得られることが確認されている．

C　cGMP-プロテインキナーゼ G シグナル系

心房性ナトリウム利尿ペプチド（ANP） atrial natriuretic peptide は心房から血中に分泌される強力な利尿作用を有するペプチドホルモンであり，脳にも存在することが知られている．ANP ファミリーには ANP 以外に構造の類似した脳性ナトリウム利尿ペプチド（BNP）と C 型ナトリウム利尿ペプチド（CNP）がある．いずれも 17 アミノ酸からなり，分子内 S-S 結合により環状構造をとっている．ANP 受容体は 1 回膜貫通型受容体で細胞内ドメインにはグアニル酸シクラーゼ活性が存在している．リガンドの結合により，GTP から cGMP を生成して利尿作用を現す．グアニル酸シクラーゼは，膜受容体型のほかに可溶性の細胞質型がある．細胞質型グアニル酸シクラーゼは NO によって活性化される（図 6-23）．血管内皮細胞でアルギニンから生成された

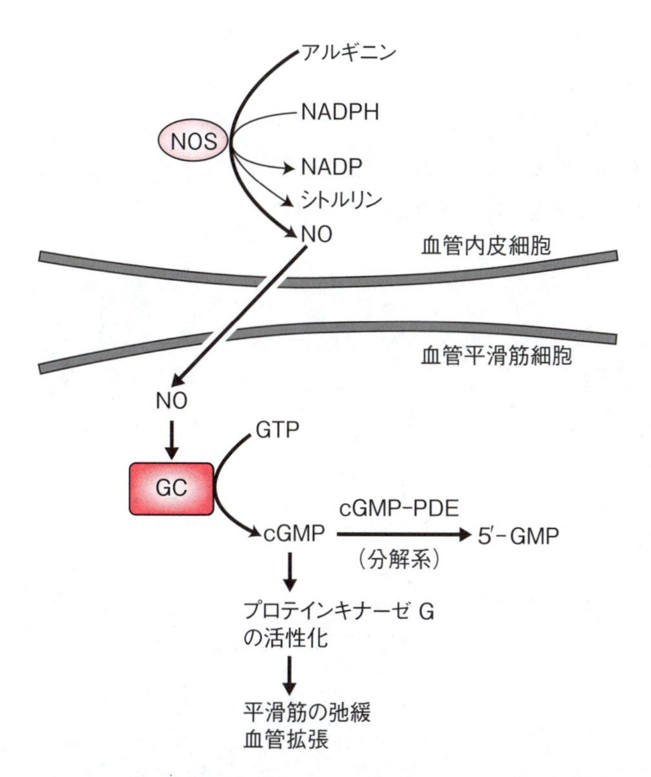

図 6-23　一酸化窒素 NO による cGMP を介した血管拡張作用
NOS：NO 合成酵素，GC：細胞質型グアニル酸シクラーゼ
cGMP-PDE：cGMP ホスホジエステラーゼ

NOは周囲の血管平滑筋細胞に浸透し，細胞質型グアニル酸シクラーゼを活性化してcGMP濃度を増大させる．cGMPは**cGMP依存性プロテインキナーゼ（プロテインキナーゼG）** cGMP-dependent protein kinaseを活性化し，平滑筋を弛緩させる．作用が終了したcGMPはcGMPホスホジエステラーゼによって不活性な5′-GMPに分解される．勃起不全治療薬のシルデナフィルはcGMPホスホジエステラーゼを特異的に阻害するため，cGMPの作用が持続する．

6-5　多細胞生物における細胞死

6-5-1　アポトーシスとネクローシス

われわれのような多細胞生物では，臓器や身体を形作っている体細胞の数は，ほぼ一定に保たれている．すなわち，正常な個体では細胞増殖と細胞死のバランスがとれているといえる．それぞれの細胞には固有の寿命があり，常に古い細胞が死滅して新しい細胞に置き換わっている．また，細胞は本来の寿命以内であっても，物理的な力や化学物質による刺激，あるいは感染などによって死滅することがある．細胞死は，主に形態学的な特徴から，**アポトーシス** apoptosis（ギリシャ語で“枯れ葉が木から落ちる”という意味）と**ネクローシス** necrosis（壊死）という二つの異なる種類に分けられる．アポトーシスとネクローシスによる細胞死の違いを図6-24に示す．

アポトーシスでは細胞は急速に収縮し，クロマチンの凝縮と核の断片化が起こる．細胞膜構造や細胞内小器官の構造は最後まで保たれたまま，細胞はアポトーシス小体とよばれる小さな構造に封じ込まれ，それらの細胞断片は最終的にマクロファージによって貪食，消化される．アポト

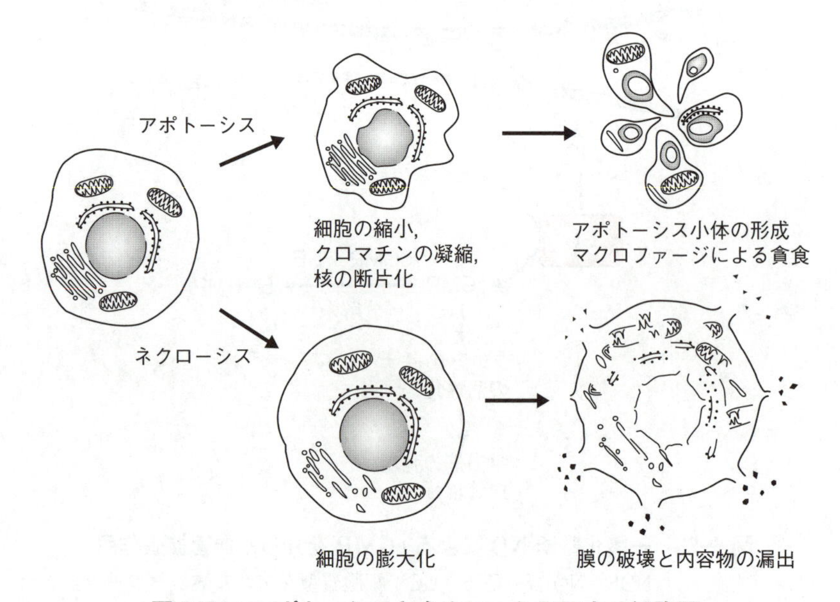

図6-24　アポトーシスとネクローシスによる細胞死

ーシスは自発的な死（自殺）であり，細胞内容物は外に漏れ出さず，炎症は生じない．そのためアポトーシスはクリーンな死ともいわれる．アポトーシスは発生過程での指，顎，生殖器官ならびに神経回路網の形成などでの余分な細胞の除去，あるいは胸腺での自己抗原に反応するT細胞の除去にも重要な役割を果たしている．このような細胞死は遺伝子上にプログラムされているため，**プログラム細胞死** programmed cell death ともよばれており，アポトーシスとほぼ同じと考えてよい．発生過程以外にも，アポトーシスは，細胞が酸化ストレス，ウイルス感染，放射線照射，変異原物質などによって強い障害を受けたり，細胞分裂時にDNA複製エラーを修復できなかった場合など，きわめて多様な状況下において引き起こされる．

一方，ネクローシスは不慮の事故によって引き起こされる偶発的な細胞死（他殺）である．ネクローシスでは細胞は膨張して大きくなり，細胞膜が破壊されて細胞の内容物が周囲にまき散らされて死滅するのが特徴で，周囲に炎症が起こる．糖尿病の合併症の一つである血管障害によって起こる足指の壊死や寝たきりの患者で起こりやすい褥瘡（床ずれ）はネクローシスの例である．

6-5-2 アポトーシスを制御するタンパク質

細胞にはアポトーシスを抑制するタンパク質と誘導するタンパク質が数多く存在し，それらの働きによって細胞は生存するか，除去されるかが決まる．アポトーシス誘導時には，細胞質内の**カスパーゼ** caspase と総称される一群のシステインプロテアーゼが活性化される．カスパーゼの名称は，酵素の活性部位がシステイン cysteine 残基で，基質タンパク質をアスパラギン酸 aspartic acid 残基のところで切断する酵素-ase に由来する．カスパーゼはすべて不活性な前駆体として存在しており，必要なときに限定分解（特定のアミノ酸配列の切断）によって活性化される．さらにDNAの分解にはカスパーゼによって活性化される**カスパーゼ活性化デオキシリボヌクレアーゼ（CAD）** caspase-activated deoxyribonuclease とよばれる特異的なDNaseが関与している．CADはヌクレオソームの連結部（リンカー）のDNA鎖を切断するため，アポトーシスの起こりはじめた細胞のDNAをアガロースゲル電気泳動すると，ヌクレオソーム単位（約180塩基）の整数倍のDNA断片がはしご状（ラダーという）に検出される（図6-25）．

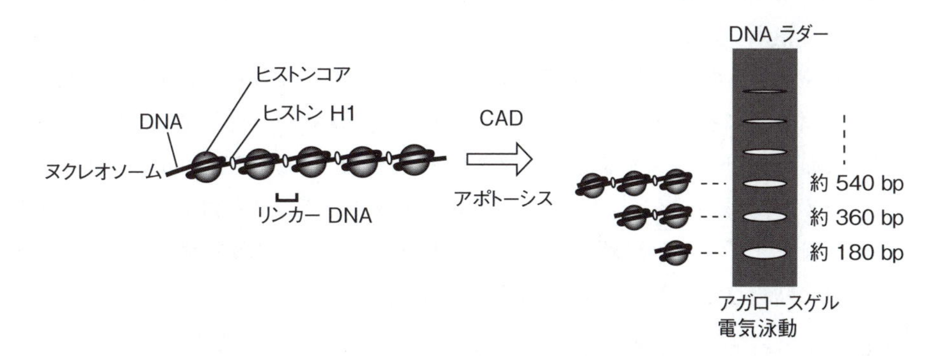

図6-25 アポトーシスにおけるDNAの特徴的な切断

Coffee Break

6-3　線虫はアポトーシスのすぐれた実験動物である

多細胞生物が受精卵から始まって完全な成体になるには，細胞の増殖・分化と並行して，不要な細胞の除去が必須である．線虫（*Caenorhabditis elegans*，通称 *C.* エレガンス）は，土中に生息する長さ1 mm 程度の動物で，受精から成虫になるまでの3日間で，1,090個の細胞が生み出され，そのうち131個が細胞死によって除去される．その結果，959個の細胞からなる成体が完成する．1976年，サルストン Sulston は線虫の体が透明であることから，顕微鏡観察によって，受精卵から成体になるまでの細胞分裂，移動，分化，プログラム細胞死の過程をすべて記載し，線虫の細胞系譜の作成に成功した．一方，ホロビッツ Horvitz は分子遺伝学の手法を駆使して，線虫におけるアポトーシス関連遺伝子の単離・同定に成功した．これらの研究が基礎となり，高等生物のアポトーシスのシグナル経路が解明された．ブレンナー Brenner は最初に *C.* エレガンスが発生分子生物学の研究に優れたモデル生物であることを提唱していた．上記3名は，アポトーシスの分子機構の解明により，2002年ノーベル生理学・医学賞を受賞した．サルストンの業績は，科学の基本が“観察することである”という言葉がまさに当てはまる地道でかつ素晴らしい仕事であった．

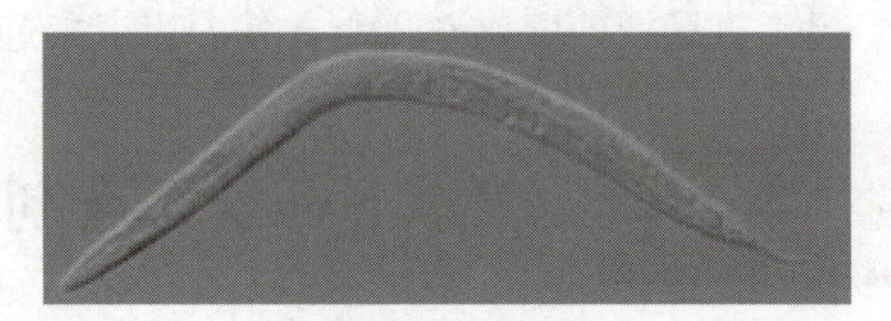

線虫　*C. elegans*
（ウィキペディアより）

ミトコンドリアの**シトクロム *c*** cytochrome *c* は，アポトーシス誘導に関係している．すなわち，シトクロム *c* はミトコンドリアの外膜と内膜の間（膜間腔）に存在しているが，シトクロム *c* が膜間腔から細胞質側に遊離されるとアポトーシスが起こる．ミトコンドリアからのシトクロム *c* の遊離を調節しているのが **Bcl-2 ファミリー** Bcl-2 family とよばれる一群のタンパク質である．それらはシトクロム *c* の遊離を抑制するもの（Bcl-2, Bcl-XL）と，逆に促進するもの（Bax, Bak, Bad など）に分けられる．*bcl-2*（B cell lymphoma and leukemia）は濾胞性リンパ腫で見出されたがん遺伝子であり，そのタンパク質は二量体としてミトコンドリアの外膜に存在する．電子伝達系の構成要素であるシトクロム *c* が，アポトーシスという全く異なる生命現象に関わっていることは極めて興味深いことである．

このほか，細胞死を誘導することから**デスレセプター** death receptor と総称される細胞膜表面に存在する受容体や核に存在する **p53** もアポトーシスを誘導する．最も代表的なデスレセプターである **Fas** は，アポトーシスを誘導する単クローン抗体が認識する標的分子（抗原）として単離されたことから，Fas 抗原ともよばれる．Fas に対するリガンドも膜結合型タンパク質である．p53 は転写因子として，細胞周期の停止ならびにアポトーシスを誘導するいくつかの遺伝子の転写制御領域に結合して，それらの遺伝子の転写を促進する．

6-5-3　アポトーシスのシグナル伝達

哺乳類ではアポトーシスのシグナル伝達系はミトコンドリアを介する経路と介さない経路の大

きく二つに分けられる．アポトーシスを引き起こす原因によってシグナル伝達系は異なるが，いずれの場合も最後は実行カスパーゼであるカスパーゼ3の活性化につながる．そのあと細胞内の種々のタンパク質の分解ならびにDNAの切断が引き起こされる．

ミトコンドリアを介する経路（図6-26）では，細胞が酸化ストレスやDNA損傷などのストレスを受けると，ミトコンドリアの膜透過性が亢進し，シトクロム c がミトコンドリアから細胞質内に遊離する．遊離したシトクロム c はApaf-1（apoptotic protease activating factor 1）とよばれるタンパク質と結合し，さらにカスパーゼ9が結合し，それらが複数個会合したアポプトソームとよばれる複合体を形成する．アポプトソーム内でカスパーゼ9は自己消化によって活性化される．次いで活性化カスパーゼ9はカスパーゼ3を限定分解することにより活性化カスパーゼ3が生成される．

Bcl-2ファミリーメンバーによるシトクロム c の遊離の制御機構を図6-27に示す．アポトーシス非誘導時，すなわち増殖因子が存在する通常の条件下では，PI3-キナーゼ/Akt系が活性化し，AktがBadをリン酸化する．Badはリン酸化されると細胞質に移行するため，Bcl-2はBadとは相互作用しないでシトクロム c を通すチャネルのBax/Bak複合体を阻害する．アポトーシス誘導時はBadの発現誘導とミトコンドリア外膜への局在が起こり，Bcl-2の働きが阻害され，Bax/Bak複合体チャネルによってシトクロム c が遊離する．

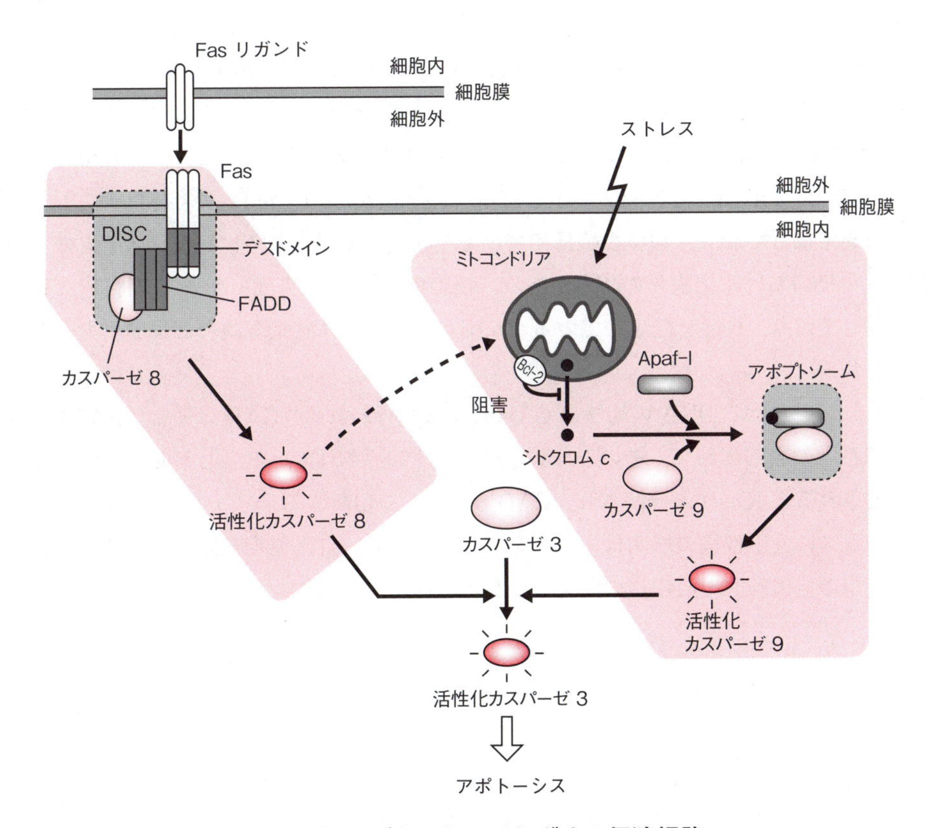

図6-26　アポトーシスのシグナル伝達経路

アポトーシス経路にはミトコンドリアを介する経路（右側赤色）と介さない経路（左側赤色）がある．細胞の種類によってはカスパーゼ8からミトコンドリア経路も連動する．最終的にはどちらもカスパーゼ3の活性化につながる．

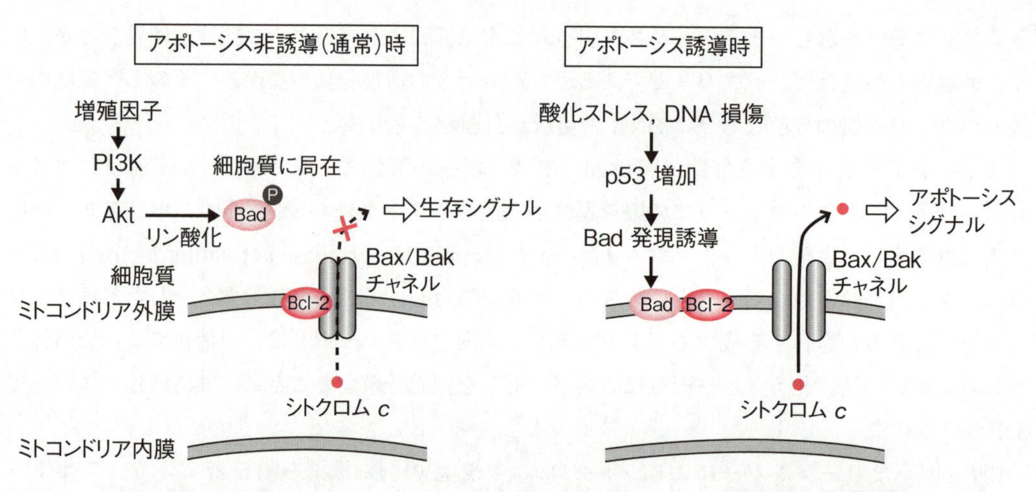

図 6-27 Bcl-2 ファミリーメンバーによるシトクロム c の遊離の制御機構

ミトコンドリアを介さないアポトーシス誘導経路（図 6-26）は，細胞表面のデスレセプターの活性化から始まる．Fas に Fas リガンドが結合すると，Fas は三量体を形成し，細胞内領域に存在するデスドメインにアダプター分子 FADD（Fas associated death domain protein）が結合する．さらにそこに開始カスパーゼであるカスパーゼ 8 が結合し，Fas-FADD-カスパーゼ 8 からなる DISC（death inducing signaling complex）とよばれる複合体が形成される．DISC 中でカスパーゼ 8 は自己消化によって活性化される．次いで活性化カスパーゼ 8 は主としてカスパーゼ 3 を限定分解することによりカスパーゼ 3 が活性化される．Fas，TNFα（tumor necrosis factor α）受容体，TRAIL（TNFα-related apoptosis inducing ligand）受容体はデスレセプターファミリーを形成しており，類似の機構でアポトーシスが誘導される．Fas システムの一例として，細胞性免疫における細胞死の誘導がある．細胞傷害性 T 細胞（キラー T 細胞）は Fas リガンドを発現しており，Fas を発現しているがん細胞やウイルス感染細胞などはアポトーシスによって除去される．

アポトーシスにおける DNA の切断は CAD によって行われる．CAD は通常，阻害タンパク質である ICAD と結合しており，その DNA 分解活性は抑制されている．しかし，活性化カスパーゼ 3 が生成されると ICAD が分解され，CAD が DNA を切断する．

アポトーシスの分子機構の解明は，がんをはじめとして，自己免疫疾患，神経変性疾患などさまざまな疾患の原因解明や治療法の開発につながる可能性があり，多くの期待がかけられている．

6-6 遺伝子の異常とがん

6-6-1 腫瘍の分類

細胞が正常な細胞周期から逸脱して，異常に増殖したものを**腫瘍** tumor とよぶ．腫瘍は良性腫瘍と悪性腫瘍に分類される（図 6-28）．良性腫瘍は一般に増殖速度が遅く，浸潤（組織の中に入り込んでいくこと）したり転移したりしないが，悪性腫瘍，すなわち**がん** cancer は増殖速度が速く，浸潤・転移する性質がある．悪性腫瘍の中で，上皮組織に生じたものを**がん腫** carcinoma といい，腺がん，扁平上皮がんなどが含まれる．一方，血液細胞や結合組織など上皮組織以外に生じたものは**肉腫** sarcoma といい，白血病や骨肉腫などが含まれる．上皮組織は身体を覆っている皮膚だけでなく，体内の呼吸器や消化管の管腔表面を形成する組織で，それぞれの臓器を特徴づける組織といえる．

6-6-2 がんと正常細胞

がん細胞と正常細胞は，細胞の形態をはじめとして，多くの点で異なる特徴をもっている．両者の最も大きな違いは，がん細胞では**接触阻害の喪失** loss of contact inhibition と**足場非依存性の増殖** anchorage independent proliferation がみられることである．それらを図 6-29 に示す．接触阻害とは，細胞をシャーレで培養したとき，正常細胞は増殖して互いに接触し，培養面が細胞で埋め尽くされた状態になると増殖が止まることをいう．がん細胞では接触阻害が喪失しており，細胞はさらに増殖してフォーカスとよばれる細胞の盛り上がりを形成する．また，細胞増殖における足場依存性とは，血球系以外の通常の細胞は，シャーレの底などの足場（基質ともいう）に細胞が接着した状態でないと増殖できないことをいう．しかし，がん細胞では足場がない状態でも増殖する．このような性質を足場非依存性の増殖という．細胞増殖における足場依存性

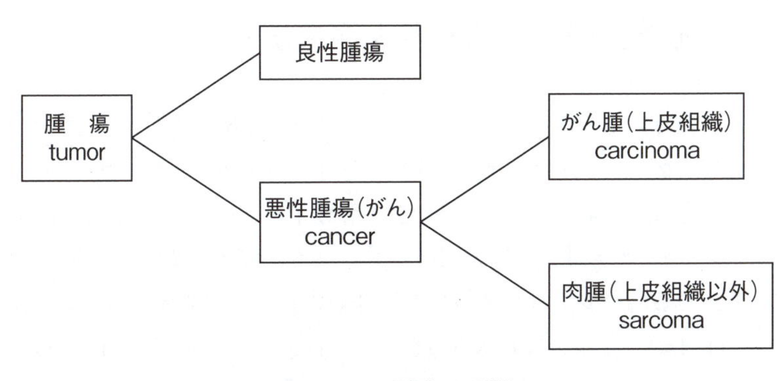

図 6-28　腫瘍の分類

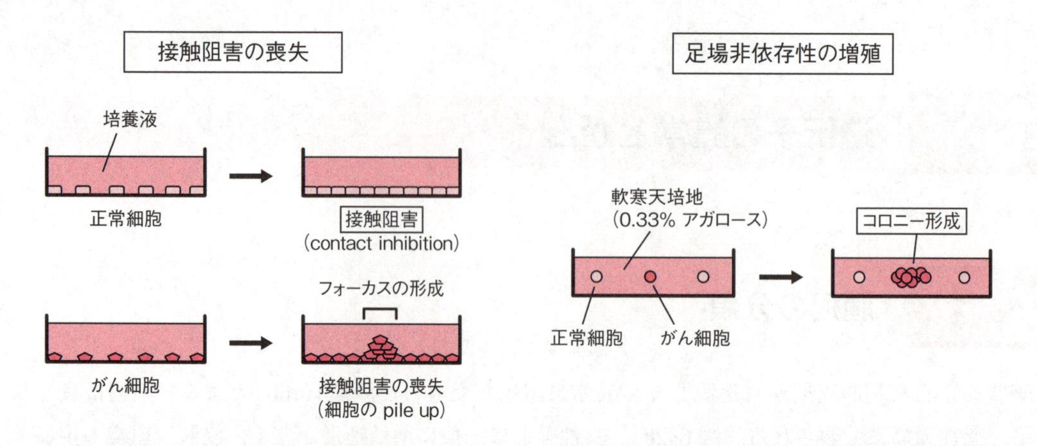

図 6-29　がん細胞と正常細胞の特徴

の有無を調べるには，細胞を軟寒天培地（0.33％アガロース）中で培養する．軟寒天培地では個々の細胞がバラバラに培地中に浮いた状態となる．がん細胞は軟寒天培地中でコロニーとよばれる細胞の塊を形成する．

6-6-3　遺伝子病としてのがん

がんは遺伝的要因と環境要因の両方の影響を受けることにより発生する．遺伝的要因の比較的強いものに網膜芽細胞腫や大腸がんなどがある．環境要因としては，紫外線または放射線による被曝，内分泌攪乱物質，アスベストなどの化学物質による刺激，そのほかウイルスや細菌感染などがある．がんはこれらの環境要因によって正常遺伝子に変異が入ったり，あるいは先天的に遺伝子変異をもつ細胞にさらに変異が蓄積することによって起こる．したがって，がんは遺伝子の異常が原因で起こる“遺伝子病”であるが，先天的な遺伝性疾患である“遺伝病”とは異なる．遺伝病では生殖細胞と体細胞のすべての細胞が生まれつき変異遺伝子をもつのに対して，がんは体細胞の一部の細胞が変異遺伝子をもつようになったものである．

6-6-4　がん遺伝子の発見とがん原遺伝子

がんの発症や進展において，**がん遺伝子** oncogene は重要な働きをしている．がん遺伝子とは，細胞を正常な増殖サイクルから逸脱させ，無秩序に増殖される遺伝子群であるが，その発見は，発がんウイルスの研究に端を発している．**ラウス肉腫ウイルス** Rous sarcoma virus（RSV）とよばれる RNA ウイルスは，他の発がん性の弱いレトロウイルスとは異なり，強力な発がん性レトロウイルスである．一般的なレトロウイルスと強発がん性レトロウイルスの遺伝子構造を図 6-30 に示す．一般のレトロウイルスは基本構造として，*gag*，*pol*，*env* という三つの遺伝子からなるのに対して，RSV では 3′ 末端にさらに別の遺伝子が存在していた．この遺伝子は ***src***（サーク，

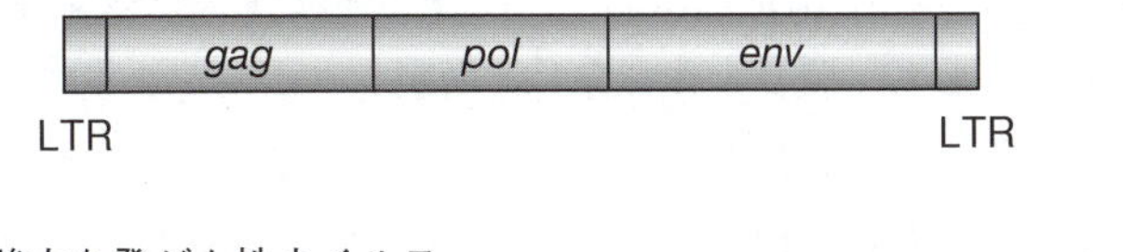

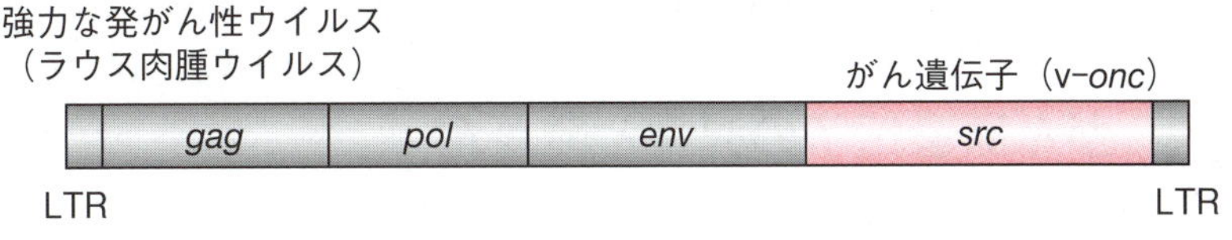

図 6-30 一般的なレトロウイルスと強発がん性レトロウイルスの遺伝子構造

gag：コアタンパク質，*pol*：逆転写酵素，*env*：外被タンパク質，LTR（long terminal repeat，末端反復配列）：宿主への取込み，プロモーター/エンハンサー活性を有する．

sarcoma より）と命名され，これがウイルスを強発がん性にしているがん遺伝子の本体であることが明らかにされた．その後，正常細胞にも *src* に類似した遺伝子の存在が示され，発がんウイルスの *src* 遺伝子は v-*src*（viral，ウイルス性），正常細胞の *src* 遺伝子は c-*src*（cellular，細胞性）として区別される．Src（頭文字が大文字はタンパク質）は，脂肪酸鎖を有する（→ 4-6-3）膜結合性の非受容体型チロシンキナーゼであり，変異型である v-*src* は強力な発がん活性を有するのに対して，c-*src* は発がん活性を示さない．v-*src* は，進化の過程で正常細胞に感染した RNA ウイルスが細胞から飛び出すとき，内在性の c-*src* を取り込み，同時に変異が導入されたものと考えられる．正常細胞に存在する c-*src* のような遺伝子は"がん遺伝子の原型"という意味から，**がん原遺伝子**（c-*onc*）または**プロトオンコジーン** proto-oncogene とよばれる．*src* の発見をきっかけとして，多くの発がんウイルスからこれまでに 30 種以上のがん遺伝子が単離されている．

6-6-5 ヒトがん組織からがん遺伝子の単離

ヒトのがん化した組織にもその原因となるがん遺伝子が存在すると考えられる．ヒトのがん遺伝子の探索にはがん細胞から抽出した染色体 DNA を適当な大きさに断片化した後，マウス由来 NIH3T3 という正常細胞に遺伝子導入（トランスフェクション）する方法が用いられた．NIH3T3 は正常細胞ではあるが，すでにいくつかの変異があり（後述のイニシエーション），がん化の一歩手前であることから，検出感度が高い．がん遺伝子を含む DNA 断片が導入された NIH3T3 細胞では接触阻害が喪失し，フォーカスが形成される．形成したフォーカスを単離・培養し，そこから DNA の抽出と細胞への遺伝子導入を繰り返した後，ヒトゲノム特有の *Alu* 配列などを目印にしてがん遺伝子が単離された．フォーカスを形成する細胞はヌードマウス（異種間での移植が可能な胸腺欠損マウス）を用いて，個体レベルでの腫瘍の形成を確認することができる．

このようにして膀胱がんからはじめてヒトのがん遺伝子が単離された．遺伝子の構造を調べると，それはすでに発がんウイルスのがん遺伝子として知られていた *ras* と同じであった．しかし，膀胱がんから単離された *ras* は正常組織に存在する c-*ras* とは，一塩基だけ異なり，その結果 12

番目のグリシンがバリンになっていた．その後の研究で，Rasは低分子量Gタンパク質であり，このアミノ酸変異によりRasのGTPase活性は減弱し，GTPが結合したままの活性型になっていることが明らかとなった．すなわち，膜受容体を介した増殖シグナルがなくてもMAPキナーゼ経路が恒常的に活性化し，細胞増殖が刺激され続けるものと考えられる．この発見をきっかけに種々のヒトがん遺伝子の探索が行われ，100種類近くのがん遺伝子が単離されている．

6-6-6 がん原遺伝子の異常と発がん

がん原遺伝子は正常細胞の中でどのような働きをしているのであろうか．表6-2にこれまでに知られている代表的ながん原遺伝子を示す．がん原遺伝子はいずれも増殖因子，受容体型チロシンキナーゼ，非受容体型チロシンキナーゼ，非受容体型セリン/トレオニンキナーゼ，Gタンパク質，あるいは転写因子などをコードしている．このことからがん原遺伝子は本来，細胞の生存や増殖に必須の遺伝子であることがわかる．このようながん原遺伝子が何らかの機序により活性化

表6-2 代表的ながん原遺伝子とその機能ならびに関連するがん

がん原遺伝子	機能	関連するおもながん
増殖因子		
c-sis	PDGF βサブユニット	肺がん，脳腫瘍
int-2	FGF様増殖因子	乳がん，食道がん
受容体型チロシンキナーゼ		
c-erbB1（*HER1*）	EGF受容体	食道がん，脳腫瘍，乳がん
c-erbB2（*HER2*）	EGF様受容体	乳がん，胃がん，腎がん
c-met	HGF受容体	胃がん
c-kit	SCF受容体	胃がん
ret	GDNF受容体サブユニット	甲状腺髄様がん
非受容体型チロシンキナーゼ		
c-src	チロシンキナーゼ	大腸がん
c-abl	チロシンキナーゼ	慢性骨髄性白血病
非受容体型セリン/トレオニンキナーゼ		
c-raf	Rasのエフェクター	肉腫
Gタンパク質		
c-H-*ras*	低分子量Gタンパク質	膀胱がん，乳がん，甲状腺がん
c-K-*ras*	低分子量Gタンパク質	肺がん，大腸がん
転写因子		
c-myc	転写調節因子	子宮頸がん，乳がん，脳腫瘍，リンパ腫
c-fos	転写調節因子（AP-1）	骨肉腫
c-jun	転写調節因子（AP-1）	肉腫
その他		
bcl-2	アポトーシス抑制因子	リンパ腫
mdm-2	ユビキチンリガーゼ（p53の分解）	脳腫瘍
bcr	GTPase活性化タンパク質	慢性骨髄性白血病

表 6-3　ヒトのがんにみられるがん原遺伝子の活性化の機序

変　異	代表的ながんの種類	遺伝子の構造変化
点変異	膀胱がん	c-H-*ras* の一塩基置換 GGC（Gly[12]）→ GTC（Val[12]）
遺伝子増幅	乳がん，卵巣がん	*HER2*（c-*erbB2*）の遺伝子増幅
	神経芽細胞腫	N-*myc* の遺伝子増幅
染色体転座	バーキットリンパ腫	t(8;14)　c-*myc* 遺伝子が転座して，免疫グロブリン H 鎖遺伝子のエンハンサーの支配を受ける
	慢性骨髄性白血病	t(9;22)　フィラデルフィア染色体とよばれる異形染色体の出現 *Bcr-Abl* 融合遺伝子によるチロシンキナーゼ活性の亢進
染色体逆位	非小細胞肺がん	2 番染色体短腕における逆位により生成する EML4-ALK 融合遺伝子のチロシンキナーゼ活性の亢進

することにより，細胞はがん化する．がん原遺伝子は，膀胱がんにおける *ras* のように，点変異が導入されて活性化される場合（質的変化）のほか，*HER2* や N-*myc* にみられるように正常な塩基配列をもつがん原遺伝子であっても，遺伝子増幅（コピー数の増加）によって発現量が増大する場合（量的変化）がある（表 6-3）．さらに，バーキットリンパ腫や慢性骨髄性白血病などのように特徴的な染色体転座が起こり，発現量の異常な増大が引き起こされたり，がん細胞特有の融合遺伝子が産生される場合がある（→ 6-6-14）．いずれの場合も恒常的かつ強力な増殖シグナルが発生し，細胞はがん化する．

6-6-7　がん抑制遺伝子

これまでに正常な細胞増殖にはがん原遺伝子が，またがん細胞の異常な増殖にはがん遺伝子が重要な役割を果たしていることを学んできた．一方，これとは反対に細胞の増殖を抑制する方向に働く遺伝子群があり，それらは**がん抑制遺伝子** tumor suppressor gene と総称される．

がん遺伝子とがん抑制遺伝子の働きは，がん遺伝子を自動車のアクセル，がん抑制遺伝子を自転車のブレーキとして例えることができる（図 6-31）．がん遺伝子の場合，相同染色体上に存在する二つの対立遺伝子のうち，どちらか一方に変異が起こって大量発現または異常な活性を示すとがんが引き起こされる．しかし，がん抑制遺伝子の場合は状況が異なる．まず，がん抑制遺伝子の二つの対立遺伝子の一方に変異または欠損が生じる（1st ヒット）．この段階ではがん化しないが，さらにもう一方の対立遺伝子に変異が生じる（2nd ヒット）と，細胞はがん化する．これを**ツーヒット仮説** 2 hit theory とよぶ．遺伝性（家族性）のがんの場合はがん抑制遺伝子の一つが先天的に欠損していることが多く，もう一方の遺伝子に変異が入るだけでがん化するため，発症リスクが高くなる．この仮説に基づいて，家族性網膜芽細胞腫の変異遺伝子が探索され，最初のがん抑制遺伝子 ***Rb***（網膜芽細胞腫 retinoblastoma より）が単離された．

がん抑制遺伝子の異常によるがん化では，相同染色体上の一方の遺伝子が欠損しており，もう一方の遺伝子に変異が生じているパターンが多い．2 本の相同染色体上の特定の領域の塩基配列が同一（配列 A と配列 A）であるホモ接合体の場合は，どちらか一方の領域が欠損しても，もう一方の染色体の配列 A が存在するのでパターンに差がなく，欠損したことを検出できない．

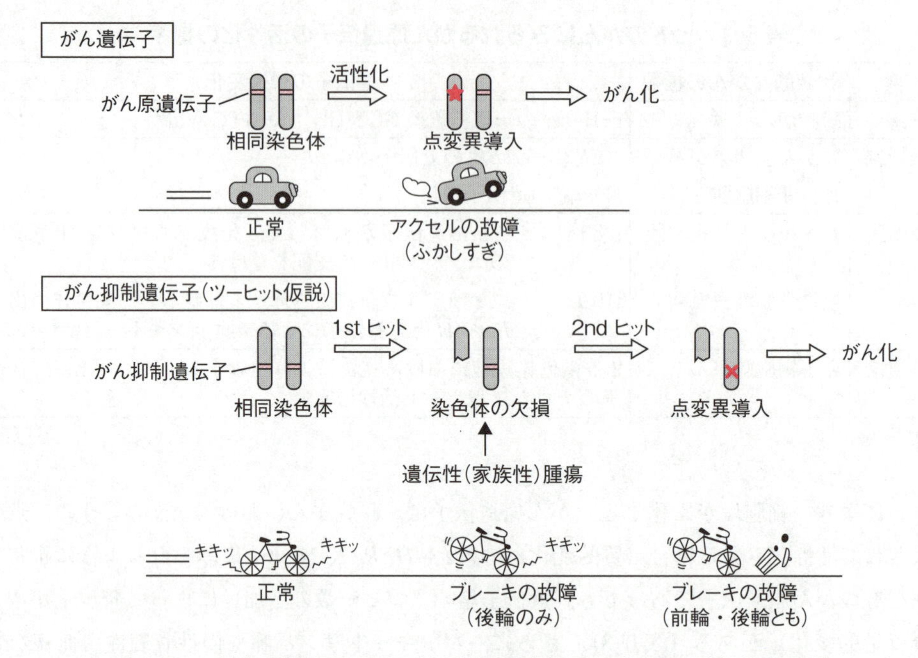

図 6-31　がん原遺伝子およびがん抑制遺伝子の変異とがん化の関係

遺伝性腫瘍ではがん抑制遺伝子の 1st ヒットに相当する遺伝子変異を先天的に親から受け継いでいるので，発がんリスクが高くなる.

ところが，その領域の塩基配列がわずかでも異なる（配列 A と配列 B）ヘテロ接合体であれば，どちらか一方に欠損が起こるとヘテロ性がなくなる（すなわち，配列 A または配列 B のみ）ので欠損したことが推定できる．これを**ヘテロ接合性の消失（LOH）**loss of heterozygosity という．LOH を利用して，これまでに多くのがん抑制遺伝子が単離されている．例えば，マイクロサテライトの多型（父親由来の染色体上のある場所のリピート数は n 回，母親由来は m 回など）がある場合を考えてみよう．正常組織では両親由来の 2 種類のリピート数が検出されるのに対して，がん組織においてはどちらか 1 種類しか検出されなくなったとすれば，そのマイクロサテライト

表 6-4　代表的ながん抑制遺伝子とその機能

がん抑制遺伝子	細胞内局在	機　能	関連するおもながん
転写因子			
Rb	核	細胞周期の制御	骨肉腫，肺がんなど多数
p53	核	細胞周期の制御，アポトーシスの亢進	大部分の腫瘍
WT1	核	増殖から分化へ転換	腎芽腫
BRCA1, 2	核	DNA 修復	卵巣がん，乳がん
シグナル伝達			
NF1	細胞質	MAPK 経路の抑制（Ras GTPase の活性化）	悪性黒色腫，神経芽腫
PTEN	細胞質	PI3 キナーゼ経路の抑制（PIP_3 の脱リン酸化）	神経膠腫，前立腺がん
APC	細胞質	Wnt 経路の抑制（β カテニンと結合）	大腸がん，胃がん，膵がん
細胞接着			
DCC	細胞膜	細胞接着の調節	大腸がん

の存在する染色体領域が欠損していると考えられる．すなわち，その領域にがん抑制遺伝子が存在していたといえる．表 6-4 に代表的ながん抑制遺伝子とその機能がまとめられている．なかでも *Rb* と *p53* は最も代表的ながん抑制遺伝子であり，p53 タンパク質はヒトのがんの約 50% で欠損していることが知られている．

6-6-8　細胞周期を制御するタンパク質

真核細胞は通常，適切な栄養条件下では分裂し，増殖する．この時，大切なのは細胞がもとと同じ遺伝情報をもつ二つの娘細胞に分裂することである．そのために細胞内ではさまざまな準備とその後の反応が秩序正しく起こる必要があるだろう．さもなければ細胞は正しく遺伝情報を伝えることができず，アポトーシスを起こしたり，異常な形質を発現することになる．

細胞の分裂には**細胞周期** cell cycle があることは第 3 章で詳しく学んだ．ここでは細胞周期の制御にはどのようなタンパク質が重要な役割をしているかについて述べる．

細胞は通常，休止期（G_0）とよばれる状態にある．この細胞が増殖刺激を受けると G_1 期に入る．その後，S 期→ G_2 期→ M 期→ G_1 期というサイクルを回ることにより，1 回の細胞分裂が終了する．G_1 後期には細胞周期を進めるかどうかを決める重要な G_1/S チェックポイントがあり，細胞の栄養条件が悪く，大きさが不十分であったりすると細胞周期はここで停止する．またこのチェックポイントを越えると G_0 期には戻れない．G_1 期では DNA 複製に必要な RNA やタンパク質は活発に合成されるが，DNA 合成は行われない．

この細胞周期の制御に重要な役割を果たしているのは，**サイクリン** cyclin とよばれる一群のタンパク質である．サイクリンは酵母の細胞周期に伴って発現が変化するタンパク質として最初，見出されたものである．その後，哺乳類からサイクリン A ～ H までの 8 種類が単離されている．

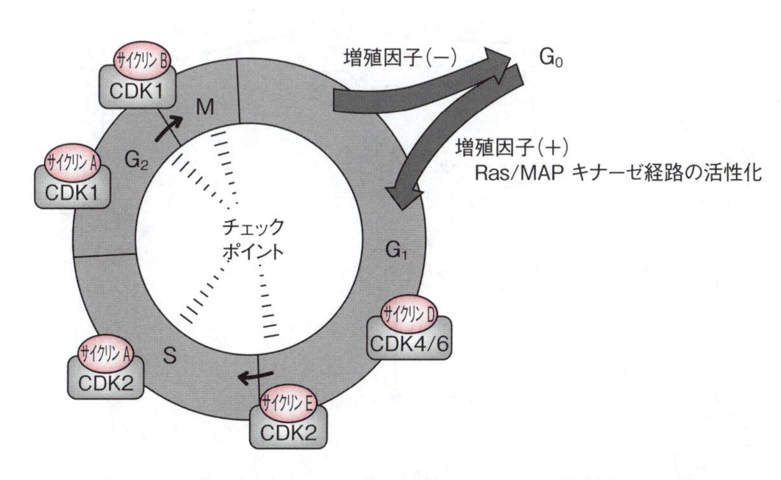

図 6-32　サイクリン/CDK 複合体による細胞周期の制御

G_1 期：CDK4（または CDK6）はサイクリン D と結合し，G_1 期を進行させる．CDK2 はサイクリン E と結合し，S 期を開始させる．

S 期：CDK2 はサイクリン A と結合し，S 期を進行させる．

G_2 期：CDK1 はサイクリン A と結合し，G_2 期を進行させる．またサイクリン B と結合し，M 期を開始させる．

細胞周期の制御にはタンパク質の周期的なリン酸化反応が重要な役割を果たしており，そのリン酸化は**サイクリン依存性キナーゼ（CDK）** cyclin-dependent kinase とよばれる一群のセリン/トレオニンキナーゼによって行われる．CDK も 10 種類以上が存在するが，なかでも CDK1, CDK2, CDK4，CDK6 が中心的な役割を果たしている．それらは細胞周期に応じて特異的に発現するサイクリンと結合することにより活性化される．サイクリン/CDK 複合体による細胞周期の制御の概略を図 6-32 に示す．

6-6-9　細胞周期の調節におけるがん抑制遺伝子の働きとその異常

がん抑制遺伝子 *Rb* および *p53* による細胞周期の制御機構を図 6-32 および図 6-33 に示す．休止期の細胞に増殖因子が作用すると受容体を介して，Ras/MAPK 経路が活性化し，サイクリン D の発現が誘導される．合成されたサイクリン D は核内に移行して，CDK4，CDK6 と複合体を形成し，Rb をリン酸化する．Rb はリン酸化によってタンパク質構造が変化し，それまで結合していた E2F とよばれる転写因子から解離する．E2F はサイクリン E，サイクリン A やそのほか S 期に必要な遺伝子の転写を活性化する結果，細胞周期が S 期に移行する．

一方，p53 タンパク質は細胞周期の調節にどのように関わっているのであろうか．酸化ストレスや放射線曝露などによって DNA に損傷が生じた場合，p53 タンパク質は細胞内に急速に蓄積する（→ 6-6-10）．転写因子である p53 タンパク質は *p21*（*Waf 1* または *Cip 1* ともよばれる）遺伝子の発現を誘導する．p21 タンパク質はサイクリン E-CDK2 複合体に結合して，CDK2 キナー

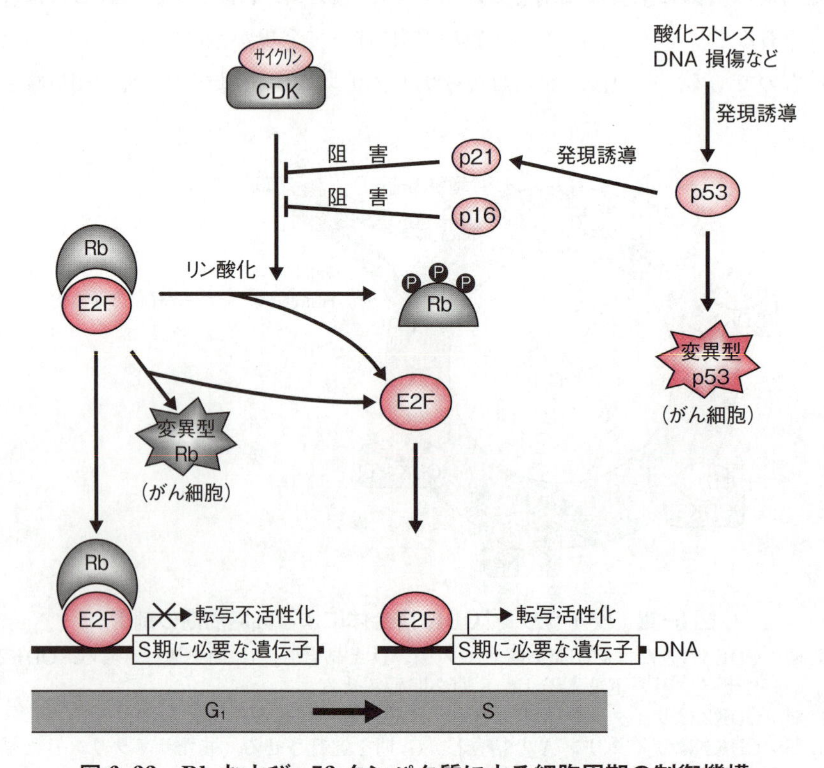

図 6-33　Rb および p53 タンパク質による細胞周期の制御機構

ゼ活性を抑制することから，CDK 阻害因子とよばれる．このように *p53* は p21 タンパク質の発現を介して，CDK2 による Rb タンパク質のリン酸化を阻害することで，S 期への移行を抑制する（図 6-33）．

多くのがん細胞では *p53* の欠損や遺伝子変異によって機能の喪失が起こっている．その結果，p21 などを発現誘導することができず，CDK による Rb のリン酸化が促進し，E2F による転写活性化が起こる．家族性黒色腫の原因遺伝子産物である p16 タンパク質も CDK 阻害因子であるが，p16 に変異のみられるがん細胞では同様の機構で E2F の遊離を促進する．また，がん細胞で Rb が欠損したり，変異型になると E2F が Rb から解離するため，S 期に必要な遺伝子群の転写が活性化される（図 6-33）．

このようにがん抑制遺伝子である *p53* や *Rb* は，細胞周期を制御するサイクリンや CDK と密接に関連している．ヒトの多くの腫瘍で *p53* や *Rb* の欠失や変異が見出されるが，いずれも細胞周期を止める方向の調節ができなくなっていることがわかる．

6-6-10　p53 によるアポトーシスの誘導

p53 タンパク質の最も重要な働きの一つは，DNA を無傷の状態に維持し，遺伝情報が変異しないように保つことである．このことから p53 タンパク質は“遺伝情報の見張り番”といわれる．正常な細胞ではその発現レベルは低く保たれているが，DNA が放射線照射によって障害を受けたり，複製エラーがあるなど，遺伝情報が正しく伝えられない状況下では p53 の量が増大する．p53 タンパク質は先に学んだように細胞周期が S 期へ移行しないよう，G_1/S チェックポイントで細胞周期を止め，その間に損傷部位を修復する．もし DNA の損傷が激しく修復不能と判断される場合は，p53 はアポトーシスを誘導して細胞を殺してしまう．正常細胞では，p53 タンパク質は，E3 ユビキチンリガーゼ（→ 4-7-2）でもある MDM2 タンパク質と複合体を形成し，MDM2 によってポリユビキチン化されてプロテアソーム系で分解されるため，細胞内に蓄積することはない．一方，DNA が障害を受けると p53 タンパク質のリン酸化やアセチル化が引き起こされる．その結果，MDM2 が結合できなくなりプロテアソーム系による分解を免れ，細胞内の濃度が上昇する．p53 は転写因子であり，おもに *MDM2, p21, Bax* などの遺伝子の転写を促進する．Bax はミトコンドリアに存在し，アポトーシスを促進する（→ 6-5-3）．

6-6-11　化学発がん

化学物質により引き起こされるがんを化学発がんといい，がん発生のしくみを解明する上で大きな役割を果たしてきた．現在，多くの化学物質が細胞をがん化させることが知られている．細胞は通常，何段階かの段階を経てしだいに悪性度の高いがんに変貌していく．がんが形成されるには**イニシエーション** initiation，**プロモーション** promotion，**プログレッション** progression の 3 段階がある．イニシエーションは DNA の塩基が放射線や化学物質などによって修飾を受け，いわゆる“DNA に傷がつく”段階である．特に細胞周期や細胞増殖に関連した遺伝子に異常が起こり，それが修復されないとがんのイニシエーションとなる．アルキル化剤などは DNA に直接結合して変異を起こす**変異原物質** mutagen であるが，多くの場合，イニシエーターとなる．イニシエーションの後，細胞が強力に増殖する過程をプロモーションという．プロモーションを引き起こす化学物質は**発がんプロモーター** tumor promoter とよばれ，正常細胞には活性を示さず，イニシエーションの起こった細胞にのみ増殖促進活性を示す．代表的な発がんプロモーターである**ホルボールエステル** phorbol ester の 12-*O*-テトラデカノイルホルボール 13-アセテート（TPA）は，プロテインキナーゼ C を直接活性化する．このほか，プロテインホスファターゼ阻害剤のオカダ酸も発がんプロモーターである．このように発がんプロモーターはリン酸化反応を介した細胞内シグナル伝達系に作用し，最終的には増殖を引き起こす遺伝子の転写を活性化する．腫瘍はイニシエーションとプロモーションの過程を経て形成される．プログレッションは，形成された腫瘍にさらに DNA の変異が蓄積する過程であり，これにより悪性度の高い転移性腫瘍になる．

Coffee Break

6-4　幻のノーベル賞

明治時代，がんの原因は不明であった．東京帝国大学の山極（やまぎわ）勝三郎は，煙突掃除夫の陰嚢に皮膚がんが多いことに着目し，ウサギの耳に繰り返しコールタールを塗る実験を行った．3 年間もの地道な実験の末，コールタールでがんが発生することを世界ではじめて明らかにした．この発見は，その後のがん研究を大きく発展させる基盤となっている．当時，デンマークのヨハネス・フィビゲルは寄生虫を使って実験的に発がんさせることに成功していた．山極の人工がん形成実験の業績はノーベル賞候補となったが，1926 年，ノーベル生理学・医学賞はフィビゲルに与えられた．当時の日本の国際的地位が選考にも影響していたといわれる．湯川秀樹博士が 1949 年，日本人初のノーベル賞を受賞する 23 年も前のことである．

「癌出来つ　意気昂然と　二歩三歩」

人工がんの発生を確認した際に詠んだ句として知られる．がん研究の草創期に優れた日本人科学者がいたことを覚えておきたいものである．

山極勝三郎（1863-1930）

イニシエーションは環境や食物由来だけでなく，細胞が生理的な機能を果たすことにより起こることがある．ミトコンドリアでは酸化的リン酸化反応の副産物として，**活性酸素種（ROS）** reactive oxygen species と総称される極めて反応性の高い化合物が生成される．ROS には一重項酸素，スーパオキシドアニオン（O_2^-），過酸化水素，ヒドロキシラジカル（OH·）などが含まれ，タンパク質，脂質，核酸と反応する．ROS は核酸塩基のグアニンに作用すると，**8-オキソグアニン** 8-oxoguanine などを生成し，塩基相補性を狂わせる．細胞内には活性酸素の除去・分解系としてスーパオキシドジスムターゼ（SOD），カタラーゼ，グルタチオンペルオキシダーゼなどの酵素が存在するが，これらの防御系の機能が社会的ストレスや加齢などで低下すると，細胞内に ROS が蓄積し，細胞は酸化ストレスを受けることになる．また，一酸化窒素 NO は血管拡張，抗血小板凝集作用や神経伝達にも関係しているが，病原体への感染時に好中球やマクロファージが産生する防御因子でもある．NO は細胞内で O_2 と反応して，反応性の高い**ペルオキシナイトライト** peroxynitrite $ONOO^-$を生成し，DNA を酸化する．病原性微生物の感染とがんとの関係では，ヘリコバクター・ピロリ菌と胃がん，B 型または C 型肝炎ウイルスと肝がんの関係が知られているが，いずれも感染による慢性的な ROS や NO 産生の亢進が，DNA の変異を誘発するものと考えられる．このようにわれわれは呼吸することで DNA に傷をつけている．これらの要因以外に重金属や放射線，さらに微量な変異原物質の摂取により，長年にわたってイニシエーションやプログレッションの過程が進行する．ヒトの場合，最初のイニシエーションが起こってから，がんが発症するまでに 10 年から 20 年かかると考えられている．しかし，一旦がんが発症すると 1 ～ 2 年で転移性の進行がんに進む．

6-6-12　多段階発がんモデル

がんの発症にはがん原遺伝子のがん遺伝子への活性化やがん抑制遺伝子の機能の喪失などが起こることが必要である．がん細胞の一般的な特徴として，染色体が不安定であり，染色体転座や欠損などの大きな異常がみられることがあげられる．大腸がんは病変部位の観察と組織の採取（生検, biopsy）が比較的容易であることから，がんの進行と遺伝子変異の関係が詳しく調べられた．その結果，図 6-34 に示すように，正常細胞にまずがん抑制遺伝子の不活性化が起こり，さらに複数のがん原遺伝子の活性化とがん抑制遺伝子の不活性化を伴って，最終的に転移性の進行がんになっていくことが明らかになった．このようにがんは一つの細胞に通常，複数の遺伝子変異が蓄積することで発症する．これをがんの**多段階発がんモデル** model of multistep carcinogenesis とよぶ．ここに示したのは代表的な一例である．実際にはがんの種類によって変異する遺伝子の種類が異なり，さらに同じがんの種類でも患者ごとに変異遺伝子が同一でないこともよくある．このことががんの解明と治療を困難にしている要因の一つでもある．

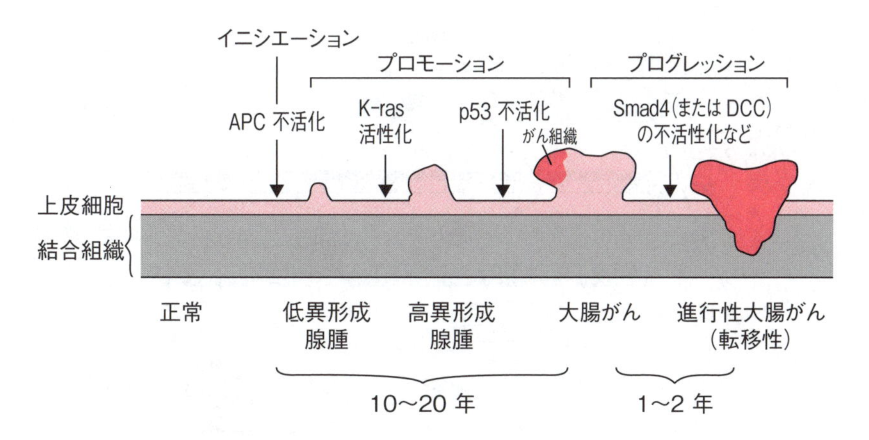

図 6-34　大腸がんにおける多段階発がんモデル

がん抑制遺伝子である APC 遺伝子のホモ欠損により，大腸上皮細胞が低異形性腺腫（ポリープ）となる．その後，がん遺伝子である K-ras 遺伝子の点突然変異により高異形性腺腫となり，さらにがん抑制遺伝子 p53 とがん抑制遺伝子 Smad4（または DCC）遺伝子のホモ欠損が起こり，大腸がんが悪性化する．K-ras，p53，Smad4 に変異の生じる順番はとくに決まってないが，APC 遺伝子のホモ欠損が大腸がんへの引き金となる．

6-6-13　がんの浸潤と転移

A　浸潤・転移のしくみ

がんが最初に発生した部位を原発巣という．がんの治療が困難なのは，がん細胞が原発巣にとどまらず，組織内に**浸潤** invasion し，他の臓器に**転移** metastasis するためである．進行がんとよばれるがんは転移性を獲得し，悪性化したものである．がんが血行性に遠隔転移する場合には，① 原発巣からの離脱と結合組織への浸潤，② 血管内への侵入，③ 転移先臓器の血管内皮細胞への定着，④ 血管外への移動，⑤ 転移臓器内での転移巣の形成と血管新生という過程をとる（図6-35）．

原発巣から遊離したがん細胞は上皮細胞のすぐ下に存在する**基底膜** basement membrane とよばれる強固な“壁”を突き抜ける．基底膜を分解するために，がん細胞は**マトリックスメタロプロテアーゼ（MMP）** matrix metalloprotease とよばれるプロテアーゼを細胞外に分泌する．MMP は活性中心に Zn^{2+} イオンを有する金属酵素で，基底膜の主要な構成成分であるⅣ型コラーゲンやエラスチンなどを分解する．がん細胞が基底膜を越えて，下層の結合組織や筋肉層に入り込む段階を浸潤という．細胞外マトリックスは繊維芽細胞が合成，分泌するコラーゲン，エラスチン，フィブロネクチンなどの繊維性タンパク質やプロテオグリカンから構成されているが，がん細胞はこれらを溶解しながら移動する．その後，血管の基底膜を破壊して血流中に入る．こ

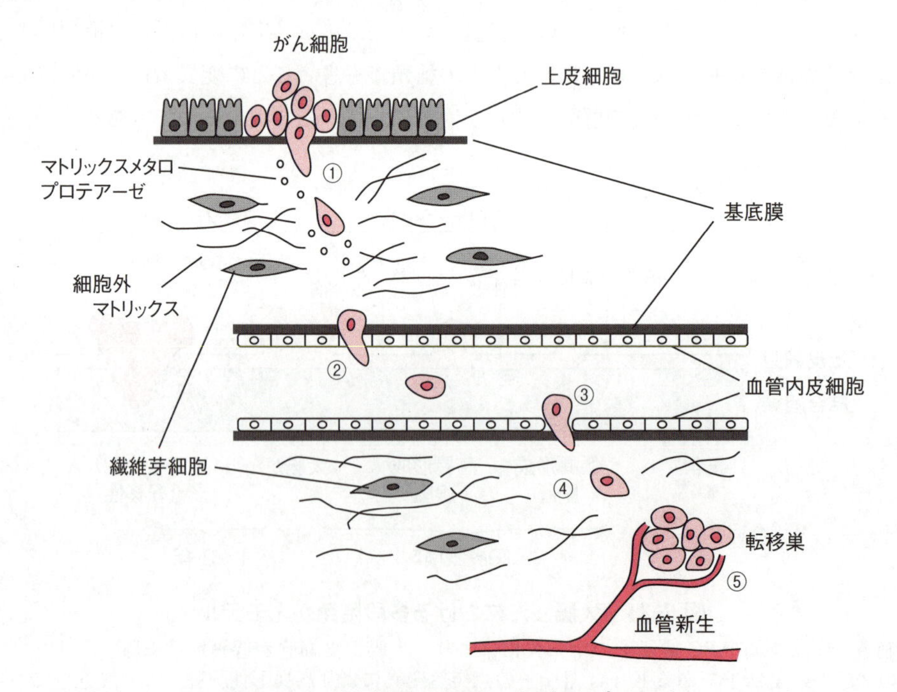

図6-35　がん細胞の浸潤，転移のプロセス

がんの浸潤と転移は ① 原発巣からの離脱，② 血管内への侵入，③ 転移先臓器の血管内皮細胞への定着，④ 血管外への移動，⑤ 転移臓器内での移転巣の形成と血管新生の各段階からなる．

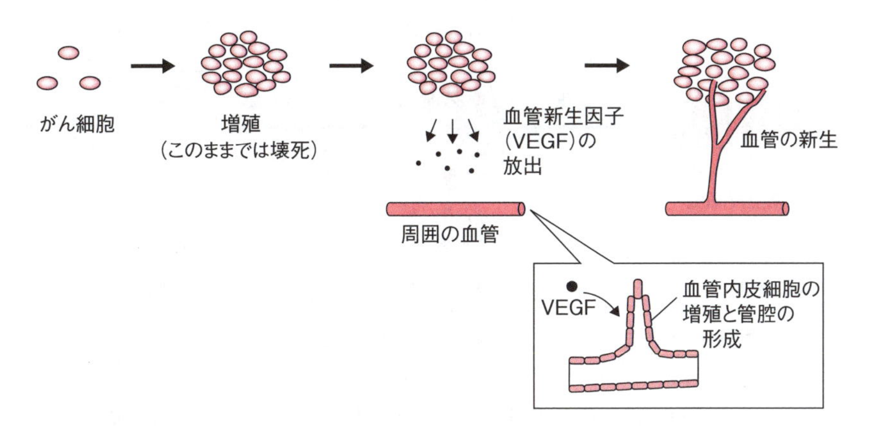

図 6-36　血管内皮細胞増殖因子（VEGF）による血管の新生
血管内皮細胞膜上には VEGF 受容体が発現しており，がん細胞から分泌される VEGF によって内皮細胞の増殖と管腔形成が起こる．

のようにして全身循環に入ると遠隔組織において血管内皮細胞に接着し，そこから浸潤と同様の機構で血管基底膜を乗り越えて組織内に入り，そこで転移巣を形成する．

B　血管新生

がん細胞は増殖速度が速く，血球以外の細胞では塊となって腫瘍組織が形成される．腫瘍組織の大きさがある程度以上になると，組織の内部では酸素や栄養素が十分に行き渡らず，それ以上大きく増殖することができなくなる．しかし，がん細胞ではこの低酸素状態が引き金となり，**血管内皮細胞増殖因子（VEGF）**vascular endothelial cell growth factor などの増殖因子が産生，分泌される．VEGF は血管内皮細胞に対して強い増殖・遊走活性をもつサイトカインで，既存の血管に作用すると血管の基底膜が壊れ，そこから外に向かって内皮細胞が発芽，増殖し，新しく枝別れした血管腔が形成される（図 6-36）．

アドバンスト　上皮間葉転換

がん細胞はなぜ組織の中に浸潤したり，転移したりするのだろうか．がん細胞の特徴の一つは接触阻害がなく，細胞どうしの接着が弱いことである．正常な上皮細胞（消化管の粘膜など）は細胞どうしが互いに規則正しく接着して，方向性（管腔側と基底膜側の向きを区別）をもって整列しているのが特徴である．しかし，それらががん化すると，間葉細胞の特徴（不規則な形，周囲への低い接着能，ダイナミックな移動能など）をもった細胞集団にかわる（図 6-37）．上皮細胞が間葉細胞に変わることを**上皮間葉転換（EMT）**epithelial-mesenchymal transition という．間葉細胞には線維芽細胞，血管内皮細胞，筋細胞などがある．EMT が起こると上皮細胞のマーカーである細胞接着分子の E-カドヘリンの発現が低下するとともに間葉細胞のマーカーである N-カドヘリン，ビメンチンやフィブロネクチンなどの発現上昇がみられる．本来，EMT は発生過程や器官形成における上皮細胞が間葉系細胞に転換する過程であり，個体発生に必須の内在性プログラムである．しかし，がん細胞は病的な EMT

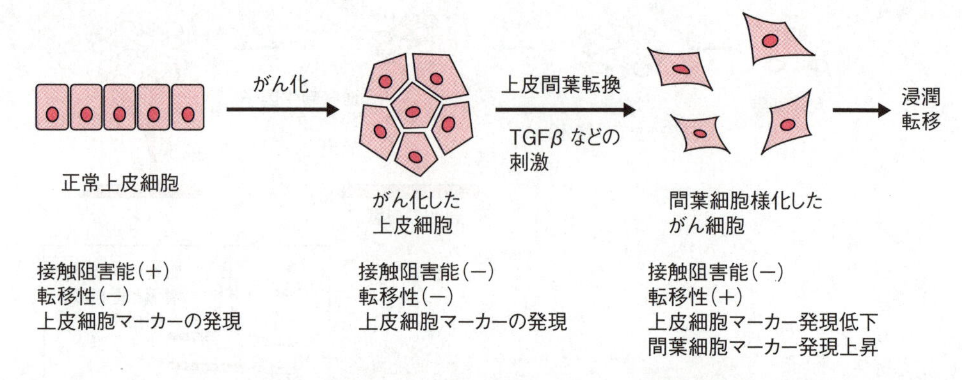

図 6-37 がん細胞の浸潤，転移における上皮間葉転換の役割

であり，これががんの浸潤や転移に深く関係している．このように，がん細胞が浸潤や転移能を示すにはEMTの誘導による間葉細胞の形質の獲得が必要である．がん細胞にEMTを誘導する代表的なサイトカインはTGFβであることが知られている（→ 6-4-3-B）．動物実験ではTGFβシグナルを阻害することによって腫瘍形成や血管内浸潤および転移が抑えられることが示されている．

6-6-14 がんの分子標的薬

これまで多様な抗がん薬が開発され，臨床で使用されている．これらの抗がん薬は代謝阻害剤や細胞分裂阻害剤などであり，いずれも細胞の増殖を阻害するものである．したがって，増殖の盛んな骨髄，消化管上皮，毛根などの正常組織の細胞にも，同様に強い毒性を示すため，骨髄抑制（骨髄による血球細胞の産生が抑制されること），吐気・嘔吐，脱毛などの強い副作用が現れる．

近年の分子生物学的研究の進展によって，がん発症の分子メカニズムが少しずつ解明され，がんの発症や転移に直接関わる分子の実体が明らかになってきた．それらの知見をもとにがん細胞だけが特異的に発現したり，あるいはがん細胞の浸潤や転移に関連する分子群を作用点（標的）とする薬剤が多数開発されるようになった．そのような薬剤は従来の抗がん剤と区別して，**分子標的薬** molecular targeted agent とよばれる．分子標的薬の標的として，現在はおもに細胞表面抗原，増殖因子シグナル伝達系，血管新生阻害に関するものが効果を上げている．また，腫瘍細胞に対する免疫応答の研究から，腫瘍細胞は生体が本来もっている免疫力を巧妙に抑制し，T細胞による攻撃を回避している分子機構が明らかになってきた．最近，これに関与する免疫制御分子を標的とする免疫チェックポイント阻害薬が登場し，有効な治療法の一つとなっている．

分子標的薬は大きく分けると抗体医薬と低分子性化合物の二つに分けられる．がん細胞表面には，正常細胞にはほとんど発現していない特異的なタンパク質や受容体が発現している．そのようなタンパク質を見出すことができれば，そのタンパク質に特異的に結合し，作用を阻害する抗体をつくることが可能である．実際，そのような抗体医薬品が多数つくられている（→ 8-1-7）．また，がん細胞に特異的な細胞内シグナル伝達系や代謝経路などを見出すことができればそれらを阻害する低分子化合物も有用である．

分子標的薬は従来の抗がん剤とは異なり，がん細胞に特異性が高い点で大変優れている．最近市販された抗腫瘍薬はほとんどすべてが分子標的薬である．分子標的薬は副作用がほとんどない夢のくすりのように思われるかも知れない．しかし，実際には発疹，倦怠感，食欲不振，間質性肺炎など従来の抗がん剤とは異なるいくつかの副作用があるので，それらを正しく理解した上で分子標的薬を使用することが大切である．

医療とのつながり

6-2　がんの分子標的薬

がんの分子標的薬は抗体医薬品とキナーゼ阻害薬などの低分子医薬品に大別することができる．抗体医薬品は高分子のタンパク質であるため点滴投与となるが，低分子医薬品は経口投与が可能である．がんの分子標的薬は，キナーゼ活性をもつタンパク質（細胞膜受容体型ならびに細胞質型プロテインキナーゼ）を標的とした低分子化合物や抗体医薬品が多数を占めているが，その他にも細胞膜抗原タンパク質を標的とした抗体医薬品（免疫チェックポイント阻害剤を含む），プロテアソーム阻害薬，エピゲノム薬とよばれるDNAメチルトランスフェラーゼ（DNMT）阻害剤やヒストン脱アセチル化酵素（HDAC）阻害剤，さらにポリADPリボースポリメラーゼ（PARP）阻害剤などが知られている．．

〈抗体医薬品〉

① リツキシマブ rituximab **（リツキサン®）**

白血球の細胞表面抗原はCDで分類され，極めて多くの種類が知られている．CD20はB細胞に特異的に発現し，形質細胞になると消失するという特徴をもつ膜タンパク質で，正常なB細胞にも発現する．リツキシマブはCD20に対するキメラ抗体であり，CD20に結合することで腫瘍性B細胞を破壊する．悪性リンパ腫をはじめとするB細胞性リンパ腫の治療に効果を発揮している．さらにリツキシマブの効果を高めるために放射性同位元素イットリウム（^{90}Y）標識抗CD20抗体も開発されている．

② セツキシマブ cetuximab **（アービタックス®）**

セツキシマブはヒトEGF受容体に対するキメラ抗体で，リガンドのEGFの結合に拮抗して受容体の二量体化を阻害する．一方，ヒト抗体であるパニツムマブではインフュージョンリアクションなどの副作用は起こりにくい．適用がん種は，EGF陽性の根治切除不能な大腸がんや頭頸部がんで，ras遺伝子が野生型のときに有効である．

③ トラスツズマブ trastuzumab **（ハーセプチン®）**

乳がん患者の約30%においてEGF受容体に類似したHER2（Human EGF Receptor Type 2）タンパク質が過剰発現している．HER2は正常細胞にもわずかに発現しており，細胞の増殖調節機能を担っている．HER2が過剰発現している乳がんでは再発危険率が高いといわれる．トラスツズマブはHER2に対するヒト化抗体であり，HER2の二量体化を阻害する．適用がん種は，HER2陽性乳がんなどである．

④ ベバシズマブ bevacizumab **（アバスチン®）**

ベバシズマブはVEGFに対するヒト化抗体であり，VEGFの作用を阻害することにより腫瘍組織による血管新生を抑制して，がん細胞を“兵糧攻め”にすることによって抗腫瘍効果を示す．腫瘍組織の血管は入り乱れて発達しているのが特徴であるが，ベバシズマブは血管新生抑制とともに血管の構築を正常化する働きもある．適用がん種は，大腸がん，非小細胞肺がん，乳がんなどである．

⑤ ニボルマブ nivolumab（**オプジーボ®**）

免疫チェックポイント分子として知られているPD-1は活性化T細胞膜に発現し，そのリガンドであるPD-L1（またはPD-L2）はがん細胞膜上に発現している．活性化T細胞上のPD-1がPD-L1（またはPD-L2）と結合すると，活性化T細胞は機能不全に陥り，T細胞自身がもつ抗腫瘍免疫応答が抑制される．したがって，がん細胞は自身に発現しているPD-L1（またはPD-L2）を活性化T細胞表面のPD-1と結合させることで抗腫瘍免疫応答を回避している．ニボルマブはPD-1に対するモノクローナル抗体でPD-1とPD-L1との結合を阻害することにより，T細胞が再び抗腫瘍活性を示すようになる．適用がん種は，悪性黒色腫，非小細胞肺がん，腎臓がん，ホジキンリンパ腫，頭頸部がん，胃がん，悪性中皮腫である．

⑥ イピリムマブ ipilimumab（**ヤーボイ®**）

CTLA-4はT細胞を抑制する免疫チェックポイント分子であり，活性化されていないT細胞では発現していないが，活性化したT細胞膜上で発現している．一方，T細胞の活性化は，T細胞受容体を介したがん抗原シグナルに加え，T細胞膜上のCD28と抗原提示細胞上のB7との結合によって引き起こされる．しかし，CTLA-4はB7に対してCD28よりも高い親和性を有するため，CTLA-4が多く発現している状態ではB7はCD28と結合できず，結果的にT細胞活性化が抑制される．イピリムマブはCTLA-4に対するモノクローナル抗体でCTLA-4とB7との結合を阻害するため，T細胞が再活性化され，がん細胞を攻撃する．適用がん種は，根治切除不能な悪性黒色腫，根治切除不能または転移性の腎臓がんである．

〈低分子性キナーゼ阻害薬〉

① イマチニブ imatinib（**グリベック®**）

慢性骨髄性白血病（CML） chronic myelocytic leukemiaの白血球では9番染色体（c-*abl*）と22番染色体（*bcr*）との間で相互転座が起こり，核内にはフィラデルフィア染色体とよばれる短い異形染色体が見出される．フィラデルフィア染色体はCMLだけでなく，一部の急性リンパ性白血病（ALL）にも見出される場合がある．この染色体転座により，Bcr-Ablという新たな融合タンパク質が生成される．Bcr-AblはAblのN末端側にある活性調節領域が融合によって欠損しており，恒常的にチロシンキナーゼ活性を示す．その結果，増殖シグナルが継続的に発生する．イマチニブはBcr-AblのATP結合部位に結合して，そのチロシンキナーゼを特異的に阻害するよう設計された最初の分子標的薬である．イマチニブはCMLに極めて有効であり，現在，CML治療の第一選択肢である．ただし，再発した場合はイマチニブ耐性であることが多い．再発CMLでは他のチロシンキナーゼにも幅広い阻害活性を有する第2世代のダサチニブやニロチニブが適用される．

② ゲフィチニブ gefitinib（**イレッサ®**）

肺がんではEGF受容体が大量に発現されて活性化されている．正常上皮細胞ではEGF受容体の量は少なく，活性化もされていない．ゲフィチニブはEGF受容体のチロシンキナーゼ阻害薬であり，EGF受容体のATP結合部位を競合的に阻害し，自己リン酸化を阻害して増殖シグナルを遮断する．肺がん患者の1～2割に腫瘍縮小効果を示すが，副作用として重篤な間質性肺炎の起こることがある．ゲフィチニブは，腫瘍組織の EGF 受容体のアミノ酸配列にある特定の変異をもつ腫瘍にのみ有効である．患者の肺から生検によって腫瘍組織を採取し，EGF 受容体の塩基配列について遺伝子診断した後，投与するかどうかを決める．この変異は，東洋人，女性，腺がん，非喫煙者の患者に見られることが多い．

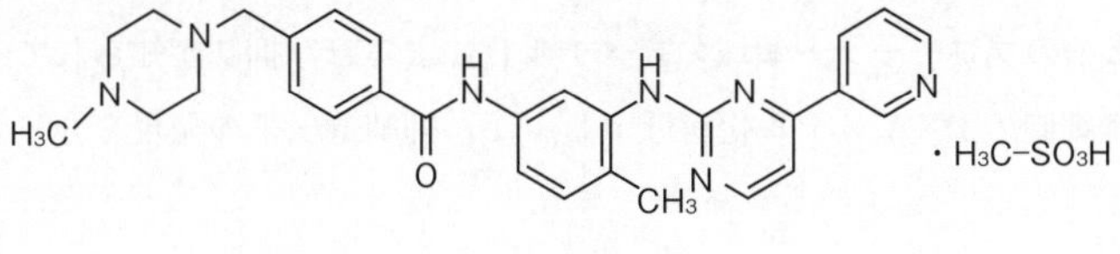

メシル酸イマチニブ

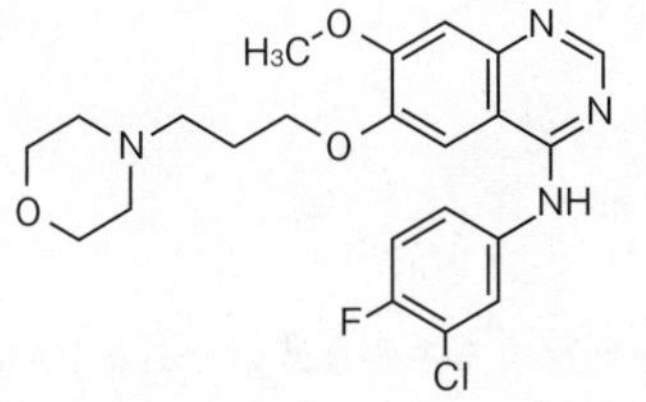

ゲフィチニブ

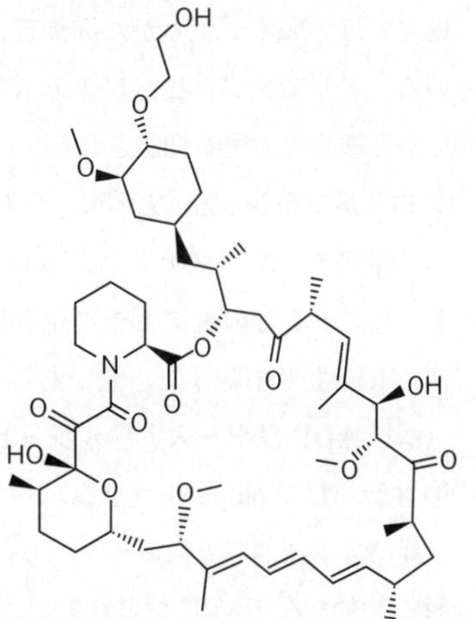

エベロリムス

低分子性キナーゼ阻害薬の化学構造
メシル酸イマチニブ（Bcr-Abl 阻害剤）
ゲフィチニブ（EGFR 阻害剤）
エベロリムス（mTOR 阻害剤）

③ エベロリムス everolimus **（アフィニトール®）**

mTOR は細胞の生存，増殖にかかわるシグナル伝達経路の構成因子として，PI3 キナーゼ-Akt 経路によって活性化されるキナーゼである．ラパマイシン誘導体であるエベロリムスは，細胞内で FKBP12 と複合体を形成して，それが mTOR のセリン/トレオニンキナーゼ活性を阻害する．mTOR は細胞生存シグナル伝達系だけでなく，VEGF のシグナル伝達系にも関与しているため，mTOR 阻害剤は抗増殖活性だけでなく血管新生抑制作用も示す．したがって，エベロリムスは血管新生の盛んな腎細胞がんなどに有効である．

〈プロテアソーム阻害薬〉

① ボルテゾミブ bortezomib **（ベルケイド®）**

ポリユビキチン化タンパク質を分解する 26S プロテアソームの活性中心に結合してプロテアソームを可逆的に阻害することにより，がん細胞にアポトーシスを誘導し，増殖を抑制する．また，NF-κB の阻害剤である IκB の分解を抑制することで NF-κB を抑制し，抗腫瘍活性を示す．適用がん種は，多発性骨髄腫やマントル細胞リンパ腫である．

〈エピゲノム薬〉

① アザシチジン azacitidine **（ビダーザ®）**

DNA メチルトランスフェラーゼ（DNMT）阻害剤であるアザシチジンは，シチジンのピリミジン環 5 位の炭素原子を窒素原子に変換したヌクレオチドアナログである．アザシチジンは細胞内に取り込まれた後，アザシチジン三リン酸（Aza-CTP）となってRNAに取り込まれたり，アザデオキシシチジン三リン酸（Aza-dCTP）となってDNAに取り込まれる．RNAに取り込まれたAza-CTPはタンパク質合成を阻害する．一方，DNAに取り込まれたAza-dCTPはDNMTと不可逆的に結合して非競合的に酵素を阻害する結果，細胞内DNMTが枯渇し，Aza-dCTPを取り込んでいないDNA鎖のメチル化が阻害され，細胞分化誘導作用や細胞増殖抑制作用を示す．骨髄異形成症候群では，いくつかのがん抑制遺伝子のプロモーター領域の高メチル化による転写抑制が知られている．アザシチジン投与により骨髄細胞のDNAメチル化が低下し，がん抑制遺伝子の発現を介してがん細胞の増殖が抑制される．

② ロミデプシン romidepsin **（イストダックス®）**

二環式デプシペプチドであるロミデプシンは，ヒストン脱アセチル化酵素（HDAC）阻害剤である．ヒストン等の脱アセチル化が阻害され，細胞周期停止やアポトーシスを誘導する．適用がん種は，末梢性T細胞リンパ腫である．

〈ポリADPリボースポリメラーゼ（PARP）阻害薬〉

① オラパリブ olaparib **（リムパーザ®）**

経口分子標的薬であるオラパリブは，DNA一本鎖切断を修復する主要な酵素であるPARPを選択的に阻害する．PARPを阻害することで，一本鎖DNA切断を担う塩基除去修復を妨害する．修復されないDNA一本鎖切断は，DNA複製の過程で二本鎖切断に至るが，DNAの二本鎖切断修復機構である相同組換え修復機構に関与するがん抑制遺伝子のBRCA1またはBRCA2が欠損（→ p.176 医療とのつながり）したがん細胞で，細胞死を引き起こす．適用がん種は，BRCA遺伝子変異陽性の卵巣がんまたは乳がんなどである．

アドバンスト　エクソソームによる細胞間コミュニケーションとエクソソーム創薬

様々な細胞は**エクソソーム** exosomeとよばれる非常に小さな細胞外小胞を分泌している．エクソソーム自体は約30年前から知られているが，その機能は不明であった．近年，エクソソームにはmRNAやmiRNAが含有されており，種々の疾患の発症機序にも関与していることが明らかとなり，エクソソームの生物学的重要性に注目が集まっている．エクソソームの大きさはウイルスとほぼ同程度の直径30～100 nm程度であり，脂質二重層からなり，内部には種々のタンパク質，miRNA，mRNAならびにDNA断片が含まれている．miRNAは21～28塩基のRNAで複数の標的遺伝子の発現を抑制する（→ 4-3-4）．脂質二重層には分泌細胞由来の多様な膜タンパク質が存在している．エクソソームは細胞から分泌されると，血流等を介して他の細胞に結合または取り込まれ，内包しているmRNAやmiRNAなどを放出することにより細胞間情報伝達を担っていると考えられている．

がん細胞，免疫細胞，神経細胞などはエクソソームを活発に分泌しており，とくにがん細胞ではがんの悪性化に寄与していることが明らかにされている．例えば，転移性の高いがん細胞由来のエクソソーム中のmiRNAは，転移性の低いがん細胞のがん抑制遺伝子の発現を抑制することで，がん細胞の移動・浸潤能を亢進（すなわち悪性化）させたり，がん細胞を取り囲む微小環境（ニッチとよぶ）をがん細胞の増殖に好都合なものに変えたりする．

エクソソームはがんやその他の疾患の診断においても活用が期待される．がんはその種類に応じて特有の miRNA のサブセット（集合体）を有しており，分泌されたエクソソーム内の miRNA は血液中で比較的安定に存在する．そこで血液（1 mL 以下）からエクソソームの miRNA を単離し，次世代シークエンサーによりそれらの塩基配列を調べることで，miRNA の組み合わせの特徴から体内にどのようながん細胞が存在しているかを高い確率でかつ早期に診断が可能となる．エクソソームは分泌元となる細胞の特徴を反映するので，がん以外にもアルツハイマー型認知症と他の認知症との早期の鑑別診断に利用できる可能性などもある．

また，エクソソームの生物学的機能が解明されれば，新たな治療薬の開発が可能である．例えば，エクソソームの分泌あるいは取り込み機序を阻害する化合物やエクソソームの膜タンパク質に対するモノクローナル抗体はがんの浸潤や転移を抑制する新たな分子標的薬となりうる．このようなエクソソームの機能解明に基づく創薬は，エクソソーム創薬とよばれ，現在，最もホットな研究分野の一つとなっている．

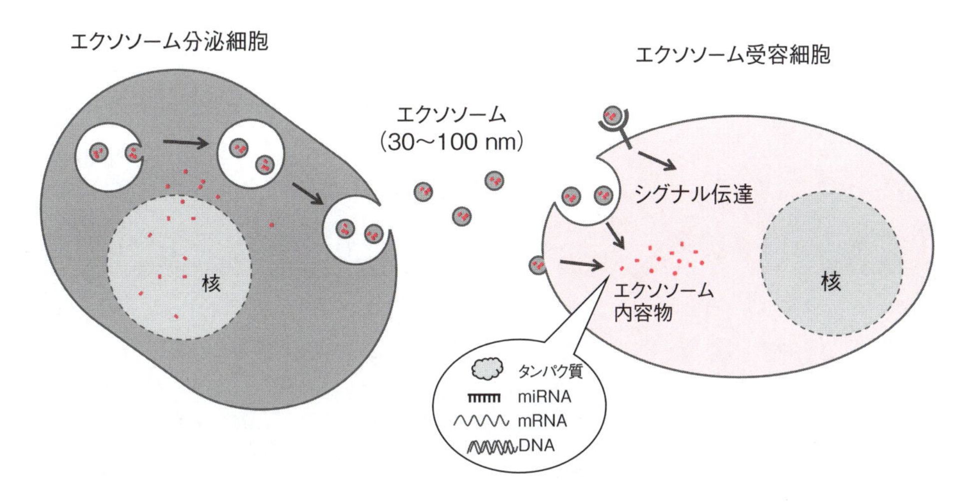

図 6-38　エクソソームによる細胞間コミュニケーション

第７章

遺伝子工学

これまでの章で学んだ遺伝子の構造と機能の解析は，DNA を合成あるいは切断する酵素の発見が相次いだ1970 年以降に急速に発展した研究分野である．この間に確立された**遺伝子工学** genetic engineering とよばれる技術の発展により，それまでは不可能だと思われたことが可能となり，発見が新しい発見を導いた．現在，この手法を用いることにより，目的の遺伝子を単離し，その塩基配列を簡単に決定できるだけでなく，遺伝子を改変した生物を作出することも可能になった．そのため，遺伝子工学は生物学の研究領域を発展させただけでなく，それを利用することによりわれわれの生活に大きな影響を与えてきた．本章では，遺伝子工学の基礎的な技術から応用例まで解説する．本章を学ぶことにより，遺伝子の機能についてより深く理解できると共に，遺伝子工学が病気の診断，遺伝子治療，そして創薬等への応用に密接につながっていることが理解できるだろう．

7-1 遺伝子工学の基礎

7-1-1 遺伝子工学に利用される酵素類

遺伝子工学の発展に大きく寄与したのは制限酵素をはじめとする酵素類の発見とその利用である．遺伝子工学に使用される酵素は，DNA ポリメラーゼ（DNA 合成酵素），ヌクレアーゼ（DNA 分解酵素），DNA リガーゼ（DNA 連結酵素），修飾酵素に分類される．

A DNA ポリメラーゼ

1）DNA ポリメラーゼ I

DNA 依存性 DNA ポリメラーゼである **DNA ポリメラーゼ I** DNA polymerase I は，DNA を鋳型として相補的な新生鎖を 5′→ 3′方向に合成する酵素である．DNA ポリメラーゼによる合成は，5′末端側にプライマーが結合することが必要である．DNA ポリメラーゼは DNA 合成活性のみならず，5′→ 3′エキソヌクレアーゼ活性，3′→ 5′エキソヌクレアーゼ活性を有する．なかでも3′→5′エキソヌクレアーゼ活性は**校正活性** proofreading activity ともいわれ，誤って取り込まれたヌクレオチドを除去することができる．大腸菌DNAポリメラーゼⅠは, DNAを標識したり，3′に突出した一本鎖領域を3′→5′エキソヌクレアーゼ活性を用いて消化して，平滑末端（後述）にするためにも用いられる．

2）クレノウ酵素

大腸菌DNAポリメラーゼⅠの活性のなかで5′→3′エキソヌクレアーゼ活性部分を取り除いたものを**クレノウ酵素** Klenow enzyme とよぶ．クレノウ酵素は，5′→3′方向への新生鎖合成以外に制限酵素処理による5′突出末端の欠失部分を相補鎖で埋めて平滑末端にする場合などに用いられる．

3）逆転写酵素

感染によりがんを発症するRNAウイルスであるレトロウイルスから，RNAを鋳型としてDNAを合成する**逆転写酵素** reverse transcriptase（RNA依存性DNAポリメラーゼ）が発見された．逆転写酵素はRNAに相補的なDNA（cDNA）の合成に用いられるため，遺伝子工学の技術に必須の酵素である．当初，この酵素はレトロウイルス固有のものと考えられていたが，真核生物でも染色体の末端にあるテロメアを延長するテロメラーゼが逆転写酵素であることが判明した（→3-2-4-C）．

B ヌクレアーゼ

核酸のホスホジエステル結合を加水分解する**ヌクレアーゼ** nuclease は，その作用からエキソヌクレアーゼとエンドヌクレアーゼの2種類に分類される．

エキソヌクレアーゼ exonuclease：直鎖DNAの末端から切断する．5′から3′方向に切断していく5′→3′エキソヌクレアーゼと，3′から5′方向に切断していく3′→5′エキソヌクレアーゼがある．

エンドヌクレアーゼ endonuclease：DNA分子の内部のホスホジエステル結合を切断する．制限酵素はすべてエンドヌクレアーゼである．

1）制限酵素

制限酵素 restriction enzyme は二本鎖DNAの特定の塩基配列を認識して，特異的に切断する酵素群であり，種々の細菌から単離された．制限酵素はもともと細菌がバクテリオファージによる感染から自らを守るための防御機構としてもっているものである（“制限”はファージの増殖を制限するの意）．すなわち，細菌はファージDNAを分解する酵素を産生し，ファージの複製を阻害する．細菌のDNAはメチル化されており，制限酵素は自身のDNAには作用しないが，メチル化されていないファージDNAは分解される．

制限酵素は多くのものが4～8塩基の配列を認識し，その配列の特徴は回転対称である．例えば，*Eco*RⅠ（エコアールワン）は六つのヌクレオチドからなる配列5′-GAATTC-3′を認識する．相補的な塩基対も5′→3′方向でみると，GAATTCとなり両鎖で全く同じである．そのため，こ

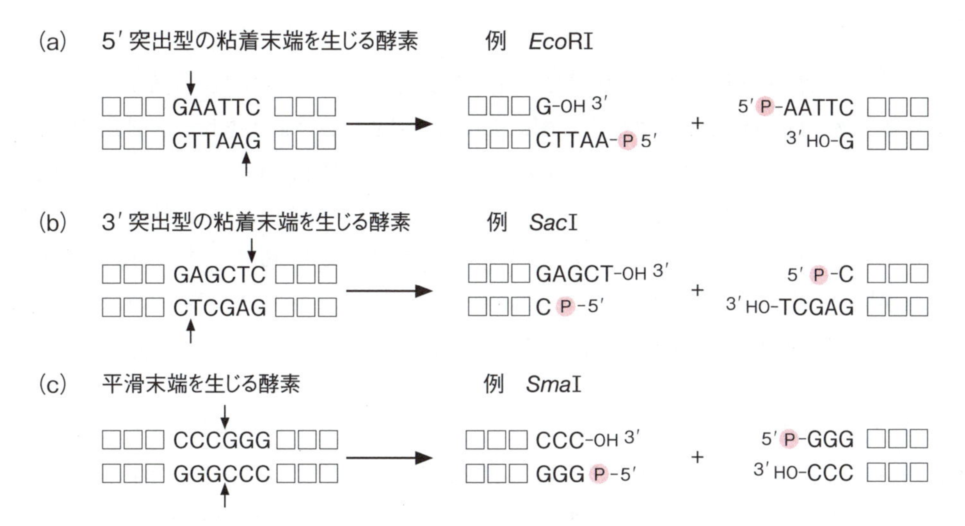

図 7-1　制限酵素で DNA を切断した切断面

のような配列をパリンドローム palindrome（回文配列）という．

制限酵素は切り口の形から3通りに分類される（図 7-1）．多くの制限酵素では，二本鎖 DNA は数塩基離れた異なる位置で切断され，DNA の切断面には一本鎖の突出部位が残る．この突出した一本鎖部分で相補鎖を形成できることから，このような切断面は**粘着末端** sticky end または**突出末端** protruding end とよばれる．粘着末端には *Eco*R I や *Hind* III など5′末端が突出するものと，*Sac* I や *Kpn* I など3′末端が突出するものがある．一方，切断面が平滑で**平滑末端** blunt end を生じる酵素もある．制限酵素による切断面は，平滑末端，粘着末端のどちらであっても切断面の5′末端にはリン酸基が結合しており，3′末端はヒドロキシ基になっている．DNA 鎖で4種の塩基がランダムに並んでいるとすると，4塩基認識の制限酵素では，確率的には $(1/4)^4 = 1/256$ より，平均約 250 bp の断片が生じる．6塩基認識の場合は，平均約 4 kbp の断片

表 7-1　代表的な制限酵素の認識部位ならびに反応液

制限酵素	認識部位	反応液	制限酵素	認識部位	反応液
*Bam*H I	GGATCC CCTAGG	H	*Not* I	GCGGCCGC CGCCGGCG	H
*Eco*R I	GAATTC CTTAAG	M，H	*Rsa* I	GTAC CATG	L
Hind III	AAGCTT TTCGAA	M	*Sma* I	CCCGGG GGGCCC	L
Kpn I	GGTACC CCATGG	L	*Xba* I	TCTAGA AGATCT	M

各酵素は二本鎖 DNA を対称の位置で切断する．H：高塩濃度，M：中塩濃度，L：低塩濃度

となる.

ヌクレアーゼの酵素活性に必須の成分は Mg^{2+} である．そのため，核酸の溶解液，ならびに電気泳動用緩衝液には，DNA がヌクレアーゼによって分解されないようキレート剤の EDTA が加えられている．各酵素によって反応の至適条件は異なるが，実験を簡便にするため，酵素によって反応溶液を 3 種類の塩濃度に分類して使用する．一般に，低塩濃度，中塩濃度，高塩濃度に分けられる．反応温度は 37℃であることが多いが，なかには 50℃や 30℃に至適温度をもつものもある．塩濃度など反応条件が最適でないと認識配列以外のところを切断する（これをスター活性という）ことがあるので，制限酵素を使用する際には，酵素の性質を確認しておく必要がある.

2）S1 ヌクレアーゼ

哺乳類由来の DNase I は一本鎖ならびに二本鎖 DNA を切断し，DNA を分解除去するのに用いたり，ニックを導入するのに用いたりする．一方，麹菌 *Aspergillus oryzae* 由来の **S1 ヌクレアーゼ** S1 nuclease は一本鎖特異的エンドヌクレアーゼであり，DNA もしくは RNA の一本鎖を特異的，優先的に認識し，5′末端にリン酸基をもつ分解産物を生成する．ハイブリッド形成した後，二本鎖核酸の末端に残存した一本鎖部分の除去に用いられる.

C　DNA リガーゼ

組換え DNA 技術の特徴は DNA の切断と再結合にある．制限酵素で DNA を切断した後，その切断面が同一であれば相補的な塩基対を形成することができる．しかし，2 本の鎖はホスホジエステル結合によって結合していないため完全な DNA 鎖ではない．そのため，DNA 鎖の結合には **DNA リガーゼ** DNA ligase が用いられる．制限酵素が DNA を切断する“はさみ”であるなら，DNA リガーゼは“のり”である.

粘着末端の場合，突出部位にて相補的塩基対を形成したとき，DNA リガーゼの働きにより両鎖をホスホジエステル結合で連結する（図 7-2)．平滑末端どうしの場合，任意の DNA 鎖を連結することができるが，反応効率は粘着末端の場合に比べて低くなる．いずれの場合も 5′末端にリン酸基，3′末端にはヒドロキシ基が必須である．T4 ファージ由来の T4 DNA リガーゼは平滑末端どうしの連結が可能であるため，遺伝子工学で多用される.

D　修飾酵素

1）アルカリホスファターゼとポリヌクレオチドキナーゼ

制限酵素処理後のベクターの自己ライゲーションの防止や 5′末端を標識する場合，5′末端リン酸基を取り除く必要がある．この反応には **アルカリホスファターゼ** alkaline phosphatase が用いられる．一方，5′末端にリン酸基を導入する場合，**T4 ポリヌクレオチドキナーゼ** T4 polynucleotide kinase が用いられる.

2）ターミナルトランスフェラーゼ

粘着末端の連結は，平滑末端どうしと比べて効率が高いため，平滑末端を粘着末端化する場合がある．直鎖 DNA に一種類のヌクレオチド（例えば dATP）と **ターミナルトランスフェラーゼ**

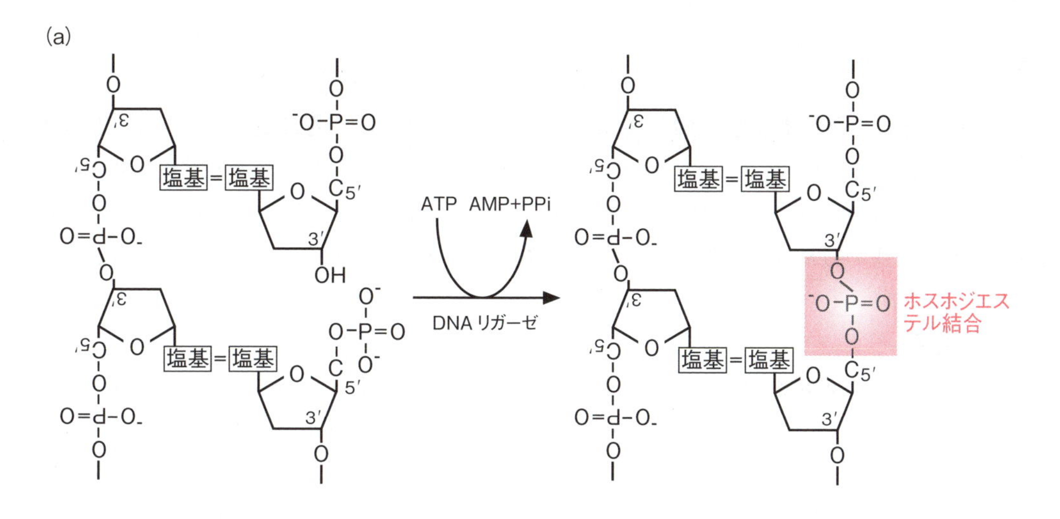

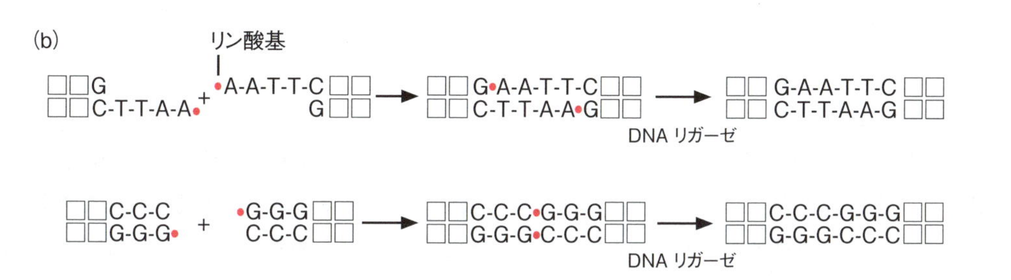

図 7-2　DNA リガーゼの反応

(a) DNA リガーゼの反応の模式図．DNA リガーゼは ATP の加水分解エネルギーを用いて，ホスホジエステル結合を形成する．(b) 粘着末端のライゲーションは，第一段階に相補的な塩基対を形成した後，DNA リガーゼにより連結される．一方，平滑末端の場合は，切断面が向き合ったときに DNA リガーゼにより連結される．

terminal transferase を加えると，DNA の 3′末端に一種類のヌクレオチドが 20 ～ 30 個程度付加される（ポリ dA）．Co^{2+} イオンを含む低塩濃度の緩衝液中で反応を行うと，付加されるヌクレオチド数が激減する．この反応は，PCR 産物をベクターに挿入する際に用いられる T ベクターの作成に利用されている．

7-1-2　ベクター DNA

遺伝子工学の技術において，目的の DNA 断片を増幅させたり，外来遺伝子を発現させるためには，DNA を宿主細胞に導入しなければならない．外来 DNA を宿主細胞に導入するために用いられるものを一般に**ベクター** vector（運び屋の意）とよぶ．最もよく用いられるベクター DNA は**プラスミド** plasmid と**バクテリオファージ** bacteriophage であるが，用途によって細菌人工染色体やウイルスベクターなどが用いられる．ベクターには三つの特徴的な配列が存在する．① 制御配列：自律的複製に必要な配列と遺伝子発現に必要な配列の二つがある．② 制限酵素切断部位：DNA 断片を特異的に挿入する．③ 薬剤耐性遺伝子：ベクターの導入によって形質転換した細胞を選択する．次にプラスミドを中心に，詳細に解説する．

A　プラスミド

ベクターとして最も多く利用されているのが大腸菌のプラスミドを改良したプラスミドベクターである．プラスミドベクターにはクローニング用とタンパク質発現用がある．現在最も多く使われているクローニング用プラスミドベクターの一つがpUC系であり，発現用プラスミドはpET系がよく用いられる．どちらもベクターDNAに必須の領域を含んでいる（図7-3）．

1）制御配列

複製制御配列：**複製開始点**（***ori***）replication origin が存在するため，染色体に組み込まれることなく自律的複製が可能となる．その結果，プラスミドは宿主細胞内に多数のコピーが存在する．

発現制御配列：ベクターには遺伝子発現に必要なプロモーターやオペレーターなどの制御配列がある．

2）制限酵素切断部位

外来DNAをベクターに挿入するためには，ベクターと外来DNA断片の両方を制限酵素で特異的に切断しなければならない．ベクターDNAの機能を阻害することなく任意のDNA断片を挿入するためには，制限酵素により一か所だけで切断される必要がある．このような制限酵素切断部位がクラスターとして存在する領域を**マルチクローニングサイト（MCS）** multicloning site とよぶ．

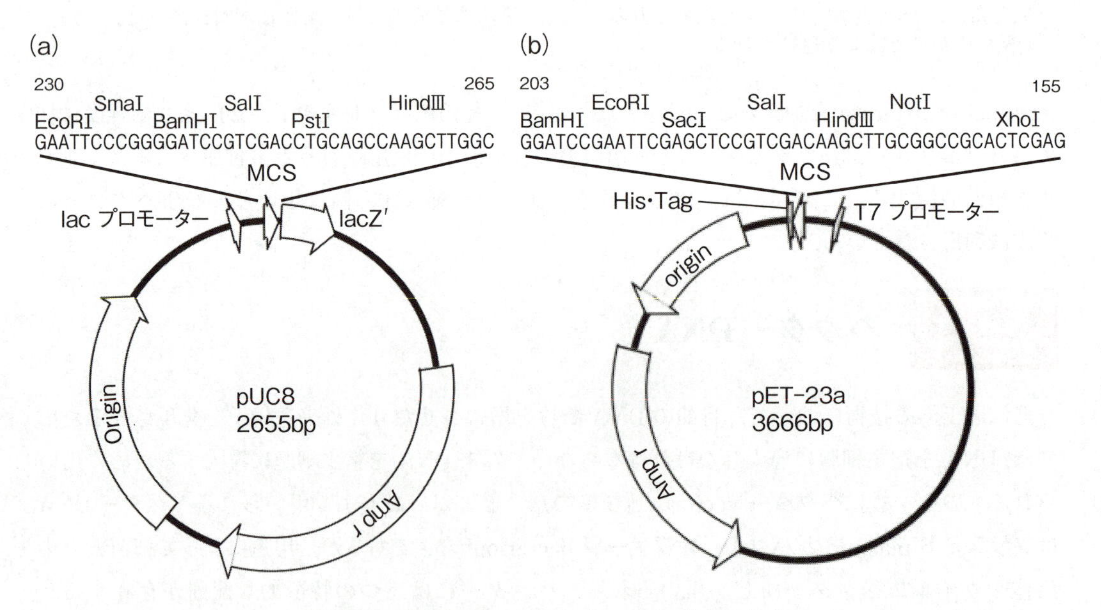

図7-3　pUC8プラスミドとpETプラスミド

（a）クローニング用ベクターとして多用されるpUCプラスミドの模式図．（b）大腸菌発現用ベクターの代表的なプラスミドベクターであるpET．T7プロモーターによりタンパク質発現が誘導される．His・Tagとの融合遺伝子で発現するため，タンパク質の精製が容易である．

3）薬剤耐性遺伝子

薬剤耐性遺伝子として，アンピシリンやカナマイシンなどに対する耐性遺伝子が用いられる．Amp^r はアンピシリン耐性遺伝子を示し，その遺伝子産物は β ラクタマーゼである．そのため，pUC 系プラスミドをもつ大腸菌はアンピシリン存在下で生存が可能であるが，プラスミドをもたない大腸菌は死滅する．このように薬剤耐性遺伝子は選択マーカーとしての役割を果たす．

B　バクテリオファージ

プラスミドベクターに挿入することができる DNA 断片の大きさは約 10 kb 以下である．そのため，より大きな DNA 断片を挿入するためには λ バクテリオファージ（λ ファージ）が用いられる．バクテリオファージは大腸菌に感染するウイルスの一種である．λ ファージが大腸菌に感染すると，大腸菌内でファージが複製され，多数のファージ粒子が菌体外に放出される．これを**溶菌化** lysis といい，放出されたファージはさらに周囲の大腸菌に感染する．通常の培養条件ではファージは溶菌化するが，栄養不良の条件下では，ファージ DNA は細菌染色体に組み込まれ，染色体とともに複製される．これを**溶原化** lysogenesis という（図 7-4）．

λ ファージのゲノム DNA は直鎖状で約 50 kbp の長さであるが，その中央部付近にファージの増殖に関係しない DNA 領域がある．ファージベクターはその領域を除去したものであり，代わりに任意の DNA 断片（約 20 kbp まで）が挿入できるようになっている．感染によって大腸菌が溶菌化すると，寒天培地上には**プラーク** plaque とよばれる溶菌斑が見られるので，プラークから DNA を回収する．

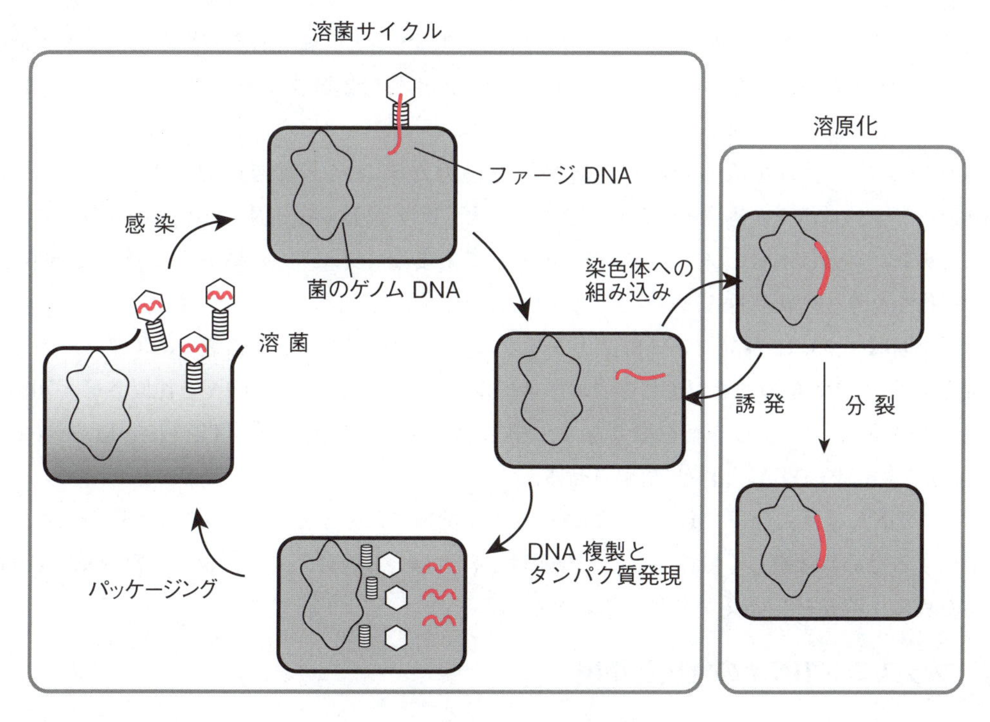

図 7-4　λ ファージの生活環

C 細菌人工染色体（BAC）

λファージの利用により長鎖DNAの増幅が可能となったが，ゲノムDNA解析のためにはまだ不十分である．そこで，大腸菌のプラスミドの中でも比較的大きいFプラスミドを利用し，最大で300 kbのDNA断片を安定的に保持することが可能なベクターとして**細菌人工染色体（BAC）** bacterial artificial chromosomeが開発された．そのため，BACはヒトゲノムプロジェクトで最も多く利用された．

7-1-3 DNAおよびRNAの抽出と精製

遺伝子工学においては，その材料となるDNAおよびRNAの抽出と精製が必要である．細胞から抽出されるゲノムDNAは遺伝子あるいは染色体DNA断片の調製に必要である．大腸菌から調製されるプラスミドDNAはベクターとして用いられる．そして，RNAは遺伝子産物の解析に必要となる．これらの核酸は，それぞれの特徴を利用し，かつ夾雑物を変性，分解することによって精製される．

A ゲノムDNAの抽出と精製

ゲノムDNAは非常に多くのタンパク質やRNAを含む細胞内に存在する．また，真核生物のゲノムDNAの特徴はヒストンタンパク質に結合していることである．そのため，ゲノムDNAの精製は，細胞の可溶化ならびにタンパク質の変性が基本となる．

細胞を界面活性剤のSDS（ドデシル硫酸ナトリウム），ならびに2価の金属イオンと結合するEDTA（エチレンジアミン四酢酸）を含む緩衝液で処理すると，細胞膜や核膜が溶解し，溶液中にゲノムDNAが放出される．その後，強力なタンパク質分解酵素であるプロテイナーゼKで処理し，タンパク質を分解する．

次いでタンパク質を除くために，溶解液を強力なタンパク質変性剤であるフェノール（pH 8.0）/クロロホルム溶液と混合して遠心すると，ゲノムDNA，RNAは水層に回収され，変性したタンパク質は水層とフェノール層との界面に集まる（フェノール抽出法）．水層を回収し，この操作をもう一度繰り返し，タンパク質の除去を確実に行う．

水層を回収し，1/10容量の3 M酢酸ナトリウム（pH 5.2）を加え，2倍量の冷エタノールを加え混合すると，DNAの沈殿が生じる（エタノール沈殿法）．遠心してDNAを沈殿させ，70%エタノールを加え，遠心して塩を取り除く．得られた沈殿は，乾燥後，TE（10 mM Tris-HCl（pH 8.0），1 mM EDTA）溶液に溶解させる．

ゲノムDNAは巨大分子であるため物理的な力で剪断されやすく，長いDNA（50 kbp以上）を調製するためには激しく撹拌することを避けなければいけない．また，混入したRNAを分解するために，溶液をRNaseで処理することもある．

B プラスミドDNAの抽出と精製

大腸菌からプラスミドDNAを単離する方法は，基本的にはゲノムDNAの精製方法と同じで

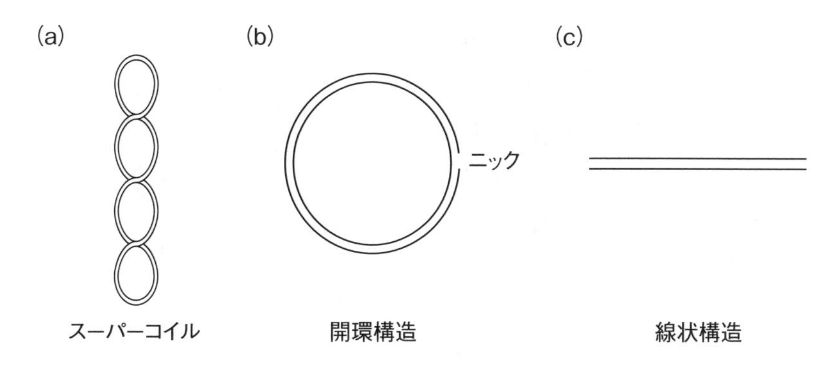

図 7-5　プラスミド DNA の構造

(a) スーパーコイル構造．プラスミドが無傷であれば，この構造をとる．
(b) 開環構造．二本鎖 DNA の一方の鎖に切れ目（ニック）が入ると開環構造となる．
(c) 線状構造．二本鎖が完全に切断されると線状構造となる．

あるが，これら二つの DNA を互いに分離しなければならない．プラスミド DNA とゲノム DNA の違いはそれらの大きさである．一般的なプラスミド DNA の大きさは数 kbp であるのに対し，ゲノム DNA は 4.6×10^6 bp である．また，プラスミド DNA はゲノム DNA とは異なる構造（スーパーコイル）をしていることも，精製方法に利用される（図 7-5）．簡便なプラスミド調製法として，ボイル法，アルカリ変性法の 2 種類がある．本書では，多くの試薬メーカーから市販されているプラスミド精製キットの原理であるアルカリ変性法を解説する．そして，さらに高純度のプラスミド調製法である塩化セシウム密度勾配遠心法も紹介する．

1）アルカリ変性法

大腸菌の菌体を回収し，SDS を含むアルカリ性溶液（pH 12 ～ 12.5）で菌体を溶解する．DNA は一本鎖に解離し，タンパク質も変性する．溶液の pH を急激に中性に戻すと，プラスミド DNA は再度，二本鎖となるが，ゲノム DNA は長鎖ゆえにアニーリングできず，不溶物となって沈殿する．この溶液を遠心分離すると，不溶化したゲノム DNA と変性タンパク質はともに沈殿する．得られた上清をエタノール沈殿することにより，プラスミド DNA を回収する．

2）塩化セシウム密度勾配遠心法

塩化セシウムは超高速の遠心を行うと密度勾配を形成する．アルカリ変性法で粗精製したプラスミドに塩化セシウムならびに臭化エチジウムを加え超遠心を行うと，無傷のプラスミド DNA はスーパーコイル構造をとっているため，塩化セシウムの密度が 1.70 g/cm^3 付近に回収される（図 7-7）．線状構造，開環構造，スーパーコイル構造では密度が互いに異なるため，遠心後の位置が異なる．そのため，スーパーコイル型（＝無傷）の純度の高いプラスミドを回収することが可能となる．

C　RNA の抽出と精製

RNA を取り扱う際に最も気をつけなければいけないことは，細胞破壊時に放出される RNase である．また，RNase は実験者の汗や唾液中にも存在しているため，実験中に RNase が器具や

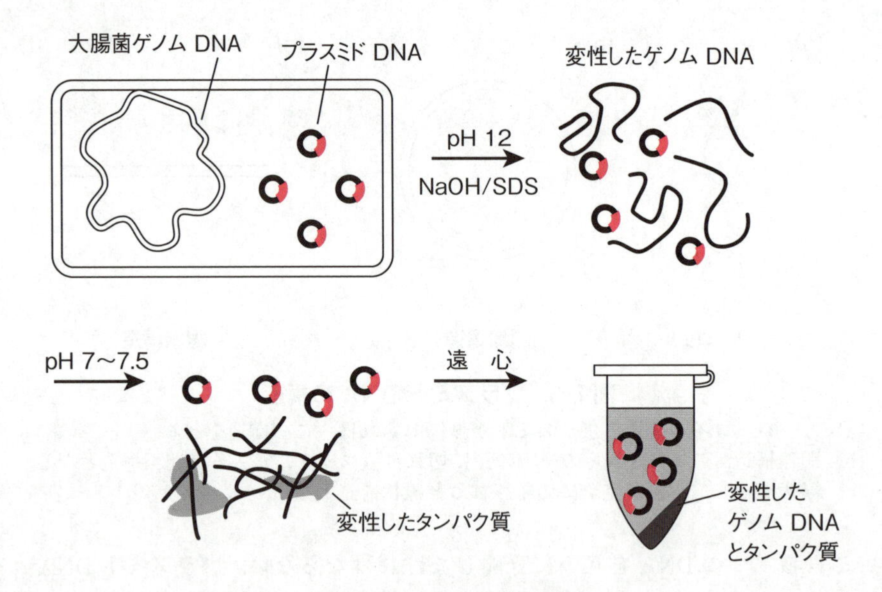

図 7-6　アルカリ変性法

大腸菌を NaOH/SDS で可溶化すると，DNA は変性する．pH を急激に 7 に戻すと，変性したゲノム DNA，タンパク質は不溶化するが，プラスミド DNA は再生するので，遠心操作をすると上清にプラスミド DNA が回収される．

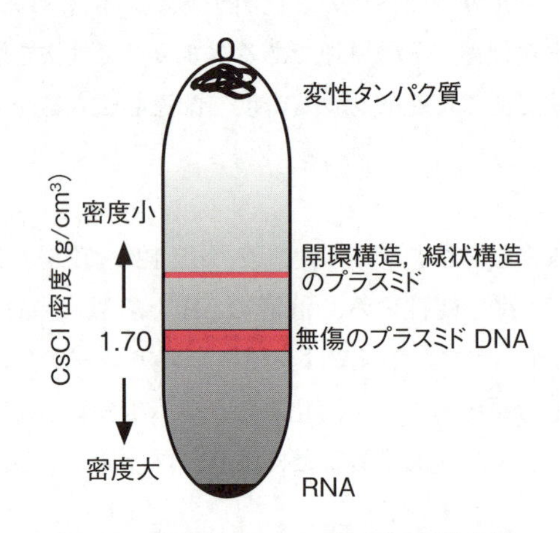

図 7-7　塩化セシウム密度勾配遠心法

超遠心機で高速に遠心を行うと，塩化セシウムは密度勾配を形成する．タンパク質，プラスミド DNA, RNA はそれぞれの密度の違いによって分離される．

試薬に混入する可能性がある．そのため，RNA の精製には RNase を失活させるタンパク質変性剤が必須であり，用いる試薬や器具には RNase を失活させるための処理が必要である．

RNA の精製は DNA との性質の違いを利用する．これらの核酸の最も大きな違いはリボースである．リボースは 2 位に OH 基が存在しているため極性を示すが，2-デオキシリボースは H であるため極性がない．つまり，酸性条件下では DNA は水に対する溶解性が低下するのに対して，RNA は水層に回収される（図 7-8）．

実際には，細胞または組織を強力なタンパク質変性剤であるグアニジンチオシアネートで処理

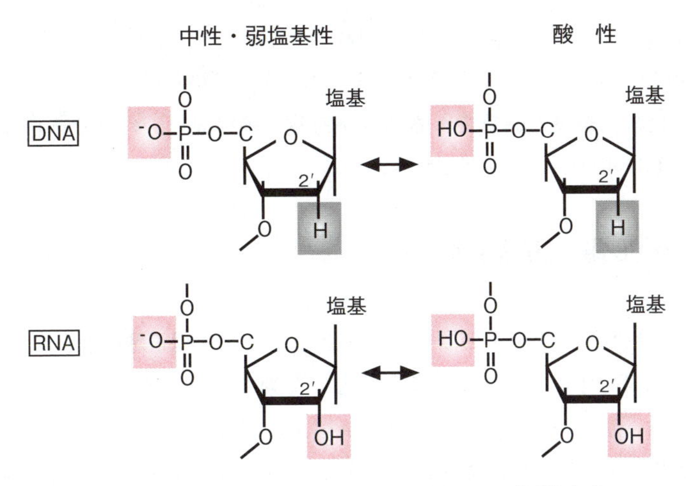

図 7-8　pH 変化による DNA，RNA の極性変化

中性～弱塩基性下でのフェノール抽出では，ホスホジエステル結合のリン酸基は解離しているため，DNA，RNA 共に水層に回収される．一方，酸性条件下では，ホスホジエステル結合のリン酸基は非解離型となり電荷を失い，DNA は水への溶解性が低下する．RNA はリボースの 2 位が OH のため酸性下でも極性を保っているため，水に溶解する．

すると，細胞が溶解すると共に RNase も失活する．次に，酸性フェノールを添加すると，DNA はフェノール層に，RNA は水層に回収される．その後，水層をエタノール沈殿するとほぼ純粋な RNA が回収できる．

7-1-4　核酸の定量

精製した核酸は，紫外部の吸光度を測定することにより濃度ならびに純度を求めることができる．核酸の塩基は共役二重結合をもつため，紫外部の 260 nm に特異的な吸収を示す（図 7-9）．

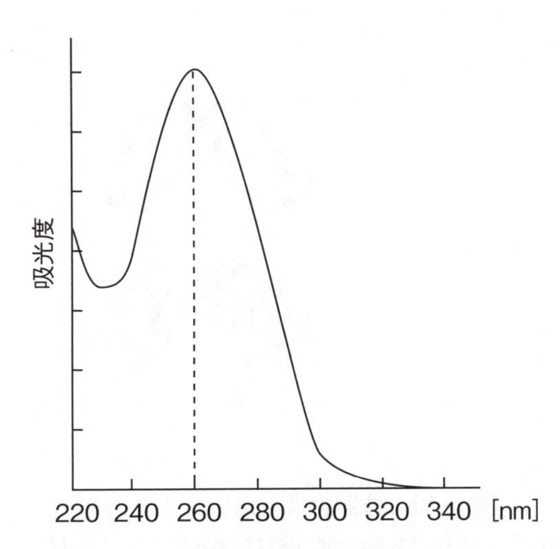

図 7-9　核酸の紫外部吸収スペクトル

DNA および RNA は 260 nm に吸収極大を示す．

260 nm の吸光度が1の時，二本鎖 DNA は 50 μg/mL，一本鎖 DNA は 33.3 μg/mL, RNA は 40 μg/mL の濃度に相当する．また，DNA はタンパク質（280 nm）やフェノール（270 nm）の吸収波長と異なるため，純度も確認できる利点がある．純粋な核酸のみであれば，A_{260}/A_{280} の比は DNA であれば 1.8，RNA であれば 2.0 を示す．

7-1-5　ゲル電気泳動法

精製した DNA の純度，大きさを確認する方法として，**ゲル電気泳動** gel electrophoresis が用いられる．電気泳動は分子の電荷の違いを利用して分離する方法である．DNA のホスホジエステル結合は，中性～弱アルカリ性の pH ではリン酸基が解離している．そのため DNA は多量の負電荷をもち，電場中で DNA は陽極側に移動する（図 7-10）．DNA の電気泳動には通常，アガロース，あるいはポリアクリルアミドゲルが用いられ，ゲルとの相互作用により，低分子のものは速く，高分子のものは遅く移動するため，大きさ（＝長さ）の違いによって分離される．

ゲル中の DNA を検出するために，DNA に特異的に結合する蛍光色素である臭化エチジウム（EtBr）を利用する．EtBr は平面構造であるため，塩基対の間に挿入（インターカレート）され

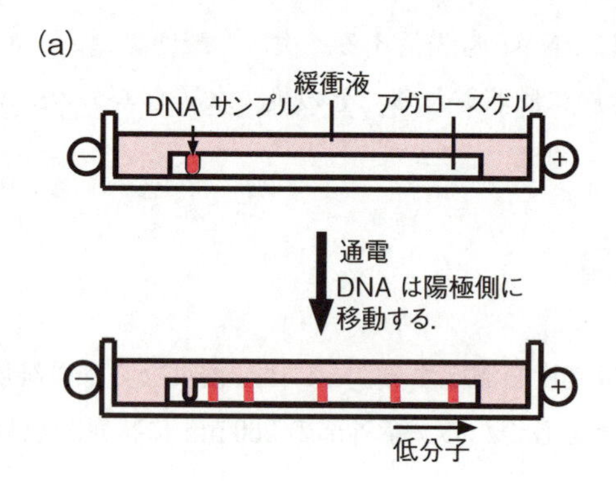

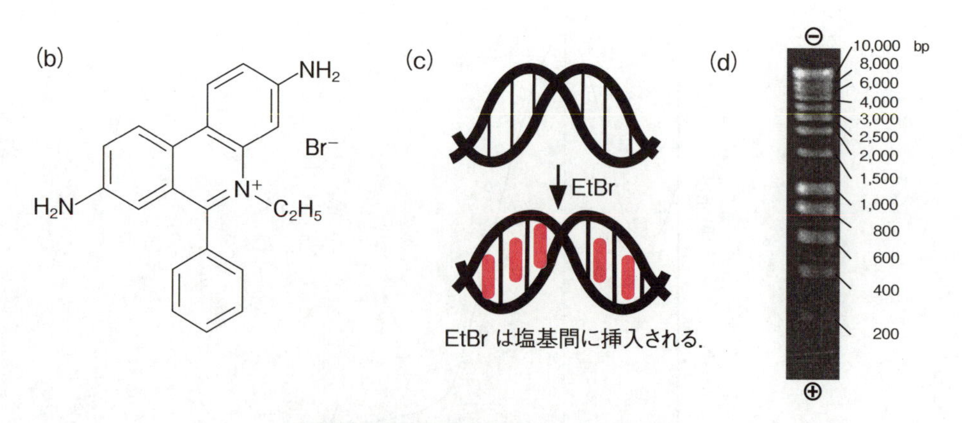

図 7-10　核酸の電気泳動による分離

(a) 核酸のアガロースゲル電気泳動．核酸は陽極側に移動する．(b) 臭化エチジウムの構造．(c) 臭化エチジウムと二本鎖 DNA との反応．(d) サイズマーカーの泳動結果．電気泳動が終了すると，ゲルを臭化エチジウム溶液で染色し，UV を照射して観察する．

るとオレンジ色の蛍光を発する．EtBr は変原異性が疑われるため，発がん性の低い物質に置き換わりつつある．

7-2 組換え DNA 技術の概要

現在の DNA 分子の解析手法は，1970 年代以降，急速に発展した．それは DNA の合成，切断，結合に関する酵素の発見により，細胞内での反応が試験管内で再現できるようになったためである．この革新的な技術こそが，**組換え DNA 技術** recombinant DNA technology である．この組換え DNA 技術は遺伝子工学の基本技術でもある．基本的な組換え DNA 技術は，次の 3 段階からなる（図 7-11）．

7-2-1 DNA，ベクターの切断と再結合による組換え DNA の作成

組換え DNA 技術とは，切断した DNA 断片をベクターに組み込み，新たな組換え DNA を作製する技術である．DNA の切断に用いられるのが制限酵素であり，切断したい場所を認識する制限酵素を用いれば任意の DNA 断片を得ることができる．一方, DNA 断片をベクターに再結合するためには DNA リガーゼを用いる．制限酵素による切断面が同じであれば, DNA 鎖の末端は相補的に結合し, DNA リガーゼの働きでホスホジエステル結合が形成され，組換え DNA を作製することができる．

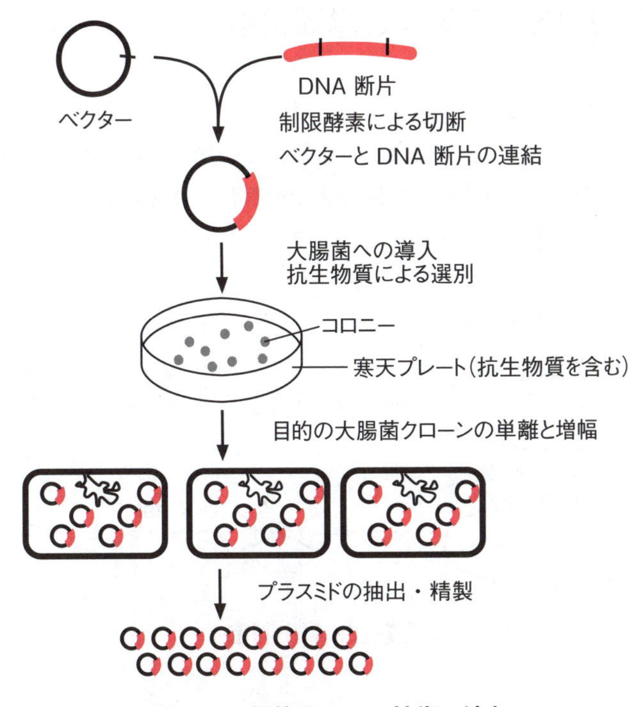

図 7-11　組換え DNA 技術の流れ

7-2-2 宿主細胞へのベクターの導入と選別

DNAを増幅するために生物の複製機構を利用する．一般に宿主として大腸菌が用いられる．$CaCl_2$処理した大腸菌（**コンピテントセル** competent cell）とプラスミドDNAを混合し，熱ショックをかけるとプラスミドDNAが菌体内に取り込まれる（**形質転換** transformation）．あるいは強力な電気パルスを与えると瞬間的に細胞膜に穴が開き，菌体内にDNAを導入することができる．この方法を**電気穿孔法**（**エレクトロポレーション**）electroporationとよぶ．いずれの方法でもプラスミドを取り込む大腸菌はごく一部であるため，プラスミドDNAが導入された大腸菌のみを抗生物質の入った培地を用いて選別する必要がある．つまり，薬剤耐性遺伝子の必要性は，この選択のためである．

ベクター（pUC系など）には，大腸菌のラクトースオペロンのプロモーターとオペレーター，その下流にβ-ガラクトシダーゼ（β-gal）のα断片をコードするlacZ′遺伝子の組み込まれたものがある（図7-3(a)）．このベクターをlacZ′を欠損した大腸菌に導入し，発現誘導剤のIPTG（isopropyl-β-thiogalactopyranoside）を添加すると，lacIリプレッサーに結合しlacZ′遺伝子の発現が起き，活性のあるβ-galが再構成される．培地にβ-galの基質であるX-gal（5-ブロモ-4-クロロ-3-インドリル-β-D-ガラクトピラノシド）を添加しておくと，コロニーは青色に呈色する．lacZ′のN末端近傍にマルチクローニングサイトがあり，この部位に外来DNA断片（インサート）が挿入されるとlacZ′が正常に発現しなくなり（挿入不活化），白色のコロニーとなる．このように青白判定を行うと，インサートの有無を容易に判別することができる（図7-12）．

7-2-3 目的DNAの増幅と単離精製

ベクターが導入された大腸菌1個から一つのコロニーが形成される．したがって，コロニーを数個選択し，それらを液体培地で増殖させる．大腸菌の増殖と共にベクターDNAも増えるため，大腸菌からプラスミドDNAを精製し，制限酵素で切断して目的のDNA断片が入っているかどうかをアガロースゲル電気泳動等で確認する．

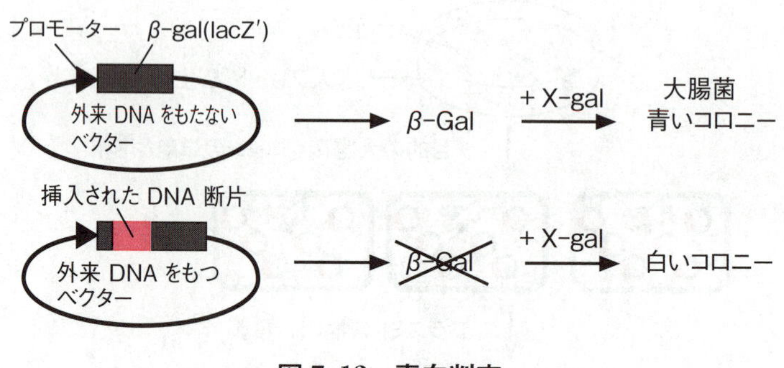

図7-12 青白判定

7-3 遺伝子クローニング法

7-3-1 クローニングとは

一般に遺伝的に均一な生物学的集団を**クローン** clone という．**クローニング** cloning とは，この純化の作業として定義され，分子（＝遺伝子），細胞ならびに個体の各レベルで行われる．生物学的試料を解析するとき，その実験系によってクローニングの方法が異なる．分子クローニング（または DNA クローニング）とは，特定の DNA 断片を一般的に大腸菌などに導入し，大腸菌の DNA の複製能力を利用して増幅させることである．プラスミド DNA が導入された大腸菌では，大腸菌が分裂すると均一な集団ができ，その菌体内には同一のプラスミド DNA が多数複製されている．真核細胞のクローンは，体細胞分裂によって分裂した娘細胞をいう．細胞分裂が行われるとき，染色体 DNA は正確に複製されるため，親細胞の遺伝情報は正確に娘細胞に受け継がれる．そのため，細胞のクローニングは 1 個の細胞を選別し，できた細胞の集団を回収することで行われる．個体のクローニングは，核移植によって作成される体細胞クローンとして作成される．

以下に遺伝子のクローニング法について述べるが，大腸菌やファージの増殖能を利用する生物学的方法と試験管内で特異的に DNA 断片を増幅する PCR 法がある．

7-3-2 生物学的方法

A ゲノム DNA ライブラリーと cDNA ライブラリーの作製

目的の遺伝子，あるいは DNA 断片をクローニングするために，**ライブラリー** library が必要である．ライブラリーとは，細胞あるいは組織から得られたゲノム DNA 由来の DNA 断片，あるいは RNA を相補的な DNA 配列に変換した断片を一つずつベクターに挿入したクローンの集合体のことをいう．作製した集合体は，理論的には細胞内の DNA あるいは RNA の情報を網羅している．1 個のクローンが 1 冊の本と考えれば，ライブラリーは個々のクローンを探し出すことができる図書館（ライブラリー）としてイメージできる．

遺伝子ライブラリーには，**ゲノム DNA ライブラリー** genomic DNA library と **cDNA ライブラリー** cDNA library の 2 種類があり，それぞれ，作製方法，使用目的が異なる．

1）ゲノム DNA ライブラリー

ゲノム DNA ライブラリーは，ある特定の生物種に存在する全ての遺伝子を 1 コピーずつもったクローンの集合体として定義される．ゲノム DNA は，すべての体細胞で同一である（例外：

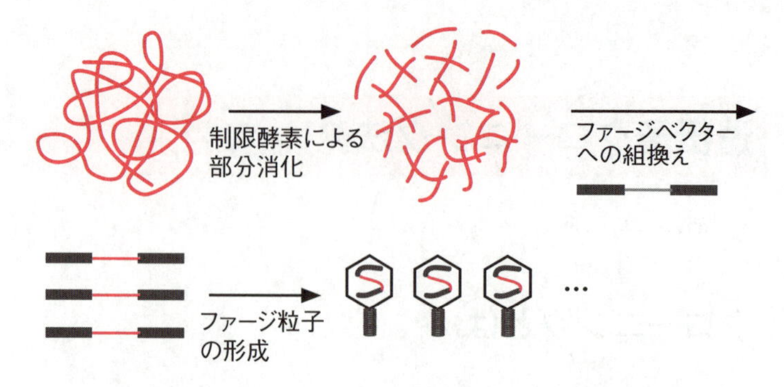

図 7-13　ゲノム DNA ライブラリーの作製

成熟リンパ球は遺伝子再編成を伴うため異なる領域をもつ（→2-5-4)）ので，出発材料となるDNA は原則としてどの組織由来のものでもよい．実際には単離が容易な白血球や肝臓のゲノムDNA を用いることが多い．

ゲノム DNA ライブラリーの作製は，精製したゲノム DNA を 4 塩基認識の制限酵素で部分的に切断し，できたDNA 断片をベクターにクローニングする（図 7-13）．32 億塩基対からなるヒトのゲノム DNA ライブラリーから 1 コピーの遺伝子をクローニングするには，平均長 20 kb の断片が挿入されたファージライブラリーであれば，約 480,000 のクローン（計算上は 160,000 であるが，オーバーラップがあるのでその約 3 倍を要する）が必要である．同様に 300 kb の BAC ライブラリーであれば約 32,000 のクローンとなる．

ゲノム DNA ライブラリーは，真核細胞であれば，プロモーターなどの発現制御領域やエキソン-イントロンからなる遺伝子構造全体の情報を得るのに必須である．イントロンを含まない細菌などの原核細胞遺伝子の場合は，遺伝子の調節領域とともに構造遺伝子領域からタンパク質の一次構造を推定することができる．

2）cDNA ライブラリー

多細胞生物においては個々の細胞の性質の違いが組織の違いを決定づけている．それぞれの細胞の違いは発現している遺伝子の種類が異なるためである（図 7-14(a)）．遺伝子の発現の違いとは，転写されている mRNA の種類，そして転写量が異なっていることである．ライブラリーの材料として mRNA が用いられるが，RNA と DNA を連結することは不可能であるため，mRNA を DNA に変換する必要がある．この変換にはレトロウイルスから単離された逆転写酵素を用いる．変換された DNA は mRNA に相補的であることから，この DNA を**相補的 DNA（cDNA）** complementary DNA とよぶ．cDNA ライブラリーは mRNA を鋳型にしていることから，イントロン，プロモーターなど mRNA に存在しない領域は含まれない（図 7-14(b)）．そして，組織あるいは細胞種によって転写される遺伝子が異なるため，組織ごとに cDNA ライブラリーは異なる．

mRNA の全長を含む cDNA は，タンパク質をコードする全領域が含まれているので特に有用である．cDNA ライブラリーのなかにはタンパク質の発現を可能としているものもある．そのため，cDNA ライブラリーは，クローニングだけでなく，遺伝子の発現解析などにも用いられる．

図7-14(c) に二本鎖cDNA作製の概略を示す．一般的には全RNAからcDNAを合成することが多い．真核生物のmRNAは3′末端にポリAが付加しているため，逆転写酵素のプライマーとしてオリゴ（dT）鎖を用いると，mRNAのみを特異的にcDNAに変換することができる．mRNAを逆転写酵素によって一本鎖cDNAに変換した後，RNaseHおよびDNAポリメラーゼIにより相補的なDNAを合成する．そしてDNAリガーゼによってニック部分を連結することに

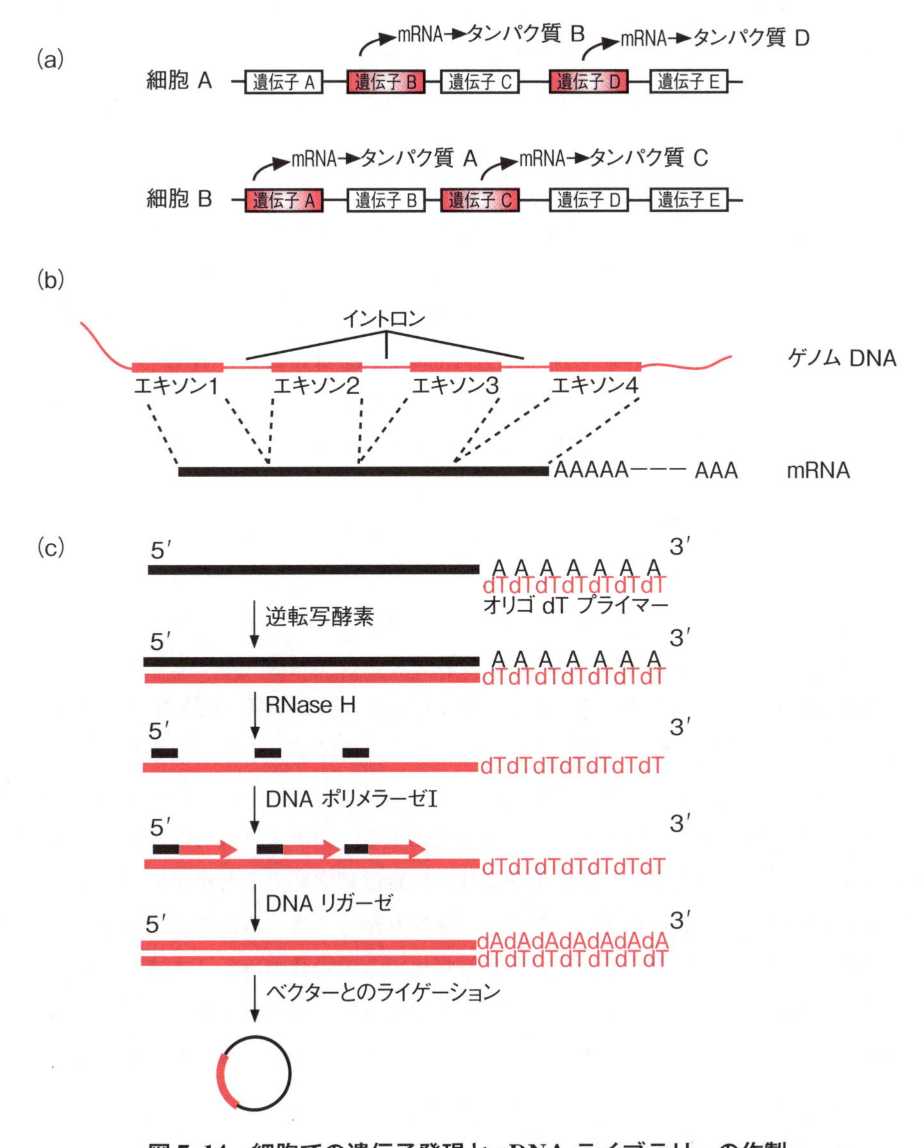

図7-14　細胞での遺伝子発現とcDNAライブラリーの作製

(a) 細胞種の違いにおけるmRNA発現の違い．細胞の性質の違いは発現している遺伝子が異なることによる．(b) ゲノムDNAと成熟mRNAとの違い．成熟mRNAはエキソン情報しか含まない．(c) 逆転写酵素を用いたcDNAの作製. mRNA，プライマーとしてオリゴdT，逆転写酵素，基質（dNTPmix）を添加し一本鎖DNAを作製する．その後，RNaseHによりDNA-RNAハイブリッドのうちRNAを分解する．DNAポリメラーゼIを加えると，RNAをプライマーとして一本鎖DNAに対して相補的なDNAができる．その結果できた二本鎖cDNAをベクターに連結する．

より，二本鎖DNAが完成する．その後ベクターにクローニングする．

B 目的クローンのスクリーニング

ゲノムまたはcDNAライブラリーから目的の遺伝子断片やcDNAを単離し，塩基配列の決定や組換えタンパク質の発現を行うことができる．目的とするDNA断片を単離する方法として，塩基配列の相同性を利用したハイブリダイゼーション法，ライブラリーからのタンパク質の発現を特異抗体を用いて検出する方法，タンパク質の機能（トランスポーターなど）からクローニングする方法などがある．本項では，分子生物学の発展の基礎となったハイブリダイゼーション法を中心に解説する．

1）コロニーハイブリダイゼーションならびにプラークハイブリダイゼーション

DNA-DNAのみならず，DNA-RNA，RNA-RNA間でそれぞれの鎖が相補的な配列であれば，互いに結合する（図7-15）．この**ハイブリッド形成** hybridizationを用いることで，目的のコロニーまたはファージをクローニングする方法をそれぞれ**コロニーハイブリダイゼーション** colony hybridizationならびに**プラークハイブリダイゼーション** plaque hybridizationとよぶ．目的のDNAあるいはRNA鎖の一部があれば，それをプローブとして特定のクローンを同定できる．

プラスミドベクターを用いたライブラリーでは，寒天培地上に大腸菌のコロニーを形成させる．一方，ファージライブラリーの場合は，寒天培地上にプラークを形成させる．まず，コロニーあるいはファージのプラークをナイロン膜に転写する（図7-16）．タンパク質などの夾雑物を除き，DNAのみが膜に存在するよう処理する．そして膜をアルカリ処理することによりDNAを変性させ，二本鎖DNAを一本鎖DNAにする．スクリーニングに用いるDNAプローブは，あらかじめ放射性同位元素（^{32}P），あるいはビオチンなどの物質で標識し，熱変性をして一本鎖にしておく．膜とプローブとを一定の条件下で反応（ハイブリダイゼーション）させた後，非特異的に結合したプローブを取り除き，目的のクローンを検出する．検出には放射性同位元素標識の場合はオートラジオグラフィーを用い，ビオチン標識の場合は化学発光などが用いられる．ハイブリダイゼーション時や非特異的に結合したプローブを取り除くとき，溶液の塩濃度ならびに温度を変化させることにより，相同性の低いクローンも検出できる場合がある．本スクリーニング法はゲノムDNAライブラリー，cDNAライブラリーのどちらでも使用できる．

多くの生物はゲノムプロジェクトが完了しており，すべてのゲノムDNAの配列ならびに多く

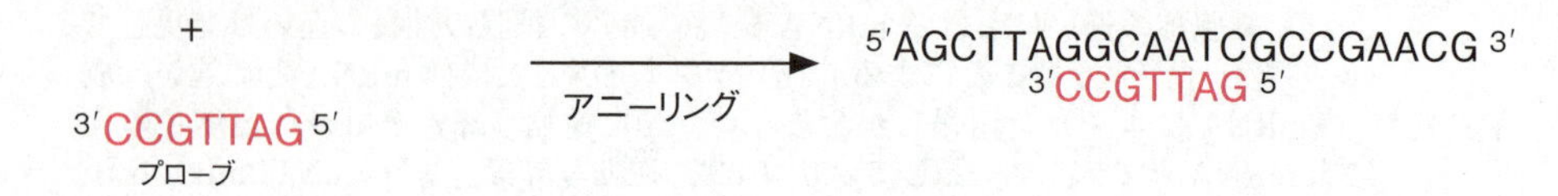

図7-15 ハイブリッド形成

一部相補的塩基対をもつ一本鎖DNAをプローブとアニーリングをすると相補的な塩基を介して二本鎖を形成する．このことをハイブリッド形成という．

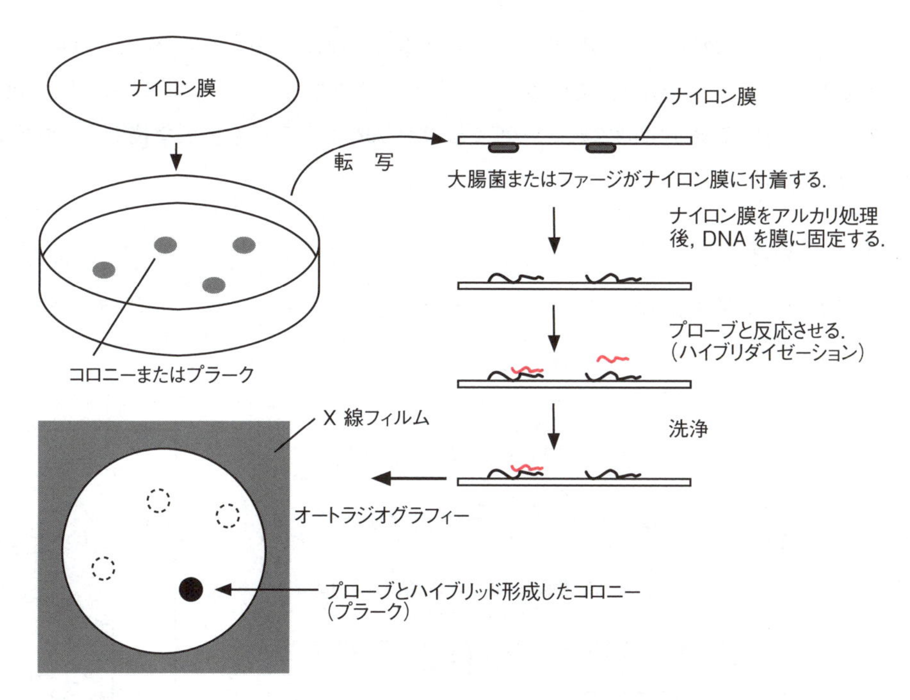

図 7-16　コロニーハイブリダイゼーション（プラークハイブリダイゼーション）

の遺伝子の塩基配列が明らかにされている．そのため，最近は目的遺伝子をクローニングする場合，上記のようなライブラリーからスクリーニングすることは行われなくなった．現在では，後述する PCR を用いたクローニングが一般的である．

2）その他の cDNA ライブラリースクリーニング法

cDNA ライブラリーの最大の利点は，タンパク質を発現させられる点である．そのため，目的タンパク質の抗体を用いて抗原を探索する免疫選択法，あるいは目的のタンパク質と相互作用する結合タンパク質の探索が可能となる．また，細胞に cDNA ライブラリーを導入して発現させ，その機能を指標として，未知のタンパク質をスクリーニングすることなどが行われる．

mRNA のもう一つの特徴は組織特異的な発現である．普遍的なクローンから特異的なクローンを選択するために，解析したい細胞から調製した一本鎖 cDNA と，別の細胞から調製した mRNA とをアニーリングさせ，一本鎖 DNA を回収しライブラリーを作製する（サブトラクション法）．

7-3-3　酵素的方法（PCR 法）

遺伝子ライブラリーを作製し，スクリーニングによって目的の遺伝子を単離する方法は，初期の研究には必須で，多くの cDNA や遺伝子の単離に用いられたが，その方法は時間と多大な労力を要するものである．**PCR**（polymerase chain reaction）法は特定の DNA 断片を増幅，単離するという点では，これまでの遺伝子クローニングと同じであるが，その作業が短時間で完了するという大きな利点がある．PCR 法は宿主細胞を用いるクローニング法とは異なり，試験管（0.2

～0.5 mL チューブ）内の反応で，目的とするDNA領域の増幅を繰り返し行う．現在では目的遺伝子の塩基配列がすでに解明されているものが多く，必要な遺伝子のクローニングは，PCR法を用いて短時間に行うことが可能である．PCR法は遺伝子工学の最も重要な技術の一つであり，多くの応用性がある．

A　PCR法の原理

まず，増幅したい領域を挟む形で1対のプライマーを準備する．5′側プライマーは鋳型DNA

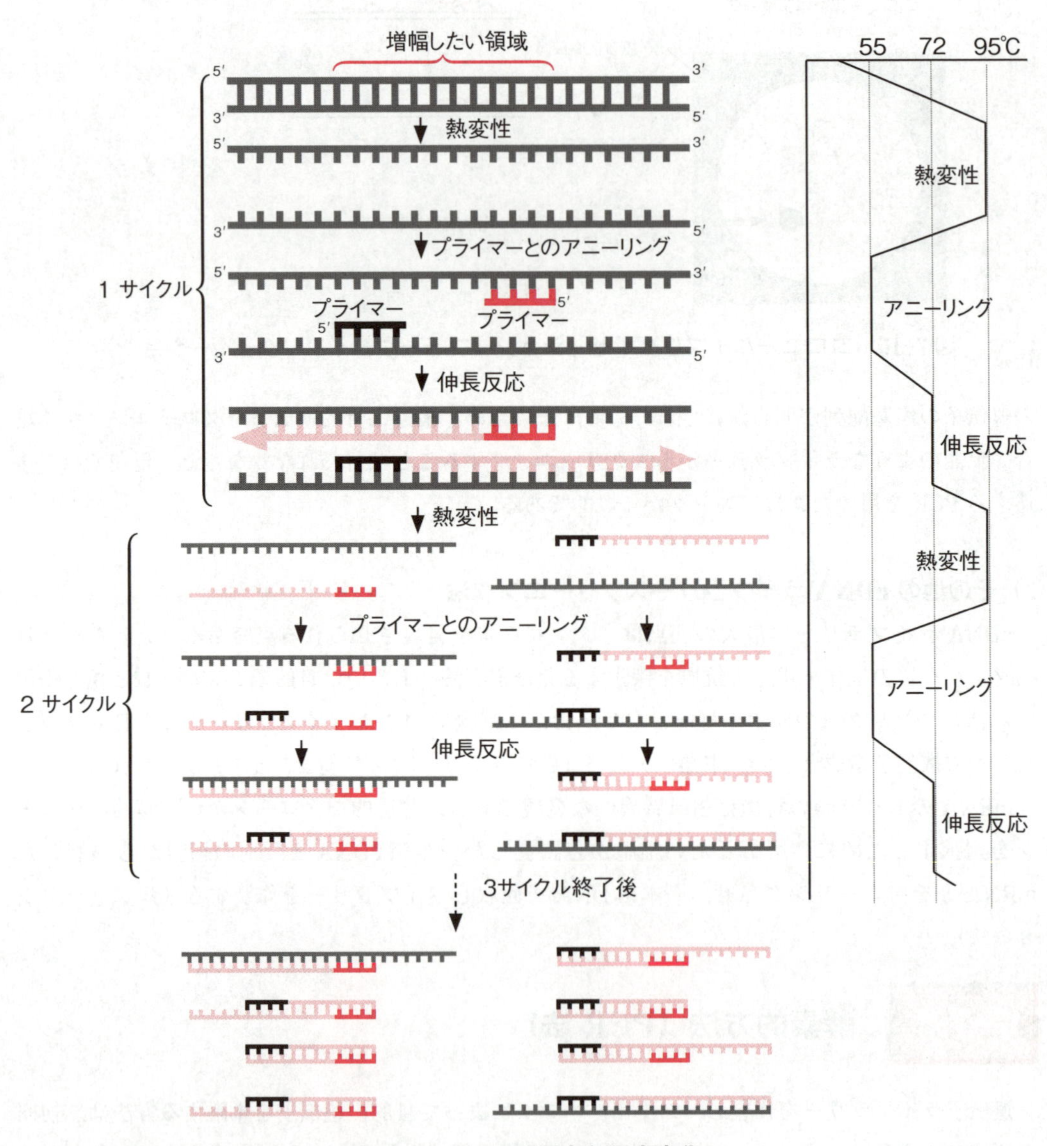

図7-17　PCRの反応と温度変化

95℃で熱変性するとDNAは一本鎖に解離する．温度をTm－5℃に下げると，プライマーとアニーリングする．72℃に上げると，伸長反応によりDNA合成が開始される．この反応を1サイクルとすると，サイクルごとにDNAは2倍に増幅される．3サイクル以降に，増幅したい領域のみのPCR産物ができる．

の 5′→3′方向と同じ配列であり，3′側プライマーは相補的な配列を 5′→3′方向に読んだものである．いずれも 20 塩基程度の合成オリゴヌクレオチドであり，二つのプライマーの Tm 値はほぼ同程度であることが望ましい．

適切な緩衝液を含む反応チューブに鋳型 DNA，プライマー，基質 dNTP，**耐熱性 DNA ポリメラーゼ**（Taq DNA ポリメラーゼなど）を加え，温度を 3 段階に変化させる（図 7-17）．まず，高熱処理（95℃前後）により，鋳型 DNA を一本鎖にする（**熱変性**）．次に，プライマーと鋳型 DNA を結合させるために，プライマーの Tm 値より 5℃程度低い温度（通常，55 ～ 60℃）にする（**アニーリング** annealing）．最後に，DNA 複製のために，Taq DNA ポリメラーゼの至適温度である 72℃前後にする（**伸長**）．この 3 段階の反応の 1 サイクルごとに DNA は 2 倍になるので，n サイクル後には 2^n 倍になる．このように DNA は指数関数的に増幅され，30 サイクルを行うと，理論上，鋳型 DNA は 2^{30} = 約 10 億倍に増幅される．PCR 装置は**サーマルサイクラー** thermal cycler とよばれ，いくつもの機種が市販されている．

好熱菌 *Thermus aquaticus* 由来 Taq DNA ポリメラーゼは 95℃処理によっても失活しない点で優れているが，Taq DNA ポリメラーゼには校正活性がないため，増幅産物に変異が導入される可能性がある．しかし，近年，きわめて忠実度の高い耐熱性 DNA ポリメラーゼが開発され，利用されている．

B　PCR 法によるクローニングの限界

PCR 法は万能ではなく，いくつか欠点もある．増幅することができる DNA 鎖は約 40 kbp が限度であり，これより長い DNA をクローニングすることができない．そして，プライマー間のみしか増幅することができないため，増幅したい領域が既知である必要がある．そのため，目的の DNA 断片が長鎖 DNA である場合や塩基配列が部分的にしかわからない場合には，コロニーあるいはプラークハイブリダイゼーションを行ってクローニングしなければならない．

7-1　PCR 法の開発

米国シータス社のマリス Mullis が PCR 法の原理をガールフレンドとのドライブ中にひらめいた逸話は有名である．彼は遺伝病を診断するために DNA シークエンスの感度を上げるか，もしくは少量のサンプルを増幅する方法を生み出すプロジェクトにかかわっていた．当時，シータス社がオリゴヌクレオチド合成装置を所有していたことは大きな幸運で，彼は自伝で次のように表現している．「私は今から料理をする．私の食材はシータス社にある酵素と化合物である．」また，PCR 法の実用化に大きな役割を果たしたのは，高熱でも失活しない酵素の発見である．当初はクレノウ酵素をサイクル毎に加える必要があり，DNA 増幅に限界があった．しかし，Taq DNA ポリメラーゼの発見により，初めて実用に耐える PCR 法が完成した．PCR 法の生物学研究への影響は非常に大きく，彼はその功績により，1993 年，ノーベル化学賞を受賞した（表 2-1）．

C　PCR 法の応用

PCR 法は応用性に優れている．プライマーの塩基配列を一部改変して正確性を落とした混合物として反応を行うと，サブファミリーのクローニングが可能となる（縮重 PCR）．目的の DNA 鎖に変異を導入したいとき，変異を導入したプライマーを用いれば簡単に変異体の作成が可能である．PCR 法は分子生物学の発展に大きく寄与しただけでなく，次のように医療や法医学分野においても画期的な変化をもたらした．

1）病原体の同定

感染症が流行した場合，早急に原因微生物を特定して対処する必要がある．以前は，微生物の単離，生細胞への感染などを行わせて微生物を特定していたため，時間を要した．PCR 法を用いれば，原因微生物の遺伝子断片を確認することによりその同定が可能となる．例えば，新型インフルエンザウイルスなどのタイプの決定に PCR 法が活用される．さらに，ウイルス遺伝子の塩基配列から変異のスピードを明らかにすることもできる．

2）遺伝子診断

先天性の疾患が疑われるとき，患者のリンパ球から DNA を調製し，原因となる遺伝子領域を PCR 法で増幅後，原因遺伝子の塩基配列を調べて診断を下すことができる．また，摘出したがん組織から DNA を抽出し，PCR 法にて種々のがん遺伝子を増幅し，染色体転座の有無，変異導入の有無などから，診断ならびに薬物療法を決めることがある．

3）RT-PCR 法

PCR 法の応用の一つとして，mRNA の発現量の解析がある．本法では，まず RNA を逆転写酵素により cDNA に変換し，cDNA を鋳型として PCR を行う．逆転写酵素の反応は RNA から DNA への変換であるからこの段階では増幅はない．次いで，PCR を行い，反応生成物が飽和状態に達する前（通常，20 サイクル程度）に増幅産物の量を電気泳動等により確認すると，バンドの濃さはもとの mRNA 量の違いを反映する．このように，本法は PCR の前に逆転写反応を行うため，**RT-PCR**（reverse transcriptase PCR）法とよばれる．RT-PCR 法は増幅反応を用いているため，後述のノーザンブロット法（→ 7-4-2-A）より高感度であり，mRNA の発現解析に汎用されている．

医療とのつながり

7-1 法医学分野におけるPCR

現在，DNAを用いて個人を識別したり，血縁関係を解析することができる．このように個人ごとのDNA塩基配列の特徴を明示することを**DNAプロファイリング** DNA profilingという．全DNA塩基配列を比較することは未だ現実的でないため，DNA多型を比較することにより個人を識別する．法医学におけるDNAプロファイリングの目的は，犯行現場の遺留品から容疑者あるいは被害者を同定することである．1985年に報告されたDNAフィンガープリント法ではミニサテライトをサザンブロットにより検出するもので，解析には比較的多量のサンプルが必要であった．

その後，PCR法の開発により，1本の毛髪など極めて微量のサンプルでも解析が可能となった．さらに，変性サンプルを含むさまざまな証拠物件にも対応でき，高い個人識別能力をもち，世界の法機関がDNA鑑定を共有できる複数のマイクロサテライトを組み合わせた方法が開発された．わが国でも2004年，常染色体上の異なる15の座位と性染色体上にある4塩基反復配列の**STRP**（short tandem repeat polymorphism）マイクロサテライトをPCR法で増幅，解析する検査が採用された．これによると，4兆7千億人に1人という確率で個人識別を行うことが可能である．

(a)
AATTTTTGTATTTTTTTTAGAGACGGGGTTTCAC
CATGTTGGTCAGGCTGACTATGGAGTTATTTTAA
GGTTAATATATATAAAGGGTATGATAGAACACTT
GTCATAGTTTAGAACGAACTAACGATAGATAGAT
AGATAGATAGATAGATAGATAGATAGATAGATAG
ATAGACAGATTGATAGTTTTTTTTTATCTCACTA
AATAGTCTATAGTAAACATTTAATTACCAATATT
TGGTGCAATTCTGTCAATGAGGATAAATGTGGAA
TCGTTATAATTCTTAAGAATATATATTCCCTCTG
AGTTTTTGATACCTCAGATTTTAAGGCC

(b)
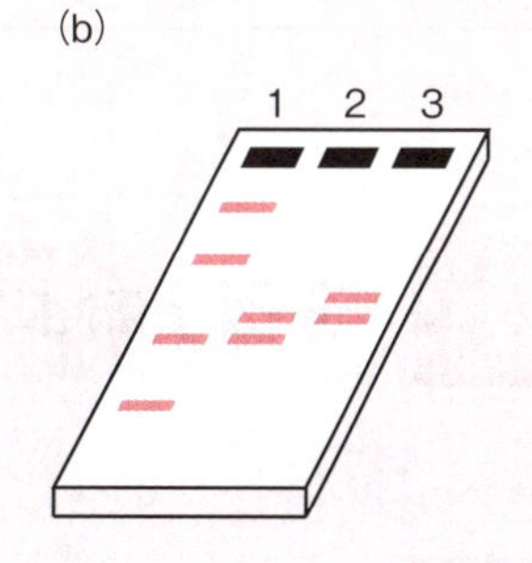

PCR法を活用した個人識別

(a) GATAの繰り返し構造をもつヒトD7S820領域の塩基配列．この例では赤字で示すように12回繰り返しがあり，個人により6回から15回繰り返す．赤下線部はPCRのプライマーの位置を示している．(b) レーン1：分子量マーカー，レーン2，3：2人のSTRPのパターンをゲル電気泳動により解析したときの模式図．実際に大きさを求めるためにはキャピラリー電気泳動を用いる．

7-2 解き明かされた3000年以上前の史実

PCRの技術は法医学のみならず考古学における古代史の解明にも役立っている．エジプトのファラオの中でも最も有名なツタンカーメンの系譜はこれまで不明であった．11体のミイラから抽出したDNAをPCR法で増幅し，STRPを用いた解析の結果，5世代にわたる家系譜が明らかとなった．KV55とKV35YLのミイラはツタンカーメンの両親であったが，彼らは血縁関係であることも明らかとなった．ツタンカーメンと同じ王墓に埋葬されていた二人の胎児は王女になったかもしれないツタンカーメンの子供であった．二人の母親はKV21に埋葬されていたミイラと考えられるが，2010年の解析では明確な答えは出ていない．驚くべきことは，彼らは3000年以上も前に死んでいることである．

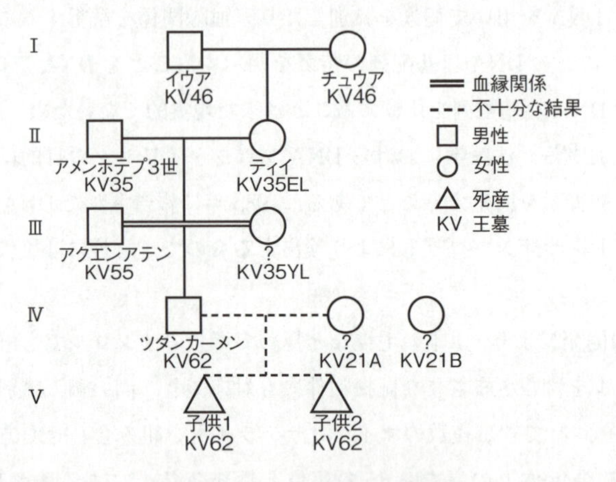

ツタンカーメン王の家系図

(Zahi Hawass *et al.* "Ancestry and Pathology in King Tutankhamun's Family" The Journal of the American Medical Association. 2010；303（7）：638, Figure 2より和訳して引用)

7-4 遺伝子および遺伝子産物解析法

7-4-1 特定のDNA配列の検出と定量

A サザンブロット法

目的遺伝子断片の一部があれば，その遺伝子の大きさ，染色体上の存在する場所がわからなくても目的遺伝子を検出することが可能である．調製したゲノムDNAは巨大すぎてそのままでは通常のアガロースゲル電気泳動では分離できない．そこで，ゲノムDNAを制限酵素処理して断片化して，電気泳動にて分離したあとにナイロン膜に転写する．その後は，プラークハイブリダイゼーション，コロニーハイブリダイゼーションと同様に，検出したいDNAに相補的な標識プローブとハイブリダイゼーションを行い，目的のDNA断片を検出する．この方法は，1975年にサザン Southern によって報告されたことから，**サザンブロット法** Southern blot method とよばれる（図7-18）．

なお，最近はゲノム中のウイルス遺伝子の検出や，遺伝子診断における遺伝子変異や遺伝子欠損の検出などには，より簡便で高感度なPCR法が利用されている（図7-32）．

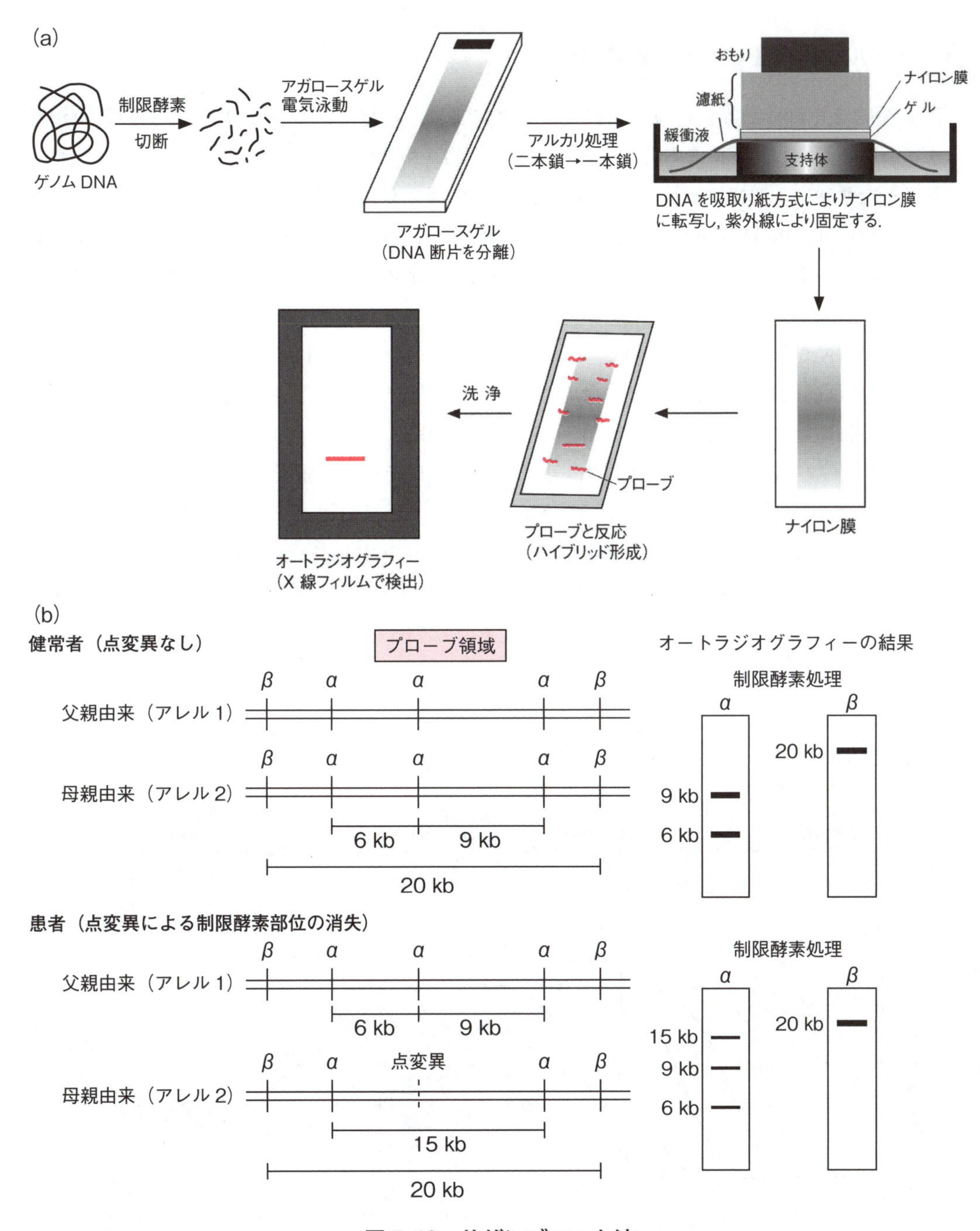

図 7-18　サザンブロット法

(a) ゲノム DNA を制限酵素で切断した後，アガロースゲル電気泳動を行う．泳動後，ゲルをアルカリ処理（変性）し，一本鎖 DNA にする．次いで DNA をナイロン膜に転写した後，プローブ（放射性同位元素で標識した一本鎖 DNA）とハイブリダイゼーションを行う．ナイロン膜を洗浄後，オートラジオグラフィーを行うことにより，X 線フィルム上にバンドが検出される．

(b) サザンブロット法による遺伝性疾患の原因遺伝子の検出例．制限酵素 α で切断した場合，点変異をもたない健常者では 6 kb と 9 kb（父親と母親由来）のバンドを示すのに対して，疾患の原因となる点変異（この例では母親由来の DNA において制限酵素 α の認識部位が消失）をもつ患者では，健常者と同じ 6 kb と 9 kb（父親由来）以外に，15 kb（母親由来）のバンドが検出される．制限酵素 β で切断した場合は，点変異の影響を受けないので，健常者，患者とも同じ 20 kb のバンドのみを示す．

B　リアルタイムPCR（定量PCR）

PCR産物を電気泳動等によって比較することにより，鋳型であるもとのDNA量の違いが明らかになる．しかし，PCR法の特徴の一つに増幅産物が飽和することがあげられる．既に飽和してしまったサンプル間で比較しても正確なもとのDNAの量比は求められない．産物を正確に定量するためには，指数関数的に増幅されている条件下で比較しなければならない．**リアルタイムPCR** real-time PCRはサイクルごとに産物の生成量を定量し，飽和する前に比較定量が可能な方法である（図7-19）．

増幅中のDNAを定量する方法は二つある．一つは二本鎖DNAにインターカレートする蛍光試薬をPCR反応液に添加しておき，合成されたDNA量を検出する．この方法は簡便ではあるが，増幅産物に対する選択性はなく，すべての二本鎖DNAと反応する．もう一つの方法は二つのPCRプライマーに加え，オリゴヌクレオチドの両端にそれぞれ蛍光色素と消光化合物が結合したレポータープローブ（タックマンTaqMan® プローブとよばれている）を用いる．レポータープローブは，増幅される領域内に結合するようにデザインする．蛍光色素はプローブに結合している状態では共鳴エネルギー移動現象により消光しているが，PCRによってDNAポリメラーゼの5′→3′エキソヌクレアーゼ活性によりプローブ配列が分解されると蛍光標識ヌクレオチド

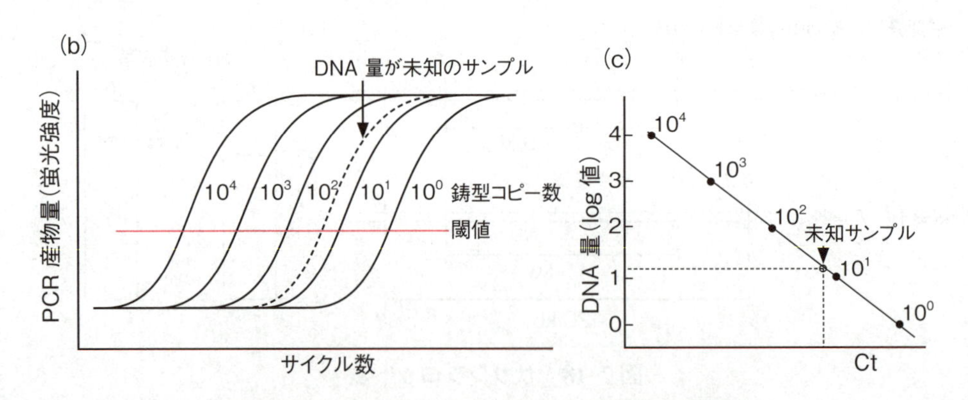

図7-19　リアルタイムPCRにおける増幅曲線

(a) タックマンプローブはアニーリング時に鋳型DNAに特異的に結合する．伸長時に，DNAポリメラーゼがもつ5′→3′エキソヌクレアーゼ活性によりタックマンプローブが分解されると，蛍光色素がプローブから遊離し，蛍光を発するようになる．(b) 段階希釈したスタンダードならびにDNA量が不明なサンプルのPCRをリアルタイムに計測した模式図．PCRは1サイクルごとに2倍ずつ指数関数的に増幅し，やがて飽和に達する．鋳型コピー数が多いほど，立ち上がりは早くなる．(c) (b)で得られた適当な量を閾値と設定し，増幅曲線と交わる点としてCt（Threshold cycle）が算出される．DNA量（log値）とCtには直線関係があり，検量線を作成することができる．この検量線から未知サンプルのDNA量を推定することができる．

となって遊離するため，蛍光を発するようになる．この方法はタックマン法とよばれ，目的DNA断片の増幅を特異的に定量することができる．リアルタイムPCRは，現在，PCR産物を最も正確に定量する方法であり，**定量PCR（qPCR）** quantitative PCRともよばれる．リアルタイムPCRは，ウイルス遺伝子の検出，がん細胞の検出，SNPsの検出などにも用いられる（→7-3-3-C）．

7-4-2　mRNAの検出と定量

A　ノーザンブロット法

ある特定のmRNAを検出する方法は**ノーザンブロット法** northern blot methodとよばれ，サザンブロット法と同様に相補的な塩基対の形成（ハイブリッド形成）を利用する．細胞あるいは組織から調製したRNAを変性条件（一本鎖RNAの分子内水素結合を開裂して直鎖状にする）下でアガロースゲル電気泳動した後，ナイロン膜に転写する．転写した膜を目的遺伝子の標識プローブとハイブリッド形成させ，転写産物を検出する．

ノーザンブロット法により転写産物の大きさを推定することができる．そして，異なる組織などから調製したmRNAを解析すると，目的のmRNAの発現の組織特異性や転写産物量の違いを調べることができる．

B　定量RT-PCR

mRNAに対する逆転写酵素反応と，タックマンプローブを用いたリアルタイムPCR法（→7-4-1-B）を組み合わせた方法は，**定量RT-PCR** qRT-PCRとよばれ，現在，mRNAの最も高感度な定量法である．すなわち，全mRNAをオリゴ（dT）プライマーと逆転写酵素を用いてcDNAに変換した後，目的のmRNAの配列に特異的な二種のPCRプライマーとタックマンプローブを用いてリアルタイムPCRを行う．この方法を用いれば，発現量が非常に低く，ノーザンブロット法では検出できないような微量なmRNAも検出，定量できることがある．

Coffee Break

7-3　サザンとノーザン～人名か方角か

サザンブロット法とノーザンブロット法との大きな違いは，サザンブロットがDNAを検出するのに対して，ノーザンブロットではRNAを検出することである．また，両者は電気泳動や膜に転写させる条件が異なることや，northern blotと小文字のnで始まる点も異なる．サザンブロット法はSouthern博士が開発したことから命名されたが，ノーザンブロット法は，DNAに対してRNAはその反対のnorthernと名付けられただけである．また，タンパク質の検出はウエスタンブロット法（後述）とよばれるが，これも単にタンパク質を“西”としただけである．こういうところにも欧米人の遊びごころが感じられる．

C DNA マイクロアレイ

ノーザンブロット法や定量 RT-PCR 法では，検出できる mRNA の種類はプローブに用いられる1種類のみであるため，細胞でどのような遺伝子の転写が起きているか網羅的に調べることは不可能である．そこで多数のハイブリダイゼーションを同時に網羅的に解析できるように開発されたのが，**DNA マイクロアレイ法** DNA microarray method あるいは **DNA チップ法** DNA chip method である．DNA マイクロアレイは多数の遺伝子に特異的な配列のオリゴヌクレオチド（数10 mer）をスライドガラス上にスポットしたものであるのに対して，DNA チップはガラス基板上で多数の遺伝子に特異的なオリゴヌクレオチドを合成したものである．どちらも数万から数百万種類の異なる塩基配列のオリゴヌクレオチドが固定化されており，一度の実験で全遺伝子の発現量を比較，解析することができる（図7-20）．

操作は簡単で，蛍光標識した cDNA ライブラリーをアレイまたはチップと反応させてハイブリダイゼーションを行う．ハイブリダイゼーション後，チップの表面をレーザー光でスキャンし蛍光強度を解析し，どの遺伝子（すなわち，どの区画のオリゴヌクレオチド）がハイブリッド形成したかを解析する．

このように転写産物を網羅的に解析することを，**トランスクリプトーム解析** transcriptome analysis といい，遺伝子間のネットワークの解析が可能である（→7-6-1）．

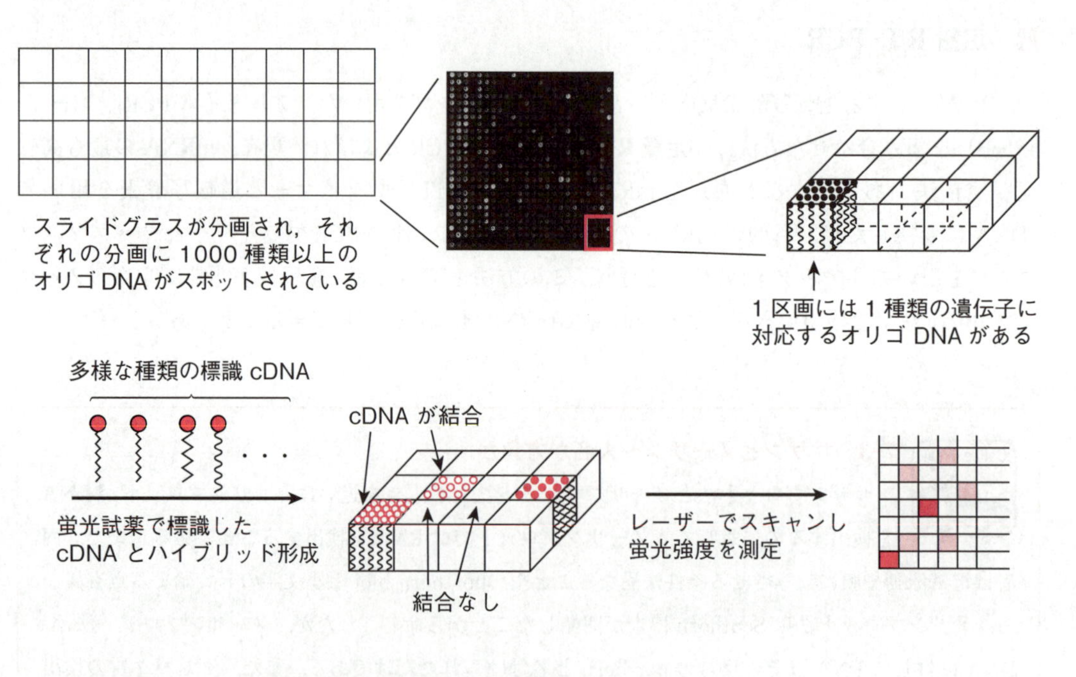

図7-20　DNA マイクロアレイ法

7-4-3　タンパク質の検出

遺伝子発現の最終産物であるタンパク質の検出には抗原-抗体反応が利用される．この方法は**ウェスタンブロット法** western blot method とよばれる（図 7-21）．まず，タンパク質を SDS-ポリアクリルアミドゲル電気泳動（SDS-PAGE）により分離し，PVDF（polyvinylidene difluoride）膜に転写する．膜はその後，目的のタンパク質を認識する抗体（一次抗体）と反応させる．洗浄後，一次抗体を産生した動物に対する二次抗体（例えば一次抗体がウサギ由来であれば，二次抗体は抗ウサギ IgG 抗体）と反応させる．通常，二次抗体には酵素（西洋わさび由来ペルオキシダーゼ；HRP 等）が結合している．抗原-抗体複合体は二次抗体に結合している酵素とその基質との反応により，発色性色素による呈色あるいは化学発光等により検出される．

7-4-4　タンパク質の発現法

遺伝子産物であるタンパク質を人工的に発現させたり，さらにそれらを単離することができれば，遺伝子産物の生化学的解析のみならず，生体内では微量にしか発現していないタンパク質を大量に調製して医薬品として使用することができる．

遺伝子工学技術を用いれば，異種生物を宿主としてタンパク質を大量発現させることができる．例えば，ヒトの遺伝子を原核生物である大腸菌で発現することが可能である．もともと宿主がもっていない外来遺伝子を発現させることができるのは，コドンがすべての生物に共通だからである．ただし，一つのアミノ酸に対して複数のコドンがある場合，生物間でコドンの使用頻度が異なることがある．そのような場合，発現量を最大にするため，コドンの最適化を行うことがある．

外来遺伝子を宿主細胞に導入してタンパク質を発現させるためには**発現ベクター** expression

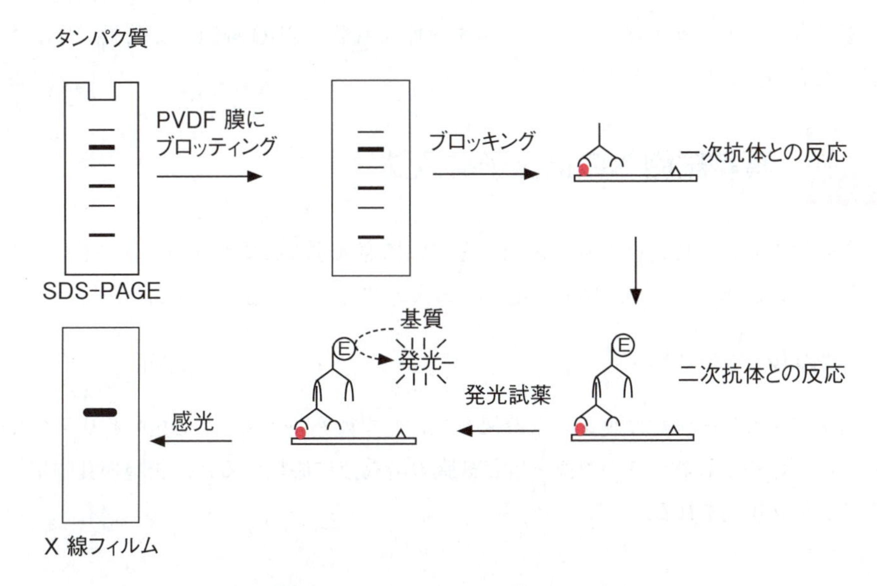

図 7-21　ウェスタンブロット法

vector が必要である．発現ベクターには宿主細胞での転写に必要なプロモーターや転写終結配列が存在している．また，発現させたタンパク質の精製を容易にするため，タグとよばれるポリペプチド鎖が目的タンパク質に融合するよう工夫したベクターが多い（図 7-3）．なお，目的遺伝子はタンパク質コード領域を有する cDNA を用いる．

以下に代表的なタンパク質発現系について述べる（→ 8-1-2）．

A　大腸菌

大腸菌は培養する際，安価で増殖が早いのが特徴である．分裂時間は約 20 分であり，理論的には 1 日増殖させると約 47×10^{20} 倍となる．大腸菌は原核生物のため，導入する遺伝子は cDNA でなければならない．なお，大腸菌発現系では糖鎖付加やリン酸化などの翻訳後修飾が起こらないため，タンパク質によっては発現したタンパク質が活性を示さない場合がある．

B　酵母，昆虫細胞

酵母は真核生物でありながら，増殖も比較的早く安価に培養を行うことができる．翻訳後修飾は起こるため，大腸菌でうまく産生できなかったタンパク質も，酵母系では可能なことがある．糖鎖の修飾が必要な場合は，種によって糖鎖が異なるため問題になる場合がある．バキュロウイルスを利用した昆虫細胞発現系は，タンパク質発現量が非常に多い点で優れているが，ウイルスを使用することと糖鎖修飾が哺乳類と異なる場合があることに注意が必要である．

C　培養動物細胞

大腸菌や酵母・昆虫細胞と異なり，培養動物細胞ではタンパク質の翻訳後修飾（リン酸化，糖鎖修飾，ジスルフィド結合等）が生体内のタンパク質とほぼ同様に行われるため，翻訳後修飾によってタンパク質の機能が現れる場合には，有効な発現系である．しかし，細胞 1 個当たりのタンパク質の発現量が少なく，細胞培養のコストが他の発現系に比較して，非常に高価である．現在，抗体医薬品の多くはチャイニーズハムスター卵巣細胞（CHO 細胞）で発現，分泌された抗体を精製したものである（→ 8-1-7）．

7-4-5　真核細胞への遺伝子導入法

遺伝子を発現させるためには，外来遺伝子を細胞に導入する必要がある（図 7-22）．動物細胞は細胞ごとに性質が異なるため，細胞に応じて導入方法を変える必要性がある．

A　リン酸カルシウム法

リン酸溶液に DNA を含むカルシウム溶液を撹拌しながら加えると，DNA とリン酸カルシウムの微粒子複合体が生じる．この溶液を培養細胞の培養液に添加すると，細胞の食作用により細胞内に DNA が取り込まれる．

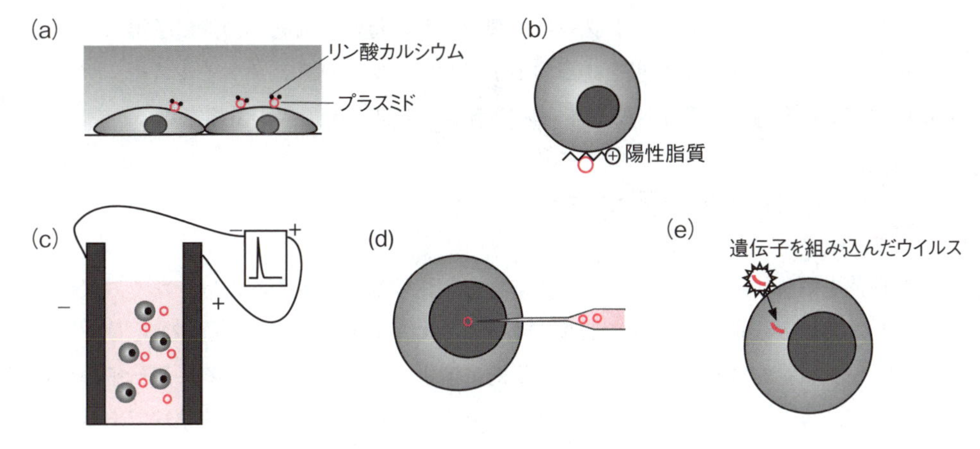

図 7-22　真核細胞への遺伝子導入法

(a) リン酸カルシウム法，(b) リポフェクション法，(c) エレクトロポレーション法，
(d) マイクロインジェクション法，(e) ウイルス感染法

B リポフェクション法

陽イオン性脂質から調製したリポソームの中にDNAを取り込ませたものや，DNAに陽イオン性脂質が付着したものを細胞の培養液に添加する．細胞表面に陽イオン性脂質が付着し，細胞内にDNAが導入される．操作が容易で，市販の試薬も豊富であることから，現在，最も一般的に用いられている．

C エレクトロポレーション法（電気穿孔法）

懸濁状態の細胞浮遊液に高電圧パルスを加えると，その衝撃で一瞬，細胞膜に穴が開き，その間にDNAが導入される方法である，最近ではDNA以外にRNAやタンパク質を導入している場合もある．リン酸カルシウム法やリポフェクション法で導入効率の悪い細胞や，免疫系などの浮遊細胞で行われる．高電圧により細胞の多くが死ぬ場合もあるので，電圧と負荷時間に関する条件設定が重要である．

D マイクロインジェクション法

微小なガラス管を用いて，顕微鏡下で細胞に直接DNAを注入する方法である．比較的大きな卵子や受精卵への遺伝子導入に用いられることが多い．トランスジェニック動物の作出やゲノム編集を利用した遺伝子改変動物の作出に重要な方法である（→7-7-2，7-7-3，7-7-4）．

E ウイルス感染法

ウイルスは感染によって宿主細胞へウイルスのゲノム核酸を導入する．このウイルスの感染を利用すれば，非常に高い効率で細胞に核酸を導入することができる．遺伝子の導入には野生株を用いるのではなく，病原性に関与する領域を除去したものを利用する．ウイルスベクターは組換えウイルスの安全性を高めるため，非増殖性（感染はするが，さらなるウイルスを産生しない）

に改変したものである．ウイルスベクターは幹細胞などの特殊な細胞への遺伝子導入や，遺伝子治療にも用いられる．一過的な発現を誘導するDNAウイルスのアデノウイルスや，ゲノムへの挿入を伴い恒常的な発現をするRNAウイルスであるレトロウイルスが多用される．

7-4-6　レポーターアッセイ

遺伝子の機能を解析するためには，遺伝子産物を生化学的に解析するだけでなく，遺伝子がいつどこで発現するのかを明らかにする必要がある．一般的に標的遺伝子のmRNA量や遺伝子産物であるタンパク質量を経時的に，そして定量的に解析するのは困難である．遺伝子の発現調節をしているのが，エンハンサー，サイレンサー，そしてプロモーターの調節領域であることはすでに学んだ．そこで，これらの調節領域の直下に，目的の遺伝子配列とは異なる**レポーター遺伝子** reporter geneとよばれる別の遺伝子断片を挿入して調節領域の働きを調べることができる．実際には，調節領域を上流側から，あるいは下流から欠失させたものを構築していき細胞に導入する（欠失法）（図7-23）．レポーター遺伝子を導入した細胞で，レポーター遺伝子の発現を定量化して，調節領域の情報を得る．この方法により，調節領域の場所や関与する転写因子などを同定することが可能となる．

レポーター遺伝子に要求されることは，以下のことである．

① 解析する細胞に存在しない．

② 細胞毒性がない．

③ 簡便に，定量が可能である．

④ タンパク質として安定である．

以下にレポーター遺伝子として用いられる遺伝子の例をあげる．

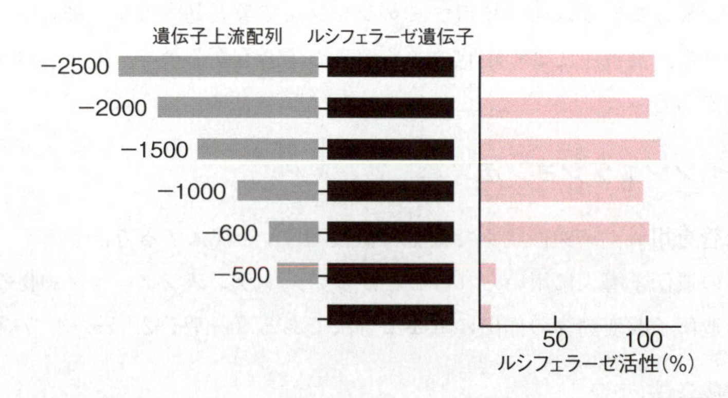

図7-23　レポーター遺伝子を用いた転写制御領域の同定

遺伝子の転写開始領域よりも上流（5′側）のDNA断片をルシフェラーゼの遺伝子の上流に挿入したプラスミドを構築する．このプラスミドを細胞に導入し，適切な刺激のあとに細胞可溶化液を調製し，ルシフェラーゼの活性を測定する．この例では，−600から−500の間に調節領域が存在することを示している．

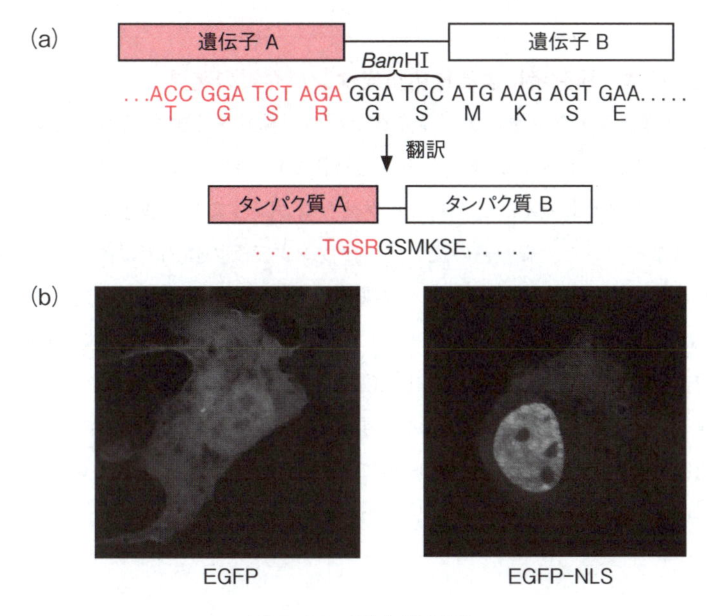

図 7-24 融合遺伝子

(a) 融合遺伝子とは遺伝子どうしをフレームシフトすることなく連結したものである．作製する際は，上流側の遺伝子のストップコドンを除かなければならない．本例では遺伝子 A と遺伝子 B を *Bam*H I 領域を介して連結した．(b) 細胞に発現させた EGFP (GFP の改良型)，ならびに EGFP に核移行シグナル (NLS) をつけた EGFP-NLS の細胞内局在性の変化. EGFP タンパク質は細胞全体に発現するが，EGFP-NLS は核に局在する．

A ルシフェラーゼ

レポーター遺伝子の発現を定量化したい場合，ホタルの発光に関与する**ルシフェラーゼ** luciferase 遺伝子がレポーター遺伝子として利用される．遺伝子を導入した細胞から調製した抽出液に，ATP ならびに基質であるルシフェリンを加えて反応させ，生じる発光量を計測する (図 7-23)．

B 緑色蛍光タンパク質

緑色蛍光タンパク質 (GFP) green fluorescent protein はオワンクラゲから単離された．GFP は緑色蛍光を発するため，視覚的に発現を検出することが可能である．定量性にやや欠けるが，個体レベルでのレポーターアッセイには非常に有用である．最近では，GFP 以外にも赤，黄，青などの蛍光タンパク質が利用されている．GFP はレポーターアッセイ以外にも，発現解析したい遺伝子と GFP とを融合した融合遺伝子を作成し，細胞内で発現させることにより，細胞内における目的遺伝子の局在を解析することができる (図 7-24)．

C β-ガラクトシダーゼ

大腸菌由来の**β-ガラクトシダーゼ (β-gal)** β-galactosidase もレポーター遺伝子として用いられる．内在性の β-Gal とは至適 pH が異なるため，特異的に検出が可能である．組織染色も可能であるため，組織化学的な解析に多用されている．

7-4　日本人研究者による緑色蛍光タンパク質の発見

下村によるオワンクラゲ（発光クラゲの一種）の生物発光の研究は，1961 年から始まった．数十万匹ものクラゲから発光物質として精製されたものは，Ca^{2+} 要求性のイクオリンというタンパク質であった．しかし，イクオリンが発する色は青色であり，オワンクラゲが発する緑色とは異なっていた．この色の違いは，オワンクラゲの体内ではイクオリンの青い光によって緑色タンパク質（のちに緑色蛍光タンパク質 GFP と改名）が緑色に発光するためであった．一方，GFP の応用性を示したのはチャルフィー Chalfie で，彼は大腸菌や線虫で GFP を発現させ，生体中での特定のタンパク質や細胞の可視化技術を開発した．チェン Tsien は GFP から種々の色を発する蛍光タンパク質の開発を可能にした．現在 GFP を始めとする種々の蛍光タンパク質は，分子生物学研究には必須のものである．2008 年に下村，チャルフィー，チェンの 3 人にノーベル化学賞が授与された（表 2-1）．

7-4-7　遺伝子発現抑制法

遺伝子の機能を解析する方法には，目的の遺伝子を細胞内で過剰発現させて起こる**機能の獲得** gain of function を解析する方法と，遺伝子を不活性化（遺伝子ノックダウン技術等）することによって起こる**機能の喪失** loss of function を解析する方法がある．遺伝子の不活性化の技術は，動物に適用すれば疾患モデル動物の作出が可能であるし，標的遺伝子を分解する新しい分子標的薬に応用が可能である．

特定の遺伝子を不活性化する方法には，相同組換えを用いる方法（→ 7-7-3）またはゲノム編集（7-7-4）があるが，相同組換えによる不活性化は限られた細胞種（ES 細胞など）にしか適用できない．比較的容易に行える遺伝子の発現抑制技術には，変異を導入して不活性化型にしたものを多量に発現させるドミナントネガティブ法，標的遺伝子の mRNA の分解を引き起こす RNA 干渉法ならびにゲノム編集を利用する方法などがある．

A　ドミナントネガティブ法

変異を導入した遺伝子産物（タンパク質）が野生型タンパク質より優勢になるものを**ドミナントネガティブ** dominant negative 変異体といい，野生型タンパク質の機能を圧倒する場合がある．一般に不活性型となるように変異を導入したものを細胞内で過剰発現させて，野生型の機能を阻害して解析する．

B　RNA 干渉法

すでに学んだように動物細胞や植物細胞には，mRNA の分解や翻訳抑制を引き起こす RNA 干渉（RNAi）とよばれる遺伝子発現抑制機構が存在している（→ 4-3-4）．この RNAi を利用して実験的に標的遺伝子の mRNA を分解し，その遺伝子発現を抑制することができる．この方法で

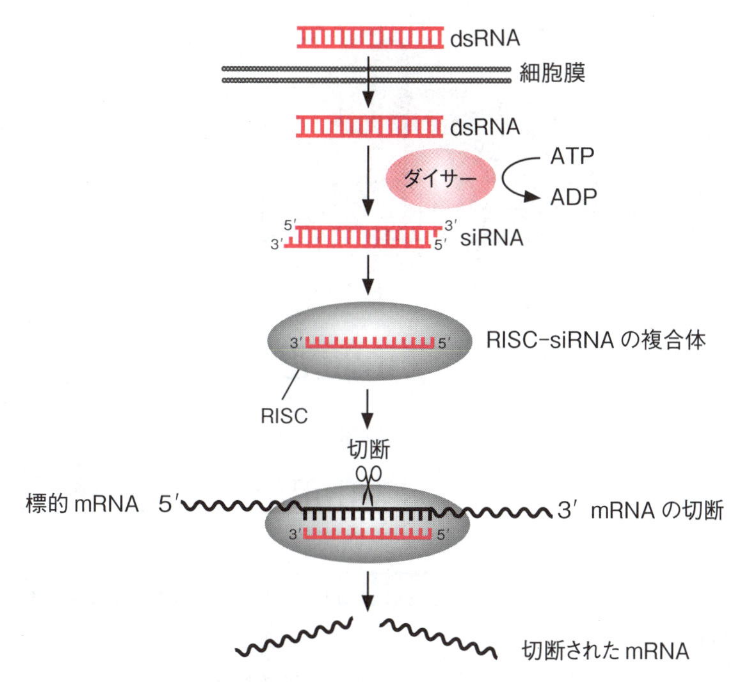

図 7-25　RNA 干渉のメカニズム

細胞内に導入した dsRNA はダイサーにより 3′末端がオーバーハングした siRNA に変化する．siRNA は RISC と共に標的 mRNA に結合し，mRNA の分解を誘導する．

は，**低分子干渉 RNA（siRNA）** small interfering RNA とよばれる，標的 mRNA の塩基配列の一部と完全に相補的な 21 ～ 28 塩基の二本鎖 RNA（dsRNA）を合成し，直接，細胞に導入する（図 7-25）．細胞内に入った二本鎖 siRNA はそのうちの一本が RNA 誘導性サイレンシング複合体（RISC）に組み込まれる．次に一本鎖 siRNA と RISC との複合体が相補的な塩基配列をもつ標的 mRNA に結合すると，速やかに標的 mRNA が分解される．このように合成した二本鎖 siRNA を直接，細胞に導入する方法では，発現抑制効果は一過性である．そこで，長期の発現抑制効果を期待する場合には，siRNA 発現ベクターを用いて，細胞内で恒常的に siRNA を発現させる必要がある，siRNA 発現ベクターを用いる方法では，センス鎖とアンチセンス鎖をループでつなげた 1 分子の**短鎖ヘアピン RNA（shRNA）** short hairpin RNA を発現させて，ダイサーによるプロセシングによって，恒常的に二本鎖 siRNA を産生させる．

RNAi による遺伝子発現の抑制は，転写された mRNA の分解であり，すべての発現を完全に抑制することはできない．そのため，RNAi 法による遺伝子発現の抑制はノックダウンという．次に述べるゲノム編集のようにゲノム DNA の改変を伴わないため, RNAi の効果は可逆的である．

RNAi の発見により，容易に遺伝子発現を抑制することが可能となり，細胞レベルだけでなく個体レベルでも遺伝子の発現を抑制することが可能となっている．また，遺伝子変異によって起こる疾患では，変異遺伝子の働きを RNAi により抑制して治療するという新しい治療戦略が研究されている．今後，RNAi 法などを用いた核酸医薬品の開発が進むと考えられる．

C　ゲノム編集

ゲノム編集 genome editing とは，人工的にゲノム DNA の狙った箇所を特異的に切断して遺

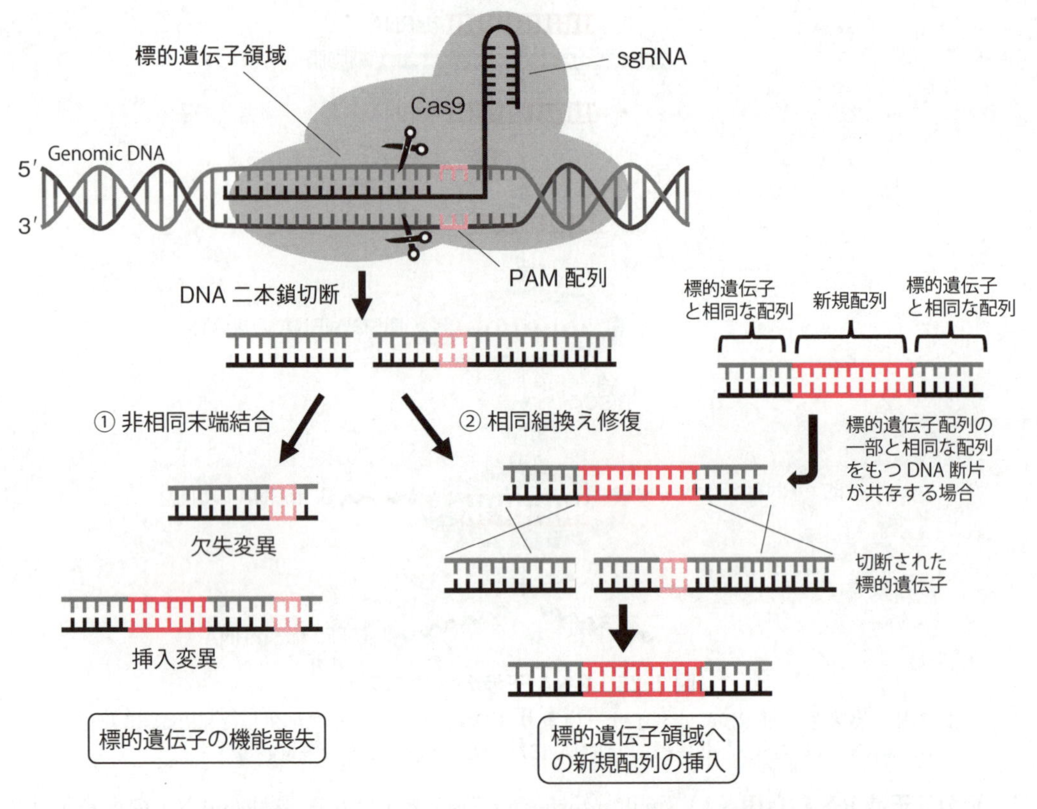

図 7-26　CRISPR/Cas9 システムによるゲノム編集

標的遺伝子配列に相補的な配列をもつ sgRNA と Cas9 エンドヌクレアーゼによって，標的遺伝子 DNA は二本鎖切断される．その後，① 非相同末端結合により二本鎖 DNA 切断部位が修復される際にゲノム DNA の一部が欠失（欠失変異）または塩基が挿入（挿入変異）され，標的遺伝子の機能は喪失（ノックアウト）する．一方，② sgRNA，Cas9 と共に標的部位と相同な塩基配列を有する DNA 断片が共存する場合，切断部位は相同組換え修復機構によって修復される．その結果，標的遺伝子領域に目的の DNA 断片が挿入（ノックイン）される．

伝子を破壊したり，任意の塩基配列に改変（すなわち編集）することが可能な技術である．この方法では標的遺伝子が破壊される（ノックアウトという）．ゲノム編集は，初期にはジンクフィンガーヌクレアーゼ（ZFN）や TALEN とよばれる人工ヌクレアーゼを用いた方法が考案されたが，いずれも操作が煩雑で普及しなかった．その後，ダウドナ Doudna とシャルパンティエ Charpentier は真正細菌や古細菌が有する獲得免疫である外来 DNA 排除機構の **CRISPR/Cas システム**に着目した新しいゲノム編集技術を開発した（図 7-26）．CRISPR/Cas9 とよばれるこの方法は操作が容易で，切断効率も非常に高いため，現在最も普及している．このシステムでは，ゲノム編集する標的遺伝子内の PAM 配列（一般的な PAM 配列は 5′-NGG-3′）の上流 20 塩基を含む sgRNA（single guide RNA）とエンドヌクレアーゼである Cas9 を目的の細胞内で発現させると，Cas9 が PAM 配列を認識し，標的 DNA の PAM 配列上流の二本鎖を切断する．その後，ゲノムは非相同末端結合（NHEJ）により修復される（→ 5-3-2-E）が，その際に高頻度で塩基の挿入や欠失が生じるためフレームシフトによって遺伝子が破壊される．もし，変異が入らずに元通りに修復されると，再び sgRNA による認識，Cas9 による二本鎖切断，NHEJ が繰り返されるため，最終的に変異が導入される．また，本法の特長の一つとして，複数の遺伝子を同時に発現抑制できることもあげられる．

7-5 遺伝子構造解析法

7-5-1 DNA 塩基配列決定法

DNA 塩基配列決定法は，化学分解法とジデオキシ法がある．現在，汎用されているオートシーケンサーによる塩基配列決定の原理は，ジデオキシ法を改良したものである．

A 化学分解法

化学分解法は，DNA 中の塩基を化学修飾するとホスホジエステル結合が切れやすくなることを利用して，塩基配列を順に解読する方法である（図 7-27）．本法は開発者の名前から**マクサム-ギルバート法** Maxam-Gilbert's method ともよばれる．放射性同位元素である ^{32}P を用いて，通常，DNA の 5′ 末端を標識した後，ジメチル硫酸，ギ酸，またはヒドラジンを用いて塩基の修飾を部分的に行う．引き続き，修飾された塩基をもつ DNA をピペリジン処理することによって，リン酸ジエステル結合を切断する．その後，切断された DNA を含む溶液を変性ポリアクリルアミドゲルで電気泳動することで，切断された長さに応じた DNA 断片をオートラジオグラフィーによって X 線フィルム上で検出する．ジメチル硫酸で修飾される塩基はグアニン，ギ酸で修飾される塩基はプリン塩基のアデニンとグアニン，ヒドラジンで修飾される塩基はピリミジン塩基のシトシンとチミン，塩化ナトリウム存在下でのヒドラジン処理によって修飾される塩基がシトシンである．したがって，放射性同位元素で標識した DNA 溶液をあらかじめ 4 等分し，それぞれを異なる試薬によって部分的化学分解反応を行った後，四つのサンプルを別々のレーンで電気泳動することで塩基配列を解読することができる（図 7-28）．化学分解法は，初期には多くの研究に利用されたが，毒性の高い試薬や放射性同位元素を使用すること，ならびに次に述べるジデオキシ法の改良が飛躍的に進んだことから，現在はほとんど利用されていない．

B ジデオキシ（サンガー）法

ジデオキシ法 dideoxy method は開発者の名前から**サンガー法** Sanger's method または酵素法ともよばれる．一本鎖 DNA を鋳型として，これに相補的なオリゴヌクレオチドをプライマーとしてアニーリングさせた後，DNA ポリメラーゼを用いて鋳型依存的に相補的な DNA を合成する．この相補鎖 DNA を伸長させる際に 2′-デオキシヌクレオシド三リン酸（dNTP）の 3′ 位のヒドロキシ基を水素で置換した **2′,3′-ジデオキシヌクレオシド三リン酸** 2′,3′-dideoxynucleoside triphosphate（ddNTP：ddATP，ddCTP，ddGTP，ddTTP）（図 7-29）を dNTP 混合物に添加する．ddNTP が伸長中の DNA 鎖に取り込まれると，3′ 位にヒドロキシ基が欠損しているため，

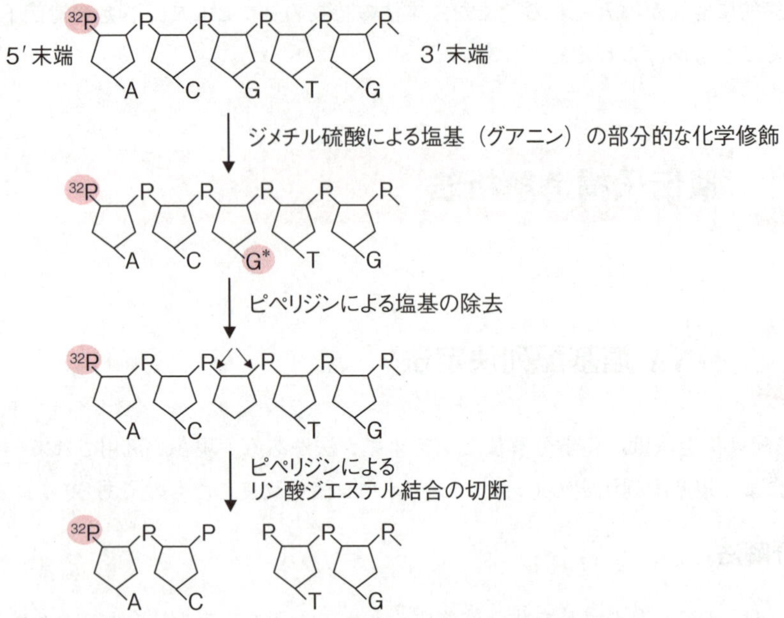

5′末端　3′末端

ジメチル硫酸による塩基（グアニン）の部分的な化学修飾

ピペリジンによる塩基の除去

ピペリジンによる
リン酸ジエステル結合の切断

図 7-27　DNA の化学修飾による切断反応

図では，グアニンがジメチル硫酸によって部分的に化学修飾され，ピペリジン処理でホスホジエステル結合が切断される例を示している．部分的切断反応のため，この図での 3′ 末端のグアニンは切断されない．

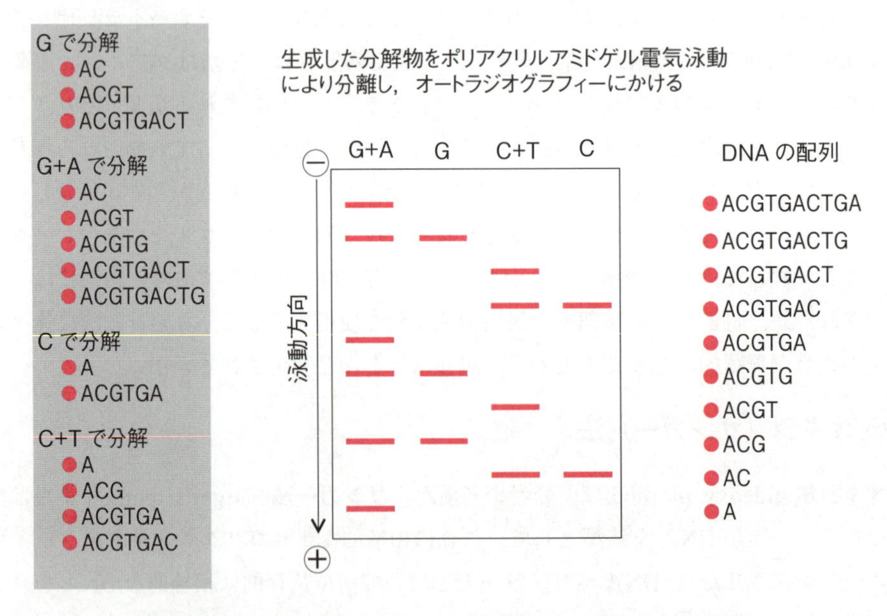

図 7-28　マクサム-ギルバート法を用いた塩基配列の解読

(G＋A) レーンはギ酸処理，G レーンはジメチル硫酸処理，(C＋T) レーンはヒドラジン処理，C レーンは塩化ナトリウム存在下でヒドラジン処理した後の DNA 断片を変性ポリアクリルアミドゲルで電気泳動した結果を示す．下方より，順にバンドが見えるレーンの塩基を解読すれば，塩基配列が判明する．

3′,5′-ホスホジエステル結合ができなくなり，その時点でDNA伸長反応が停止する．合成されるポリヌクレオチド鎖を検出するため，反応溶液に放射性同位元素で標識した［α-^{32}P］-dCTPなどを少量加えておく．この原理を用いて，一本鎖DNA溶液を4等分した後，4種類のいずれかのddNTPをdNTP混合物と共に反応を行うことで，塩基配列に応じてさまざまな長さのDNA断片を得ることができる（図7-30）．その後，各々のサンプルを異なる四つのレーン（ddATP，ddGTP，ddCTP，ddTTP）で変性ポリアクリルアミドゲル電気泳動を行う．泳動後，オートラジオグラフィーを行い，ddATPのレーンにバンドが検出されればA，ddGTPのレーンにバンドが検出されればGというようにして，伸長した鎖の長さの短い順に解読することで，塩基配列を決定できる（図7-30）．

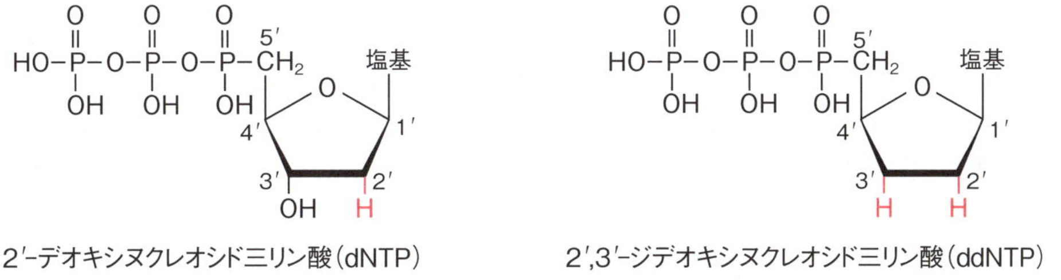

2′-デオキシヌクレオシド三リン酸（dNTP）　　2′,3′-ジデオキシヌクレオシド三リン酸（ddNTP）

図7-29　dNTPとddNTPの構造

ddNTPは2′位だけでなく，3′位のヒドロキシ基をもたないため，3′,5′-ホスホジエステル結合ができず，DNAの伸長反応が停止する．

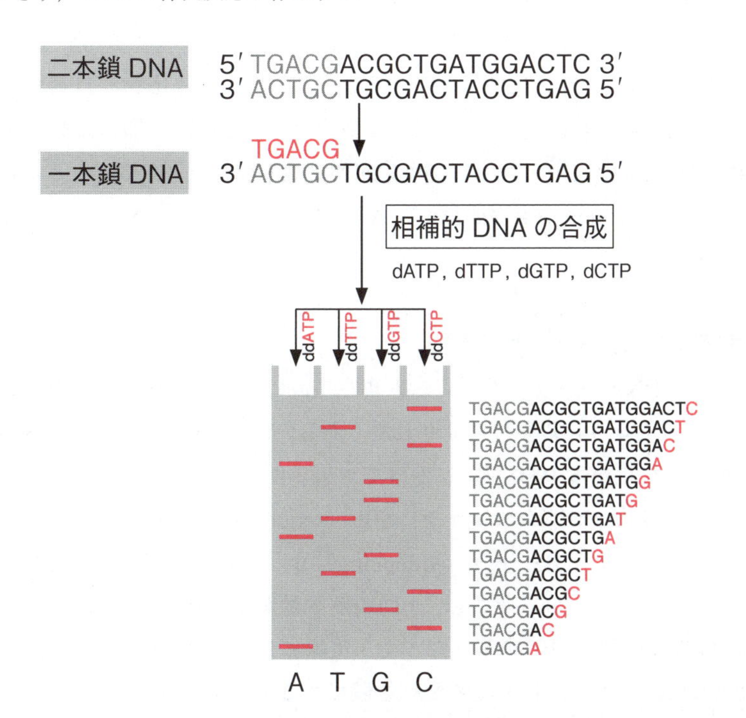

図7-30　サンガー法を用いた塩基配列の解読

ddATP処理したレーン（A），ddTTPで処理したレーン（T），ddGTPで処理したレーン（G），ddCTPで処理レーン（C）を変性ポリアクリルアミドゲルで電気泳動した結果を示す．下方より，順にバンドが見えるレーンの塩基を解読すれば，塩基配列が判明する．

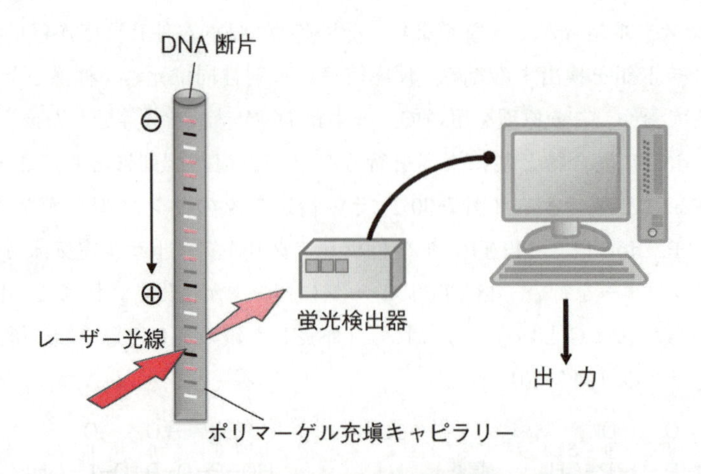

図7-31 キャピラリー式自動塩基配列決定装置

ポリマーゲルを充填したキャピラリー電気泳動により，4色の異なる蛍光色素で標識された一本鎖DNAをサイズの違いにより分離し，塩基配列を決定する．このようなキャピラリーを96本同時に泳動し，検出できる蛍光自動シーケンサーが普及している．

最近はサンガー法の原理を利用して，放射性同位元素の代わりに蛍光色素を用いたキャピラリー式自動塩基配列決定装置（オートシーケンサー）が主流となっている．オートシーケンサーを用いた塩基配列の解読では，上述の四つの反応を1本の試験管内で，4種類の異なる蛍光色素で標識されたddNTPをdNTP混合物と共に耐熱性DNAポリメラーゼを用いて，PCRの原理でDNA伸長反応を繰り返し行う．反応後，蛍光色素を取り込んだ反応物を自動塩基配列決定装置内のキャピラリー電気泳動装置を用いて，DNA断片を短いものから順に，レーザー光を照射しながら検出器が蛍光色素の違いを利用して塩基配列を読み取る（図7-31）．この方法は**サイクルシークエンス法** cycle sequencingとよばれ，比較的少量の二本鎖DNAから感度良く塩基配列を決定することができる．

アドバンスト 次世代DNAシーケンサー

次世代DNAシーケンサーとは，現在主流のキャピラリー式自動塩基配列決定装置（第一世代という）以降に開発された，あるいは研究中のシーケンサーの総称である．1980年代後半から1990年代にかけて，第二世代シーケンサーとして，マススペクトル，ハイブリダイゼーション，SBL（sequence by ligation），SBS（sequence by synthesis）およびPS（pyrosequencing）などの新たな技術で塩基配列を解読する方法が開発された．2005年頃は，1回の解読量が2×10^7塩基であったが，2007年には，1回の解読量が1×10^8塩基となった．実際にヒトゲノムの塩基配列を決定するには，3.2×10^9塩基対の30倍程度の配列を収集する必要があるため1×10^{11}程度の塩基配列を読み込まなければならないが，最近では高速化と低価格化が進んでおり，数年前に比較して簡単に完遂できるようになった．これらの第二世代シーケンサーを用いた塩基配列決定法は，一般に短く断片化したDNAを大量に解読するため，参照できる遺伝子配列がデータベース上に存在する場合は，塩基置換や短い挿入・欠失塩基配列を見つけるには十分である．しかし，GC 含量が極端に高い配列は，解読不可能であることや，比較的大量のサンプルが必要であるなど，いくつかの問題点もある．

現在は，第二世代シーケンサーの欠点を改良した第三世代シーケンサーが研究・開発されている．例えば，(1) PCR を行わず 1 回の DNA ポリメラーゼ反応を利用して 1 分子計測する方式，(2) DNA ポリメラーゼがヌクレオチドを取り込むときに放出される水素イオンを pH メーターで検出し，各ヌクレオチドを分別する方式，(3) 1 nm の穴の中に 1 分子の DNA 断片を通過させて塩基配列を検出する方式などがあり，今後さらに改良が加えられていくものと思われる．

これらの次世代シーケンサーの開発を後押ししたのが米国の 1,000 ドルヒトゲノム計画である．これは個人の全ゲノムを 1,000 ドルで高速に解読することを目標としたもので，今後，1,000 ドル以下で全ゲノム配列が解読できると SNP 解析は必要なくなり，疾患の分子病態解明，分子標的薬の開発，またオーダーメイド医療等がさらに加速するものと思われる．

7-5-2　遺伝子多型の検出法

近年，各個人の遺伝子多型を検出することで疾患感受性や薬物代謝能の個体差を予め明らかにすることが可能となってきた（→ 2-5-2）. SNP によって，塩基配列中に新たに制限酵素切断部位が形成されたり，逆に消失したりすることがある．したがって，染色体 DNA をその制限酵素で

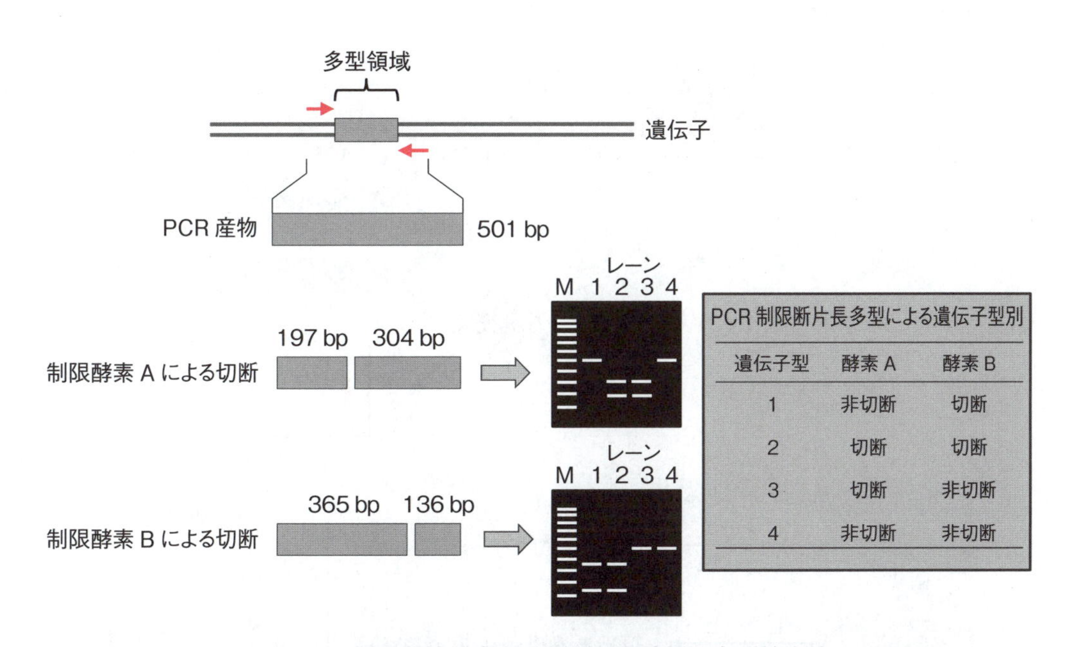

遺伝子型	酵素 A	酵素 B
1	非切断	切断
2	切断	切断
3	切断	非切断
4	非切断	非切断

図 7-32　制限断片長多型を利用した遺伝子多型検出法

制限断片長多型を含む DNA 領域を PCR 法により増幅したのち，増幅産物を制限酵素 A または B によって切断し，アガロースゲル電気泳動した結果を示す．レーン 1 と 4 では，DNA 断片が制限酵素 A で切断されないことがわかる．また，制限酵素 B を用いるとレーン 1 と 2 では PCR で増幅された DNA 断片が切断されていることがわかる．M：100 bp サイズマーカー

切断後，サザンブロット法を用いて切断されたDNA鎖長を比較すれば，制限酵素の切断部位の有無によって遺伝子多型を検出することができる．このような多型を**制限断片長多型（RFLP）** restriction fragment length polymorphismとよび，遺伝子多型を検出するための方法として使用されてきた．現在は，サザンブロット法ではなく，目的のDNA領域をPCR法により増幅し，増幅産物を制限酵素で切断し，アガロースゲル電気泳動法で確認するのが一般的である（図7-32）．

各個人のSNPにおける変異の型（すなわち塩基配列の違い）を決めることをタイピングという．PCRを用いるタイピング法には，**ピロシークエンス法** pyrosequencing methodと**タックマン®法** TaqMan® methodがある．それらについて以下に述べる．

A　SNP解析：ピロシークエンス法

ビオチンラベルしたプライマーでPCRを行った後，ストレプトアビジンビーズでSNPを含む一本鎖DNAを精製する．精製したDNAを用いて，再度，SNPがあると予測される塩基の直前の5′上流側に相補的プライマーをアニーリングさせる．引き続いて想定される塩基配列に対応するdNTPを一塩基ずつ添加し，DNAポリメラーゼ反応を行う．1分子のdNTPが付加されるごとに，1分子のピロリン酸（PPi）が遊離するので，遊離したPPiとアデノシン5′-ホスホ硫酸（APS）をATPスルフリラーゼ存在下で反応させ，生じたATPにルシフェラーゼを反応させることによって発光させ，その発光強度をCCDカメラで測定する．過剰なdNTPとATPは，アピラーゼにより分解する．発光量がPPi生成量に対応しているため，SNPがヘテロの場合は，ピークが半分となり，遺伝子変異を検出できる（図7-33）．

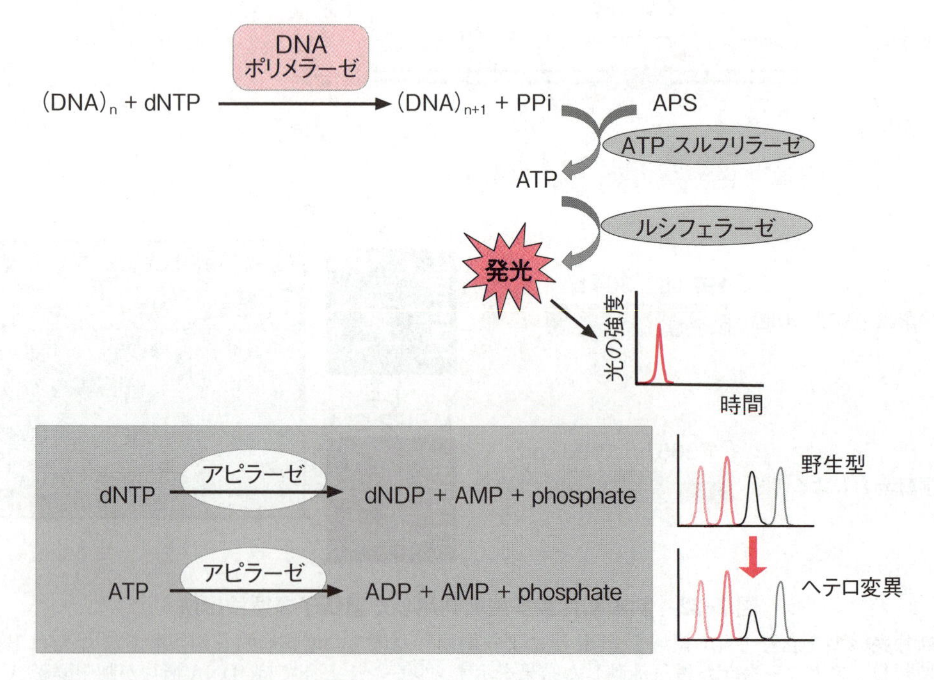

図7-33　ピロシークエンス法によるSNP解析の原理
SNPの位置では，発光のピーク高が野生型に比較して半減する．

B　SNP 解析：タックマン®法

SNP の存在する塩基部分を含むように合成したオリゴヌクレオチドの 5′ 末端に蛍光色素を，3′ 末端に消光化合物を結合させる（タックマンプローブ，図 7-34）．次に上記タックマンプローブとゲノム DNA をハイブリダイズさせた後，さらにタックマンプローブを挟むように作製した 2 種類のオリゴヌクレオチドプライマーを用いて Taq DNA ポリメラーゼで PCR を行う．DNA 伸長がタックマンプローブまで到達すると，Taq DNA ポリメラーゼが有する 5′→ 3′エキソヌクレアーゼ活性により，5′ 末端の蛍光色素をもった塩基が遊離し，それまで消光化合物との距離が近いために消光されていた蛍光色素が蛍光を発するようになる．一方，上記タックマンプローブは SNP をもたないゲノム DNA とは二本鎖を形成できないため，蛍光色素は消光化合物によって消光されたままとなる．通常は，SNP の各塩基に対応する 2 種類の異なる蛍光色素（例えば，FAM と VIC）を用いたタックマンプローブを用いて，その蛍光強度の違いを利用して SNP を測定する（図 7-34）．

C　VNTR の検出

VNTR 多型 variable number of tandem repeat polymorphism とは，縦列反復配列数多型とよばれ，単純な縦列反復配列が，染色体 DNA 上に異なる回数並ぶことにより生じる遺伝子多型をいう．VNTR には，反復配列の単位が 1 ～ 4 塩基対で，全体の長さが 100 塩基対以下であるマイクロサテライト DNA（図 7-35）と 10 ～数十塩基対の反復配列の単位からなり，全体の長さが数百塩基対となるミニサテライト DNA がある（→ 2-5-2）．これらのマイクロサテライト DNA やミニサテライト DNA の繰り返し数は個人によって異なるので，PCR によって配列の繰り返し数を測定することで，個人間の多型の違いを明らかにし，個人を特定することができる．

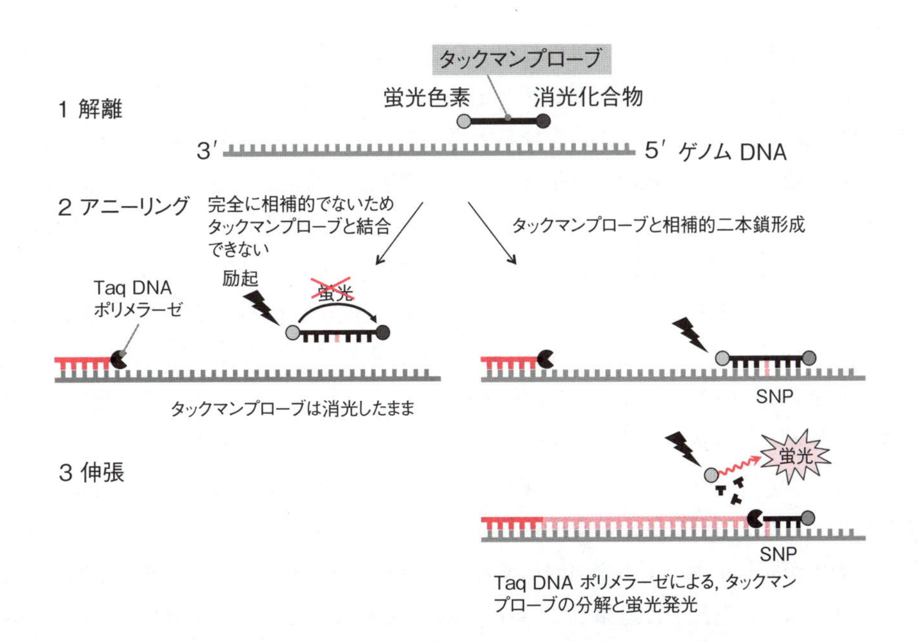

図 7-34　タックマン®法による SNP 解析の原理

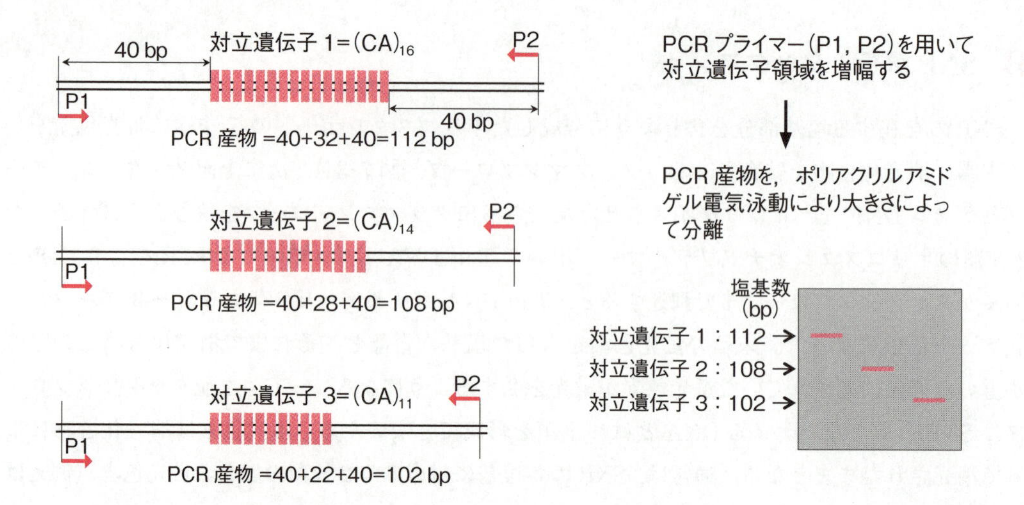

：CA/GT CA/GT の反復塩基配列

図 7-35　マイクロサテライト VNTR 多型

（CA）の 2 塩基繰り返しが 16 回（対立遺伝子 1），14 回（対立遺伝子 2），11 回（対立遺伝子 3）のパターンがあり，繰り返し配列の両側にプライマーを設計する（図では，P1 と P2）ことで PCR 産物の長さの違いを利用して，遺伝子多型を明らかにする．

7-5-3　遺伝子多型とヒト疾患関連遺伝子の解明

A　連鎖解析法

単一遺伝子疾患の場合，発症の直接の原因となる疾患遺伝子は親から子へと子孫に受け継がれていく．そこで，数世代にわたって目的の疾患を追跡し，疾患と共に受け継がれるゲノム DNA の特定領域を探索し，疾患遺伝子が存在すると考えられるゲノム DNA の領域をできるだけ絞り込む．その後，絞り込んだ領域内に含まれている全遺伝子を同定し，実際に変異を起こしている遺伝子を見出していく．候補遺伝子が見つかると，再度遺伝子疾患のある家系をいくつか調べ，実際候補遺伝子に変異が導入されていることを確認する．このようにして，おおよその染色体上の変異遺伝子の位置を同定し，疾患遺伝子を同定する方法を**ポジショナルクローニング** positional cloning という．この方法で疾患遺伝子の位置をある程度絞り込むために，すでに染色体 DNA 上で遺伝子座のわかっている複数の遺伝子マーカーをプローブとして用いて，疾患遺伝子の位置を徐々に絞り込む．遺伝子マーカーとして，上に述べた RFLP，VNTR ならびに SNP が用いられる．この際，プローブとして使用した DNA と目的の疾患遺伝子の染色体上の距離が近い場合には，減数分裂時に行われる染色体交差（→ 3-1-3-C）において，遺伝子マーカーと疾患遺伝子の両方が同じ挙動をする確率が高くなる．同じ DNA 鎖上の二つの遺伝子間で交差が起こらない場合，二つの遺伝子は連鎖しているといい，このような方法により目的の遺伝子を絞り込むことを**連鎖解析** linkage analysis とよぶ．連鎖解析のためには，疾患を有する大きな家系の存在が必須である．

B 関連解析法

連鎖解析法は単一遺伝子疾患の遺伝子解明に有用であったが，次の重要な課題は糖尿病，高血圧症などの生活習慣病や，統合失調症，双極性障害などの精神疾患など，いわゆる多因子性疾患の発症関連（リスク）遺伝子の解明である．多因子性疾患においては，ある程度，家族集積性がみられるが，単一遺伝子疾患のような単純なメンデルの遺伝形式による発症はみられない．したがって，同一の遺伝子型をもつ一卵性双生児であっても，一方が発症した場合，必ずしも他方が発症するわけではない．これは，体細胞変異，加齢に加え，感染や食事などの生後の環境因子の違いによるものと考えられる．

次世代DNAシーケンサー（→ p.264 アドバンスト）の高速化，低価格化により，全ゲノム解析をさまざまな疾患に関して患者集団のゲノムと正常集団のゲノム間で比較検討できるようになった．SNPを利用して全ゲノム解析を行い，多因子疾患と考えられている生活習慣病等の疾患関連遺伝子が同定されている．このようなSNPを利用した疾患関連遺伝子の網羅的解析法を**ゲノムワイド関連解析（GWAS）** genome-wide association study とよぶ．生活習慣病では，一つ一つの遺伝因子の関与は大きくはないが，疾患関連遺伝子群全体として遺伝子変異の頻度が高い傾向となるので，この方法を用いて今後も疾患関連遺伝子がさらに発見されていくと考えられる．現在までSNPデータベースとしてよく知られているものに，JSNP, dbSNP, HapMap，1000 Genomes, DGVがある．

例えばHapMapでは，計画的に世界各集団のハプロタイプ地図*1とタグSNP*2をアフリカ人90人，欧米人90人，中国人45人，日本人45人を対象として，5％以上の頻度で見出される約700万個のSNPでタイピングした2007年の結果が掲載されている．HapMap計画終了後，頻度の少ないSNPの探索も行うことが必要となり，1～5％の頻度で見出されるSNPを検索する1000人ゲノムプロジェクトが2008年から開始され，そのデータを集積したものが1000 Genomesである．

7-6 コンピュータを利用した生物情報

7-6-1 オミックス研究とバイオインフォマティックス

オミックス omicsとは，生物に関する分子全体についての網羅的な情報とその解析法をいう．現在，さまざまなオミックス研究が行われている．**ゲノム** genomeは，生物の遺伝情報の源で

---

*1 ハプロタイプ地図：染色体上にヒトが生まれつきもっている体質を決定する遺伝子情報を示した地図．
*2 タグSNP：すべてのSNPを解析しなくても，限られたSNPのみを解析して遺伝子型を推測できる場合に利用されるSNPのこと．

あるすべての遺伝子に関する解析である，**トランスクリプトーム** transcriptome は生物において遺伝子情報に基づいて転写されるすべての一次転写産物の特徴や発現様式の解析，**プロテオーム** proteome は生物に存在するすべてのタンパク質の特徴，構造，発現様式の解析，**メタボローム** metabolome は生物に存在するすべての代謝産物の特徴，構造，量についての解析を意味している．このように細胞内で遺伝子配列を元にさまざまな反応が起き，それらをある過程で区切り，ある集合レベルにおける法則性に基づいた分析のことをオーム（-ome）と名付け，それらを総称して，オミックスとよんでいる．上記にあげたオーム研究以外にさまざまなオーム研究が展開されている（http://www.genomicglossaries.com/content/omes.asp）．

これらの生物学的情報量（特に遺伝子情報）は莫大であり，コンピュータによる解析が不可欠である．そこで生物学的情報を扱う研究とコンピュータによる数理学的研究が一つとなり，**バイオインフォマティックス** bioinformatics という学問体系ができ上がっている．バイオインフォマティックスはコンピュータの高性能化に伴って，近年，益々発展している．

7-6-2 疾患データベース

全ゲノム構造が明らかにされ，さまざまな疾患と遺伝子との関係を明らかにする論文がこの20年間に指数関数的に増加している．またそれらの情報を用いたバイオインフォマティックスが大きく発展し，世界各国でさまざまなデータベースが開発されている．

OMIM は，遺伝子病を含めたヒトの遺伝子形質に関する医学的，遺伝学的な記述を集めたサイトであり，KEGG DISEASE は，ゲノム情報，化合物情報，高次機能情報を統合したデータベースとして，単一遺伝子疾患，多因子性疾患，感染症などのさまざまな病気を対象にしている．

Mutation View は，遺伝子の変異や多型情報等の情報をリアルタイムでかつ図を用いて表示されているサイトである．ヒトの単一遺伝子疾患原因遺伝子，生活習慣病関連遺伝子，薬効や副作用の個人差に関連する遺伝子についての情報が集約されている．

7-6-3 バイオデータベース

生命を支える分子に関する情報，疾患情報をデータベースとしてまとめたものをバイオデータベースという．バイオデータベースには，細菌，ウイルス，植物，下等動物の情報なども含まれている．NCBI-BLAST は DNA の解析サイトとして最も有名なもので，類似塩基配列を検索することができる．

タンパク質の解析サイトとしては，NCBI Protein BLAST を用いれば，調べたい（または未知の）ペプチド配列に対する類似配列の検索，同定が可能である．

GO は，解析対象とする遺伝子の機能を手軽に調べるのに役立ち，GEO は，データベース化された実験における遺伝子発現パターンをクラスタリングすることが可能であり，特定の実験で遺伝子発現に差がある遺伝子を見出すのに役に立つ．

KEGG PATHWAY では，タンパク質間の関係を表したパスウェイマップが表示されるため，特定の遺伝子がタンパク質間相互作用のどこに位置しているか知ることができる．

7-7 動植物個体の遺伝子操作

動物個体の遺伝子操作として，特定の遺伝子を導入するトランスジェニック動物作出，特定の遺伝子を欠損させるノックアウト動物の作出がある．加えて，遺伝子情報が全く同じ動物を作り出すことをクローン動物の作出とよんでいる．以下に，クローン動物の作出に加えて，遺伝子改変動物，特にトランスジェニックマウスとノックアウトマウスの作出に関して述べる．

7-7-1 クローン動物

クローン動物は，遺伝子情報が全く同一の動物を意味し，2 細胞期胚の分離によって誕生する一卵性双生児は天然に存在するクローン動物の例であり，多くの生物種で認められている．実験的には，シュペーマン Spemann がイモリの 2 細胞期，4 細胞期，8 細胞期の胚の割球を分離し，それぞれの細胞期から 2 匹，4 匹，8 匹のイモリを誕生させたのが最初のクローン動物であった．一方，彼は 16 細胞期以降の割球から個体を作出することはできず，16 細胞期に個々の細胞の運命が決定されていると結論付けた．その後，1950 年代にガードン Gurdon はアフリカツメガエルの卵子から核を取り除き，初期胚の核を移植したところ正常なオタマジャクシが誕生するという，核移植による最初のクローン動物の作出に成功した．細胞期胚の割球を用いたクローン動物作出は，家畜の安定的な生産，絶滅危機種の保護等を目的として活発に研究された時代があった（図 7-36）．しかし，クローン動物の割球は第二世代，第三世代となるに従って子孫を残す能力が激減するため，現在では行われなくなっている．一方，核移植によるクローン哺乳類の作出は，1996 年ウィルムット Wilmut らによって行われたクローンヒツジであるドリーの誕生が最初である．彼らはヒツジ成体の乳腺細胞から取り出した核を，除核した卵細胞に移植し，電気パルス処理を行うことによって遺伝子の初期化（受精卵と同様の未分化な状態に戻すこと）を行い，クローン哺乳類の作出に成功した（図 7-37）．その後，ウシ，ヤギ，ブタ，マウス，ウサギ，ネコの体細胞の核から同様な方法でクローン動物が誕生している．

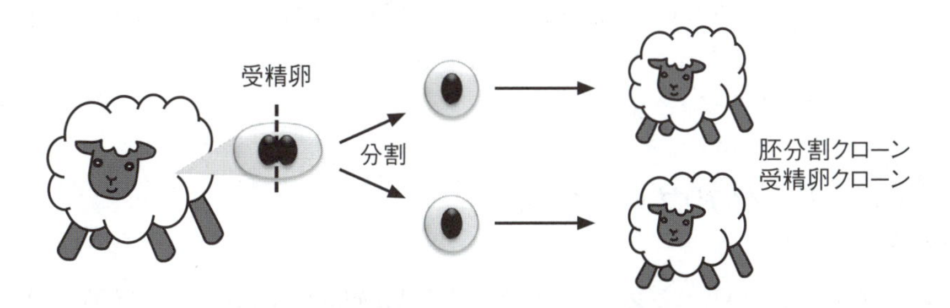

図 7-36　割球を用いたクローン動物作出法

2，4 または 8 細胞期の受精卵を一つの割球に分離し，再度，仮親に移植するとクローン動物を作出することができる．しかし，16 細胞期以降の割球からは，クローン動物を作出することができない．

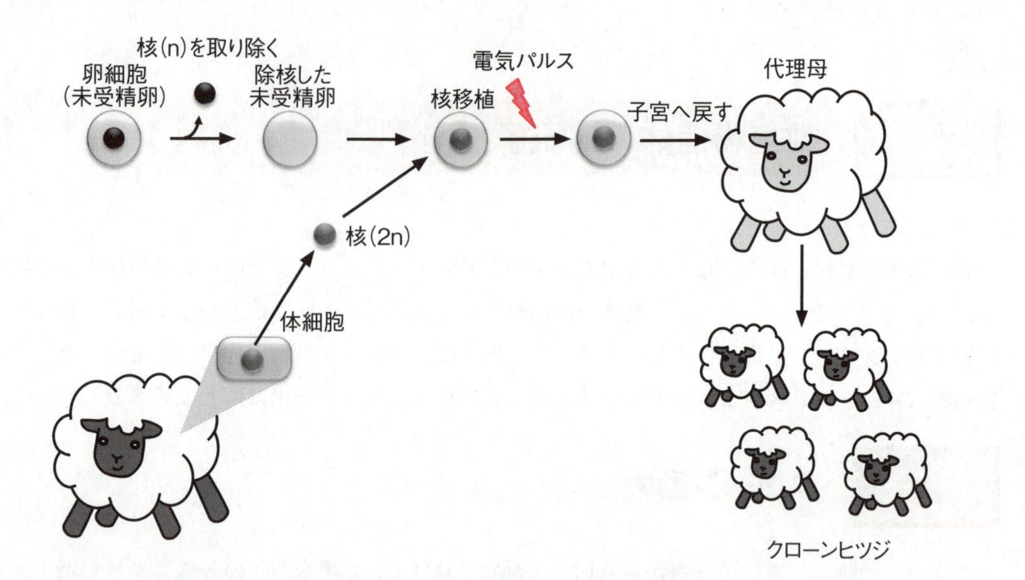

図 7-37　クローンヒツジの作出法

卵細胞から核を除去したのち，成獣乳腺系細胞の核を移植し，電気パルスで刺激することで受精卵と同様な細胞環境を作り出したのち，仮親の子宮に戻して，子供を作出する．

7-7-2　トランスジェニックマウス

培養細胞に特定の遺伝子を導入し，その機能を解析することができるのと同様に，マウスに目的の遺伝子を導入し，導入遺伝子の機能を個体レベルで研究するために作出されたマウスを**トランスジェニックマウス** transgenic mouse とよぶ．この方法は，マウス受精卵の前核にマイクロインジェクション法を用いて，目的の遺伝子を注入し（→ 7-4-5-D），注入された受精卵を仮親の卵管に戻す．注入された外来遺伝子は，マウス染色体 DNA 内のランダムな一ヶ所に複数のコピーとして挿入され，染色体 DNA 内で安定に存在する．このように遺伝子注入操作をした受精卵から誕生した子孫（founder, F0）には，一般的に 10 ～ 30%の割合ですべての体細胞や生殖細胞に目的の遺伝子をもった染色体 DNA が存在する．F0 マウスの中で，生殖器官に目的の遺伝子が安定的に染色体 DNA に導入されていた場合，子孫に外来遺伝子が受け継がれていく（図 7-38）．しかしながら，目的の DNA が染色体 DNA に取り込まれるまでに，受精卵が 1 ～ 2 回分裂することもあり，その場合はマウスのすべての細胞に外来遺伝子が取り込まれていないことになる．このような場合をモザイク型とよぶ．

7-7-3　ノックアウトマウス

遺伝子破壊マウスともいわれる**ノックアウトマウス** knockout mouse は，内在性の遺伝子を破壊することで，特定の遺伝子をもたない人工的なマウスを作出する方法である．ノックアウトマウスには，完全に遺伝子を破壊する全身型ノックアウトマウス（通常，このマウスをノックアウトマウスとよび，本章でもこれに従う）と時期または組織特異的に遺伝子を破壊するコンディショ

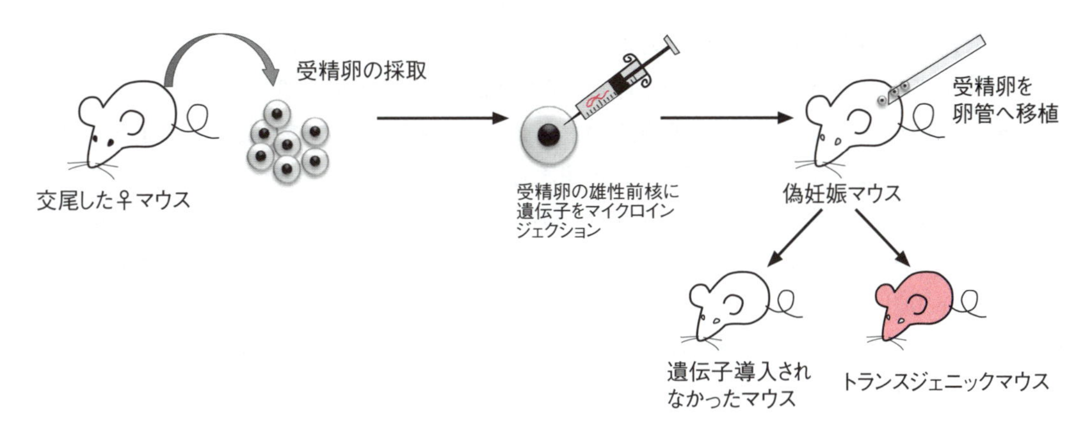

図 7-38　トランスジェニックマウス作出手順

受精卵を採取し，その受精卵に目的の遺伝子を導入後，仮親の卵管に移植することで，トランスジェニックマウスを作出する．

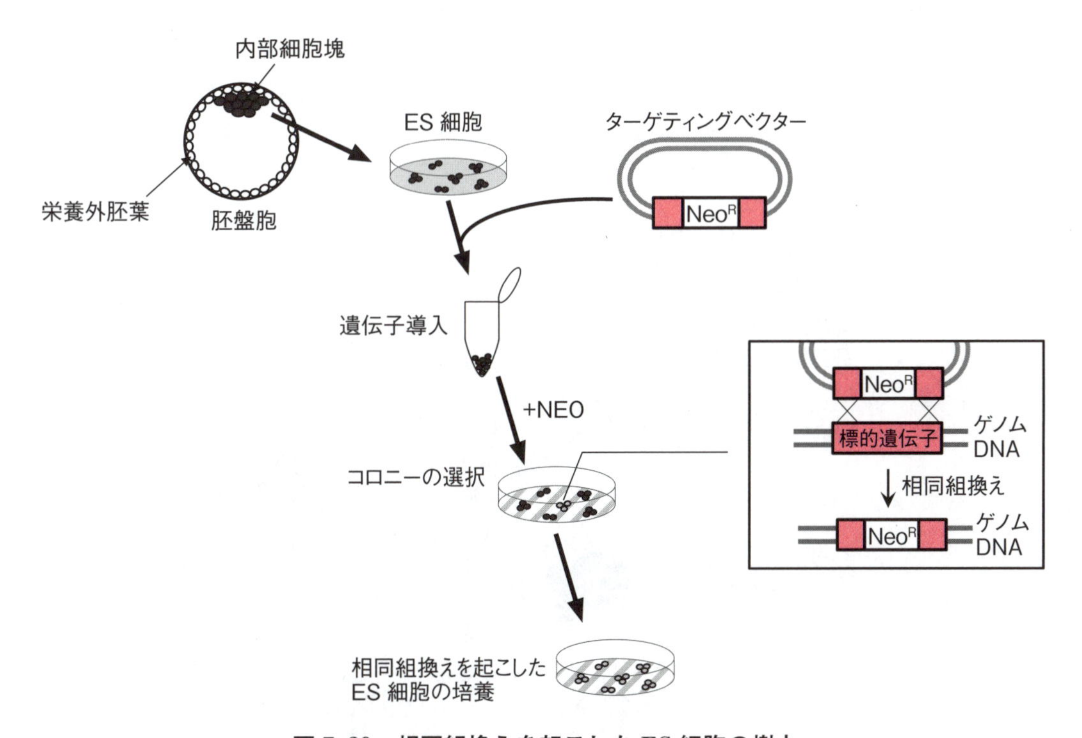

図 7-39　相同組換えを起こした ES 細胞の樹立

胚盤胞の内部細胞塊から ES 細胞を樹立する．次いで，欠損させたい遺伝子を単離し，薬剤耐性遺伝子（Neo^R）を組み入れたのち，ES 細胞に遺伝子導入を行い，相同組換えの起こった細胞のみを選択する．ここでは示していないが，ランダムにゲノム DNA 内にターゲティングベクターが組み込まれた ES 細胞を除去するいくつかの方法がある．

ナルノックアウトマウスがある．

ノックアウトマウスを作製するには，まず **ES 細胞** embryonic stem cell とよばれるすべての細胞に分化することができる胚性幹細胞を受精卵の胚盤胞内の内部細胞塊から樹立する必要がある．ES 細胞は**分化全能性** pluripotency と無限増殖能をもつという二つの特徴がある．すでにさまざまなES細胞株が世界中で樹立されており，それらを入手することが可能である．次に，破壊したい遺伝子を含むゲノムDNAを単離し，その遺伝子内に薬剤耐性遺伝子等を挿入したターゲッティングベクターを作製する．作製したターゲッティングベクターをES細胞に遺伝子導入し，染色体DNA上の本来の遺伝子との間で**相同組換え** homologous recombination を起こしたES細胞を選別する．相同組換えにより目的の遺伝子が破壊されたES細胞（通常は，相同染色体の一方のみが破壊される）を単離する（図7-39）．単離したES細胞を別の受精卵から分化した胚盤胞の内腔に移入した後，仮親の子宮に移植することにより，F0マウスを得る．得られたF0マウスは，分裂が進んだ正常な胚盤胞に遺伝子欠損させたES細胞を移入したため，生まれてきたマウス個体のすべての細胞で目的の遺伝子が欠損しているわけではない．このようなマウスを**キメラマウス** chimera mouse とよぶ．キメラマウスを正常マウスと戻し交配することで，生殖細胞で遺伝子欠損が起こっているマウスからの子孫を選ぶことができる（F1）．F1マウスでは，常染色体の場合，相同染色体の一方の染色体上の遺伝子のみが欠損した**ヘテロノックアウトマウス** hetero knockout mouse を得ることができる．このヘテロノックアウトマウスどうしを掛け合わせることで，**ホモノックアウトマウス** homo knockout mouse（両方の相同染色体上の遺伝子が欠損）を得ることができる．ヘテロノックアウトマウスどうしを掛け合わせた場合，メンデルの法則により，野生型マウス：ヘテロノックアウトマウス：ホモノックアウトマウス＝1：

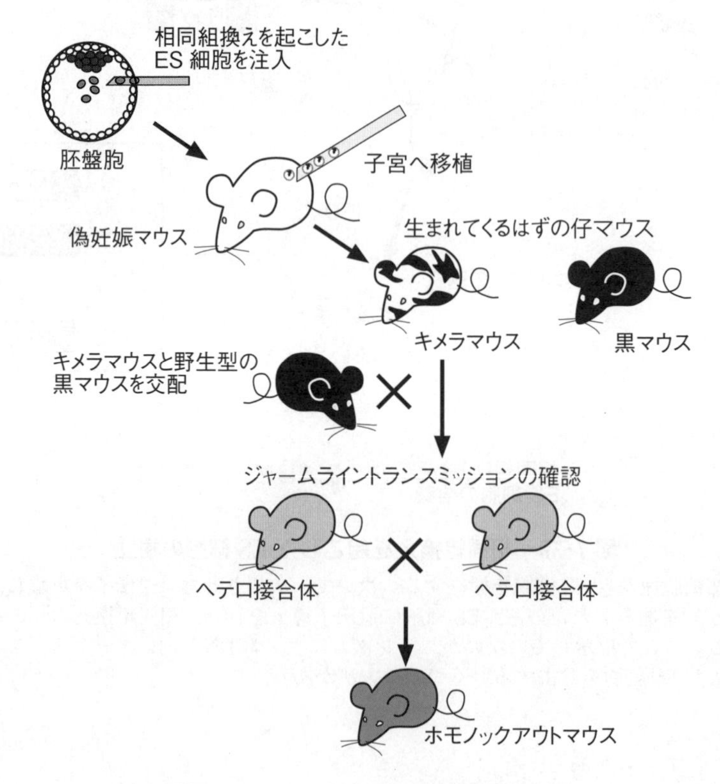

図7-40　ノックアウトマウス作出法

ES細胞由来ゲノムを含むキメラマウスを野生型マウスと交配させたのち，生殖細胞に目的の遺伝子が欠損されたマウスを選択する（ヘテロ接合体）．その後，ヘテロ接合体どうしを交配させてホモノックアウトマウスを作出する．

2：1の割合で生まれる（図7-40）．ただし，目的の遺伝子が欠損することにより正常に発生することができず，胎生致死になる場合がある．その場合はメンデルの法則に従わない．

アドバンスト　コンディショナルノックアウトマウス

全身で遺伝子欠損させることがさまざまな臓器に影響を及ぼしたり，調べたい時期以前にマウスが死んでしまう（または胎生期に死亡）場合があり，正確な遺伝子欠損の表現型がわからない場合もある．このような問題を解決するために，特定の組織または特定の時期のみで目的の遺伝子を欠損させる方法である**コンディショナルノックアウトマウス** conditional knockout mouse の作出が開発されている（図7-41）．

この方法では，バクテリオファージP1由来のCreリコンビナーゼ（組換え酵素）がloxPとよばれる配列特異的にDNA組換えを起こすことを利用している（このCreリコンビナーゼは，哺乳動物には存在しない）．したがって，loxPで挟まれたDNA領域はCreリコンビナーゼが発現している細胞において除去される．そのためCreリコンビナーゼの発現を組織特異的または時期特異的に調節できるプロモーター下で制御し，Creリコンビナーゼを特異的に発現するトランスジェニックマウスと，相同組換えによってloxP配列を染色体DNA上にもつマウスとを交配させることにより，目的の細胞や組織だけで特定の遺伝子を破壊することができる．さらにCreリコンビナーゼとエストロゲン受容体（ER）を融合したタンパク質であるCre-ERのシステムも開発された．この融合タンパク質は，細胞内で発現してもタモキシフェン非存在下ではリコンビナーゼは不活化状態であるため，loxP配列が存在してもloxP配列間のDNA配列は除去されない．しかし，タモキシフェンをマウスに投与すると

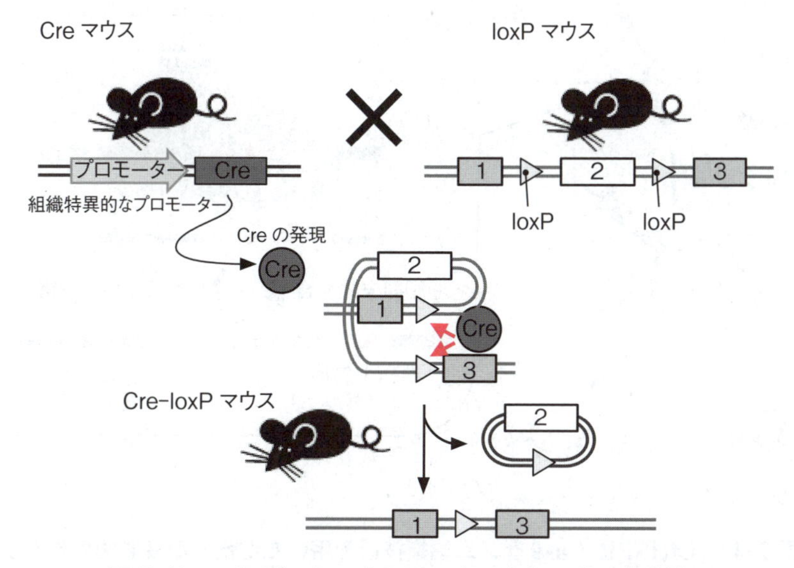

図7-41　コンディショナルノックアウトマウス作出法

Creを発現するトランスジェニックマウスと，loxPで欠損させたい目的遺伝子を挟み込んだマウスとを交配させることにより，Creの発現している組織や特定の時期に目的遺伝子を欠損させることができる．

Cre-ER が活性化状態となり，Cre-ER を発現している細胞内で目的の遺伝子を欠損させることで，マウスの表現型を観察することができる．

7-7-4 ゲノム編集による遺伝子改変動物

上に述べた従来の ES 細胞を用いた方法では，目的の遺伝子欠損マウスを得るまでに1年以上を要することがある．しかし，ゲノム編集技術（→ 7-4-7-C）を用いれば，マウス受精卵に直接 sgRNA と Cas9 を発現させることで，簡単かつ経済的に遺伝子欠損マウスを作出することが可能となった（図 7-42）．現在，受精卵への導入には Cas9 タンパク質と sgRNA の複合体（RNP, ribonucleoprotein）を直接細胞に導入する方法が最も有効と考えられている．RNP は細胞内で比較的速やかに分解されるため，標的配列以外のゲノム上の類似配列の切断（オフターゲッティング効果とよぶ）を避ける効果も期待される．

さらにこの方法を応用して，遺伝子欠損のみならず，DNA の特定の部位に遺伝子を挿入（ノックインという）することも可能である．この場合，受精卵に sgRNA，Cas9 とともに，挿入したい目的の DNA 断片を導入する．まず sgRNA 配列によって認識される標的部位は Cas9 によって二本鎖切断されるが，標的部位と相同な塩基配列を有する DNA 断片が共存していると，切断箇所は非相同末端結合（NHEJ）ではなく，相同組換え修復（HRR）機構によって修復される．その結果，切断箇所に高い確率で目的の DNA 断片が挿入される．

ゲノム編集技術は，マウス以外にラット，サル，カエル，ゼブラフィッシュなどの実験動物に

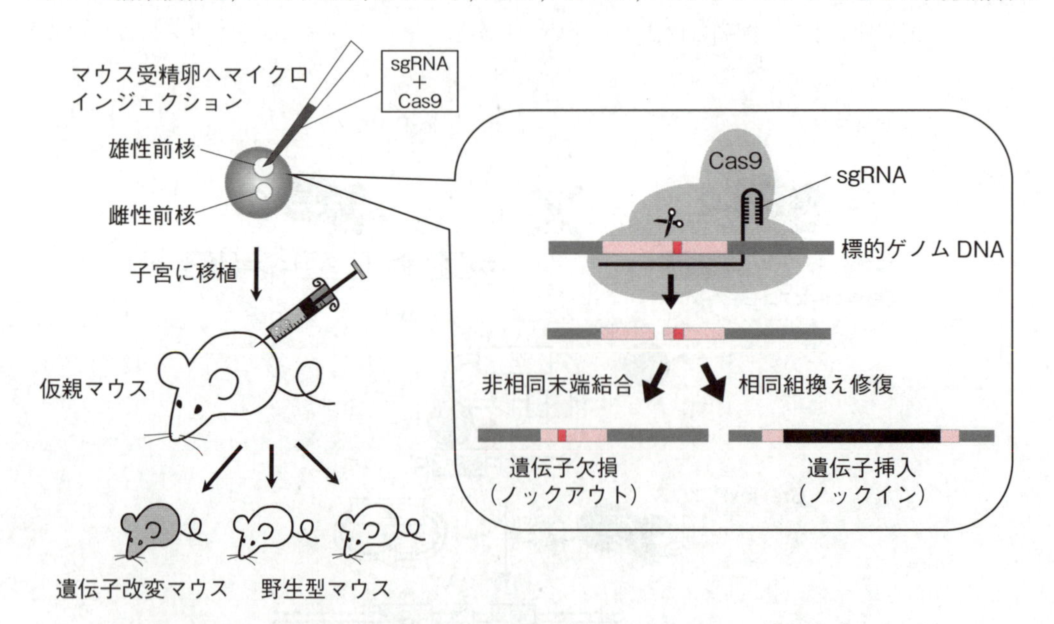

図 7-42　CRISPR/Cas9 ゲノム編集技術を用いた遺伝子改変動物の作出法

CRISPR/Cas9 によるゲノム編集技術（図 7-26 参照）を動物の受精卵に応用すると，効率よく遺伝子改変動物を作出できる．マウス受精卵の雄性前核に sgRNA と Cas9 をマイクロインジェクションし，特定の遺伝子を改変（遺伝子欠損または別の遺伝子を挿入）した後，仮親マウスの子宮に移植する．生まれた仔マウスの中から遺伝子改変されたマウスを PCR 法などで特定する．

おいて応用されているほか，微生物、昆虫、植物などに対しても行われている．さらに農作物（イネ，タバコ等），家畜（ブタ，ニワトリ等），魚類（マダイ，フグ等）の農林水産物やゲノム医療としての医薬品開発にも応用されている．しかしながら，ゲノム編集技術はヒトを含む様々な生物に遺伝子改変が可能であるため，倫理面や安全性基準など今後解決すべき課題も多く残っている．

7-7-5　遺伝子組換え植物

グラム陰性菌の一つであるアグロバクテリウムは，自身がもつ**Tiプラスミド** tumor-inducing plasmid 上の一部である **T-DNA** transferred DNA 断片を植物細胞内に導入し，相同組換えにより植物細胞ゲノムDNA内に安定的にT-DNAを挿入させることができる．このT-DNA内に目的の遺伝子断片を組み込み，それを植物細胞の核内に導入することにより遺伝子組換え植物が作出されている．遺伝子組換えをすることで，植物自身の機能改良（耐病性，環境ストレス耐性，多収穫能獲得等），環境浄化，有用タンパク質産生ができるようになっている．

7-8　組換えDNA実験に関する法律

1970年代から始まった遺伝子組換え技術は，実験の安全性に関する懸念が出され，米国を中心に一時期，実験を自粛する提案がなされた．その後，**生物学的封じ込め**と**物理的封じ込め**という安全確保対策の考え方が示され，遺伝子組換え実験が再開された．当時，わが国においても組換えDNA実験を安全に実施するためのガイドラインである，「組換えDNA実験指針」が設定された．

その後，遺伝子組換え技術は，大規模工場生産で利用されたり，組換え農作物が開発されたりして，閉鎖系での利用から開放系への利用へと広まっていった．そのため，2000年に国際的な遺伝子組換え生物等の安全な取扱いに関する**カルタヘナ議定書** Cartagena Protocol が締結され，それに伴いわが国では「遺伝子組換え生物等の使用等の規制による生物の多様性の確保[*1]に関する法律（カルタヘナ法）」が成立・公布され，現在に至っている．カルタヘナは会議が開催されたコロンビアの地名である．

7-8-1　カルタヘナ議定書

遺伝子組換え生物等の安全な取扱いに関する会議が幾度となく開催され，2000年1月に「生物の多様性に関する条約のバイオセーフティに関するカルタヘナ議定書」が採択された．カルタヘナ議定書は，2003年6月に50か国が締結した日から90日目の2003年9月に発効された．

[*1] 生物の多様性の確保：遺伝子改変生物が現存する生態系を破壊しないように配慮すること．

2012年9月において164か国が締結したが，アメリカ合衆国やロシアなどの大国は未だ締結していない．

カルタヘナ議定書の目的は，「**改変された生物（LMO）** living modified organism の使用等による生物の多様性への悪影響を防止すること」であり，その適用範囲は，「生物の多様性の保全および持続可能な利用に悪影響を及ぼす可能性のあるすべてのLMOの国境を越える移動，通過，取扱いおよび利用について適用．ただし，ヒトのための医薬品であるLMOの国境を越える移動については適用しない」となっている．

7-8-2　遺伝子組換え生物とは

カルタヘナ議定書におけるLMOは，生物学における一般的な生物の定義とは異なっている．わが国の法律であるカルタヘナ法では，LMOを「遺伝子組換え生物等」とよんでおり，遺伝子組換え生物と細胞融合生物の両方を指している．カルタヘナ法における生物とは，組み込まれた遺伝子を複製し，子孫を残すことができるものと定義されている．しかしながら，「ヒト」，「ヒトの細胞」ならびに「自然条件において個体に生育しないもの」は，カルタヘナ法の生物から除外されている．

7-8-3　「第一種使用等」と「第二種使用等」の違い

「第一種使用等」は環境中への遺伝子組換え生物の拡散を防止しないで行う使用であり，例えば遺伝子改変家畜を農場で飼育したり，遺伝子改変農作物を通常の畑で栽培する場合などが相当する．多くの場合，主務大臣の承認を受けなければいけない．

「第二種使用等」は，環境中への遺伝子組換え生物の拡散を防止しつつ行う使用であり，研究室等のように扉や窓を閉め切ることができる閉鎖区画で遺伝子組換え生物を使用し，外の環境中に遺伝子組換え生物が漏出しない場合に相当する．

7-8-4　拡散防止措置の決め方

「第二種使用等」において遺伝子組換え実験を行う際には，しかるべき拡散防止措置（すなわち，拡散防止のための方策）を執らなければいけない．この実験分類には，安全性の高いものから危険性のあるものの順にクラス1からクラス4までの四つのクラスに分けられている．

「第二種使用等」における拡散防止措置には，大別して実験，保管，運搬がある．実験には，遺伝子組換え実験と細胞融合実験があり，細胞融合実験はすべて大臣確認実験（大臣に実験内容の確認書を提出）である．遺伝子組換え実験には，微生物使用実験，大量培養実験，動物使用実験，植物等使用実験に分けられており，動物使用実験はさらに動物作成実験と動物接種実験に細分され，植物等使用実験は，植物作成実験，植物接種実験およびきのこ作成実験に区別されている．微生物使用実験は，危険度に応じてP1～P3の拡散防止措置が求められており，組換え微生物の使用で，設備の容量が20Lを超えるものは大量培養実験であり，LS1，LS2およびLSCがある．

動物使用実験や植物等使用実験も微生物使用実験と同様に危険度に応じてランク付けされており，動物使用実験の場合，P1A，P2A，P3A（最後の A は，animal の A），植物等使用実験の場合 P1P，P2P，P3P（最後の P は，plant の P）がある．なお，動物使用実験には上記以外に特定飼育区画，植物等使用実験には上記以外に特定網室がある．

実験区分を決める際には，通常，宿主の実験分類（クラス 1 ～ 4）と核酸供与体の実験分類（クラス 1～4）の小さくない方を採用する．ただし，宿主のクラスが 3 の場合や宿主または核酸供与体のいずれかがクラス 4 に属する場合は無条件に大臣確認実験となっている．

7-8-5　拡散防止の方法（P1，P2，P3）

微生物使用実験に関する拡散防止措置について以下に説明する．微生物使用実験の場合，上述したように P1～P3 まである．頭文字の P は物理的封じ込め（physical containment の P）を意味する．

A　P1 レベル（図 7-43）

施設の条件

・通常の生物実験室としての構造および設備．

遵守事項

・飲食の禁止．
・廃棄や再使用の前に遺伝子組換え生物を不活化するための措置を講ずること．
・実験終了後は遺伝子組換え生物を不活化するための措置を講ずること．
・実験室の扉や窓を閉じておくこと．
・エアロゾルの発生を最小限にとどめておくこと．
・遺伝子組換え生物を実験室から持ち出すときには，遺伝子組換え生物が漏出しない構造の容器に入れること．

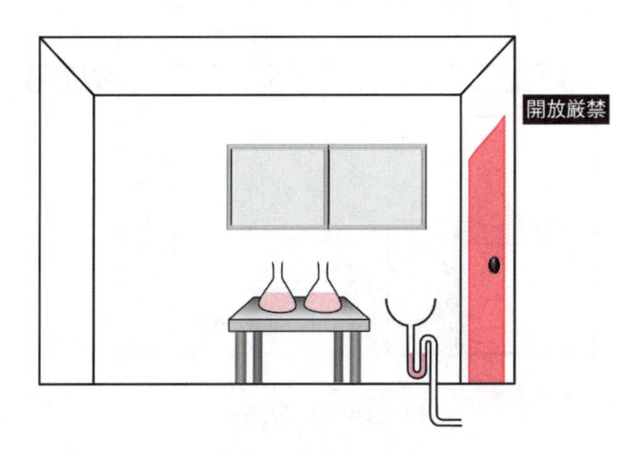

図 7-43　P1 実験室

・取扱者への遺伝子組換え生物等の付着・感染防止のため，取扱い後における手洗いを行うこと．
・実験室の入口には「組換えDNA実験中」と表示すること．

B　P2レベル（図7-44）

施設の条件

・P1レベルの施設の要件．
・エアロゾルが生じやすい操作をする際には，研究用安全キャビネットを設置．
・遺伝子組換え生物の不活性化に高圧滅菌器を使用する場合には，実験室のある建物内に高圧滅菌器を設置．

遵守事項

・P1レベルの実施上の遵守事項．
・エアロゾルが生じやすい操作をするときは，研究用安全キャビネットを使用すること．研究用安全キャビネットについては，実験日における実験終了後，および遺伝子組換え生物の付着時は直ちに，遺伝子組換え生物を不活化するための措置を講ずること．
・実験室の入口と保管設備に「P2レベル実験中」と表示すること．

C　P3レベル（図7-45）

施設の条件

・P1レベルの施設等の要件．
・前室（自動的に閉まる構造の扉が前後に設けられ，更衣ができる広さのもの）を設置．
・実験室の床，壁および天井の表面は，容易に水洗および燻蒸ができる構造．
・実験室は，容易に燻蒸等できるように，密閉状態が維持されている構造．
・実験室または前室の主な出口に，足や肘または自動で操作可能な手洗い設備を設置．
・空気が実験室の内側に流れていくための給排気設備の設置．

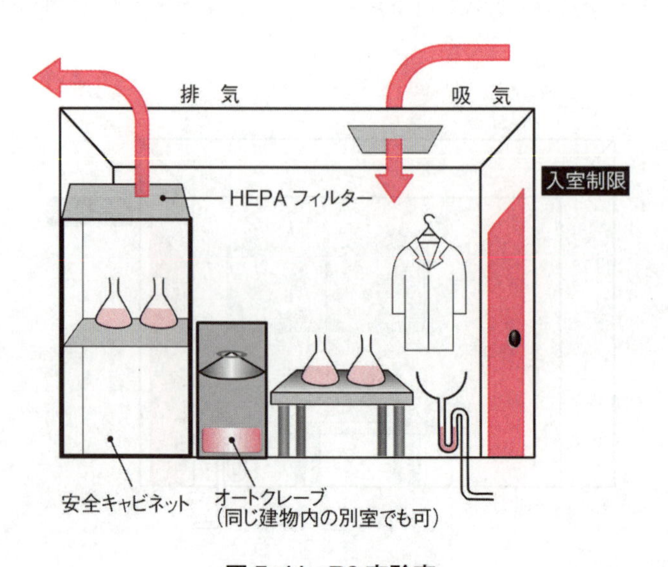

図7-44　P2実験室

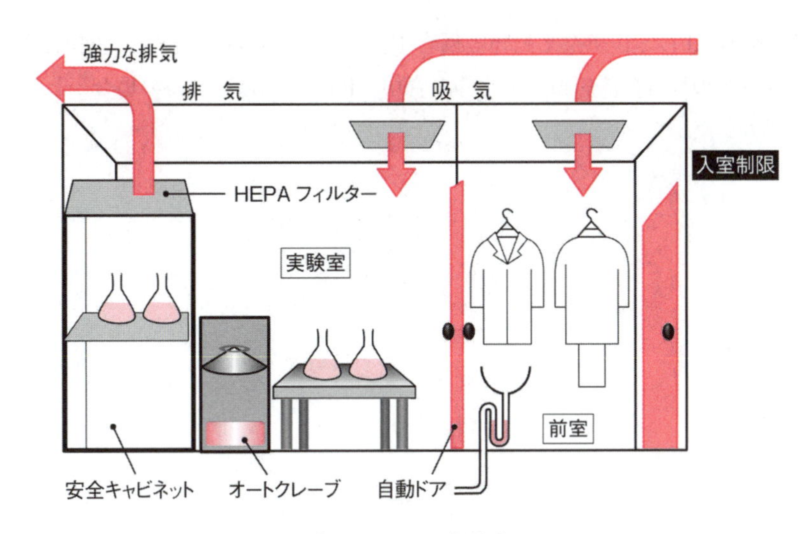

図 7-45　P3 実験室

P3 実験室では，吸気量＜排気量とすることにより，実験室内は，他の部屋より陰圧になっている．空気が実験室内に流れ込むため，組換え生物が実験室外に出ない構造になっている．

・排気設備は，排気が実験室・建物内の他の部屋に再循環されないもの．
・排水設備は，排水が遺伝子組換え生物の不活性化後に排出されるもの．
・エアロゾルが生じ得る操作をする場合には，実験室に研究用安全キャビネットを移動させないで HEPA フィルターの交換が実施できるように設置．
・実験室内に高圧滅菌器を設置．
・真空吸引ポンプを用いる場合，専用かつ消毒液トラップ付きのもの．

遵守事項

・P1 レベルの実施上の遵守事項．
・長袖で前の開かない作業衣，保護履物を着用し，それらは廃棄の前に遺伝子組換え生物を不活化するための措置を講ずること．
・エアロゾルが生じ得る操作をするときは，研究用安全キャビネットを用い，かつ，実験室に出入りしないこと．研究用安全キャビネットについては，実験日における実験終了後，および遺伝子組換え生物等の付着時は直ちに，遺伝子組換え生物等を不活化するための措置を講ずること．
・実験室の入口と保管設備に「P3 レベル実験中」と表示すること．

D　動物使用実験における P1A ～ P3A

施設として，① 通常の動物飼育室としての構造および設備，② 逃亡経路に組換え動物の習性に応じた逃亡防止設備（例えば，マウスやラットの場合はネズミ返し）を設置，③ 遺伝子組換え生物がふん尿に含まれる場合には，ふん尿を回収するための設備を設置，④ P2A の場合は P2 レベル，P3A の場合は P3 レベルの施設の要件が必要である．

実施上の遵守事項は，① P1A ～ P3A までは，各々 P1 から P3 の実施上の遵守事項に従い，② 組換え動物を実験室から持ち出すときは，組換え動物の逃亡を防止する構造の容器に入れること，③ 実験室の入口に，「組換え動物等飼育中」(P1A レベルの場合)，「組換え動物等飼育中(P2)」(P2A レベルの場合)，「組換え動物等飼育中（P3)」(P3A レベルの場合）と表示すること．

第８章 遺伝子工学の応用

遺伝子工学技術の進歩により，生体内には微量にしか存在しない生理活性ペプチドや特異抗体等を組換え医薬品として大量生産することが可能になった．現在，医療現場では組換え医薬品の需要は極めて高く，遺伝子工学の成果は医療に大きな変革をもたらした．また，微量検体を用いたゲノム DNA や mRNA 解析などの遺伝子解析技術の進歩は，疾患の遺伝子診断や予防法の開発にも大きな変化をもたらしている．これらの遺伝子工学技術は医療分野だけでなく，農業，畜産業，化学・エネルギー関連産業など幅広い分野で応用されている．

遺伝子工学は，さらに発生工学や細胞工学の技術とも融合し，疾患の根本的な治療法となる遺伝子治療や再生医療として実現可能な技術になりつつある．一方，予想を上回る急速な技術の進歩により，これまで考えられなかった倫理的問題も想定され，社会全体での医療倫理や生命倫理についての議論と正しい理解が求められている．

8-1 組換え医薬品の生産

8-1-1 組換え医薬品とは

生体内ではホルモン，酵素，サイトカイン，血液凝固因子のようなペプチドやタンパク質が生命体の維持に重要な役割を担っている．これらを組換え DNA 技術を応用して生産し，有効成分とする医薬品を**組換え医薬品** biotechnology-based medicine または**バイオ医薬品**という．生体内に存在する物質と全く同じペプチドやタンパク質を医薬品とする場合と，ワクチンやモノクローナル抗体のように生体反応を制御するために産生されたタンパク質を医薬品とする場合がある．また，組換え医薬品では，組換え DNA 技術を利用したアミノ酸残基の置換などにより，作用の持続性や作用の特異性などの点で，医薬品としてより望ましい性質をもつ物質に改変していくことが可能である．現在用いられている主な遺伝子組換え医薬品を表 8-1 にまとめた．

表 8-1　日本で承認されている主な組換え医薬品

分　類	一般名	商品名	適応疾患
酵素			
t-PA	モンテプラーゼ	クリアクター静注用	急性心筋梗塞
グルコセレブロシダーゼ	ベラグルセラーゼ　アルファ	ビプリブ点滴静注用	ゴーシェ病
αガラクトシダーゼA	アガルシダーゼ　アルファ	リプレガル点滴静注用	ファブリー病
αガラクトシダーゼA	アガルシダーゼ　ベータ	ファブラザイム点滴静注用	ファブリー病
α-L-イズロニダーゼ	ラロニダーゼ	アウドラザイム点滴静注用	ムコ多糖症Ⅰ型
酸性αグルコシダーゼ	アルグルコシダーゼ　アルファ	マイオザイム点滴静注用	糖原病Ⅱ型
イズロン酸2スルファターゼ	イデュルスルファーゼ	エラプレース点滴静注液	ムコ多糖症Ⅱ型
N-アセチルガラクトサミン-4-スルファターゼ	エロスルファーゼ　アルファ	ビミジム点滴静注液	ムコ多糖症Ⅳ型
尿酸オキシダーゼ	ラスブリカーゼ	ラスリテック点滴静注用	がん化学療法に伴う高尿酸血症
DNA分解酵素	ドルナーゼ　アルファ	プルモザイム吸入液	嚢胞性繊維症における肺機能の改善
グリコサミノグリカン分解酵素	コンドリアーゼ	ヘルニコア椎間板注用	椎間板ヘルニア
血液凝固関連因子			
血液凝固第Ⅷ因子	オクトコグ　アルファ	コージネイトFS注 他	第Ⅷ因子欠乏
血液凝固第Ⅶ因子アナログ	ルリオクトグ　アルファ　ペゴル	アディノベイト静注用	第Ⅶ因子欠乏
血液凝固第Ⅸ因子	ノナコグアルファ	ベネフィクス静注用	血友病B
トロンボモデュリン	トロンボモデュリン　アルファ	リコモジュリン点滴静注用	汎発性血管内血液凝固症（DIC）
アンチトロンビン	アンチトロンビン　ガンマ	アコアラン静注用	先天性アンチトロンビン欠乏 他
血清タンパク質			
アルブミン	人血清アルブミン	メドウェイ注	低アルブミン血症
ホルモン			
インスリン	インスリン	ヒューマリン注 他	インスリン療法が適応となる糖尿病
成長ホルモン	ソマトロピン	ジェノトロピン他	低身長，成人成長ホルモン分泌不全症
ソマトメジンC	メカセルミン	ソマゾン注射用	インスリン受容体異常症，他
エリスロポエチン	エポエチンアルファ他	エスポー注射液	透析患者の腎性貧血，未熟児貧血
ナトリウム利尿ペプチド	カルペリチド	ハンプ注射用	急性心不全
グルカゴン	グルカゴン	注射用グルカゴンG・ノボ	低血糖
卵胞刺激ホルモン	ホリトロピン　アルファ他	ゴナールエフ皮下注用他	精子形成の誘導，排卵誘発
絨毛性性腺刺激ホルモン	コリオゴナドトロピン　アルファ	オビドレル皮下注	排卵誘発および黄体化
GLP-1アナログ	リラグルチド	ビクトーザ皮下注	2型糖尿病
GLP-2アナログ	セマグルチド	オゼンピック皮下注	2型糖尿病
副甲状腺ホルモンアナログ	テリパラチド	フォルテオ皮下注	骨粗鬆症
ワクチン			
B型肝炎ワクチン	組換え沈降B型肝炎ワクチン(酵母由来)他	ヘプタバックスⅡ	B型肝炎の予防
A型肝炎ワクチン	乾燥細胞培養不活性化A型肝炎ワクチン	エイムゲン	A型肝炎の予防
HPV感染予防ワクチン	組換え沈降2価ヒトパピローマウィルス様粒子ワクチン他	サーバリックス 他	子宮頸がんの予防
帯状疱疹予防ワクチン	乾燥組換え帯状疱疹ワクチン	シングリックス筋注用	帯状疱疹の予防
インターフェロン類			
インターフェロンα	インターフェロン　アルファ他	スミフェロン他	腎がん，多発性骨髄腫，B型肝炎，C型肝炎
インターフェロンβ	インターフェロン　ベータ	フエロン	B型肝炎，C型肝炎
インターフェロンγ	インターフェロン　ガンマ-1a	イムノマックス-γ注	腎がん，慢性肉芽腫症に伴う重症感染症
PEG化インターフェロンα	ペグインターフェロン　アルファ-2a他	ペガシス皮下注	C型肝炎
サイトカイン類			
G-CSF	フィルグラスチムグ他	グラン注射液 他	好中球減少症
インターロイキン2	セルモロイキン	セロイク注射用 他	血管肉腫
bFGF	トラフェルミンフ	フィブラストスプレー	褥瘡，皮膚潰瘍
抗体			
ヒト化抗HER2抗体	トラスツズマブ	ハーセプチン注射用	HER2陽性転移性乳がん
ヒト抗PCSK9抗体	アリロクマブ	プラルエント皮下注	高コレステロール血症
ヒト抗IL-4Rαサブユニット抗体	デュピルマブ	デュピクセント皮下注	アトピー性皮膚炎
ヒト化抗α4β7インテグリン抗体	ベドリズマブ	エンタイビオ点滴静注用	潰瘍性大腸炎
Fc融合タンパク質			
可溶性TNFR-Fc融合タンパク質	エタネルセプト	エンブレル皮下注用	関節リウマチ，若年性特発性関節炎
Fc-TPORアゴニストペプチド融合タンパク質	ロミプロスチム	ロミプレート皮下注	慢性特発性血小板減少性紫斑病
VEGFR-Fc融合タンパク質	アフリベルセプト	アイリーア硝子体内注射液	新生血管を伴う加齢黄斑変性
VEGFR-Fc融合タンパク質	アフリベルセプト　ベータ	ザルトラップ点滴静注	切除不能な進行・再発結腸・直腸がん

2018年10月6日　国立医薬品食品衛生研究所　生物薬品部資料を改変

8-1-2　組換え医薬品の発現系

組換え医薬品を生産するには，目的タンパク質を合成させる宿主が必要となる．現在では，大腸菌，酵母，昆虫細胞，動物細胞などが宿主として利用されている（→ 7-4-4）．目的タンパク質のcDNAを組み込んだベクターを宿主に遺伝子導入することで異種細胞からタンパク質を発現・精製することになるが，宿主の特性によって産生される組換えタンパク質の性質が異なることや，生産に至るまでの過程が大きく異なることがある．特に天然組織から得ることが困難なタンパク質の場合，組換え医薬品には，異種細胞における発現システムを用いて目的タンパク質を大量生産でき，さらに遺伝子操作により生体内代謝を考慮したタンパク質に改変することができるなど多くの利点がある（表 8-2）．

遺伝子組換えタンパク質の発現で最も利用されている宿主は大腸菌である．大腸菌による発現系は，操作が簡便で特殊な装置を必要とせず安価であること，一般に目的タンパク質の発現量が多く，比較的短時間で精製タンパク質が得られるなどの点で優れている．しかし，糖鎖付加を含めた翻訳後修飾が起こらないことに加え，ジスルフィド（S-S）結合が形成されないため，目的タンパク質を精製したのち，正しい高次構造を人工的に構築しなければならないこともある．また，タンパク質によっては凝集して不溶性の封入体を形成するため，活性のあるタンパク質を回収するのが困難なこともしばしばみられる．一方，真核生物である酵母は，目的タンパク質が小胞体・ゴルジ体などを経由して細胞外に分泌されるため，糖鎖の付加やS-S結合等の翻訳後修飾を受けることから，哺乳動物のタンパク質の生産に適している．ただし，目的タンパク質に過剰な糖鎖修飾が起こる場合がある．また，その発現量は目的タンパク質の性質によって大きく異なる．昆虫細胞は，目的タンパク質のcDNAを導入するときに，バキュロウイルスを用いた感染が必要である．昆虫細胞は一定のタンパク質の翻訳後修飾を受けるため，立体構造や活性を保持した目的タンパク質の発現が可能である．さらに，バキュロウイルスは動物や植物に感染しないことから安全性が高いこと，昆虫細胞の培養にはCO_2インキュベーターが不要で，浮遊細胞として大量に無血清培養が可能であるなどの利点がある．しかし，バキュロウイルス感染により昆虫細胞は死滅していくため，昆虫細胞から連続的に目的タンパク質をつくらせることはできない．また，生体内で働くタンパク質の活性発現には，翻訳後修飾が必要であることが多いが，バキュロウイルスによる翻訳後修飾はヒトのものと同じではない．そのため，市場に流通している組換え医薬タンパク質の約2/3はチャイニーズハムスター卵巣細胞（CHO細胞）やマウス由来細胞などの哺乳動物細胞を宿主として生産されている．しかし，哺乳動物細胞を用いたタンパク

表 8-2　遺伝子組換えタンパク質発現系の特徴

	発現量	生産コスト	生産量	翻訳後修飾
大腸菌	多	安	多	無
酵母	多	安	多	有
昆虫細胞	中	高	中	一部有
哺乳動物細胞	少	高	少	有

質発現は生産量が少なく，コストが高いなどの欠点がある．

上に述べたいずれの発現系においても，組換えタンパク質を発現させるベクターは，タンパク質の N 末端または C 末端に“タグ”を付加して融合タンパク質として発現させ，アフィニティークロマトグラフィーで容易に精製できるよう工夫されたものが多い．タグには連続した 5 個のヒスチジン残基やグルタチオン *S*-トランスフェラーゼなどが用いられ，それぞれ，Ni^{2+}-キレートカラムやグルタチオンセファロースカラムが利用される．

8-1-3　遺伝子組換えインスリン製剤

インスリン insulin は，当初，ブタやウシの膵臓から抽出・精製されていたが，膵臓から分泌されるインスリンは微量であり，糖尿病患者 1 人の年間使用量に対して約 70 頭のブタが必要であった．また，糖尿病患者は年々増加傾向にあり，インスリン製剤の不足に加え，これら動物由来のインスリンはヒトインスリンとアミノ酸配列が一部異なるため，アレルギー反応の惹起や長期使用による効果の減弱などの問題があった．

1978 年，DNA の化学合成に卓越していた米国シティー・オブ・ホープ国立医療センターのリッグス Riggs と板倉は，ヒトインスリンの A 鎖と B 鎖 DNA を化学合成した．次いで大腸菌を用いてインスリンの A 鎖と B 鎖の組換えタンパク質を別々に発現させたのち，それらを S–S 結合で結合することにより，ヒトインスリンの遺伝子組換え体の作製に初めて成功した（図 8–1，図 8–2）．このようにして作製された組換え型インスリン（レギュラーインスリンとよばれる）は，天然のインスリンと同等の血糖降下作用を示すが，溶液中で 6 分子のインスリンが会合しており，これを皮下注射した場合，皮下で単量体に解離する必要があった．そのためレギュラーインスリンは作用発現に約 30 分を要し，生理的なインスリン分泌に比べて遅く，血中濃度のピークも広くなることや，長時間にわたって一様にインスリンを作用させることが難しいなどの問題があった．そこでこれらの点を解決するために，インスリンアナログ製剤が開発された．インスリンアナログ製剤では生理的なインスリン分泌に近い薬物動態を示すよう，ヒトインスリンのアミノ酸配列が置換されている．現在では，ヒトインスリン変異体を作製し，超速効型から超特効

朝日新聞（夕刊）
1978年（昭和53年）9月7日　木曜日　33302号
インシュリン合成成功
米の医療センター　糖尿病治療へ前進
遺伝子工学に初の'実用品'

図 8–1　インスリン合成を伝える新聞記事
(1978. 9. 7)

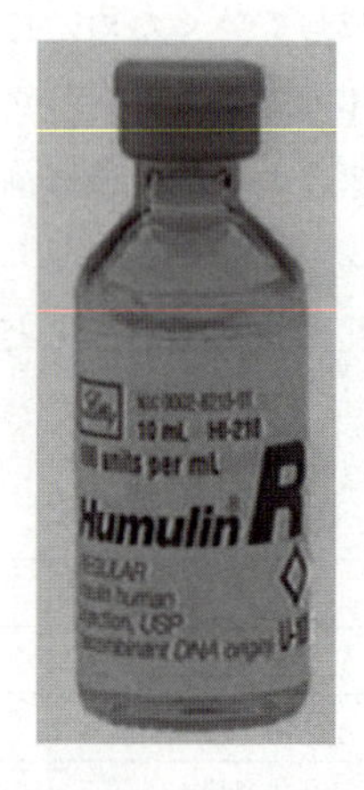

図 8–2　遺伝子組換えによるヒトインスリン製剤ヒューマリン

表 8-3　組換え DNA による各種インスリン製剤

分　類	一般名	商品名
超速効型インスリンアナログ	インスリン　リスプロ	ヒューマログ注
	インスリン　アスパルト	ノボラピッド注
	インスリン　グルリジン	アピドラ注
速効型インスリン	ヒトインスリン	ヒューマリン注，ノボリン注，ペンフィル注
中間型インスリン	インスリン　リスプロ	ヒューマログ N 注
持効型インスリンアナログ	インスリン　グラルギン	ランタス注
	インスリン　デテミル	レベミル注
超特効型インスリンアナログ	インスリン　デグルデク	トレシーバ注

型まで多くの遺伝子組換えヒトインスリンが流通している（表 8-3）．遺伝子組換えヒトインスリンは副作用が少なく，大量生産できることから糖尿病治療に積極的に使用されている．

さらに最近では，新たな糖尿病治療薬として，**インクレチン** incretin とよばれる消化管ホルモンが注目されている．インクレチンは，食事摂取に伴い消化管から分泌されて，膵 β 細胞に作用してインスリン分泌を促進するホルモンの総称で，これまでに GIP（glucose-dependent insulinotropic polypeptide）と GLP-1（glucagon-like-peptide-1）が知られている．現在，インクレチン製剤として，リラグルチドの 34 番目のリジン残基をアルギニン残基に置換した GLP-1 アナログが遺伝子組換え医薬品として臨床応用されている．

8-1-4　遺伝子組換え成長ホルモン製剤

成長ホルモン（GH） growth hormone（別名ソマトトロピン）は，脳下垂体前葉で産生されるペプチドホルモンで，脳を除くすべての組織の成長を促進する（図 8-3）．成長ホルモンの分泌不全は小人症を引き起こすことから，この治療には成長ホルモン補充療法が必須である．ただし，成長ホルモンには種特異性があり，他の動物由来の成長ホルモンはヒトには無効である．また成長ホルモンは脳下垂体にしか存在せず，大量の成長ホルモンを得ることは困難であったが，遺伝子組換え成長ホルモンの開発により，それが可能になった．1979 年，ゲデル Goeddel らは大腸菌を宿主として遺伝子組換えヒト成長ホルモン（r-hGH，recombinant human GH）を製造した．しかし，懸念された微量の大腸菌由来タンパク質の混入が否定できず，実際，国内外の臨床評価においても抗異種タンパク質抗体や抗ヒト成長ホルモン抗体の出現が比較的多く認められていた．そこで，遺伝子組換え分泌型ヒト成長ホルモンがマウス由来細胞株 C127 を宿主として開発された．これは無血清培地中に分泌された r-hGH を精製するので，異種タンパク質の混入は認められない．現在，数社より r-hGH が製造され，臨床応用されている．

8-1-5　遺伝子組換え造血ホルモン製剤

エリスロポエチン（EPO） erythropoietin は主に腎臓でつくられ，骨髄の EPO 受容体を介して赤芽球系前駆細胞に作用し，その増殖と分化を促進して赤血球を増加させる造血ホルモンであ

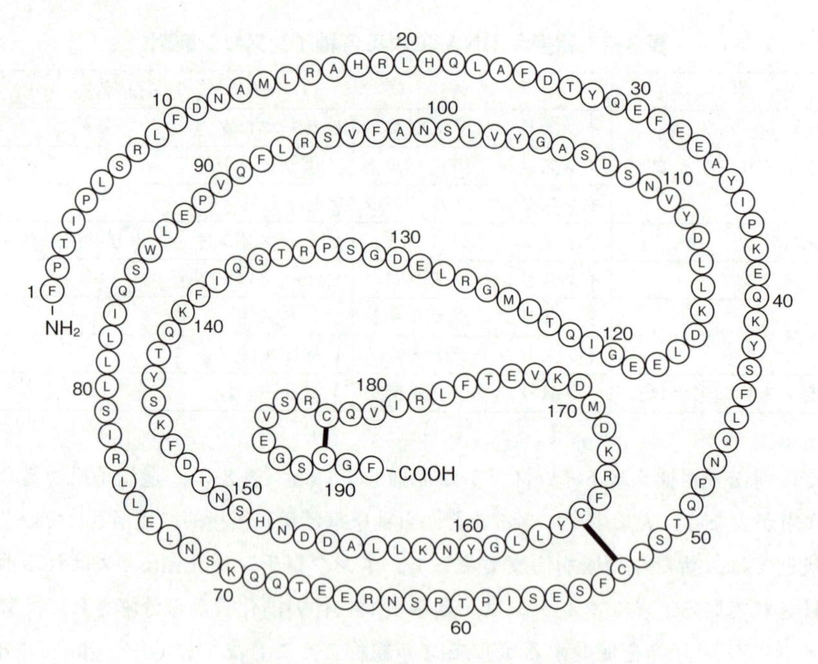

図 8-3　ヒト成長ホルモンの構造

191 個のアミノ酸からなるポリペプチドである．分子量：約 22,000
（メルクセローノ（株）サイゼン® インタビューフォーム（2010 年）より引用）

る．慢性腎不全になると EPO が不足し，貧血症状を引き起こす．EPO の臨床的な重要性は早くから注目されていたが，生体における EPO の存在量がわずかであることから，医薬品として抽出・精製することは不可能であった．1985 年，ヒト EPO の遺伝子クローニングが成功し，1990 年にヒト EPO の大量生産が可能となり，透析患者の腎性貧血の治療に画期的な成果をもたらした．遺伝子組換えヒト EPO は，ヒト EPO cDNA を遺伝子発現ベクターに組み込み，これを CHO 細胞に導入して組換えタンパク質として生産されている．ヒト EPO は，165 個のアミノ酸残基からなる分子量約 30,000 の糖タンパク質で，再生不良性貧血患者の尿から単離・精製されたヒト EPO と同等の構造・生理活性を有することが確認されている．EPO の血中半減期は，分子内のシアル酸含有量に依存して延長することから，新たな糖鎖の導入によりシアル酸含量を増加させた遺伝子組換え EPO が治療効果を高めており，現在では手術のための術前自己血貯蔵や未熟児貧血などにも利用されている．

8-1-6　ヒト血清アルブミン製剤

血清中の**アルブミン** albumin は，生体内で血液の膠質浸透圧の維持を主な作用としている．アルブミン製剤は，この膠質浸透圧の維持作用によって体腔内液や組織間液を血管内に移行させて浮腫を改善するほか，出血性ショックなどにおいて，血漿膠質浸透圧を維持して循環血漿量を確保するのに用いられる．従来のアルブミン製剤は，ヒト血漿を原料としており，わが国ではその 50% を海外からの輸入に頼っていた．また，日本赤十字社が献血で集めた血液を原料に生産してきたが，献血量の不足，未知ウイルス等の混入による感染の懸念等が問題であった．遺伝子

表 8-4　酵母による組換えタンパク質の分泌産生の主な利点

1. ジスルフィド（S-S）結合を形成する
2. 菌体を壊す必要がない
3. 大量に目的タンパク質が得られる
4. 正常な高次構造を形成する

組換えヒト血清アルブミンの生産は，食品酵母の一種であるピキア *Pichia pastoris* が宿主として用いられる．ピキアは，ジスルフィド結合を有するタンパク質の分泌産生に優れており，非常に有用な組換えタンパク質発現系であるが，その産生量は目的タンパク質の性質に大きく依存する．ピキア酵母は組換えタンパク質を連続的に分泌産生するため，菌体を壊すことなく培養上清から目的タンパク質を大量かつ安定して精製することができる（表 8-4）．2007 年，ピキア酵母に遺伝子組換えヒト血清アルブミン cDNA を組み込み，産生された遺伝子組換えアルブミンが医薬品として国内で初めて認可された．なお，組換えヒト血清アルブミン製剤は，ヒト血漿由来製剤と異なり，ウイルス等による感染リスクはないが，ピキア酵母由来の成分が微量に残存し，これによってアレルギー症状を引き起こす可能性があり，注意が必要である．

8-1-7　抗体医薬品

抗体は生体内の異物（抗原）に対して特異的に作用する生体防御分子であり，抗原に結合する部分のアミノ酸配列を変化させることでさまざまな抗原を認識できることから，遺伝子組換え技術は**抗体医薬品** antibody drug の生産にも応用されている（→ p.219 医療とのつながり）．開発当初のハイブリドーマを利用した抗体医薬品（マウスモノクローナル抗体）は，マウスに免疫して得られたマウス抗体であったことから，抗原性によるアナフィラキシーショックの出現や，ヒト体内におけるマウス抗体の血中半減期が 3 日以内と短いことが問題であった．

近年，遺伝子工学技術の進歩により IgG の定常領域をマウスからヒトに変換したキメラ抗体や抗原結合部位以外をすべてヒト型の抗体にしたヒト化抗体を作製することで，抗体医薬品に対する抗体が患者体内で生じるという問題を解決できるようになった．最近では抗体のヒトに対する抗原性をさらに下げるため，完全ヒト抗体の作製が主流となっている（図 8-4）．具体的にはまず，抗体を産生しないマウスにヒト抗体遺伝子を導入した遺伝子改変マウスを作出し，そのマウスのリンパ球からヒト抗体を産生するハイブリドーマを作製する．次いでハイブリドーマから抗体遺伝子を単離し，それを CHO 細胞等のほ乳類細胞に導入して完全なヒト抗体を作製する．これとは別に，ヒト抗体遺伝子発現ファージライブラリーから目的の抗体遺伝子を単離し，上記と同様に CHO 細胞等で発現させてヒト抗体を作製する方法もある．このように現在，マウス抗体やキメラ抗体からなる抗体医薬品の割合は減少し，大部分はヒト化抗体またはヒト抗体となっている．

抗体医薬品は構造上の違いに対応して決まった名称が使われる（図 8-5）．語尾のマブ mab はモノクローナル抗体 <u>m</u>ono<u>c</u>lonal <u>a</u>nti<u>b</u>ody を意味する．また，イブリツモマブチウキセタン ibritu<u>mo</u>mab tiuxetan の mo はマウス抗体であることを示し，インフリキシマブ infli<u>xi</u>mab の

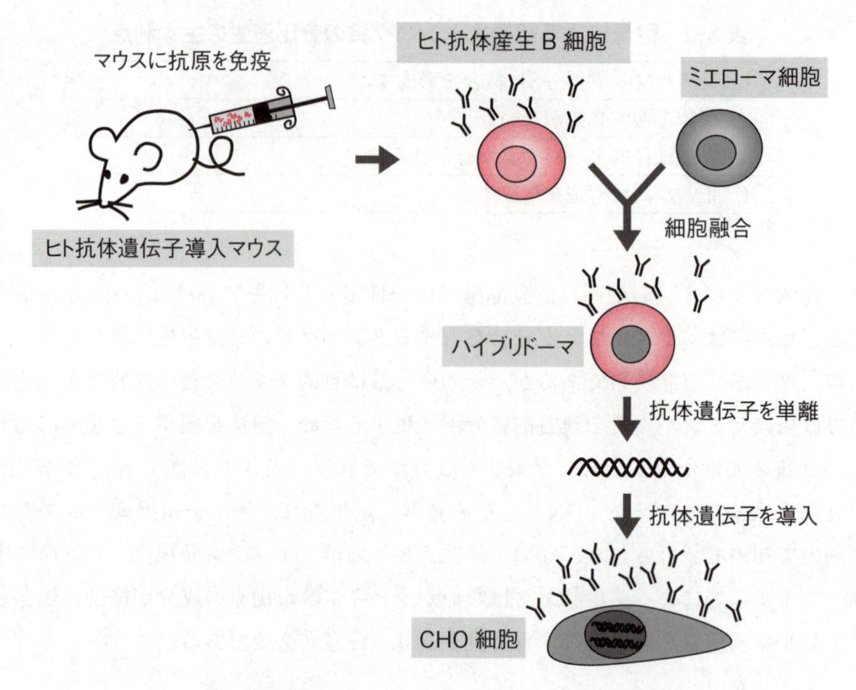

図 8-4　ヒト抗体遺伝子導入マウスを用いた抗体医薬品の作製

xi はキメラ抗体であることを示す．トラスツズマブ trastuzumab の zu はヒト化抗体であることを示し，パニツムマブ panitumumab の u はヒト抗体であることを示す．なお，ポリクローナル抗体を意味する pab が付いた抗体医薬品は現在，日本では認可されていない．

抗体医薬品は，細胞膜を通過することができないので，細胞膜上の標的タンパク質または細胞から分泌されたタンパク質に対して，中和抗体として作用するものが多い．抗体医薬品は，中和抗体として作用するもの以外に細胞傷害作用を引き起こすものがある（図 8-6）．細胞傷害作用

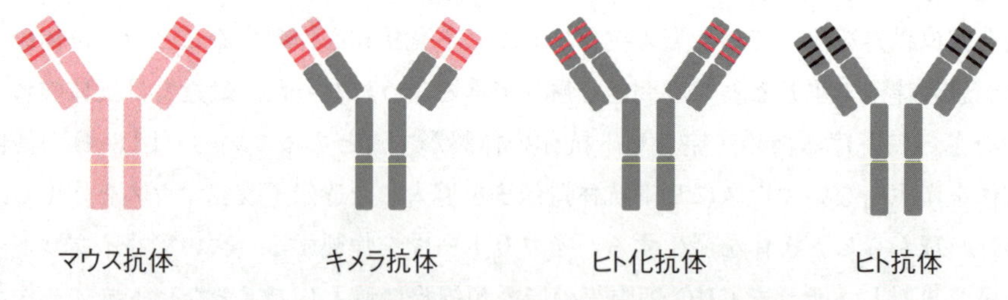

*赤い部分はマウス IgG の配列，灰色の部分はヒト IgG の配列を示す．

抗体が由来する種	表記	抗体医薬品名の例
マウス（mouse）	-mo-	イブリツモマブ　ibritumomab
キメラ（chimeric）	-xi-	リツキシマブ　rituximab
ヒト化（humanized）	-zu-	トラスツズマブ　trasutuzumab
ヒト（human）	-u-	パニツムマブ　panitumumab

*赤字の -tu- は，抗腫瘍効果（anti-tumor）のあることを示す．

図 8-5　抗体医薬品の構造と命名法

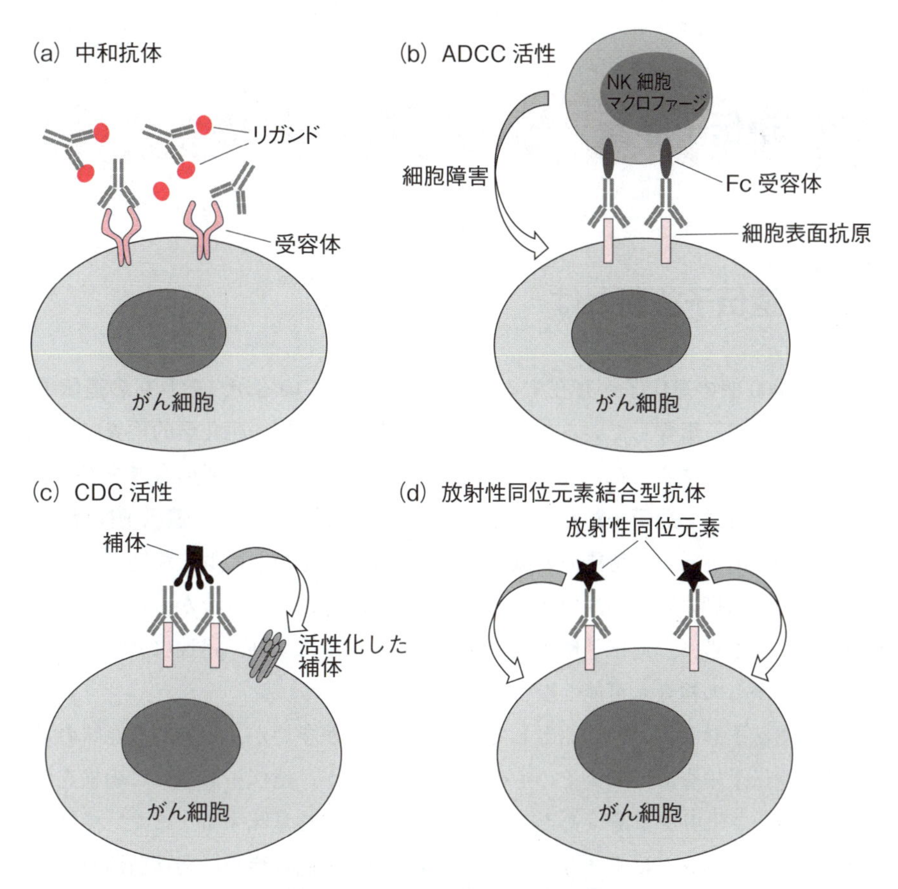

図 8-6　抗体医薬品の作用機構

には二つの機序があり，一つは**抗体依存性細胞傷害（ADCC）**antibody-dependent cell mediated cytotoxicity とよばれ，抗体の Fc 領域を介して，Fc 受容体を発現している NK 細胞やマクロファージが結合することで標的細胞（がん細胞）を攻撃する．もう一つは**補体依存性細胞傷害（CDC）**complement dependent cytotoxicity とよばれ，抗体が補体と結合して補体を活性化し，標的細胞に傷害を与える．またイブリツモマブチウキセタンのように抗ヒト CD20 抗体に結合したチウキセタンに放射性同位元素であるイットリウム（^{90}Y）を結合させた抗体医薬品では，標的細胞に結合し放射性同位元素によりがん細胞を死滅させる．

最近では，抗体 IgG の Fc 領域とサイトカイン等に対する受容体の細胞外領域を融合した Fc 融合タンパク質も医薬品として承認されている．

8-2 遺伝子診断

8-2-1 遺伝子診断とは

ヒトには約22,000個の遺伝子が存在することが解明されているが，それらの遺伝子の変異が各種疾患の発症に大きく影響していることは明らかである．従来の生化学的検査に加え，遺伝子の塩基配列を直接，解析することによって疾患の原因となる遺伝子変異の有無を調べることができる．このような診断法を**遺伝子診断** genetic diagnosis とよぶ．一方，**遺伝子検査** genetic test は，病原微生物の検出・同定と感染源の調査のほか，親子鑑定などの個人識別，さらに遺伝子レベルの病型診断や遺伝病の確定診断など，従来の臨床検査では得られなかったさまざまな情報を得ることができる．さらに，遺伝子解析法や検査機器の進歩により，迅速に結果が得られるだけでなく，保存検体からの検査も可能となっている．

遺伝子検査と遺伝子診断とは同義語として扱われることが多いが，根本的な意味の違いに留意すべきである．遺伝子検査は“検査そのもの”を意味するが，遺伝子診断はこの検査だけではなく，検査前後のカウンセリングを含めた“一連の診療行為”を意味する．また，感染症の遺伝子検査などではカウンセリングはあまり必要とされないが，遺伝性疾患の発症前診断では十分なカウンセリングが求められる．特に治療法が確立していない疾患や発症すれば死に至る可能性のある疾患の場合には，告知内容や告知の仕方によって受診者に大きな精神的混乱を招くことになる．このため，心のケアやサポートができる遺伝カウンセラーの養成が急務であり，そのための認定制度も設けられている．

8-2-2 遺伝子診断の方法

疾患の原因となる遺伝子内の変異によって正常遺伝子には存在していた制限酵素認識配列が消失したり，逆に新たに生じることがある．このような遺伝子変異を検出するための遺伝子診断は，当初はサザンブロット法を用いて行われていた（→7-4-1-A）．まず，受診者の白血球または外科的に摘出した組織からゲノムDNAを単離し，制限酵素で切断後，アガロースゲル電気泳動を行う．変異部分を含む領域に結合するDNA断片をプローブとしてサザンブロットを行うと，切断されて生じた2本の断片または切断されない1本の断片が検出されるので，それによって変異の有無がわかる（図7-18）．

現在ではPCR法を用いることにより迅速かつ簡便に，しかも微量のゲノムDNAを用いて変異の有無を調べられる．変異が制限酵素認識部位にある場合は，変異部分を含む特定領域をPCRで増幅し，増幅産物を制限酵素で切断し，アガロースゲル電気泳動を行うことにより変異の有無が判断できる（図7-32，図8-7(a)）．PCR法では，変異の導入が制限酵素認識配列に影響

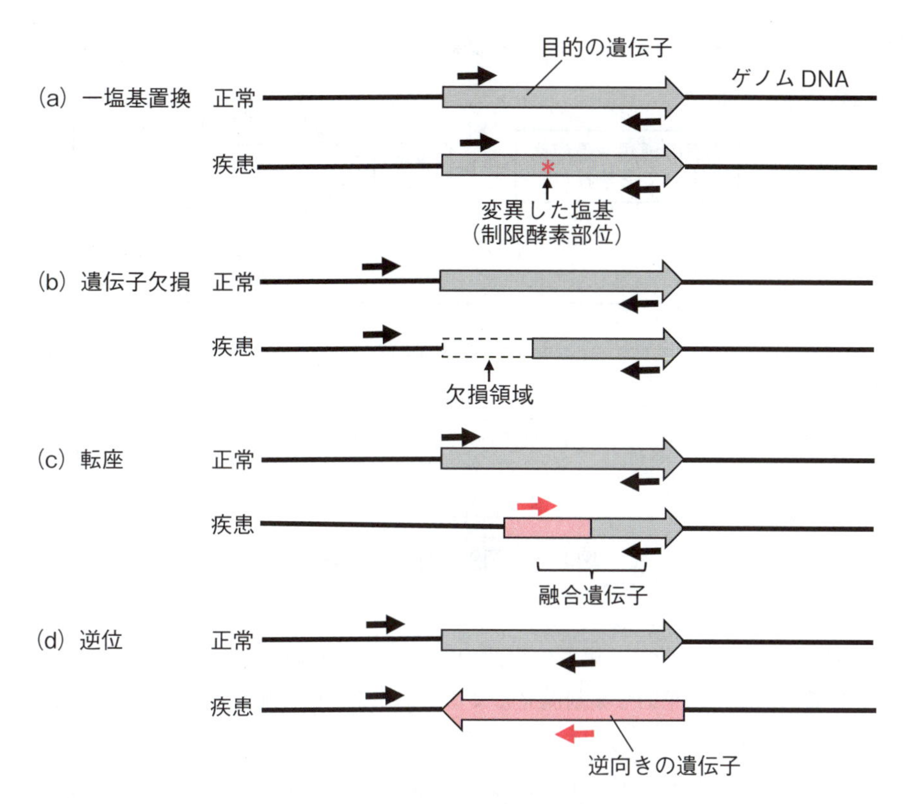

図 8-7　PCR 法による遺伝子診断の例

2つの対立遺伝子はそれぞれ正常遺伝子と疾患遺伝子を示す．矢印はセンスプライマー（右向き）およびアンチセンスプライマー（左向き）を示す．(a) 一塩基置換の場合，どちらの遺伝子も同じ長さの PCR 産物を与えるが，それらを制限酵素処理または直接シークエンスすることにより，異常配列の有無が検出される．(b) 遺伝子欠損の場合，正常遺伝子に比べ，疾患遺伝子では欠損領域分だけ短い PCR 産物が検出される．(c) 転座の場合，他の染色体から転座してきた遺伝子の塩基配列に特異的なプライマー（赤色）を用いることにより，融合遺伝子に特異的な PCR 産物が検出される．(d) 逆位の場合，逆向きになった遺伝子の塩基配列に特的なプライマー（赤色）を用いることにより，逆位に特異的な PCR 産物が検出される．

しない場合でも，増幅産物の塩基配列を直接決定することにより，変異の有無を検出できるという大きな利点がある（→ 7-3-3-C）．さらに遺伝子の欠損や染色体の転座または逆位なども，それらを特異的に認識するプライマーを用いて PCR を行うことで検出できる（図 8-7）．

8-2-3　遺伝子診断と個別化医療

個別化医療 personalized medicine または**オーダーメイド医療** tailor-made medicine とは，個々の患者に対して最適な治療を行う医療のことであり，それぞれの患者の遺伝的背景，生理的状態，疾患の状態等を十分に考慮した上で行われる医療である．従来の医療では，多くの患者に効果のある薬剤を用いて処方し，効果が認められない患者に対しては他の薬剤に変更するなどの方法がとられてきた．また，治療において効果が強く現れすぎたり，反対に副作用が強く現れるのは，患者の特異な体質によるものと考えられてきた．しかし，現在では薬物代謝に関与する遺伝子の変異等がこれに大きく寄与していることが明らかとなっている．個別化医療の進展は，薬

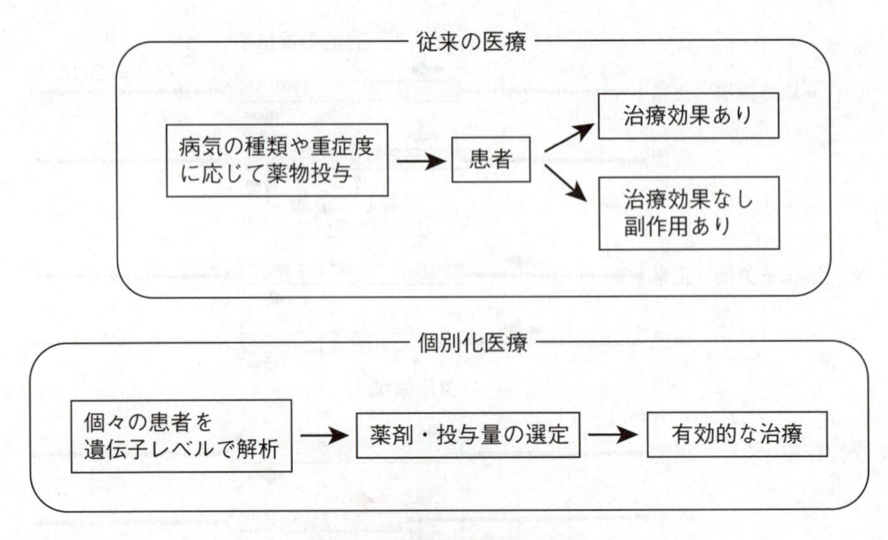

図8-8　個別化医療の概略

物治療の有効性・安全性の向上，患者の生活の質（QOL）の向上，病気の早期回復や予防医療の推進，医療費の削減，効果的な薬剤開発による製薬産業の活性化など，さまざまな面での効果が期待されている（図8-8）．

すでに学んだように一塩基多型，すなわちSNPは，ゲノムDNA上に約1,000塩基に1か所の割合で存在し，ヒトの全ゲノム中に約300万か所存在すると考えられている（→2-5-2）．SNPはその存在するDNAの領域に応じて6種類に分類することができる（表8-5）．なかでも表現型に影響を及ぼす可能性のあるSNPは，疾患の発症や薬物代謝等に関連することから重要である．

例えば，薬物代謝に最も重要な役割を果たしているのは，肝臓ミクロソームに存在する薬物代謝酵素**チトクロームP-450（CYP）** cytochrome P-450である．CYPは類似のメンバーからなる大きな遺伝子ファミリー（CYPスーパーファミリーとよぶ）を形成しており，多数のアイソザイムが存在している．代表的なアイソザイムとしてCYP3A4，CYP2C9，CYP1A2，CYP2C19，CYP2D6などがあるが，各アイソザイムは基質特異性が異なるため，異なる薬物の代謝に関与している．例えば，CYP2C9は，抗てんかん薬のフェニトイン，抗凝固薬のワルファリン，糖尿病治療薬のグリピジドやトルブタミドなどの代謝に関与し，CYP2C19は，プロトンポンプ阻害

表8-5　SNPの種類

SNPの種類	変異の内容	表現型変化
コード領域SNP	タンパク質をコードする翻訳領域でアミノ酸変異を生じる変異	大
調節領域SNP	プロモーターなどの遺伝子発現に関与する遺伝子領域内での変異	大
非翻訳領域SNP	遺伝子の非翻訳領域での変異	中
イントロン領域SNP	遺伝子のイントロン領域での変異	中
サイレント変異SNP	アミノ酸変化を起こさない一塩基変異	希少
ゲノム領域SNP	上記以外の領域の変異	希少

剤のオメプラゾール，催眠鎮痛薬のジアゼパム，抗てんかん薬のフェニトイン，抗うつ薬のイミプラミン，マラリア治療薬のプログアニルなどの代謝に関与する．さらにCYP2D6は，HIV治療薬のエファビレンツ，抗がん剤のシクロホスファミド，麻酔薬のプロポフォールの代謝に関与している．重要なことはこれらの各アイソザイムには多数のコード領域のSNPが存在し，それが個人の薬物代謝能力の違いになっている．したがって，各個人のCYP遺伝子の変異を事前に調べることにより，薬物の有効性，体内動態，副作用などを予測し，各個人に応じた安全かつ有効な薬物療法が可能となる．これらのCYPアイソザイムの遺伝的欠損により，各種薬物の血中濃度-時間曲線下面積（AUC）の上昇や半減期の延長などの起こることが知られている．

また，薬物のグルクロン酸抱合に必要な**UDPグルクロン酸転移酵素（UGT）**uridine diphosphate glucuronosyltransferaseの一つであるUGT1A1は，抗がん剤のイリノテカンの代謝に関与している．イリノテカンはプロドラッグであり，体内で活性代謝物であるSN-38に変換される．UGT1A1の二つの遺伝子多型（UGT1A1*6）および（UGT1A1*28）について，どちらかのホモ接合体（*6/*6あるいは*28/*28）または両者のヘテロ接合体（*6/*28）は本酵素の代謝活性が著しく低下し，SN-38の代謝（解毒）が遅延する．その結果，好中球減少などの重篤な副作用を発症する．

8-2-4　遺伝疾患の遺伝形式

ヒトの各遺伝子は染色体上（44本の常染色体と2本の性染色体）の特定領域に保存されている（→2-4-2）．各遺伝子が存在する位置を**遺伝子座**gene locusといい，相同な遺伝子座の遺伝子を**対立遺伝子**allele（アレル）とよぶ．ヒトでは父母から由来する染色体が対を形成して存在することから，二つのアレルがある．このアレルの組合せによって現れる特徴が決定され，これを**表現型**phenotypeといい，アレルの組合せを**遺伝子型**genotypeという．片側だけのアレルの影響で表現型が現れるものを**優性遺伝**，両方のアレルの影響で表現型が現れるものを**劣性遺伝**という．さらに，この対立遺伝子が二つとも同じものを**ホモ接合体**homozygote，二つのアレルが異なるものを**ヘテロ接合体**heterozygote，アレルが一つしかないもの（男性のX，Y染色体を含む）を**ヘミ接合体**hemizygote，アレルが二つともないものを**ナリ接合体**nalizygoteという（図8-9）．通常，遺伝形式はメンデルの法則（→2-1-1）に従うメンデル形質であり，多くの人で認

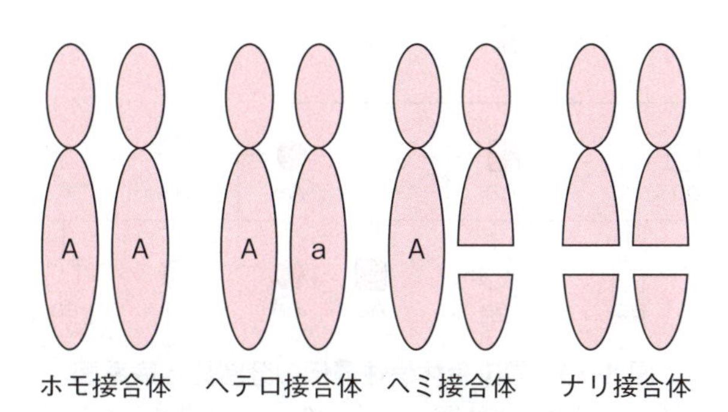

図8-9　接合体の種類

められる正常の形質を野生型（正常アレル）とよび，少数のものを変異型（変異アレルまたは疾患アレル）とよぶ．

単因子性遺伝疾患の遺伝形式を考えるとき，二つのアレルをそれぞれAおよびaとすると，疾患をもつ子供の生まれる割合はパネットの四角形とよばれる図表（図8-10，図8-12，図8-13，図8-14）で表される．また，生まれた子供の数に対する疾患を有する子供の割合を分離比（＝発病率）という．

A　常染色体優性遺伝

常染色体上に存在する遺伝子が優性遺伝によって遺伝する場合，**常染色体優性遺伝** autosomal dominant inheritanceという．疾患の原因となる優性変異遺伝子をA，正常アレルをaとすると，一般に哺乳類では優性変異遺伝子を両方にもつホモ接合体（AA）の方が，優性変異遺伝子を片側にだけもつヘテロ接合体（Aa）より表現型の特徴は強く現れる．図8-10(a)に示すように正常遺伝子のホモ接合体の健常者と優性変異遺伝子のホモ接合体の患者の間に生まれる子供の場合，分離比は1.0となる．また，正常遺伝子のホモ接合体の健常者と優性変異遺伝子のヘテロ接合体の患者の間に生まれる子供では分離比が0.5となる．家系図では，各世代に患者は認められ，患者の両親のうちいずれかは患者である（図8-10(b)）．このように各世代で患者が認められる遺伝を垂直伝達という．このことからも，患者として生まれてくる子供の分離比は0.5であることがわかる．常染色体優性遺伝疾患の例として**ハンチントン舞踏病** Huntington's choreaがある．この疾患は，手足や顔の痙攣（あたかも舞踏しているように見える不随意運動），認知障害，精

(a)

		患者	
		A	A
正常	a	Aa 患者	Aa 患者
	a	Aa 患者	Aa 患者

分離比＝1.0

		患者	
		A	a
正常	a	Aa 患者	aa 正常
	a	Aa 患者	aa 正常

分離比＝0.5

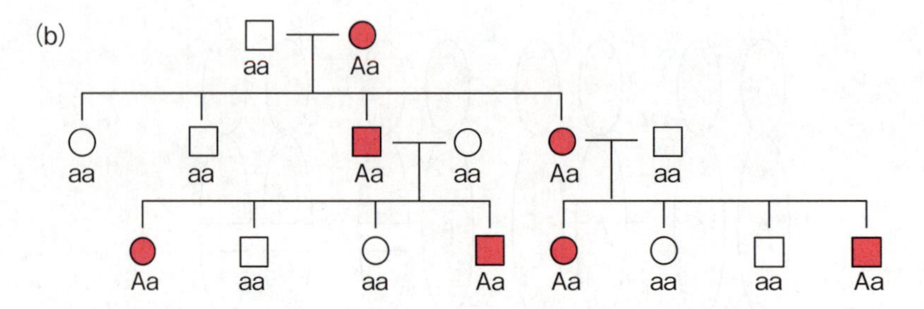

図8-10　常染色体優性遺伝の分離比と家系図

(a) 分離比を表す図．aaは正常，Aaは患者となる．
(b) 家系図（□：男，○：女，白：正常，赤：患者）

表 8-6 代表的なトリプレットリピート病

疾 患	遺伝子	トリプレット	遺伝形式	遺伝子産物
ハンチントン舞踏病	Htt	CAG	常染色体優性	ハンチンチン
脊髄小脳失調症 I 型	SCA1	CAG	常染色体優性	アタキシン-1
DRPLA	ATN1	CAG	常染色体優性	アトロフィン-1
筋緊張性ジストロフィー	DM	CTG	常染色体優性	タンパク質リン酸化酵素
球脊髄性筋萎縮症	AR	CAG	X 連鎖劣性	アンドロゲン受容体
脆弱 X 症候群	FRAXA	CGG	X 連鎖劣性	RNA 結合タンパク質

DRPLA；歯状核赤核淡蒼球ルイ体萎縮症

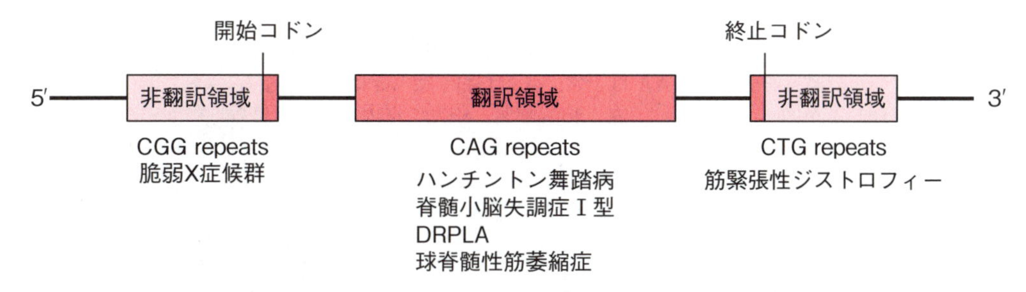

図 8-11 トリプレットリピート病の原因遺伝子上の 3 塩基反復配列領域

神障害などを主症状とする遺伝性神経変性疾患である．発症年齢が親から子，子から孫へと世代を重ねるごとに早まる傾向があり，未成年者の発症もみられる（若年性ハンチントン病）．この疾患の原因は，ハンチンチン（Htt）という遺伝子の中に存在する**トリプレットリピート** triplet repeat が異常に増幅していることである．トリプレットリピートとは CAG や CGG のような 3 塩基を 1 単位とした反復配列である（表 8-6）．正常なハンチンチン遺伝子ではトリプレットの反復回数が 11 ～ 34 回程度であるが，ハンチントン舞踏病患者では 37 ～ 86 回にまで増加している．この結果，この遺伝子に由来するハンチンチンタンパク質中に CAG のコドンに対応するグルタミンの長い繰返しが挿入され，神経毒性を有するタンパク質が産生されることで神経細胞死を引き起こす．なお，トリプレットリピートは遺伝子の翻訳領域だけでなく，非翻訳領域においてもみられ，その伸長はさまざまな疾患の原因となっている（図 8-11）．

B 常染色体劣性遺伝

常染色体上に存在する遺伝子で，両方のアレルに劣性変異遺伝子 a をもつことで表現型に現れる遺伝形式を**常染色体劣性遺伝** autosomal recessive inheritance という．正常アレルを A とした場合，劣性変異遺伝子をもつヘテロ接合体（Aa）のことを保因者とよび，この遺伝形式は一般的に保因者どうしの父母の子孫で表現型が認められ，分離比は 0.25 である（図 8-12）．家系に近親婚がみられることが多いのが特徴である．一般に患者は垂直伝達するが，近親婚が繰り返される場合には複数の世代に患者が認められる．常染色体劣性遺伝疾患には，**鎌状赤血球貧血** sickle-cell anemia，**フェニルケトン尿症（PKU）** phenylketonuria などがある．

鎌状赤血球貧血は遺伝性の貧血症で，低酸素状態で赤血球が鎌状に変形し，酸素運搬能力が低下する．この疾患の原因は，ヘモグロビン β 鎖の 6 番目のグルタミン酸に対応するコドン GAG

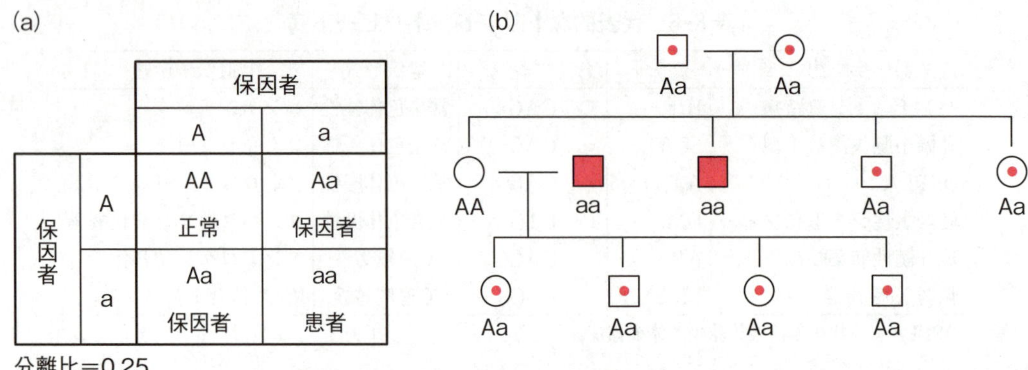

図 8-12　常染色体劣性遺伝の分離比と家系図

(a) 分離比を表す図．AA は正常，Aa は保因者，aa は患者となる．
(b) 家系図（□：男，○：女，白：正常，中丸：保因者，赤：患者）

がバリンに対応するコドン GUG に変わる点突然変異である．遺伝子型がホモ接合体の場合，常に重度の貧血症を発症するため成人前に死亡するが，ヘテロ接合体では低酸素状態下でのみ発症するため，日常生活を営むことは可能である．

フェニルケトン尿症はアミノ酸代謝異常疾患の一つで，アミノ酸のフェニルアラニンの代謝酵素であるフェニルアラニン水酸化酵素の遺伝子変異によって発症する．主な症状は，精神発達の遅延，運動発達の遅延，まれに痙攣を生じることがある．フェニルアラニン水酸化酵素の遺伝子変異としてこれまでに数十種類が知られており，点変異以外に挿入や逆位による遺伝子異常も知られている．本疾患の患児は生後，フェニルアラニン不含ミルクで育てることにより，脳への障害が回避できるため，すべての新生児に対して血中フェニルアラニンの定量によるマススクリーニングが行われている．

C　伴性遺伝

性染色体上に存在する遺伝子の変異により表現型に現れる遺伝形式を**伴性遺伝** sex-linked inheritance という．ヒトの場合，性染色体は X 染色体と Y 染色体があり，男性は XY のヘテロ接合体，女性は XX のホモ接合体である．このため変異遺伝子が X 染色体に由来する場合と Y 染色体に由来する場合で男性と女性における遺伝形式が異なる．これには，X 連鎖優性遺伝，X 連鎖劣性遺伝，Y 連鎖遺伝がある．X 連鎖優性遺伝形式をとる疾患はまれなものであるが，X 染色体上に存在する優性変異遺伝子 A によって表現型が現れる．父が正常である場合と患者である場合，そして母が正常または患者（ホモまたはヘテロ接合体）である場合によって子供の男女による発病率が異なる（図 8-13(a)）．例えば，父が患者で母が正常の場合，息子の発病率は 0 であるが，娘の発病率は 100％となる．また，父が正常で母が患者（ヘテロ接合体）の場合，息子と娘はいずれも 50％の発病率となる．常染色体優性遺伝と同様，患者は各世代で出現し患者の両親のいずれかが患者である（図 8-13(b)）．X 連鎖優性遺伝病の代表例としてビタミン D 抵抗性クル病やアルポート症候群があげられる．

X 連鎖劣性遺伝とは，X 染色体上に存在する劣性変異遺伝子 a によって表現型が現れる劣性遺

(a)

		正常(母)	
		X^a	X^a
患者(父)	X^A	X^aX^A 患者(娘)	X^aX^A 患者(娘)
	Y	X^aY 正常(息子)	X^aY 正常(息子)

分離比=0.5　(息子=0, 娘=1.0)

		患者(母)	
		X^A	X^a
正常(父)	X^a	X^AX^a 患者(娘)	X^aX^a 正常(娘)
	Y	X^AY 患者(息子)	X^aY 正常(息子)

分離比=0.5　(息子=0.5, 娘=0.5)

(b)

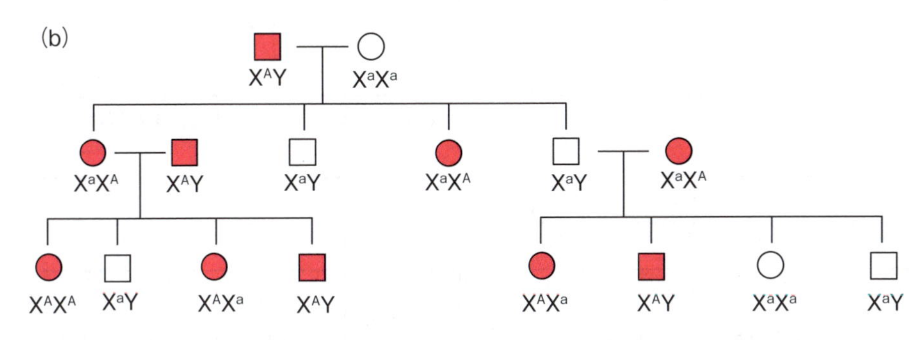

図 8-13　X 連鎖優性遺伝の分離比と家系図

(a) 分離比を表す図．X^A をもつと患者となる．

(b) 家系図（□：男，○：女，白：正常，赤：患者）

伝であり，男性は劣性変異遺伝子のヘミ接合体，女性は劣性変異遺伝子のホモ接合体で表現型が現れる．父が患者で母が正常（保因者ではない）の場合と母が保因者の場合では，その子供における表現型の分離比は，それぞれ 0 と男女ともに 0.5 となる（図 8-14(a)）．また，父が正常で，母が保因者の場合は，その子供における表現型の分離比は，息子 0.5 で娘 0 である．一方，父が正常で，母が患者の場合では，息子 1.0 となり，娘では 0 となる．家系では，患者の出現は垂直伝達，患者の性比は男が大過剰となる（図 8-14(b)）．代表的な X 連鎖劣性遺伝疾患に**デュシェンヌ型筋ジストロフィー** Duchenne muscular dystrophy，**血友病** hemophilia，**赤緑色覚異常** red-green blindness などがある．

デュシェンヌ型筋ジストロフィーは，乳幼児期では正常時とほぼ変わらない運動能力を示すが，4 ～ 5 歳頃から筋力の低下が認められ歩行障害が現れる．年齢とともに筋力の低下が進行し，12 歳頃までに歩行不能となる．この疾患は，X 染色体上に存在するジストロフィン遺伝子の異常である．ジストロフィン遺伝子はヒト最大の遺伝子で 79 個のエキソンから構成され，エキソン単位の欠失が最も多く，次にエキソンの重複異常やナンセンス変異によって発症することが知られている．

血友病は先天性凝固障害の一つであり，血友病 A と血友病 B がある．血友病 A の原因は，X 染色体上に存在する第Ⅷ因子の遺伝子の欠失，あるいは点突然変異によるナンセンス変異やミスセンス変異である．また，血友病 B の原因は，X 染色体上に存在する第Ⅸ因子の遺伝子異常により，第Ⅸ因子から活性型第Ⅸ因子への変換が阻害され，第Ⅸ因子が活性化されないことにより発症する．

さらに，Y連鎖遺伝とは，Y染色体上の変異遺伝子による疾患であり，父から息子に遺伝し，娘には遺伝されず，患者の父が必ず患者である．

(a)

		正常(母)	
		X^A	X^A
患者(父)	X^a	X^AX^a 保因者(娘)	X^AX^a 保因者(娘)
	Y	X^AY 正常(息子)	X^AY 正常(息子)

分離比=0

		保因者(母)	
		X^A	X^a
患者(父)	X^a	X^AX^a 保因者(娘)	X^aX^a 患者(娘)
	Y	X^AY 正常(息子)	X^aY 患者(息子)

分離比=0.5　(息子=0.5, 娘=0.5)

		保因者(母)	
		X^A	X^a
正常(父)	X^A	X^AX^A 正常(娘)	X^aX^A 保因者(娘)
	Y	X^AY 正常(息子)	X^aY 患者(息子)

分離比=0.25　(息子=0.5, 娘=0)

		患者(母)	
		X^a	X^a
正常(父)	X^A	X^aX^A 保因者(娘)	X^aX^A 保因者(娘)
	Y	X^aY 患者(息子)	X^aY 患者(息子)

分離比=0.5　(息子=1.0, 娘=0)

(b)

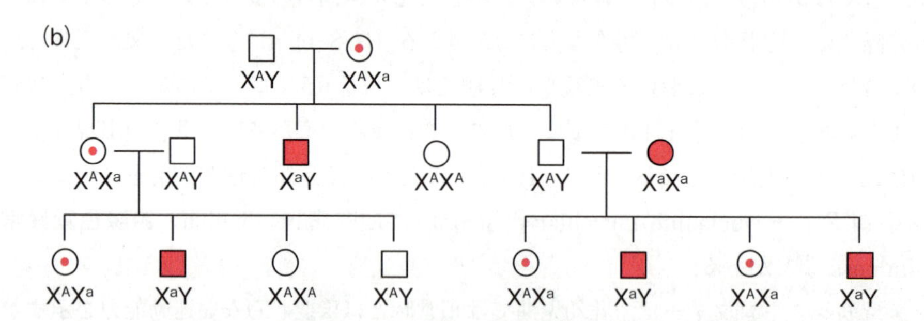

図 8-14　X 連鎖劣性遺伝の分離比と家系図

(a) 分離比を表す図．X^AX^A または X^AY は正常，X^AX^a は保因者，X^aX^a または X^aY は患者となる．
(b) 家系図（□：男，○：女，白：正常，中丸：保因者，赤：患者）

8-3 遺伝子治療

8-3-1 遺伝子治療とは

遺伝子の変異は基本的にはDNA上のランダムな場所で起こるが，変異の場所によって遺伝子発現に及ぼす影響は異なる（図8-15）．特にエキソンやスプライス部位における変異はタンパク質構造に大きな変化を与える可能性があり，遺伝疾患の原因になりやすい．遺伝子変異によって引き起こされる疾患に対し，遺伝子を用いて治療する治療法を**遺伝子治療** gene therapy とよぶ（図8-16）．生体内の標的遺伝子以外には影響を与えず，欠失や変異のある原因遺伝子のみを正常な遺伝子に置き換えて修復するのが遺伝子治療の理想である．しかし，そのためには遺伝子の相同組換えを行う必要があり，まだ技術的に臨床応用できる状況ではない．現状では，対象となる細胞に正常遺伝子を導入して発現させるか，あるいは変異遺伝子の働きを抑える遺伝子を補充する遺伝子治療が行われている．正常遺伝子を補充するものとしては，実施例で取り上げたアデ

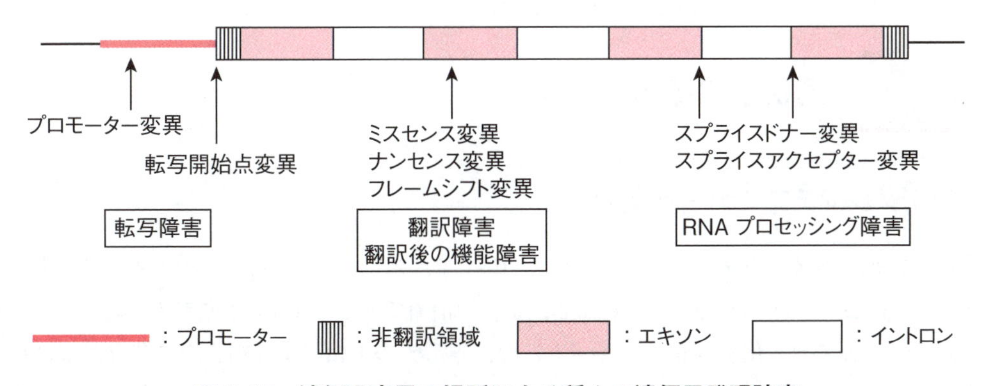

図8-15　遺伝子変異の場所による種々の遺伝子発現障害

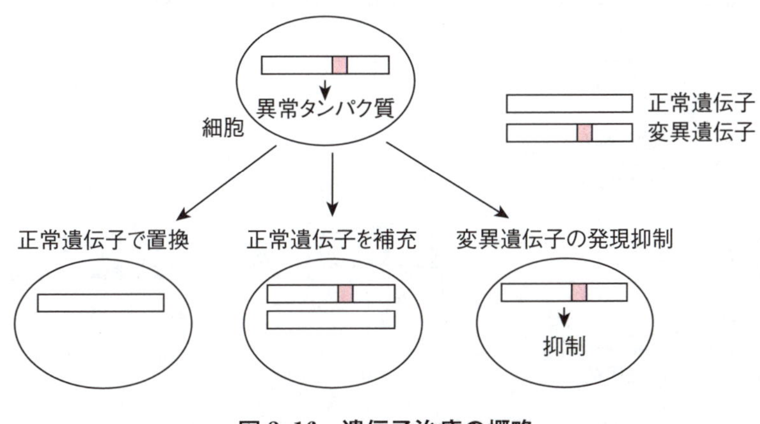

図8-16　遺伝子治療の概略

ノシンデアミナーゼ欠損症の治療がある．また，変異遺伝子の働きを抑える遺伝子治療として，近年注目されている miRNA を種々のがん治療に応用しようとする試みが行われている．

このように遺伝子を体内（または体内の細胞）に導入する治療法は，多くの疾患の治療に役立つ可能性がある．現在，わが国における遺伝子治療は「遺伝子治療研究に関する指針」(2002年4月1日　厚生労働省施行）に沿った倫理審査委員会で審査・承認を受けたのち，さらに厚生労働大臣の了承を得たものに限って実施が許可されている．

8-3-2　遺伝子治療の方法

ヒトにおける遺伝子治療は，外来遺伝子を導入するため，***ex vivo* 法**と ***in vivo* 法**の二つに大別される（図8-17）．*ex vivo* 法とは，治療対象となる細胞を患者から取り出し，体外で遺伝子導入した後，遺伝子導入された細胞を患者の体内に戻す方法である．この方法は，標的遺伝子の導入率や発現効率を確認できる点で優れているが，体外で細胞を培養することから，培養可能な細胞（血液系細胞，皮膚線維芽細胞など）が限定されること，特殊な研究設備が整った施設でないと実施できないこと，細胞の採取や移植等の外科的処置が患者の負担となることが欠点となる．一方，*in vivo* 法とは，遺伝子を直接体内に注入し対象細胞に導入する方法である．特殊な設備や操作を必要とせず，患者への負担も少ない長所がある．しかし，対象細胞以外の細胞への遺伝子導入の可能性ならびに遺伝子の導入効率や発現効率の確認が難しいなどの欠点がある．

8-3-3　遺伝子治療の実施例

A　アデノシンデアミナーゼ欠損症

遺伝子治療が世界で最初に行われたのは，1991年，米国における**アデノシンデアミナーゼ（ADA）欠損症** adenosine deaminase deficiency の治療である．ADA はアデノシンとデオキシアデノシンを脱アミノ化する酵素で（→2-7-8），本酵素の欠損により細胞内に基質およびその異常代謝物が蓄積し，感染防御システムの中心であるT細胞の増殖抑制や細胞死による**重症複合免疫不全症（SCID）** severe combined immunodeficiency を引き起こす．ADA 欠損症の遺伝

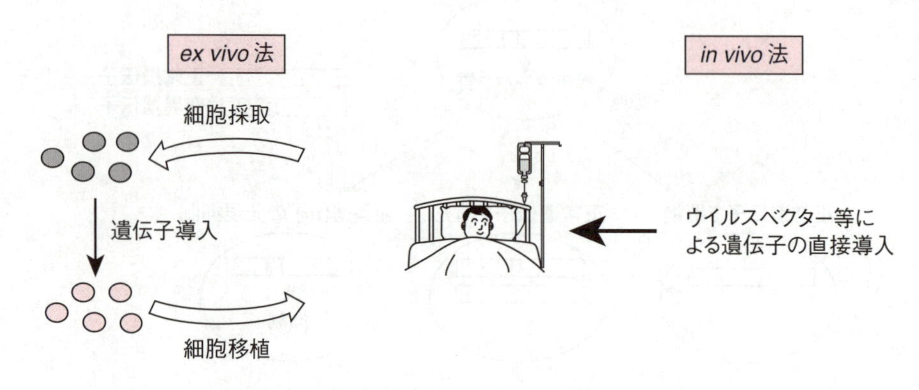

図8-17　遺伝子治療の *ex vivo* 法と *in vivo* 法

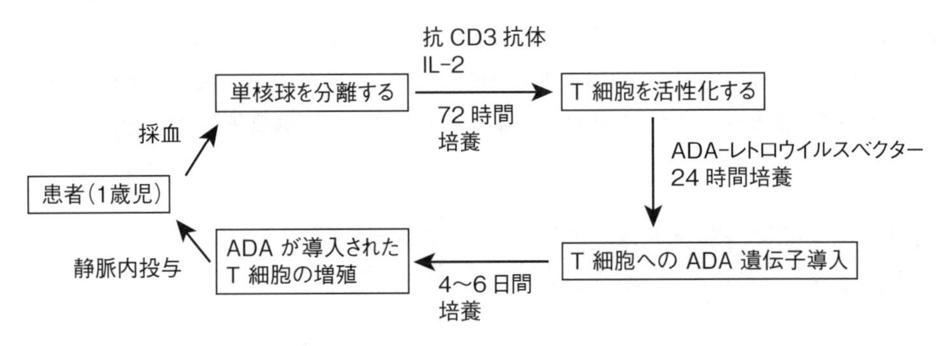

図 8-18　ADA 欠損症の遺伝子治療の概略（*ex vivo* 法）

子治療は，*ex vivo* 法により，欠損した ADA 遺伝子を患者の T 細胞に導入するように計画された（図 8-15）．患者から採取した単核球への ADA 遺伝子の導入は，レトロウイルスベクターを用いて行われた．ADA 欠損症と診断された 1 歳児から血液を採取し，血球分離装置で白血球を，そして密度勾配遠心法にて単核球を分離する．単核球を抗 CD3 抗体とインターロイキン-2 の存在下で 72 時間培養して T 細胞を活性化する．活性化された T 細胞を ADA-レトロウイルスベクターを用いて感染させ，さらにインターロイキン-2 存在下で 4〜6 日間培養する．増殖した細胞を無菌的に処理し，患者に静脈内投与することで，生体内で正常な ADA が発現できる．

B　脳腫瘍

増殖している細胞に感染しやすい特性をもつレトロウイルスベクターと生体内で代謝を受けて細胞毒性を示すプロドラッグの**ガンシクロビル（GCV）** gancyclovir を用いて，脳腫瘍に対する遺伝子治療が行われた（図 8-19）．抗ウイルス薬の GCV はグアノシン誘導体であり，単純ヘルペスウイルスの（HSV）の**チミジンキナーゼ（TK）** thymidine kinase によって特異的にリン酸化される．リン酸化された GCV は，次に細胞のグアニル酸キナーゼによってガンシクロビル三リン酸（p-GCV）へと代謝される．この p-GCV は DNA 合成を阻害し，細胞死を引き起こす．そこで，HSV-TK 遺伝子を組み込んだレトロウイルスを生体に注入すると，腫瘍細胞のような細

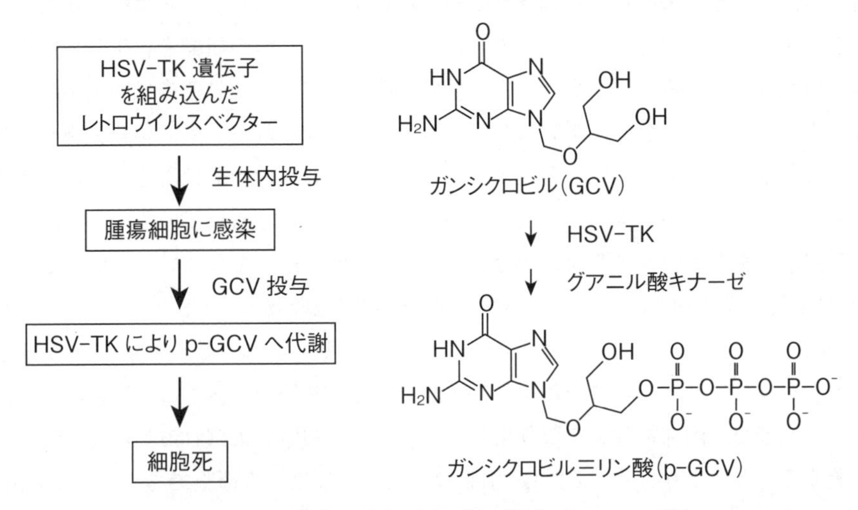

図 8-19　脳腫瘍の遺伝子治療の概略（*in vivo* 法）

胞増殖が盛んな細胞に選択的に感染するが，神経細胞のような非増殖細胞にはほとんど感染しない．その結果，腫瘍細胞内でのみHSV-TKが産生されるようになる．次に生体にGCVを投与すると，HSV-TKが産生された細胞内でp-GCVへと代謝され，腫瘍細胞は死滅する．

8-4　再生医療

ヒトでは生体組織の一部を失った場合，肝臓や表皮などのごく一部の組織を除いて再生することはできない．このため，遺伝子工学，細胞工学ならびに発生工学の技術を駆使して，病気やけがで失われた組織を再生して，もとの機能を回復させようという試みが大きく進展している．このような医療は**再生医療** regenerative medicine とよばれ，近年，遺伝子治療と同様に根本的な治療法の一つとして大きな期待が寄せられている．再生医療には，細胞移植と試験管内で再構築した器官を用いた臓器移植が考えられる．近年の再生医療の分野では，多様な細胞に分化する幹細胞が注目されている．幹細胞には，受精卵からつくられる**胚性幹細胞（ES細胞）** embryonic stem cell，体細胞に数種類の遺伝子を導入してつくられる**人工多能性幹細胞（iPS細胞）** induced pluripotent stem cell がある．

8-4-1　再生医療と幹細胞

再生医療において基本となる細胞は，あらゆる細胞に分化可能な万能細胞，つまり幹細胞である．**幹細胞** stem cell は，複数系統の細胞に分化することができる**多分化能** multipotency と，細胞分裂をくり返しながらも多分化能を維持する**自己複製能** self-renewal ability を有する細胞と定義されている．これまでに多くの研究者が未分化な幹細胞を確立してきた．**体性幹細胞** somatic stem cell は，生体のさまざまな組織に存在する幹細胞で，中胚葉由来の造血幹細胞や間葉系幹細胞，外胚葉由来の神経幹細胞や皮膚幹細胞などがあり，これらは未分化な細胞で，損傷した組織を再生する能力をもち，自己複製によって常に少しずつ組織を再生している．造血幹細胞は，血液細胞をつくる細胞であり，主に骨髄に存在している．骨髄には間葉系幹細胞も存在しており，骨・軟骨・筋肉などの細胞に分化できることが知られている．神経細胞やグリア細胞に分化する細胞として神経幹細胞が存在する．以前は脳や脊髄の神経は再生しないと考えられていたが，最近では成人の脳でも一部ではあるが再生することが知られている．この他に，毛髪に関係する毛包幹細胞や角膜幹細胞などが存在し，再生医療に用いられている（図8-20）．

ES細胞は動物の発生初期段階である胚盤胞期の**内部細胞塊** inner cell mass からつくられる幹細胞株である．理論的には，生体外ですべての細胞組織に分化することができる**分化全能性** pluripotency を有し，ほぼ無限に増殖することができる．ES細胞の樹立は，受精卵が分割して胚盤胞になった段階で，内部細胞塊を取り出し，フィーダー細胞とよばれる足場となる繊維芽細胞の上で培養することにより行われる．ES細胞は自発的に分化する細胞であり，マウス由来のES細胞にはLIF（白血病阻害因子）を，ヒト由来のES細胞にはbFGF（塩基性繊維芽細胞増殖因

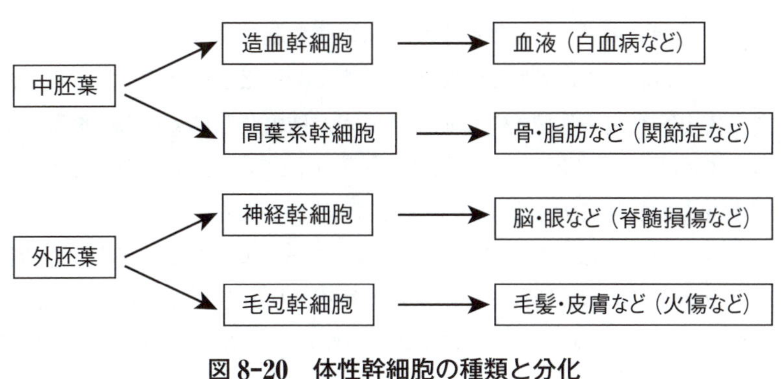

図 8-20　体性幹細胞の種類と分化

子）を加えた培地で培養することで，未分化な状態を維持することができる．このように ES 細胞の樹立には，受精卵から発生した胚盤胞が必要であり，ヒト由来の ES 細胞は，生命の誕生を消してしまうことから倫理上，大きな問題がある．2001 年，米国政府はヒト ES 細胞の樹立を公的研究費で行うことを禁止した．しかし，パーキンソン病，脊髄損傷，脳梗塞，糖尿病，肝硬変，心筋梗塞などの各種疾患に対する治療法として期待を寄せる国では，ヒト ES 細胞の樹立が認められており，ヒト ES 細胞の研究に賛否が分かれている．わが国においては，体外受精による不妊治療で母体に戻されなかった胚のうち，破棄される余剰胚をヒト ES 細胞として樹立することが認められている．

8-4-2　iPS 細胞

2006 年，山中らはマウスの皮膚繊維芽細胞に *oct3/4*，*sox2*，*klf4* および c-*myc* の 4 種の遺伝子をレトロウイルスベクターを用いて導入することにより，iPS 細胞の作製に成功した（表 2-1）．2007 年にはヒトの皮膚繊維芽細胞からヒト iPS 細胞が作製され（図 8-21），現在では胃細胞，肝細胞，血液細胞，ケラチン産生細胞などさまざまな細胞から iPS 細胞を作製することができる．iPS 細胞は皮膚細胞等を用いて作製できることから ES 細胞に比べて倫理的問題が少なく，再生医療をはじめとする臨床応用への期待が高い．

iPS 細胞の最大の特徴は，生体のさまざまな細胞に分化できる多分化能を有することであるが，iPS 細胞から分化した細胞の生体への移植にはいくつかの問題点もある．そのひとつに iPS 誘導

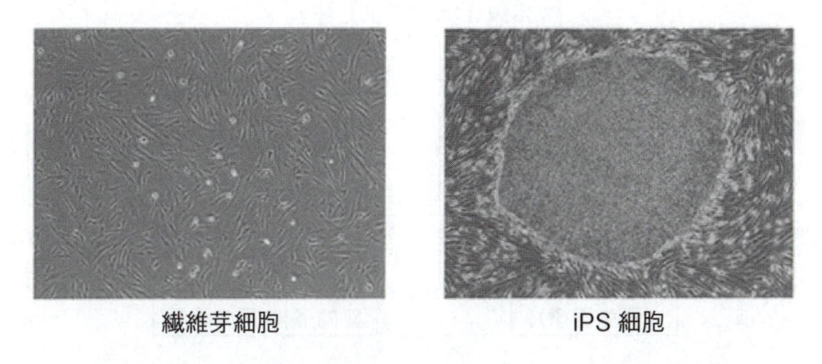

図 8-21　ヒト繊維芽細胞とそこからつくられた iPS 細胞

因子による腫瘍化があげられる．iPS 細胞をマウスの胚盤胞に注入してキメラマウスを作製したところ，80 週齢までに 80% 以上が明らかな腫瘍形成により死亡した．現在では，がん原遺伝子 c-*myc* を除くことで iPS 細胞の作製効率は低下するが，腫瘍化しにくい iPS 細胞も実用化されている．また，レトロウイルスベクターによる遺伝子導入法では，外来遺伝子がゲノム DNA にランダムに挿入されて細胞機能に大きな影響を与える可能性がある．そこでプラスミドベクター，アデノウイルスベクターまたはセンダイウイルスベクターによる遺伝子導入や，複数の外来遺伝子を環状にしてゲノム DNA への挿入を抑制する方法等が検討されている．さらに Oct3/4, Sox2, Klf4 タンパク質の直接導入や薬剤による iPS 細胞作製法なども開発され，腫瘍化の問題も解決されつつある．また，分化させた iPS 細胞の中に未分化な細胞が残存して腫瘍化する可能性もあり，未分化細胞を取り除く方法や細胞を完全に分化させる方法の確立が重要である．

上記以外にも，iPS 細胞の作製には患者の細胞採取から 4 ～ 5 か月間が必要であること，さらに GMP（Good Manufacturing Practice）レベルで iPS 細胞を作製し，安全性に関する確認等に多額の費用が必要であることなどの問題がある．この問題に対して，患者に対してすぐに使えるよう iPS 細胞バンクの構築が進められている．iPS 細胞バンクでは，患者自身ではなくボランティアからの iPS 細胞の樹立と保管を行う．これを再生医療に役立てるには，品質管理と安全性の確保に加え，拒絶反応を引き起こさないための対策が重要である．

iPS 細胞は，再生医療以外にも個別化医療や創薬研究においても活用される（図 8-22）．すなわち，患者の皮膚繊維芽細胞を神経細胞，心筋細胞，肝細胞などに分化させ，種々の薬物の効果や副作用を調べることで，より有効で安全性の高い薬物を見出すことができる．また，創薬分野では従来のマウス等を用いた基礎研究と異なり，ヒト iPS 細胞は新薬の開発時間の短縮と経費削減に有用であると考えられる．

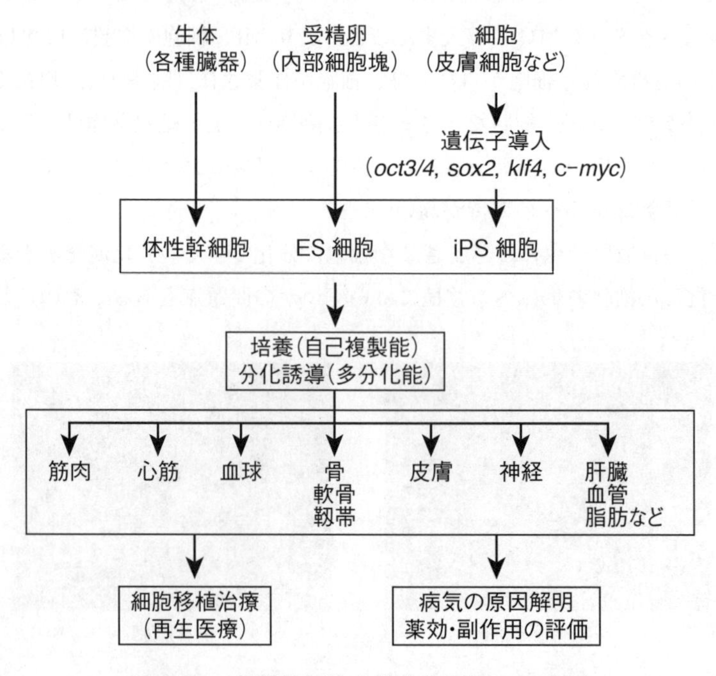

図 8-22　各種幹細胞の分化と医療への応用

現在，iPS細胞を用いた再生医療の実用化に向けて，加齢性黄斑変性患者へのiPS細胞由来網膜色素上皮細胞シートの移植，再生不良性貧血の中で血小板が減少する血小板減少症へのiPS細胞由来血小板の移植，重症虚血性心筋症患者へのiPS細胞由来心筋細胞シートの移植などの臨床実験が行われている．その他iPS細胞を神経細胞に分化させ，パーキンソン病ならびに脊髄損傷患者への移植などの臨床実験も行われている．また，ヒトの病態を再現する動物モデルがない疾患や動物モデルを使うことが困難な疾患に関して，患者由来のiPS細胞を分化させて，創薬評価を行うことが行われている．さらに製薬企業にとって新薬開発が躊躇される希少疾患に対しても，分化させたiPS細胞を用いた既存薬の再スクリーニング（ドラッグリポジショニングとよぶ）なども行われている．

また，特に単一遺伝子疾患においては，iPS細胞（再生医療）とゲノム編集技術（遺伝子治療）と組み合わせることにより，画期的な治療法につながる可能性がある．例えば，筋ジストロフィー患者からiPS細胞を作成し，欠損しているジストロフィン遺伝子をゲノム編集技術によって正常遺伝子に置き換え，その後，筋細胞に分化させて患者に移植するような治療法の開発も期待される，

以上のようにiPS細胞には，現在，克服すべきいくつかの課題もあるが，多くの利点があることから，iPS細胞の基盤技術の確立，知財確保，iPS細胞バンクの充実，各種疾患の臨床試験への応用，先天性疾患の治療薬開発への応用等が，現在，活発に進められている．

日本語索引

ア

アイセントレス® 99
青白判定 238
アガロースゲル 236
アクチビン 196
アクチベーター 111
アクチンフィラメント 10
5-アザシチジン 122
アザシチジン 221
アザチオプリン 99
アシクロビル 97, 99
アジドチミジン 99
足場非依存性の増殖 205
アスパラギン 12
アスパラギン酸 12
アセチル化 115
アセチル化酵素 106
アデニル酸シクラーゼ 185, 186, 188
アデニン 26
アデノウイルス 95
アデノウイルス科 95
アデノシンデアミナーゼ欠損症 302
アニソマイシン 144
アニーリング 242, 245
アバスチン® 219
アービタックス® 219
アフィニトール® 221
アポトーシス 200
アポトーシス小体 200
アマガサヘビ 185
アミド化 150
アミノアシル tRNA 31, 134
アミノアシル tRNA 合成酵素 32, 135
アミノグリコシド系 144
アミノ酸 10
　鏡像異性体 11
アミノ酸の活性化 134
アミノプテリン 53
アミノ末端 14
誤りがちな修復 169
アラニン 12
アルカリ変性法 233, 234
アルカリホスファターゼ 228
アルギニン 12
アルキル化 161
アルキル化剤 90
アルツハイマー病 154
アルブミン 288
アレル 120, 249, 295
アロプリノール 58, 99
アンカーリング 150
安全キャビネット 280, 281
アンチコドン 31, 131
アンチセンス鎖 101
アントラサイクリン系抗生物質 93
α チューブリン 9
α ヘリックス 16
iPS 細胞 304, 305
RNA
　アルカリ加水分解 47
　安定性 46
　基本構造 30
　酵素による分解 46
　抽出と精製 233
RNA ウイルス 2
　ゲノム複製 95
RNA 干渉 128
RNA 干渉法 258
RNA 複製 95, 96
RNA プライマー 75
RNA プロセシング 123
RNA 分解酵素 128
RNA ポリメラーゼ 101
RNA ポリメラーゼ I 108
　転写反応 113
RNA ポリメラーゼ I 系遺伝子
　転写複合体 114
RNA ポリメラーゼ II 108
RNA ポリメラーゼ II 系遺伝子
　構造 108
　転写 109
　転写抑制機構 111
RNA ポリメラーゼ III 108
　転写反応 113
RNA ポリメラーゼ III 系遺伝子
　転写複合体 114
RNA 誘導性サイレンシング複合体 128
RNA ワールド仮説 144
rRNA
　プロセシング 127
RT-PCR 法 246

イ

イオンチャネル型受容体 184
鋳型 101
鋳型鎖 73, 101
鋳型鎖交換 175
移行シグナル 145
異数性 71
イストダックス® 222
イソロイシン 12
一遺伝子一酵素説 23
一塩基多型 42
一塩基置換 293
I 型 DNA トポイソメラーゼ 36
一次構造 15
一次精母細胞 71
一次卵母細胞 70
一倍体細胞 67
1α, 25$(OH)_2$ ビタミン D_3 183, 184
一酸化窒素 199
一本鎖 DNA 結合タンパク質 79
遺伝暗号 131
遺伝暗号の解読 133
遺伝学 120
遺伝子 21, 22
遺伝子改変動物 276
遺伝子型 295
遺伝子組換えインスリン製剤 286
遺伝子組換え植物 277
遺伝子組換え成長ホルモン製剤 287
遺伝子組換え生物 278
遺伝子組換え造血ホルモン製剤 287
遺伝子クローニング法 239

遺伝子欠損　293
遺伝子検査　292
遺伝子工学　225
遺伝子座　295
遺伝子診断　246, 292, 293
遺伝子増幅　209
遺伝子多型　42, 268
遺伝子多型検出法　265
遺伝子治療　301
遺伝子発現抑制法　258
遺伝子病　206
遺伝子変異　301
遺伝子マーカー　268
遺伝性非ポリポーシス大腸がん　176
イナビル® 97
イニシエーション　213, 215
イニシエーター配列　109
イノシトール 1,4,5-トリスリン酸（IP_3）189
イノシトールリン脂質特異的ホスホリパーゼ Cβ　186
イピリムマブ　220
イホスファミド　91
イマチニブ　220
イミノ酸　12
イリノテカン　92, 295
イレッサ® 220
インクレチン　287
インスリン　286
インターフェロンγ　196
インターロイキン 2　196
イントロン　108
インプリント遺伝子　121
インフルエンザウイルス　2, 95
E 部位　136
EGF
　MAP キナーゼ経路　193
ES 細胞　273, 304
ex vivo 法　302, 303
in vivo 法　302

ウ

ヴァイデックス EC® 99
ウイルス　94
　大きさ　1
　構造　2
ウイルス感染法　255
ウイルスゲノム
　複製　93
ウェスタンブロット法　253
ウェルナー症候群　177
牛海綿状脳症　154
ウラシル　26
運動タンパク質　20
Wnt/β カテニン経路　197
Wnt/β カテニン シグナル系　197

エ

エイコサノイド　180
栄養外胚葉　273
エキソサイトーシス　6, 147
エキソヌクレアーゼ　47, 226
3′→5′ エキソヌクレアーゼ　47
5′→3′ エキソヌクレアーゼ　47
3′→5′ エキソヌクレアーゼ活性　79, 225
5′→3′ エキソヌクレアーゼ活性　225
エキソン　108
エクソソーム　222
エクソソーム創薬　222
エタノール沈殿法　232
エトポシド　92
エドマン分解法　15
エナンチオマー　11
エピゲノム治療薬　122
エピゲノム薬　221
エピジェネティクス　120
エファビレンツ　99
エフェクター　186
エベロリムス　221
エリオン　99
エリスロポエチン　287
エリスロマイシン　144
エレクトロポレーション　238
エレクトロポレーション法　255
塩化セシウム密度勾配遠心法　233, 234
塩基　25
　構造　26
　表記　27
塩基除去修復　164, 170
塩基性アミノ酸　12
塩基相補性　29
塩基対　28, 40
塩基置換変異　158
塩基配列
　表記法　34
エンドクリン　180
エンドサイトーシス　6, 9
エンドヌクレアーゼ　47, 226
エンハンサー　108
エンベロープ　2
A 部位　136
ADP リボシル化　191
ADP-リボシルトランスフェラーゼ　191
AP エンドヌクレアーゼ　165, 170
AP 部位　160
F アクチン　10
Fc 融合タンパク質　291
M 期チェックポイント　64
MCM 複合体　87
miRNA
　遺伝子発現調節　128
mTOR 阻害薬　195
N-ε-アセチルリジン　13
N-グリコシド型糖鎖　149
N 末端　14
NIH3T3 細胞　207
NO 合成酵素　199
S 期チェックポイント　63
S1 ヌクレアーゼ　228
SD 配列　137
SDS-ポリアクリルアミドゲル電気泳動　253
SH2 ドメイン　192, 193, 193
SNP 解析
　タックマン® 法　267
　ピロシークエンス法　266
SOS 応答　169
X 連鎖優性遺伝　299
X 連鎖劣性遺伝　300
X 連鎖劣性遺伝疾患　299

オ

岡崎フラグメント　77
オキサリプラチン　92
8-オキソグアニン　160, 214
オセルタミビル　97
オータコイド　179
オーダーメイド医療　293
オートクリン　180

オートクレーブ 280, 281
オートシーケンサー 264
オートファゴソーム 155
オートファジー 9, 155
オートラジオグラフィー 242, 249
オートリソソーム 155
オプジーボ® 220
オープンリーディングフレーム 137
オペレーター 106, 169
オペロン 106
オペロン説 106
オミックス 269
オラパリブ 222
オリゴヌクレオチド 34
オルガネラ 3
オロチジン一リン酸 50
オロト酸 50
オワンクラゲ 257, 258

カ

開始 137
開始アミノアシル tRNA 137
開始因子 137
開始コドン 131
概日リズム 170
開始複合体 139
回文配列 105
改変された生物 278
外膜 4
化学発がん 213
化学分解法 261
化学療法剤 90
核 6
核外移行シグナル 147
核局在化シグナル 147
核酸 23
　紫外部吸収スペクトル 235
　電気泳動 236
核酸の定量 235
拡散防止措置 278
核質 127
核受容体 180
核小体 7, 33, 127
核内低分子 RNA 33
核膜 6
核膜の崩壊 64
核様体 3, 41
カスパーゼ 201
カスパーゼ活性化デオキシリボヌクレアーゼ 201
家族性乳がん 176
カタボライト活性化タンパク質 107
活性酸素種 160, 214
滑面小胞体 8
カナマイシン 144
カプシド 2
鎌状赤血球貧血 297
カリフォルニアシビレエイ 185
カルタヘナ議定書 277
カルタヘナ法 277
カルバモイルリン酸 50
カルボキシ末端 14
カルボプラチン 92
カルモジュリン 189
がん 205
がん遺伝子 206, 210
環境変異原 161
がん原遺伝子 207, 208
幹細胞 304
ガンシクロビル 97, 303
がん腫 205
完全ヒト抗体 289
カンプトテシン 92
がん抑制遺伝子 122, 209
含硫アミノ酸 12
関連解析法 269
γ-カルボキシグルタミン酸 13
CaM キナーゼ 189
Ca^{2+}，カルモジュリン依存性プロテインキナーゼ 186, 189

キ

キアズマ 69
キサンチン 58
キサンチンオキシダーゼ 58
基底膜 216
機能の獲得 258
機能の喪失 258
キノロン系抗生物質 84
キメラ抗体 219, 289, 290
キメラマウス 274
逆位 157, 293
逆転写 96
逆転写酵素 97, 226, 241
逆転写酵素阻害薬 99
逆平行二重らせん構造 29
逆平行 β シート 17
キャップ依存性エンドヌクレアーゼ 97, 98
キャップ結合タンパク質 139
キャップ構造 31, 123, 138, 139
5′キャップ構造 31
キャピラリー式自動塩基配列決定装置 264
急性前骨髄球性白血病 183
鏡像異性体 11
極性中性アミノ酸 12

ク

グアニル酸シクラーゼ 199
グアニン 26
グアニンヌクレオチド交換促進因子 193
組換え 168
組換え医薬品 283
組換え DNA 技術 237
クラインフェルター症候群 71
グラム陰性菌 4
クラリスロマイシン 144
クランプローダー 81
O-グリコシド型糖鎖 149
グリコシルホスファチジルイノシトール 149
グリシン 12
クリステ 7
クリプトクロム 170
グリベック® 220
グルタミン 12
グルタミン酸 12
クレノウ酵素 226
クロイツフェルト・ヤコブ病 154
クローニング 239
クローバー葉構造 31
クロマチン 37
クロマチン構造 7
30 nm クロマチン繊維 38
クロマチンリモデリング 117
クロラムフェニコール 144
クロラムフェニコール系 144
クローン 239
クローン動物 271
クローン動物作出法 271
クローンヒツジ 271
CRISPR/Cas システム 260

ケ

形質転換 23, 238
血管新生 217
血管内皮細胞増殖因子 217
欠失 157, 159
欠失変異 260
血友病 299
ゲノム 40, 269
　遺伝子多型 41
　反復配列 41
ゲノムインプリンティング 120
ゲノム再編成 44
ゲノム刷り込み現象 120
ゲノム編集 259, 276
ゲノムワイド関連解析 269
ゲノム DNA
　抽出と精製 232
ゲノム DNA の再編成 44
ゲノム DNA ライブラリー 239
ゲフィチニブ 220
ゲムシタビン 92
ゲラニルゲラニル化 150
ゲル電気泳動 236
原核細胞
　遺伝子発現 102
　構造 3
　転写開始反応 102
　転写終結反応 105
　翻訳 130
　翻訳反応 138
　リボソーム 136
原核生物 1
　DNA 複製 77
減数分裂 67, 68
減数分裂期組換え 69
ゲンタマイシン 144
限定分解 148

コ

コア 37
コアクチベーター 111
コア酵素 104
コアヒストン 37
コアプロモーター 110
コアプロモーターエレメント 113
抗インフルエンザ薬 97
抗ウイルス薬 97
抗 HIV 薬 99
効果器 186
抗がん剤 66, 90
交差 69
抗腫瘍性抗生物質 93
甲状腺ホルモン 181
恒常的ヘテロクロマチン 115
校正活性 80, 226
抗生物質 143
構造遺伝子 106
構造タンパク質 20
酵素共役型受容体 196, 184
酵素タンパク質 20
抗体 44
抗体依存性細胞傷害 291
抗体医薬品 219, 289
　構造 290
　命名法 290
抗体の多様性 44
後天性免疫不全症候群 96
好熱菌
　Taq DNA ポリメラーゼ 245
抗ヘルペスウイルス薬 97
コケイン症候群 171, 176
古細菌 1
コザック共通配列 140
コドン 31, 131
コドンのゆらぎ 132
コドン表 131
個別化医療 293
ゴルジ体 8
コルヒチン 67
コレカルシフェロール 184
コレステロール 6
コレラ毒素 191
コロナウイルス 95
コロニーハイブリダイゼーション 242, 243
コンディショナルノックアウトマウス 275
コンピテントセル 238

サ

細菌 1
細菌人工染色体 232
細菌毒素 143
サイクリン 211
サイクリン依存性キナーゼ 212
サイクリン/CDK 複合体 211
サイクルシークエンス法 264
再生 45
再生医療 304
サイトカイン 180
サイトカイン受容体 196
サイトゾル 9
細胞
　大きさ 1
　基本構造 3
細胞外マトリックス 216
細胞骨格 9
細胞質 3, 9
細胞質型グアニル酸シクラーゼ 199
細胞質分裂 64
細胞周期 61, 211
　G_0 期 62
　G_1 期 62
　G_2 期 62
　M 期 62
　S 期 62
細胞周期チェックポイント 62
細胞小器官 3
細胞内シグナル伝達機構 179
細胞分裂 61
細胞分裂毒 66
細胞膜 3, 4
細胞膜移行 145
細胞老化 90
再利用経路 48, 55
サイレンサー 108
サイレント変異 159
サザンブロット法 248, 249
サテライト DNA 41
ザナミビル 97
サブユニット 18
30S サブユニット 32
40S サブユニット 32
50S サブユニット 32
60S サブユニット 32
サラセミア 126
サルベージ経路 48, 55
酸化的損傷 160
酸化的脱アミノ反応 160
サンガー法 261
　塩基配列の解読 263
三次構造 17
　安定化する要因 17

3者複合体　139
酸性アミノ酸　12
三量体Gタンパク質　190
　エフェクターの活性制御
　　190
　αサブユニット　190
　$\beta\gamma$サブユニット　190
cAMP
　合成　188
　分解反応　188
cAMP-Aキナーゼ系
　転写調節　187
cAMP依存性プロテインキナーゼ　186
cAMP応答配列　188
cAMPホスホジエステラーゼ
　188
cGMP依存症ナトリウムチャネル　186
cGMP依存性プロテインキナーゼ　200
cGMP-プロテインキナーゼG
　シグナル系　199
cGMPホスホジエステラーゼ
　186, 199

シ

ジアシルグリセロール　189
ジェネティックス　120
紫外線　161
紫外線損傷　161
紫外線耐性　166
志賀毒素　144
色素性乾皮症　171, 176
シグナル認識粒子　146
シグナル配列　145
シグナルペプチド　145
シクロヘキシミド　144
シクロホスファミド　91
始原生殖細胞　69
自己複製能　304
自己分泌　180
自己リン酸化　192
脂質　149
脂質二重層　4
シスチン　13
システイン　12
シスプラチン　92
ジスルフィド結合　15, 19, 285
次世代シークエンサー　223
次世代DNAシーケンサー
　264, 269
自然発生的損傷　160
シータ構造　85
ジダノシン　99
シタラビン　92
疾患データベース　270
2′, 3′-ジデオキシヌクレオシド
　三リン酸　261, 263
ジデオキシ法　261
シトクロムc　202
シトシン　26
ジドブジン　99
ジヒドロウラシルデヒドロゲナーゼ　60
ジヒドロウリジン　31, 32
ジヒドロキシビタミンD_3　184
ジヒドロ葉酸レダクターゼ　53
シビレエイ　185
脂肪族アミノ酸　12
姉妹染色分体　39, 64
N^2, N^2-ジメチルグアノシン
　31, 32
下村　258
シャイン・ダルガルノ配列
　137
シャペロン　151
シャルガフの法則　28
臭化エチジウム　236
終結　137
終結因子　137
終止コドン　131
収縮環　66
重症複合免疫不全症　302
重複　157
縮重　131
主溝　29
腫瘍　205
受容体　180
条件的ヘテロクロマチン　115
小サブユニット　32, 135
脂溶性リガンド　180
常染色体優性遺伝　296
常染色体劣性遺伝　297, 298
上皮間葉転換　217
小胞体　8
情報伝達タンパク質　20
上流制御エレメント　113
ショートパッチ修復　171
真核細胞　1
　遺伝子導入法　254
　遺伝子発現　102
　塩基除去修復　170
　構造　4
　相同組換え修復　173
　転写　107
　ヌクレオチド除去修復　171
　非相同末端結合　172
　ペプチド鎖伸長反応　141
　翻訳　130
　翻訳開始過程　140
　翻訳終結反応　143
　翻訳反応　139
　リボソーム　136
　DNA修復機構　169
　DNA複製　85
　DNA複製開始　87
　DNAポリメラーゼ　85
　RNAプロセシング　123
新規合成　48
ジンクフィンガードメイン
　181
ジンクフィンガーモチーフ
　111
神経芽細胞腫　209
神経伝達物質　180
人工多能性幹細胞　304
人工ヌクレアーゼ　260
浸潤　216
新生鎖　72
真正細菌　1
新生鎖伸長阻害剤　92
伸長　137, 245
伸長因子　137
心房性ナトリウム利尿ペプチド
　199
Cキナーゼ　189
C末端　14
CAATボックス　110
CDK阻害因子　213
cDNAライブラリー　239, 240
CHO細胞　254, 285, 289
CpGアイランド　119
CpGメチル化異常　122
Gアクチン　10
Gタンパク質　184
Gタンパク質共役型受容体
　184
GCボックス　110
G_2/M期チェックポイント　63
GPI-アンカー型膜タンパク質
　150

Gq タンパク質
ホスホリパーゼ C の活性制御 189
G_1/S 期チェックポイント 63
GTP 分解活性 190
GTPase 活性 191, 208
GU-AG 則 125
JAK-STAT 系 196

ス

水痘・帯状疱疹ウイルス 94
水溶性リガンド 180
スクリーニング 242
ステム-ループ構造 31
ステロイドホルモン 181
ステロイドホルモン応答配列 182
ステロイドホルモン受容体 181
構造 182
ストックリン® 99
ストレプトマイシン 144
スパイク 2
スピンドルチェックポイント 64
スプライシング 125
スプライシング異常 126
スプライソソーム 126
スライディング・クランプ 80

セ

制御配列 230
制限酵素 47, 226
認識部位 227
制限酵素切断部位 230
精原細胞 69
制限断片長多型 265, 266
精細胞 71
精子 70
生殖細胞 64
精祖細胞 70
生体膜 5
成長ホルモン 287
正の超らせん 35
生物学的封じ込め 277
生物時計 170
セカンドメッセンジャー 180, 186
赤緑色覚異常 299
セツキシマブ 219
接触阻害の喪失 205
セリン 12
セリン/トレオニンキナーゼ型受容体 195
セリン/トレオニン/チロシンキナーゼ 193
セルフプライミング 94
セレノシステイン 13, 135
セレノシステイン tRNA 135
前駆体 RNA 123
全ゲノム型修復 171
前室 281
染色体 22, 38
染色体異常 157, 159
染色体異数性疾患 71
染色体逆位 209
染色体交差 69
染色体骨格 39
染色体転座 209
染色体不分離 71
センス鎖 101
選択的スプライシング 126
線虫 202
セントラルドグマ 23, 25
セントロメア 39
線毛 4
全 *trans*-レチノイン酸 182, 183

ソ

増殖因子受容体 191
リン酸化チロシン残基 192
相同組換え 274
相同組換え修復 168, 172
相同組換え修復機構 260, 276
相同染色体 39, 67
挿入 159
挿入変異 260
相補性群 176
相補的 DNA 240
ゾビラックス® 97
ゾフルーザ® 98
ソマトトロピン 287
粗面小胞体 8
ソリブジン 60
損傷寛容 174
損傷トレランス 174
損傷乗り越え合成 174

タ

第一極体 70
第一減数分裂 67
第一種使用等 278
対合 67
ダイサー 128
体細胞 64
体細胞分裂 64
大サブユニット 32, 135
体性幹細胞 304
大腸菌
塩基除去修復 165
新生鎖合成反応 79
相同組換え修復 168
ヌクレオチド除去修復 166
ミスマッチ修復 167
DNA 複製開始 77, 78
DNA ポリメラーゼ 79
第二極体 70
第二減数分裂 67
第二種使用等 278
耐熱性 DNA ポリメラーゼ 245
対立遺伝子 120, 295
ダウン症候群 71, 159
ターゲティングベクター 273
多段階発がんモデル 215
タックマンプローブ 250, 267
タックマン®法 266
脱ピリミジン部位 160
脱プリン部位 160
ターナー症候群 71
多分化能 304
タミフル® 97
ターミナルトランスフェラーゼ 228
ターミネーター 103
ターミネーター配列 105
ターン 17
短鎖ヘアピン RNA 259
単純ヘルペスウイルス 94
タンパク質 10
一次構造 15
構造の階層性 15
酵母 285
昆虫細胞 285
再生 19
三次構造 17
大腸菌 285

二次構造　16
発現系　285
フォールディング　19
フォールディング異常　154
変性　19
哺乳動物細胞　285
翻訳後修飾　147
四次構造　18
タンパク質合成　130, 136
タンパク質-タンパク質間相互作用　18
タンパク質の品質管理　151
タンパク質発現系
酵母　254
昆虫細胞　254
大腸菌　254
培養動物細胞　254
タンパク質プライミング　94
短腕　39
TATA ボックス　109

チ

チトクローム P-450　294
チミジル酸
合成　52, 53
チミジル酸合成阻害剤　53
チミジル酸シンターゼ　53
チミジンキナーゼ　303
チミン　26
チミングリコール　160
チミン二量体　161
チャイニーズハムスター卵巣細胞　254, 285
中間径フィラメント　9
中期赤道面　65
中心体　64
中和抗体　290
チューブリン　64
超二次構造　17
超らせん構造　34, 36
長腕　39
貯蔵タンパク質　20
チロシン　12
チロシンキナーゼ型受容体　191

ツ

痛風　58
痛風治療薬　58
ツーヒット仮説　209, 210

テ

3-デアザネプラノシン A　122
低分子核 RNA　126
低分子干渉 RNA　259
低分子性キナーゼ阻害薬　220
低分子リボ核タンパク質　125
低分子量 G タンパク質　193
定量 PCR　250, 251
定量 RT-PCR　251
デオキシリボ核酸　25
デオキシリボース　26
デオキシリボヌクレアーゼ　47
デオキシリボヌクレオチド
合成　52
デシタビン　122
デスレセプター　202
テトラサイクリン　144
テトラサイクリン系　144
テトラヒドロ葉酸　48
デノシン®　97
デュシェンヌ型筋ジストロフィー　299
テロメア　39, 89
テロメア DNA　89, 90
テロメラーゼ　89, 97
がん　90
転位　42
転移　216
転移 RNA　31
電気穿孔法　238, 255
転座　157, 293
転座型ダウン症候群　159
転写　101
転写開始点　102, 108
転写活性化因子　111
転写共役因子　111
転写共役型修復　171
転写終結点　108
転写抑制因子　112
点突然変異　158
天然痘ウイルス　94
点変異　209
電離放射線　162
D ループ　31
de novo 合成　48
DNA
安定性　46
化学修飾による切断反応　262
基本構造　28
酵素による分解　46
再生　45
超らせん構造　34
変性　45
DNA ウイルス　2
ゲノム複製　93
DNA 塩基配列決定法　261
DNA グリコシラーゼ　164, 170
DNA クローニング　239
DNA 結合タンパク質　20, 111
DNA 合成
プライマー要求性　75
DNA ジャイレース　83
DNA ジャイレース阻害剤　84
DNA 修復　164
DNA 損傷　160
DNA チップ法　252
DNA トポイソメラーゼ　35, 36, 83
DNA トポイソメラーゼ阻害剤　92
DNA 二重らせん　29
種類　34
左巻き　34, 35
右巻き　34, 35
A 型　34, 35
B 型　34, 35
Z 型　34, 35
DNA 二本鎖切断　162
DNA ポリメラーゼ　72
DNA フォトリアーゼ　164, 170
DNA 複製　61, 71
エラー　163
進展と終結　84
両方向性　76
DNA 複製ライセンス化機構　88
DNA プローブ　242
DNA プロファイリング　247
DNA ヘリカーゼ　78
DNA ポリメラーゼ　225
新生鎖の校正　80
DNA ポリメラーゼ I　82, 225, 241
DNA ポリメラーゼ III　79
校正機能　79
DNA ポリメラーゼ III コア酵素

79
DNA ポリメラーゼⅢホロ酵素 79
DNA ポリメラーゼ α 85
DNA ポリメラーゼ δ 85, 174
DNA ポリメラーゼ ε 85, 174
DNA ポリメラーゼ η 175, 176
DNA マイクロアレイ法 252
DNA メチル化
転写抑制 118
DNA メチル化酵素 118
DNA メチル化阻害剤 122
DNA リガーゼ 77, 228, 229, 241
DnaA-ボックス 77
TGFβ 受容体 195
TGFβ-Smad 系 195
Ti プラスミド 277
Tm 値 245
TNFα 受容体 204
tRNA
三次構造 32
二次構造 32
プロセシング 127
tRNA 分子 132
TΨC ループ 31
T4 ポリヌクレオチドキナーゼ 228

ト

同義コドン 131
動原体 65
糖鎖 148
糖タンパク質 149
等電点 14
ドキソルビシン 93
毒ヘビ 185
独立の法則 21
ドセタキセル 67
突出末端 227
突然変異 157
利根川 44
ドミナントネガティブ 258
ドメイン 18
トラスツズマブ 219
トランジション 159
トランスクリプトーム 270
トランスクリプトーム解析 252
トランスジェニックマウス 272
トランスバージョン 159
トランスポゾン 42, 43
トランスロケーション 142
トリソミー 71, 159
トリプトファン 12
トリプレットリピート 297
トリプレットリピート病 154, 297
トリメトプリム 54, 55, 99
トレオニン 12
ドローシャ 128
TRAIL 受容体 204

ナ

ナイトロジェンマスタード 91
内部開始機構 140
内部細胞塊 273, 304
内部リボソーム結合部位 140
内分泌 180
内膜 4
7 回膜貫通型受容体 185
ナリジクス酸 84
ナリ接合体 295
ナンセンス変異 159

ニ

二価染色体 67
Ⅱ型 DNA トポイソメラーゼ 36
肉腫 205
ニコチン性アセチルコリン受容体 184, 185
二次構造 16
二次精母細胞 71
二次卵母細胞 70
ニトロソアミン 162
ニトロソウレア 91
二倍体細胞 67
ニボルマブ 220
ニムスチン 91
乳がん 209
ニューキノロン系抗生物質 84
尿酸 58
ニーレンバーグ 133

ヌ

ヌクレアーゼ 226
ヌクレオシド 25, 26
構造 26
表記 27
ヌクレオシド系 144
ヌクレオシド三リン酸
合成 55
ヌクレオソーム 37, 201
ヌクレオチド 25, 27
構造 26
生合成 48
表記 27
ヌクレオチド除去修復 165, 171

ネ

ネクローシス 200
熱ショックタンパク質 152, 181
熱変性 245
ネビラピン 99
粘着末端 227

ノ

ノイラミニダーゼ 97, 98
脳腫瘍 303
ノーザンブロット法 251
ノックアウト 260
ノックアウトマウス 272
ノックイン 260
ノービア® 99
ノルフロキサシン 84
ノロウイルス 95
Notch シグナル系 198
Notch シグナル経路 198
Notch 阻害剤 199

ハ

バイオ医薬品 283
バイオインフォマティックス 270
バイオデータベース 270
胚性幹細胞 304
胚盤胞 273
ハイブリダイゼーション 242
ハイブリッド形成 46, 242
ハウスキーピング遺伝子 119
バーキットリンパ腫 209
バキュロウイルス 254, 285

パーキンソン病 154
バクテリオファージ 229, 231
パクリタキセル 67
ハーセプチン® 219
発がんプロモーター 214
白金製剤 92
発現ベクター 253
パラクリン 180
バリン 12
パリンドローム 105
パルボウイルス 94
パルボウイルス科 94
パルミトイル化 150
バロキサビル 98
伴性遺伝 298
ハンチントン舞踏病 296
反復配列 41
半保存的複製 73

ヒ

非鋳型鎖 101
光回復 164, 170
光回復酵素 164
非極性中性アミノ酸 12
ビダーザ® 221
微小管 9, 64
微小管重合阻害薬 66
微小管脱重合阻害薬 66
非小細胞肺がん 209
ヒスチジン 12
ヒストン 37
ヒストンアセチル化
　転写活性化 117
ヒストンアセチル化酵素 117
ヒストン化学修飾 114
ヒストンコード仮説 115
ヒストン脱アセチル化酵素 119
ヒストン脱アセチル化阻害剤 122
ヒストンメチル化酵素 119
ヒストンメチル化阻害剤 122
非相同末端結合 172, 260, 276
ビタミン D_3 181
　活性化 183
ビタミンD応答配列 184
ビタミンD受容体 184
ヒト化抗体 219, 289, 290
ヒト血清アルブミン製剤 288
ヒトゲノム計画 40
ヒト抗体 290
ヒトサイトメガロウイルス 94
ヒト疾患関連遺伝子 268
ヒト免疫不全ウイルス 96
ヒドロキシアミノ酸 12
ヒドロキシ化 150
4-ヒドロキシプロリン 13
5-ヒドロキシリジン 13
ヒトT細胞白血病ウイルス 96
ヒポキサンチン 58
ヒポキサンチン-グアニンホスホリボシルトランスフェラーゼ 55, 56
百日咳毒素 191
ピューロマイシン 144
表現型 21, 295
病原体の同定 246
ビラミューン® 99
ビリオン 2
ピリミジン 25
ピリミジン塩基 25
　原材料 51
　合成 51
ピリミジン骨格 25
ピリミジン二量体 161
ピリミジンヌクレオチド
　尿素への分解 59
　de novo 合成 50
ピリメタミン 99
ピロシークエンス法 266
ピロリン酸 72
ビンカアルカロイド 67
ビンクリスチン 67
ビンブラスチン 66
Bcl-2 ファミリー 202, 203
P部位 136
p53
　アポトーシスの誘導 213
PCR法 243
　遺伝子診断 293
　応用 246
　クローニングの限界 245
　個人識別 247
　原理 244
　個人識別 247
pETプラスミド 230
PI3キナーゼ 194
PI3K/Akt経路 194
PI3-キナーゼ
　PIP_3 の生成 188
PI3-キナーゼ/Akt系 203
pUC8プラスミド 230
P1実験室 279
P2実験室 280
P3実験室 281
P1レベル 279
P2レベル 280
P3レベル 280

フ

ファージ 2
ファルネシル化 150
フィラデルフィア染色体 159, 209
風疹ウイルス 95
フェニルアラニン 12
フェニルケトン尿症 297
フェノール抽出法 232
フォールディング 19
副溝 29
複製因子C複合体 86
複製開始タンパク質 77, 78
複製開始点 76, 230
複製起点 76, 77
複製起点認識複合体 87
複製前複合体 87
複製バブル 84
複製フォーク 76
不斉炭素 11
プソイドウリジン 31, 32
物理的封じ込め 277
負の超らせん 35
プライマーゼ 75
プライマー要求性 73
プライモソーム 79
プラーク 231
プラークハイブリダイゼーション 242, 243
プラスミド 3, 41, 229, 230
プラスミドDNA
　抽出と精製 232
プリブナウボックス 104
プリン 25
プリン塩基 25
　原材料 49
　再利用（サルベージ）経路 56
プリン骨格 25
プリンヌクレオチド
　分解 57

de novo 合成 48, 49
5-フルオロウラシル 53, 60
ブルーム症候群 177
ブレオマイシン 93
プレプロオピオメラノコルチゾン 148
フレーム 136
フレームシフト変異 159
不連続複製 73
プログラム細胞死 201
プログレッション 213, 215
プロテアーゼ 148
26S プロテアソーム 152
プロテアソーム阻害薬 221
プロテインキナーゼ G 200
プロテインキナーゼ型受容体 184
プロテインキナーゼ A 186
　活性化 187
　基質タンパク質 187
プロテインキナーゼ B 194
プロテインキナーゼ C 186, 189, 214
プロテオーム 270
プロトオンコジーン 207
プロベネシド 58
プロモーション 213
5-ブロモ-4-クロロ-3-インドリル-*β*-D-ガラクトピラノシド 238
プロモーション 215
プロモーター 103, 108
プロリン 12
分化全能性 273, 304
分化誘導療法 183
分子クローニング 239
分子シャペロン 19, 151
分子標的薬 218
分泌シグナル 145
分離の法則 21
分離比 296, 298, 299, 300
分裂間期 62
分裂期 62
Fas リガンド 204
VNTR 多型 267

ヘ

平滑末端 227
平行 *β* シート 17
ベクター 229
ベーシックヘリックス・ループ・ヘリックスモチーフ 111
ヘテロ核 RNA 108, 125
ヘテロクロマチン 7, 40, 114
ヘテロクロマチンタンパク質1 120
ヘテロ接合性の消失 210
ヘテロ接合体 274, 295
ヘテロノックアウトマウス 274
ベバシズマブ 219
ペプチジル基転移反応 142
ペプチジルトランスフェラーゼ 142
ペプチド 14
ペプチド結合 14
ペプチド鎖合成終結反応 142
ペプチド鎖伸長反応 141
ヘミ接合体 295
ヘリックス・ターン・ヘリックスモチーフ 111
ペルオキシソーム 9
ペルオキシナイトライト 215
ベルケイド® 221
ヘルペスウイルス 2
ヘルペスウイルス科 94
ベロ毒素 144
変異原物質 214
ベンズブロマロン 58
変性 45
変則的塩基対形成 133
変則的水素結合 132
ベンゾ[*α*]ピレン 162
鞭毛 4
β カテニン 197
β-ガラクトシダーゼ 106, 238, 257
β-ガラクトシドパーミアーゼ 106
β-*N*-グリコシド結合 27
β シート 16, 17
β チューブリン 9
HEPA フィルター 280, 281

ホ

防御タンパク質 20
膀胱がん 209
芳香族アミノ酸 12
放射線 173
放射能 162
紡錘糸 65
放射性同位元素結合型抗体 291
紡錘体 65
紡錘体極 65
傍分泌 180
ポジショナルクローニング 268
ホスファチジルイノシトール依存性プロテインキナーゼ-1 194
ホスファチジルイノシトール-3-キナーゼ-Akt 経路 194
ホスファチジルイノシトール 4,5-ビスリン酸 189
3′, 5′-ホスホジエステル結合 28
ホスホセリン 13
ホスホトレオニン 13
ホスホチロシン 13
ホスホリパーゼ C
　PIP_2 の分解 188
ホスホリパーゼ C*β* 185
5-ホスホリボシル 1-二リン酸 48
補体依存性細胞傷害 291
ポックスウイルス科 94
ホモ接合体 295
ホモノックアウトマウス 274
ポリアクリルアミドゲル 236
ポリオウイルス 95
ポリオーマウイルス 95
ポリオーマウイルス科 95
ポリグルタミン病 154
ポリクローナル抗体 290
ポリ(A)結合タンパク質 124, 139
ポリシストロン 31
ポリシストロン性 mRNA 138
ポリシストロン性転写 106
ポリソーム 145
ホリデイ構造 169, 173
ポリ(A)テール 31
ポリヌクレオチド 34
ボリノスタット 122
ポリ(A)尾部 31, 124, 138
ポリ(A)付加シグナル 108, 124
ポリペプチド鎖開始因子 137
ポリペプチド鎖終結因子 137

ポリペプチド鎖伸長因子　137
ポリリボソーム　145
ポリADPリボースポリメラーゼ阻害薬　222
ボルテゾミブ　221
ホルボールエステル　214
N-ホルミルメチオニルtRNA　138
N-ホルミルメチオニン　138
ホルモン　179
ホロ酵素　104
翻訳　130
翻訳開始反応　139
翻訳後修飾　148, 254, 285

マ

マイクロインジェクション法　255
マイクロサテライトVNTR多型　268
マイクロサテライトDNA　41, 267
マイクロRNA　33, 128
マイトマイシンC　93
マウス抗体　289, 290
膜貫通領域　147
膜結合型リボソーム　130, 145
マクサム-ギルバート法　261, 262
マクリントック　43
マクロライド系　144
麻疹ウイルス　95
3′末端　28
5′末端　28
末端複製問題　88, 89
マトリックス　7
マトリックスメタロプロテアーゼ　216
マリス　245
マルチクローニングサイト　230
マルチレプリコン　87
慢性骨髄性白血病　159, 209, 220
MAPキナーゼ　192
MAPキナーゼカスケード　192
MAPキナーゼ経路　192
MAPKKキナーゼ　192

ミ

ミスセンス変異　159
ミスマッチ修復　167, 172
密度勾配遠心法　74
ミトコンドリア　7, 202
ミトコンドリア病　8
ミトコンドリアを介する経路　203
ミニサテライトDNA　41, 267
ミリストイル化　150

ム

ムンプスウイルス　95

メ

メセルソンとスタールの実験　73, 74
メタボローム　270
メチオニン　12
メチル化　115
メチル化DNA結合タンパク質　119
7-メチルグアノシン三リン酸　31
N^5, N^{10}-メチレンテトラヒドロ葉酸　52
メッセンジャーRNA　30
メディエーター　111
メトトレキセート　53, 54
6-メルカプトプリン　99
免疫チェックポイント阻害薬　218
メンデル　21
メンデルの法則　22

モ

モチーフ　17
モノクローナル抗体　289
モノシストロン　31
モノシストロン性転写　126
モノシストロン性mRNA　139
モノソミー　71

ヤ

薬剤耐性遺伝子　231
ヤヌスキナーゼ　197
ヤーボイ®　220
山極勝三郎　214

ユ

有糸分裂　64
融解　45
融解温度　45
融合遺伝子　257
有糸分裂
　後期　64
　終期　64
　前期　64
　前中期　64
　中期　64
優性　21
優性遺伝　295
優性の法則　21
誘導因子　106
遊離型リボソーム　130, 145
ユークロマチン　7, 40, 114
輸送タンパク質　20
ユビキチン　152
ユビキチン化　115
ユビキチン活性化酵素　153
ユビキチン結合酵素　153
ユビキチン-プロテアソーム系　152
ユビキチンリガーゼ　153
ゆらぎ塩基対　133
ゆらぎ仮説　133
UDPグルクロン酸転移酵素　295
UPエレメント　104

ヨ

溶菌化　231
溶原化　231
葉酸代謝拮抗剤　53
四次構造　18
読み枠　136

ラ

ライゲーション　241
ライブラリー　239
ラウス肉腫ウイルス　206
ラギング鎖　77, 81
　不連続複製　76

ラクトースオペロン 106, 238
ラニナミビル 97
ラニムスチン 91
ラパマイシン 195
ラリアット構造 125
ラルテグラビル 99
卵原細胞 69
卵子 70
卵巣がん 209
卵祖細胞 70
ランダムコイル 17
λファージ
　生活環 231
Ras
　GTPase 活性 208
Ras-MAP キナーゼ経路 193

リ

リアルタイム PCR 250
　増幅曲線 250
リガンド 180
リシン 144
リジン 12
リソソーム 8
リソソーム病 9
リツキサン® 219
リツキシマブ 219
リーディング鎖 77
リトナビル 99
リプレッサー 106, 112
リプレッサータンパク質 169
リボ核酸 25
リボザイム 144
リボース 26
リボソーム 8, 135
　大きさ 33
リボソーム RNA 32
リボヌクレアーゼ 47
リボヌクレアーゼ A
　一次構造 15
リボヌクレオチドレダクターゼ 52
リポフェクション法 255
リムパーザ® 222
流動モザイクモデル 6
−10 領域 104
−35 領域 104
両方向性複製 73
緑色蛍光タンパク質 257, 258
リレンザ® 97
リンカー DNA 37
リンコマイシン 144
リンコマイシン系 144
リン酸化 115
リン酸カルシウム法 254
リンチ症候群 176

ル

ルシフェラーゼ 257
ループ 17

レ

レセプター 180
レチノイン酸 181, 183
9-*cis*-レチノイン酸 182
レチノイン酸応答配列 183
レチノイン酸受容体 183
レッシュ・ナイハン症候群 56
劣性 21
劣性遺伝 295
レトロウイルス 2, 96
　遺伝子構造 207
　生活環 96
レトロウイルスベクター 303, 305
レトロトランスポゾン 42, 97
レトロビル® 99
レプリコン 86
レポーター遺伝子 256
レボフロキサシン 84
連鎖解析 268

ロ

ロイシン 12
ロイシンジッパーモチーフ 111
老化 90
ロミデプシン 122, 222
ローリングサークル型 DNA 複製 94
ロングパッチ修復 171
ρ因子 105

外国語索引

A

α helix 16
acetylation 115
acquired immunodeficiency syndrome 96
actin filament 10
activator 111
acute promyelocytic leukemia 183
ADA 302
ADCC 291
adenine 26
adenosine deaminase deficiency 302
adenovirus 95
adenylate cyclase 185
ADP-ribosyltransferase 191
AIDS 96
Akt 194
alanine 12
albumin 288
alkaline phosphatase 228
alkylation 162
allele 120, 295
alternative splicing 126
Alzheimer's disease 154
amino acid 10
aminoacyl site 136
aminoacyl tRNA 31, 134
aminoacyl tRNA synthetase 32, 135
amino terminus 14
5′-AMP 188
anchorage independent proliferation 205
anchoring 150
annealing 245
ANP 199
antibiotics 143
antibody 44
antibody-dependent cell mediated cytotoxicity 291
antibody drug 289
anticodon 31, 131
antiparallel β sheet 17
antiparallel double helix structure 29
anti-sense strand 101
Apaf-1 203
APC 198, 210
AP endonuclease 165
APL 183
apoptosis 200
AP site 160
apurinic site 160
apyrimidinic site 160
archaea 1
arginine 12
asparagine 12
aspartic acide 12
5′-ATP 188
atrial natriuretic peptide 199
autacoid 179
autocrine 180
autophagy 155
autophosphorylation 192
autosomal dominant inheritance 296
autosomal recessive inheritance 297
Axin 198
azacitidine 221
AZT 99

B

β-gal 238, 257
β-galactosidase 257
β-*N*-glycoside linkage 27
β sheet 17
BAC 232
bacterial artificial chromosome 232
bacteriophage 229
bacterium 1
base complementarity 29
base excision repair 164
basement membrane 216
base pair 28, 40
base substitution mutation 158
basic helix-loop-helix motif 111
Bcl-2 family 202
benzo[α]pyrene 162
BER 164
bevacizumab 219
bHLH 111
bidirectional replication 73
bioinformatics 270
biomembrane 5
biotechnology-based medicine 283
bivalent chromosome 67
Bloom syndrome 177
blunt end 227
BMP 196
bortezomib 221
BRCA1 176, 210
BRCA2 176, 210
BS 177
BSE 154

C

Ca^{2+} 186
CAAT box 110
Ca^{2+}/calmodulin dependent protein kinase 189
CAP 107
CAD 201, 204
calmodulin 189
cAMP 186, 187, 188
cAMP-dependent protein kinase 186
cAMP responsive element 188
cancer 205
CAP 107
cap binding protein 139
capsid 2
cap structure 123
carbamoylphosphate 50
carboxyl terminus 14
carcinoma 205
Cartagena Protocol 277

Cas9 260, 276
caspase 201
caspase-activated deoxyribonuclease 201
catabolite activator protein 107
CBP 139
CDC 291
CDK 212
cDNA 240
cDNA library 239
cell cycle 61, 211
cell cycle checkpoint 63
cell division 61
cell senescence 90
central dogma 23
centromere 39
centrosome 64
cetuximab 219
cGMP 186, 199
cGMP-dependent protein kinase 200
Chargaff's rule 28
chiasma 69
chimera mouse 274
chiral carbon 11
cholera toxin 191
cholesterol 6
c-H-*ras* 209
chromatin 37
30 nm chromatin fiber 38
chromatin remodeling 117
chromatin structure 7
chromosomal aberration 157
chromosomal crossing-over 69
chromosome 38
chromosome scaffold 39
chronic myelocytic leukemia 220
clamp loader 81
cleavage and polyadenylation specificity factor 124
cleavage stimulation factor 124
clone 239
cloning 239
clover leaf structure 31
CML 220
c-*myc* 209
coactivator 111
Cockayne syndrome 176
codon 31, 131
colony hybridization 242
competent cell 238
complementary DNA 240
complementation group 176
complement dependent cytotoxicity 291
c-*onc* 207
conditional knockout mouse 275
constitutive heterochromatin 115
contractile ring 66
core enzyme 104
core promoter 110
core promoter element 113
coronavirus 95
Co-Smad 196
CPE 113
CpG island 119
CPSF 124
CRE 188
CRE binding protein 187
CREB 187
Creutzfeldt-Jakob disease 154
CRISPR/Cas9 260, 276
cristae 7
crossing-over 69
CS 171, 176
CstF 124
cycle sequencing 264
cyclin 211
cyclin-dependent kinase 212
CYP 294
cysteine 12
cytochrome *c* 202
cytochrome P-450 294
cytokine 180
cytokinesis 64
cytoplasm 3, 9
cytosine 26
cytoskeleton 9
cytosol 9

D

DAG 186, 189
DCC 210
ddNTP 261, 263
death receptor 202
degeneracy 131
deletion 157, 159
Delta 198
denaturation 19, 45
de novo synthesis 48
density-gradient centrifugation 74
deoxyribonucleic acid 3, 25
deoxyribose 26
diacylglycerol 189
dicer 128
dideoxy method 261
2′, 3′-dideoxynucleoside triphosphate 261
dihydrofolate reductase 53
diploid cell 67
DISC 204
discontinuous replication 73
disulfide bond 15
DNA 3, 25
DnaA 77
DnaA-box 77
DNA chip method 252
DNA double strand break 162
DNA glycosylase 164
DNA gyrase 83
DNA helicase 78
DNA ligase 77, 228
DNA methyltransferase 118
DNA microarray method 252
DNA photolyase 164
DNA polymerase 72
DNA polymerase α 85
DNA polymerase δ 85
DNA polymerase ε 85
DNA polymerase Ⅰ 82, 225
DNA polymerase Ⅲ 79
DNA polymerase Ⅲ core-enzyme 79
DNA polymerase Ⅲ holo-enzyme 79
DNA profiling 247
DNA repair 164
DNA replication 71
DNA replication licensing system 88
DNA topoisomerase 35, 83
DNA virus 2
domain 18

dominant 21
dominant negative 258
Down syndrome 71
drosha 128
Duchenne muscular dystrophy 299
duplication 157

E

EB virus 94
Edman degradation 15
EF 137
E2F 212
EGF 191
egg 70
eicosanoid 180
electroporation 238
elongation 137
elongation factor 137
embryonic stem cell 273, 304
EML4-ALK 209
EMT 217
enantiomer 11
endocrine 180
endocytosis 6
endonuclease 47, 226
endoplasmic reticulum 8
enhancer 108
env 206
envelope 2
environmental mutagen 161
enzyme-coupled receptor 184
epigenetics 120
epithelial-mesenchymal transition 217
EPO 287
Epstein-Barr 94
ERK 192
error-prone repair 169
erythropoietin 287
euchromatin 7, 40, 114
eukaryote 1
everolimus 221
exit site 136
exocytosis 6, 147
exon 108
exonuclease 47, 226
3′→5′exonuclease activity 79
exosome 222
expression vector 253

F

facultative heterochromatin 115
FADD 204
familial breast cancer 176
Fas 202, 204
flagellum 4
fluid mosaic model 6
folding 19
frame-shift mutation 159
5-FU 53, 54, 60
Fz 198

G

gag 206
gain of function 258
gancyclovir 303
GC box 110
GCV 303
GEF 193
gefitinib 220
gel electrophoresis 236
gene 21
gene locus 295
gene therapy 301
genetic diagnosis 292
genetic engineering 225
genetic polymorphism 42
genetics 120
genetic test 292
genome 40, 269
genome editing 259
genome imprinting 120
1000 Genomes 269
genome-wide association study 269
genomic DNA library 239
genomic DNA rearrangement 44
genotype 295
GEO 270
germ cell 64
GFP 257, 258
GH 287
Gi 186, 188
GIP 287
global-genome repair 171
GLP-1 287
glutamic acid 12
glutamine 12
glycine 12
N-glycosylated polysaccharide 149
O-glycosylated polysaccharide 149
glycosylphosphatidylinositol 149
GMP 306
G_2/M phase checkpoint 63
GO 270
Golgi apparatus 8
GPCR 184
GPI 149
G protein 184
G protein-coupled receptor 184
Gq 186, 189
Gram-negative bacteria 4
Gram-positive bacteria 4
Grb2 193
green fluorescent protein 257
growth hormone 287
Gs 186
GSK-3β 198
G_1/S phase checkpoint 63
Gt 186, 189
GTPase 190, 191
GU-AG rule 125
guanine 26
guanine nucleotide exchange factor 193
GWAS 269

H

haploid cell 67
HapMap 269
HAT 117
heat shock protein 152
helix-turn-helix motif 111
hemizygote 295
hemophilia 299
HER2 209
hereditary non-polyposis colorectal cancer 176
herpes simplex virus 94
heterochromatin 7, 40, 115

heterochromatin protein 1 120
heterogeneous nuclear RNA 108, 125
hetero knockout mouse 274
heterozygote 295
HGPRT 55, 56
histidine 12
histone 37
histone acetyltransferase 117
histone code hypothesis 115
histone deacetylase 119
histone methyltransferase 119
2 hit theory 209
HIV 2, 96
HNPCC 176
hnRNA 108, 125
Holliday junction 169
holo enzyme 104
homo knockout mouse 274
homologous chromosome 39, 67
homologous recombination 274
homologous recombinational repair 168
homozygote 295
hormone 179
housekeeping gene 119
HP1 120
HR 168, 276
HRR 168, 276
HSP 152, 181
Hsp90 181
HTH 111
HTLV-1 96
human cytomegalovirus 94
Human Genome Project 40
human immunodeficiency virus 96
human T-cell leukemia virus-1 96
Huntington's chorea 296
hybridization 242
hypoxantine-guanine phosphoribosyl transferase 55

I

IF 137
IFNγ 196
IL-2 196
imatinib 220
imprinted gene 121
incretin 287
induced pluripotent stem cell 304
inducer 106
influenza virus 95
initiation 137, 213
initiation codon 131
initiation complex 139
initiation factor 137
inner cell mass 304
inner membrane 4
inositol 1,4,5-trisphosphate 189
insertion 159
insulin 286
interferon γ 196
interleukin 2 196
intermediate filament 9
internal initiation 140
internal ribosome entry site 140
interphase 62
intracellular signal transduction system 179
intron 108
invasion 216
inversion 157
ion channel receptor 184
ionizing radiation 162
IP_3 186, 189
ipilimumab 220
IRES 140
I-Smad 196
isoelectric point 14
isoleucine 12

J

JAK 197
Janus kinase 197
JNK 192

K

KEGG DISEASE 270
KEGG PATHWAY 270
kinetochore 65
Klenow enzyme 226
Klinefelter syndrome 71
knockout mouse 272
Kozak consensus sequence 140

L

lac A 106
lac Y 106
lac Z 106
lactose operon 106
lagging strand 77
lariat structure 125
law of dominance 21
law of independence 21
law of segregation 21
leading strand 77
Lesch-Nyhan syndrome 56
leucine 12
leucine zipper motif 111
LexA 169
library 239
ligand 180
limited digestion 148
linkage analysis 268
lipid bilayer 4
living modified organism 278
LMO 278
LOH 210
long-patch repair 171
loop 17
loss of contact inhibition 205
loss of function 258
loss of heterozygosity 210
low molecular weight G protein 193
luciferase 257
Lynch syndrome 176
lysine 12
lysis 231
lysogenesis 231
lysosomal disease 9
lysosome 8

M

major groove 29
MAPK 192
MAP kinase pathway 192
MAPKK 192
MAPKKK 192
matrix 7
matrix metalloprotease 216
Maxam-Gilbert's method 261
MCS 230
measles virus 95
meiosis 67
meiosis I 67
meiosis II 67
meiotic recombination 69
MEK 192
MEKK 192
melting 45
melting temperature 45
Mendel 21
messenger RNA 30
metabolome 270
metaphase plate 65
metastasis 216
methionine 12
methylated DNA-binding protein 119
methylation 115
N^5, N^{10}-methylenetetrahydrofolate 52
micro RNA 33, 128
microsatellite DNA 41
microtubule 9, 64
mini-chromosome maintenance complex 87
minisatellite DNA 41
minor groove 29
miRNA 33, 128
mismatch repair 167
missense mutation 159
mitochondrial disease 8
mitochondrion 7
mitosis 64
mitotic phase 62
mitotic poison 66
MKK 192
MMP 216
MMR 167
model of multistep carcinogenesis 215
molecular chaperone 19, 152
molecular targeted agent 218
monocistronic mRNA 139
monocistronic transcription 126
motif 17
M phase checkpoint 64
mRNA 30
mTOR 194, 195
multicloning site 230
multipotency 304
multi-replicon 87
mumps virus 95
Mut 167
mutagen 214
mutation 157, 167
Mutation View 270

N

nAChR 184, 185
nalizygote 295
nascent strand 72
NCBI-BLAST 270
NCBI Protein BLAST 270
necrosis 200
negative supercoil 35
NER 165
NES 147
neurotransmitter 180
NF1 210
NHEJ 172, 260, 276
nitrosoamine 162
nivolumab 220
NLS 147
N-*myc* 209
NO 199
non-homologous end-joining 172
nonsense mutation 159
norovirus 95
northern blot method 251
Notch 198
nuclear envelope breakdown 64
nuclear export signal 147
nuclear localization signal 147
nuclear membrane 6
nuclear receptor 180
nuclease 226
nucleic acid 23
nucleoid 3, 41
nucleolus 7, 33, 127
nucleoplasm 127
nucleoside 26
nucleosome 37
nucleotide 27
nucleotide excision repair 165
nucleus 6

O

Okazaki fragment 77
olaparib 222
oligonucleotide 34
omics 269
OMIM 270
oncogene 206
one gene-one enzyme hypothesis 23
ooblast 69
open reading frame 137
operator 106
operon 106
ORC 87
ORF 137
organelle 3
ori 230
*ori*C 77
origin recognition complex 87
orotic acid 50
orotidine monophosphate 50
outer membrane 4
oxidative deamination 160
oxidative DNA damage 161
8-oxoguanine 160, 214

P

p16 213
p21 212
p38 192
p53 202, 210, 212, 213
P1A 281
P2A 281
P3A 281
PABP 124, 139
palindrome 105

paracrine 180
parallel β sheet 17
Parkinson's disease 154
PARP 222
parvovirus 94
PCNA 86
PDGF 191
PDK-1 194
peptide 14
peptide bond 14
peptidyl site 136
peroxisome 9
peroxynitrite 215
personalized medicine 293
pertussis toxin 191
phage 2
phenotype 21, 295
phenylalanine 12
phenylketonuria 297
phorbol ester 214
phosphatidylinositol 4,5-bisphosphate 189
phosphatidylinositol-dependent kinase-1 194
3′, 5′-phosphodiester bond 28
phospholipase Cβ 186
5-phosphoribosyl pyrophosphate 48
phosphorylation 115
photoreactivation 164
PI3 kinase 194
PI3 kinase-Akt pathway 194
pili 4
PIP_2 189
PKU 297
plaque 231
plaque hybridization 242
plasma membrane 3
plasmid 3, 41, 229
PLCβ 185
pluripotency 273, 304
point mutation 158
pol 206
poliovirus 95
poly-A binding protein 124
poly(A)tail 124
polycistronic mRNA 138
polycistronic transcription 106
polyglutamine disease 154
polymerase chain reaction 243
polynucleotide 34
polyomavirus 95
polyQ 154
polysome 145
positional cloning 268
positive supercoil 35
posttranslational modification 148
precursor RNA 123
pre-RC 87
pre-replicative complex 87
Pribnow box 104
primary oocyte 70
primary spermatocyte 71
primary structure 15
primase 75
primer requirement 73
primordial germ cell 69
primosome 79
programmed cell death 201
progression 213
prokaryote 1
proliferating cell nuclear antigen 86
proline 12
promoter 103, 108
promotion 213
proofreading activity 80, 226
proteasome 152
protein 10
protein kinase B 194
protein kinase C 189
protein kinase receptor 184
proteome 270
proto-oncogene 207
protruding end 227
PRPP 48
PS 264
PTEN 194, 210
purine 25
PVDF 253
pyrimidine 25
pyrimidine dimer 161
pyrophosphate 72
pyrosequencing method 266

Q

qPCR 251
qRT-PCR 251
quality control of proteins 151
quantitative PCR 251
quaternary structure 18

R

RAD 173
radiation 173
Raf 192
random coil 17
RAR 183
Ras 150, 193, 208
ras 207
Rb 209, 210, 212
reactive oxygen species 160, 214
real-time PCR 250
Rec 168
receptor 180
recessive 21
recombinant DNA technology 237
recombination 168
red-green blindness 299
regenerative medicine 304
releasing factor 137
renaturation 19, 45
repeat sequence 41
replication bubble 84
replication factor C complex 86
replication fork 76
replication initiator protein 78
replication origin 76, 230
replicon 86
reporter gene 256
repressor 106, 112
rER 8
restriction enzyme 47, 226
restriction fragment length polymorphism 266
retinoic acid 181
retinoic acid receptor 183
retinoic acid responsive element 183
retrotransposon 42
retrovirus 2
reverse transcriptase 97, 226
reverse transcriptase PCR

246
reverse-transcription 96
RF 137
RFC 86
RFLP 266
rho factor 105
ribonucleic acid 25
ribonucleotide reductase 52
ribose 26
ribosomal RNA 32
ribozyme 144
ricin 144
RISC 128
rituximab 219
RNA 25
RNAi 128, 258
RNA induced silencing complex 128
RNA interference 128
RNA polymerase 101
RNA primer 75
RNA processing 123
RNA replication 96
RNase 128
RNase H 241
RNA virus 2
RNA world hypothesis 144
RNP 276
romidepsin 222
ROS 160, 214
rough endoplasmic reticulum 8
Rous sarcoma virus 206
rRNA 32
R-Smad 196
RSV 206
rubella virus 95
RXR 183

S

salvage pathway 48
Sanger's method 261
SAPK 192
sarcoma 205
satellite DNA 41
SBL 264
SBS 264
SCID 302
SD sequence 137
secondary oocyte 70
secondary spermatocyte 71
secondary structure 16
second messenger 180, 186
selectivity factor 1 113
selenocysteine 135
self-renewal ability 304
semi-conservative replication 73
sense strand 101
sER 8
serine 12
severe combined immunodeficiency 302
sex-linked inheritance 298
sgRNA 260, 276
SH2 domain 192
Shiga toxin 144
Shine-Dalgarno sequence 137
short hairpin RNA 259
short-patch repair 171
short tandem repeat polymorphism 247
shRNA 259
sickle-cell anemia 297
signal peptide 145
signal recognition particle 146
signal sequence 145
signal transducer and activator of transcription 197
silencer 108
silent mutation 159
single nucleotide polymorphism 42
single-stranded DNA binding protein 78
siRNA 259
sister chromatid 39, 64
SL1 113
sliding clamp 80
SL1 113
small interfering RNA 259
small nuclear ribonucleoprotein 125
small nuclear RNA 33, 126
smallpox virus 94
small ubiquitin-related modifier 153
smooth endoplasmic reticulum 8
SN-38 295, 126
SNP 42, 294
snRNA 33, 126
snRNP 125
S1 nuclease 228
somatic cell 64
somatic stem cell 304
SOS 193
SOS response 169
Southern blot method 248
sperm 70
spermatoblast 71
spermatogonia 69
S phase checkpoint 63
spike 2
spindle 65
spindle checkpoint 64
spindle fiber 65
spindle pole 65
spliceosome 126
splicing 125
Src 150
src 206
SRP 146
SSB 78
STAT 197
stem cell 304
stem-loop structure 31
steroid hormone 181
steroid hormone receptor 181
steroid hormone responsive element 182
sticky end 227
stop codon 131
STRP 247
structure gene 106
subunit 18
SUMO 153
supercoil 34
super secondary structure 17
synapsis 67
synonymous codon 131

T

tailor-made medicine 293
TaqMan® method 266
TATA box 109
T-DNA 277
telomerase 89

U

V

W

X

Z